普通高等教育
数学专业规划教材
安徽省高等学校省级质量工程项目（教材建设）

MATHEMATICAL
STATISTICS

数理统计

主　编◎王学军　王星惠

北京师范大学出版集团
BEIJING NORMAL UNIVERSITY PUBLISHING GROUP
安徽大学出版社

内容简介

本书主要介绍数理统计的一些基本概念与方法，内容包括抽样分布、点估计、区间估计、假设检验以及回归分析等，并配有习题及解答.本书可作为综合性大学、理工类院校以及师范类院校统计学专业和数学类专业本科生的数理统计教材，也可作为其他专业学生、科研工作者以及从事统计工作的工程技术人员的参考书.

图书在版编目(CIP)数据

数理统计/王学军，王星惠主编. -- 合肥 ：安徽大学出版社，2025.8
普通高等教育数学专业规划教材
ISBN 978-7-5664-2718-2
Ⅰ. ①数… Ⅱ. ①王… ②王… Ⅲ. ①数理统计－高等学校－教材
Ⅳ. ①O212
中国国家版本馆 CIP 数据核字(2023)第 236684 号

数理统计
Shuli Tongji

王学军　王星惠 主编

出版发行：北京师范大学出版集团
安 徽 大 学 出 版 社
(安徽省合肥市肥西路 3 号 邮编 230039)
www.bnupg.com
www.ahupress.com.cn
印　　刷：江苏凤凰数码印务有限公司
经　　销：全国新华书店
开　　本：710 mm×1010 mm　1/16
印　　张：19
字　　数：330 千字
版　　次：2025 年 8 月第 1 版
印　　次：2025 年 8 月第 1 次印刷
定　　价：68.00 元
ISBN 978-7-5664-2718-2

策划编辑：刘中飞　张明举　陈玉婷　　装帧设计：李伯骥　孟献辉
责任编辑：张明举　　美术编辑：李　军
责任校对：宋　夏　　责任印制：赵明炎

版权所有　侵权必究

反盗版、侵权举报电话：0551－65106311
外埠邮购电话：0551－65107716
本书如有印装质量问题，请与印制与运营中心联系调换。
印制与运营中心电话：0551－65106311

前　言

众所周知,数理统计学是研究如何有效地收集、整理和分析带有随机误差的数据,以便对所考察的问题进行统计推断和预测,进而为决策和行动提供依据和建议的学科,具有很强的应用性,在自然科学、工程技术、社会科学、生物工程、医药、金融保险等领域中都得到了广泛的应用.

编者于 2002 年 2 月初学数理统计学,用的教材是北京大学陈家鼎教授等编写的《数理统计学讲义》,之后以教师身份给统计学专业以及数学类专业本科生讲授数理统计课程,选用的也是这本教材,但感觉这本教材的统计理论很深,难度偏大,较多学生不易读懂,不大适合普通高校统计学专业以及数学类专业学生使用. 鉴于此,编者一直想出版一本适合这类学生的数理统计课程教材. 本书是在参考大量国内外相关教材的基础上,结合多年来在安徽大学的教学实践经验编写而成的. 在教材的编写过程中,编者非常注重统计学学科和数学学科的特点,同时结合党的二十大报告提出的“实施科教兴国战略,强化现代化建设人才支撑”理念,始终把“培养什么人、怎样培养人、为谁培养人”作为选题的重要考量依据，精心筛选教学内容，合理设置章节体系，确保既有较为深刻的统计理论，也有丰富多样的例题和习题. 全书共分 6 章：第 1 章为绪论部分，内容包括数理统计学的研究对象、基本概念、发展简史以及分支；第 2 章介绍抽样分布及若干预备知识，内容包括随机向量与多元正态分布、抽样分布、统计量的极限分布、充分统计量、完全统计量和指数型分布族；第 3 章介绍点估计，内容包括点估计的概念与优良性准则、矩估计、最大似然估计、一致最小方差无偏估计、Cramer-Rao 不等式以及分布函数与密度函数的估计；第 4 章介绍区间估计，内容包括区间估计的基本概念、单个正态总体的区间估计、两个正态总体的区间估计以及非正态总体的区间估计；第 5 章介绍假设检验，内容包括假设检验的基本概念、N-P 引理及似然比检验、单参数情形的假设检验、广义似然比检验、极限分布为正态分布的检验以及拟合优度检验；第 6 章介绍回归分析，内容包括回归模型的介绍、一元线性回归模型以及多元线性回归模型.

本书在叙述内容的同时，更注重现代统计思想的表达，目的是帮助统计学、数学等专业的本科生掌握数理统计的思想和基本的统计估计和推断方法. 为实现上述目标，编写本书时融入了如下特色：

(1)合理设置章节体系. 估计和检验是本书的两个核心内容. 为了帮助读者更好地理解这两部分内容，编者在章节设置方面下了很大功夫. 例如，在介绍第 3 章的核心内容——一致最小方差无偏估计之前，编者在第 2 章预备知识里面详细介绍了充分统计量、完全统计量以及指数型分布族的概念及相关性质；为了更好地讲清楚假设检验，编者先从简单假设讲起，用的是似然比方法，接着利用似然比方法，介绍单参数指数型分布族下未知参数的假设检验问题，然后利用广义似然比方法介绍多参数情形下未知参数的假设检验问题，最后还介绍了分布函数的检验问题以及独立性的检验问题.

(2)精心筛选例题和习题. 书中挑选的例题和习题的题型非常丰富，注重从实际问题中提出概率或统计问题，培养学生运用数理统计的理论和方法解决实际问题的能力.

(3)努力提升科学素养. 每个基本概念的引入都有其逻辑，或者是从具体的实例中引入，或者是为了引出更重要的概念和理论；同时，采用规范的数理统计术语，对每一个基本概念都给出严谨的定义，对主要定理和结论大都给出直观且严谨的证明.

在本书编写过程中，编者参阅了国内外许多教材和专著，特别是北京大学陈家鼎教授等编写的《数理统计学讲义(第 2 版)》、中国科学技术大学韦来生教授编写的《数理统计(第 2 版)》、南开大学王兆军教授和邹长亮教授编写的《数理统计教程》、华东师范大学茆诗松教授等编写的《概率论与数理统计教程(第 3 版)》和《高等数理统计(第 2 版)》，以及北京大学、复旦大学、中国人民大学、浙江大学、东南大学、厦门大学、同济大学、首都师范大学、中国科学院大学等兄弟院校和研究所的数理统计教材，在此不一一列出，谨表衷心的感谢.

由于编者水平有限，书中难免有疏漏和不妥之处，恳请同行及广大读者批评指正，以便今后进一步修改和完善.

编者

安徽大学磬苑校区

2025 年 3 月

目录

第 1 章 绪 论

1.1 数理统计学的研究对象

一、数理统计学的任务

自然界的现象大致可分为两类:一类为确定性现象;另一类为非确定性现象,即随机现象.在日常生活中,确定性现象与随机现象的例子有很多,这在概率论课程中有详细的介绍,这里不再赘述.

数理统计和概率论一样,是研究随机现象的统计规律性的数学学科.为了说明它的研究方法与概率论及其他数学学科有什么不同,首先来介绍什么是数理统计学.

数理统计学是数学的一个重要分支,其任务是研究如何有效地收集、整理和分析带有随机误差的数据,以便对所考察的问题进行统计推断与预测,进而为决策和行动提供依据和建议.

若数据不带有随机误差,则属于统计学的研究范围.统计学也就是数据科学.由于实践中人们收集到的数据大都受到随机性的影响,因而数理统计学是统计学的主要组成部分.

数理统计学又是一门实践性很强的应用学科,它同大量的数据打交道. 随着大数据时代的到来, 数据量越来越大, 数据的结构越来越复杂, 因而处理数据是一件十分重要而又相当繁琐的工作, 而计算机正是数理统计学处理数据的重要工具.

二、数 据

前面指出, 在实践中很多数据带有随机误差, 为了排除随机误差的干扰, 有必要收集数据, 并挖掘出数据中的统计规律性.

众所周知, 数据来源于各行各业. 正因为如此, 使得数理统计学在很多方面都有应用, 如在农业、工业、生物、医学、社会学、气象、经济、金融、保险、物理等方面. 很多实际问题都属于数理统计学的研究范围. 下面看几个例子.

例 1.1.1(人口普查与抽样调查) 我国在 2020 年进行了第 7 次人口普查. 如果普查的数据是准确无误的, 则无随机性可言, 不需要用数理统计方法. 但是, 由于人口普查调查的项目很多, 我国有 14.11 亿人口, 普查工作量极大, 且缺乏训练有素的工作人员, 所以虽是全面调查, 但数据并不是很可靠. 例如, 农村超计划生育瞒报、漏报人口的情况时有发生. 针对数据的不可靠性, 国家统计局在人口普查的同时还派出专业人员对全国人口进行抽样调查, 根据抽样调查的结果, 对人口普查的数据进行适当的修正. 抽样调查在普查数据不可靠时是一种有效补充办法.

如何安排抽样调查, 是有效地收集数据的一个重要问题, 这构成了数理统计学的一个重要分支——抽样调查方法.

例 1.1.2 某地环境保护法规定: 倾入河流的废水中某种有毒物质的平均含量不得超过 3 ppm(1 ppm$=10^{-6}$, parts per million). 该地区环保组织对某厂倾入河流的废水中该有毒物质含量连续进行 20 天测定, 记录了 20 个数据:

$$x_1, x_2, \cdots, x_{20}.$$

现用这 20 个数据作如下统计推断:

(1) 该有毒物质含量 X 的分布是否为正态分布?

(2) 若是正态分布 $N(\mu,\sigma^2)$, 其参数 μ 和 σ^2 如何估计?

(3) 对命题"$\mu\leqslant 3.0$"(符合排放标准) 作出判断: 是或否?

例 1.1.3 为比较甲和乙两种安眠药的疗效, 现将 20 名患者分成两组, 每组 10 人. 如果服药后延长的睡眠时间(单位: 小时)分别服从正态分布, 且所测得的数据如下：

甲：5.5，4.6，4.4，3.4，1.9，1.6，1.1，0.8，0.1，−0.1；

乙：3.7，3.4，2.0，2.0，0.8，0.7，0，−0.1，−0.2，−1.6.

问：两种安眠药服用后延长的睡眠时间的离散度是否一样？

例 1.1.4 为了探讨吸烟与患慢性支气管炎有无关系，某课题组调查了339人，情况见下表：

	患慢性支气管炎	未患慢性支气管炎	合计
吸烟	43	162	205
不吸烟	13	121	134
合计	56	283	339

问：从这批数据能否判定患慢性支气管炎与吸烟有关？

例 1.1.1 提供了有效地收集数据的一种重要方法——抽样调查，而收集数据的方法除了抽样调查外还有全面观察（或普查）、安排试验等方法；例 1.1.2—例 1.1.4提供了有效地使用数据的具体例子. 从上面几个例子可以看出，数理统计能够处理的问题是多种多样的，只要有受随机性影响的数据，就会有数理统计的问题. 考虑到数据的出现通常受随机性的影响，所以为了研究随机现象中的统计规律性，就需要收集数据，并在此基础上对数据进行分析，从而得出科学的结论，这正是数理统计学的任务.

1.2 数理统计学的基本概念

数理统计学的基本概念有：总体、个体、抽样、样本、统计量、估计、假设检验、统计决策等.

一、总体、个体

一个统计问题所研究的对象的全体称为**总体**（population），也称为**母体**. 组成总体的每一个单元或每一个对象称为**个体**（individual）. 根据总体中所包含的个体的数目，总体可分为**有限总体**（finite population）和**无限总体**（infinite population）.

例如，考察一个工厂生产灯泡的质量. 通常情况下，寿命越长，灯泡的质量越好. 在此例中，该厂生产的所有灯泡的寿命构成了一个总体，这是一个有限总体,每一个灯泡的寿命为个体.

实际上,代表总体的指标,如灯泡的寿命就是一个随机变量,记作 X. 总体就是此随机变量 X 的所有可能取值的全体,个体就是代表此总体的随机变量 X 的一个观测值,记为 x.

设总体 X 的分布函数为 $F(x)=P(X<x)$(本书均采用这个定义),称其为**总体分布函数**. 由于总体分布函数可以用来刻画总体的特征,所以统计学上常把总体和总体分布函数视为同义语. 由于这个缘故,常用随机变量的符号或随机变量所对应的分布函数的符号来表示总体,三者之间的关系为

$$总体\leftrightarrow X\leftrightarrow F(x).$$

总体分布函数通常不完全已知,亦会含有未知参数,记作 $F(x;\theta)$,θ 为未知参数. 例如,已知一个总体 X 服从正态分布 $N(\mu,\sigma^2)$,但 μ 和 σ^2 未知,于是总体分布函数为

$$F(x;\theta):=F(x;\mu,\sigma^2)=\frac{1}{\sqrt{2\pi}\sigma}\int_{-\infty}^{x}\mathrm{e}^{-\frac{(t-\mu)^2}{2\sigma^2}}\mathrm{d}t,$$

其中 $\theta:=(\mu,\sigma^2)$.

当个体的数量指标不止一项时,可用随机向量来表示总体. 例如,研究某地区小学生的发育状况时,人们关心的是其身高 X 和体重 Y 这两个数量指标,此时总体就可以用二维随机向量 (X,Y) 或其联合分布函数 $F(x,y)$ 表示.

二、样本、抽样

从总体中抽出若干个体而成的集合称为**样本**(sample);样本中所含个体的数目称为**样本大小**(sample size),也称为**样本容量**.

从总体中抽出个体的过程称为**抽样**(sampling). 抽样的方法一般有简单随机抽样、系统抽样和分层抽样等.

通常将样本记作 $(X_1,X_2,\cdots,X_n)$,其中 n 为样本容量;$(x_1,x_2,\cdots,x_n)$ 表示样本 $(X_1,X_2,\cdots,X_n)$ 的一次观测值. 以后 $(X_1,X_2,\cdots,X_n)$ 与 $(x_1,x_2,\cdots,x_n)$ 不加以区分,只需根据上下文理解区分即可.

三、样本空间和样本的两重性

1. 样本空间

设 $(X_1,X_2,\cdots,X_n)$ 是从总体中抽取的一个样本,其样本空间定义如下.

定义 1.2.1 样本 $(X_1,X_2,\cdots,X_n)$ 的所有可能取值的全体,构成**样本空**

间(sample space),记为$\mathscr{X}$.

例如,在打靶试验中,每次打三发,考察中靶的环数.如样本(5,1,9)表示三次打靶分别中5环、1环和9环,此时样本空间为

$$\mathscr{X}=\{(x_1,x_2,x_3):x_i=0,1,2,\cdots,10,i=1,2,3\}.$$

这个样本空间中样本点数是有限的.

又如,设$(X_1,X_2,\cdots,X_5)$是从正态总体$N(\mu,\sigma^2)$中抽取的样本,此时样本空间为

$$\mathscr{X}=\{(x_1,x_2,\cdots,x_5):-\infty<x_i<+\infty,i=1,2,\cdots,5\}.$$

这个样本空间中样本点数是无限的.

2. 样本的两重性

样本的两重性,也就是说,它既可以看成一组具体的数,又可以看成随机变量(或随机向量).在实施抽样后,它是一组具体的数;在实施抽样前,它被看成随机变量(或随机向量).因为在实施具体抽样之前无法预测抽样的结果,只能预测它可能取值的范围,因此可以把它看成随机变量(或随机向量).

一般用大写的英文字母X,Y,Z等表示随机变量,用黑体大写英文字母$\boldsymbol{X},\boldsymbol{Y},\boldsymbol{Z}$等表示随机向量或一组样本,用小写字母$x,y,z$等表示它们的具体观察值.

四、简单随机样本

定义 1.2.2 设$(X_1,X_2,\cdots,X_n)$是从总体$X\sim F$中抽取的样本容量为n的样本,若满足:

(1)代表性:X_i与总体X有相同的分布,即$X_i\sim F,i=1,2,\cdots,n$;

(2)独立性:$X_1,X_2,\cdots,X_n$相互独立,

则称$(X_1,X_2,\cdots,X_n)$为总体X的**简单随机样本**,简称**随机样本**或**样本**.

注 1.2.1 在数理统计学中,主要研究的样本就是简单随机样本.

注 1.2.2 如何得到简单随机样本呢?通常有如下两种方法:

(1)在有限总体中,利用有放回地随机抽样;

(2)每次操作时,独立观测、试验(即多次独立重复观测、试验).

注 1.2.3 设$(X_1,X_2,\cdots,X_n)$是来自于总体$X\sim F(x;\theta)$的样本.若$F(x;\theta)$为连续型总体的分布函数,其概率密度函数为$f(x;\theta)$,则$(X_1,X_2,$

$\cdots,X_n)$的联合概率密度函数为

$$f(x_1,x_2,\cdots,x_n;\theta)=\prod_{i=1}^{n}f(x_i;\theta);$$

若 $F(x;\theta)$为离散型总体的分布函数，其概率函数为 $f(x;\theta):=P(X=x)$，则$(X_1,X_2,\cdots,X_n)$的联合概率函数为

$$f(x_1,x_2,\cdots,x_n;\theta):=P(X_1=x_1,X_2=x_2,\cdots,X_n=x_n)=\prod_{i=1}^{n}f(x_i;\theta).$$

设总体$(X,Y)\sim F(x,y;\theta)$，(X_1,Y_1)，(X_2,Y_2)，$\cdots$，(X_n,Y_n)是从该总体中抽取的一组简单随机样本，则其联合分布函数为

$$F(x_1,y_1;\theta)F(x_2,y_2;\theta)\cdots F(x_n,y_n;\theta)=\prod_{i=1}^{n}F(x_i,y_i;\theta).$$

若 $F(x,y;\theta)$有联合密度函数 $f(x,y;\theta)$，则其样本的联合密度函数为

$$f(x_1,y_1;\theta)f(x_2,y_2;\theta)\cdots f(x_n,y_n;\theta)=\prod_{i=1}^{n}f(x_i,y_i;\theta).$$

五、统计量

定义 1.2.3 样本$(X_1,X_2,\cdots,X_n)$的函数 $T(X_1,X_2,\cdots,X_n)$称为**统计量**(statistic)，其中 $T(X_1,X_2,\cdots,X_n)$不含有未知参数.

显然，统计量 $T(X_1,X_2,\cdots,X_n)$为随机变量. 若将样本$(X_1,X_2,\cdots,X_n)$的一次观测值$(x_1,x_2,\cdots,x_n)$代入统计量 $T(X_1,X_2,\cdots,X_n)$，得到 $T(x_1,x_2,\cdots,x_n)$，称其为统计量 $T(X_1,X_2,\cdots,X_n)$的一次观测值. 由于统计量是样本的函数，因此统计量也具有两重性. 正因为统计量可视为随机变量，才有概率分布，这是利用统计量进行统计推断的依据.

例 1.2.1 设$(X_1,X_2,\cdots,X_n)$为来自总体 $N(\theta,\sigma^2)$的样本，其中 θ 已知，σ^2 未知. 判断下面哪些量为统计量？

$$T_1=X_1,T_2=X_1+4\mathrm{e}^{X_n},T_3=\frac{1}{n}\sum_{i=1}^{n}X_i,$$

$$T_4=\max\{X_1,X_2,\cdots,X_n\},T_5=X_1+X_2-2\theta,T_6=\frac{1}{\sigma^2}\sum_{i=1}^{n}X_i^2.$$

解 由统计量的定义知，T_1，T_2，T_3，T_4 和 T_5 是统计量，T_6 不是统计量.

六、样本的数字特征

设$(X_1,X_2,\cdots,X_n)$为来自总体 $F(x;\theta)$的样本，θ 为未知参数. 样本一般

有如下数字特征：

(1)**样本均值**(sample mean)：$\overline{X}=\frac{1}{n}\sum_{i=1}^{n}X_i$，反映样本的集中趋势；

(2)**样本方差**(sample variance)：$S_n^2=\frac{1}{n}\sum_{i=1}^{n}(X_i-\overline{X})^2$，衡量样本的离散程度. 称 $\sum_{i=1}^{n}(X_i-\overline{X})^2$ 为样本的**离差平方和**，称 S_n 为**样本标准差**.

样本均值和样本方差是两个最常用的统计量，它们具有如下五个性质.

性质 1.2.1　$\sum_{i=1}^{n}(X_i-\overline{X})=0$.

性质 1.2.2　设 a,b 为常数，且 $a\neq 0$. 令 $Y_i=aX_i+b, i=1,2,\cdots,n$，则 $\overline{Y}=a\overline{X}+b, S_Y^2=a^2S_X^2$，其中 $S_X^2=\frac{1}{n}\sum_{i=1}^{n}(X_i-\overline{X})^2, S_Y^2=\frac{1}{n}\sum_{i=1}^{n}(Y_i-\overline{Y})^2$.

性质 1.2.3　对任何常数 c，有

$$\sum_{i=1}^{n}(X_i-c)^2\geqslant\sum_{i=1}^{n}(X_i-\overline{X})^2,$$

且等号成立的充要条件是 $c=\overline{X}$. 这个性质表明，在偏差平方和最小的准则下，用总体均值 a 的 n 次测量值的算术平均值估计 a 是最好的.

上面三个性质的证明很简单，读者可自行证明.

性质 1.2.4　$S_n^2=\frac{1}{n}\sum_{i=1}^{n}(X_i-\overline{X})^2=\frac{1}{n}\sum_{i=1}^{n}X_i^2-\overline{X}^2$.

证明　显然有

$$\begin{aligned}S_n^2&=\frac{1}{n}\sum_{i=1}^{n}(X_i-\overline{X})^2=\frac{1}{n}\sum_{i=1}^{n}\left(X_i^2-2X_i\overline{X}+\overline{X}^2\right)\\&=\frac{1}{n}\left(\sum_{i=1}^{n}X_i^2-2n\overline{X}+n\overline{X}^2\right)\\&=\frac{1}{n}\sum_{i=1}^{n}X_i^2-\overline{X}.\end{aligned}$$

证毕.

性质 1.2.5　设总体 X 的期望 $EX=\mu$ 和方差 $DX=\sigma^2$ 均存在，$(X_1,X_2,\cdots,X_n)$ 为来自该总体 X 的样本，则

$$E\overline{X}=\mu, D(\overline{X})=\frac{\sigma^2}{n}, ES_n^2=\frac{n-1}{n}\sigma^2.$$

证明 易见

$$E\overline{X}=\frac{1}{n}\sum_{i=1}^{n}EX_i=\frac{1}{n}\sum_{i=1}^{n}EX=\mu,$$

$$D(\overline{X})=\frac{1}{n^2}\sum_{i=1}^{n}DX_i=\frac{1}{n^2}\sum_{i=1}^{n}DX=\frac{\sigma^2}{n}.$$

再由性质 1.2.4 知,

$$\begin{aligned}ES_n^2&=E\left[\frac{1}{n}\sum_{i=1}^{n}X_i^2-\overline{X}^2\right]=\frac{1}{n}\sum_{i=1}^{n}EX_i^2-E\overline{X}^2\\&=\frac{1}{n}\sum_{i=1}^{n}[(EX_i)^2+DX_i]-[(E\overline{X})^2+D(\overline{X})]\\&=\frac{1}{n}\sum_{i=1}^{n}(\mu^2+\sigma^2)-\left(\mu^2+\frac{\sigma^2}{n}\right)\\&=\frac{n-1}{n}\sigma^2.\end{aligned}$$

证毕.

此性质给出了样本均值的期望 $E\overline{X}$ 与方差 $D(\overline{X})$,也给出了样本方差的期望 ES_n^2,细心的读者可能会问:样本方差的方差 $D(S_n^2)$是什么呢? 关于这个问题,会在 § 2.2 节给出答案,具体见注 2.2.5.

由性质 1.2.5 知,若记 $S_*^2=\frac{1}{n-1}\sum_{i=1}^{n}(X_i-\overline{X})^2$,则

$$ES_*^2=E\left[\frac{1}{n-1}\sum_{i=1}^{n}(X_i-\overline{X})^2\right]=\frac{n}{n-1}ES_n^2=\sigma^2.$$

称 $S_*^2=\frac{1}{n-1}\sum_{i=1}^{n}(X_i-\overline{X})^2$ 为**修正的样本方差**,称 S_* 为**修正的样本标准差**.

(3)**样本的 k 阶原点矩**: $\hat{V}_k=\frac{1}{n}\sum_{i=1}^{n}X_i$. 特别地,当 $k=1$ 时,样本的 1 阶原点矩

$$\hat{V}_1=\frac{1}{n}\sum_{i=1}^{n}X_i=\overline{X}$$

即为样本均值.

(4)**样本的 k 阶中心矩**: $\hat{U}_k=\frac{1}{n}\sum_{i=1}^{n}(X_i-\overline{X})^k$. 特别地,当 $k=2$ 时,样本的 2 阶中心矩

$$\hat{U}_2=\frac{1}{n}\sum_{i=1}^{n}(X_i-\overline{X})^2=S_n^2$$

即为样本方差.

注 1.2.4 样本的原点矩和中心矩统称为**样本矩**(sample moments).

(5)**二维随机变量的样本矩**:设$(X_1,Y_1),(X_2,Y_2),\cdots,(X_n,Y_n)$是从二维总体$(X,Y)\sim F(x,y;\theta)$中抽取的样本,则

$$\overline{X}=\frac{1}{n}\sum_{i=1}^{n}X_i, S_X^2=\frac{1}{n}\sum_{i=1}^{n}(X_i-\overline{X})^2,$$

$$\overline{Y}=\frac{1}{n}\sum_{i=1}^{n}Y_i, S_Y^2=\frac{1}{n}\sum_{i=1}^{n}(Y_i-\overline{Y})^2,$$

$$S_{XY}=\frac{1}{n}\sum_{i=1}^{n}(X_i-\overline{X})(Y_i-\overline{Y})$$

分别称为 X 和 Y 的**样本均值**、**样本方差**及 X 和 Y 的**样本协方差**(sample covariance). 进而称

$$r_{XY}=\frac{S_{XY}}{\sqrt{S_X^2S_Y^2}}=\frac{\sum_{i=1}^{n}(X_i-\overline{X})(Y_i-\overline{Y})}{\sqrt{\sum_{i=1}^{n}(X_i-\overline{X})^2\cdot\sum_{i=1}^{n}(Y_i-\overline{Y})^2}}$$

为 X 和 Y 的**样本相关系数**(sample correlation coefficient).

七、次序统计量

定义 1.2.4 设$(X_1,X_2,\cdots,X_n)$是从总体 $X\sim F(x)$中抽取的样本,将其按从小到大顺序排列为 $X_{(1)}\leqslant X_{(2)}\leqslant\cdots\leqslant X_{(n)}$,则$(X_{(1)},X_{(2)},\cdots,X_{(n)})$称为样本$(X_1,X_2,\cdots,X_n)$的**次序统计量**(order statistic)或**顺序统计量**,$(X_{(1)},X_{(2)},\cdots,X_{(n)})$的任一部分也称为**次序统计量**. 称 $X_{(k)}$ 为样本$(X_1,X_2,\cdots,X_n)$的**第 k 个次序统计量**,$k=1,2,\cdots,n$.

特别地,称 $X_{(1)}=\min\limits_{1\leqslant k\leqslant n}X_k=\min\{X_1,X_2,\cdots,X_n\}$为样本$(X_1,X_2,\cdots,X_n)$的**最小次序统计量**,称 $X_{(n)}=\max\limits_{1\leqslant k\leqslant n}X_k=\max\{X_1,X_2,\cdots,X_n\}$为样本$(X_1,X_2,\cdots,X_n)$的**最大次序统计量**,称 $R:=X_{(n)}-X_{(1)}$ 为**样本极差**,它反映了总体分布的分散程度.

注 1.2.5 次序统计量 $X_{(1)}$ 和 $X_{(n)}$ 均是统计量,但不是样本的数字特征.

接下来将导出 $F(x)$有密度函数 $f(x)$时单个次序统计量的分布、次序统计量的联合分布以及极差的分布. 需要指出的是，当 $F(x)$有密度函数时，$X_{(1)}<X_{(2)}<\cdots<X_{(n)}$几乎处处成立.

1. 单个次序统计量的分布

设 $X_1,X_2,\cdots,X_n$ $i.i.d.\sim F(x)$，且 $F(x)$有密度函数 $f(x)$，设 $1\leqslant m\leqslant n$，则 $X_{(m)}$的分布函数为

$$\begin{aligned}F_{X_{(m)}}(x)&=P(X_{(m)}<x)\\&=P(X_1,X_2,\cdots,X_n\text{ 中至少有 }m\text{ 个 }<x)\\&=\sum_{i=m}^{n}P(X_1,X_2,\cdots,X_n\text{ 中恰好有 }i\text{ 个 }<x)\\&=m\mathrm{C}_n^m\int_0^{F(x)}t^{m-1}(1-t)^{n-m}\mathrm{d}t,\end{aligned}\tag{1.2.1}$$

从而 $X_{(m)}$的密度函数为

$$f_{X_{(m)}}(x)=F'_{X_{(m)}}(x)=m\mathrm{C}_n^m[F(x)]^{m-1}[1-F(x)]^{n-m}f(x).\tag{1.2.2}$$

特别地，当 $m=1$ 时，最小次序统计量 $X_{(1)}$的分布函数和密度函数分别为

$$F_{X_{(1)}}(x)=1-[1-F(x)]^n,\tag{1.2.3}$$

$$f_{X_{(1)}}(x)=F'_{X_{(1)}}(x)=n[1-F(x)]^{n-1}f(x).\tag{1.2.4}$$

当 $m=n$ 时，最大次序统计量 $X_{(n)}$的分布函数和密度函数分别为

$$F_{X_{(n)}}(x)=[F(x)]^n,\tag{1.2.5}$$

$$f_{X_{(n)}}(x)=F'_{X_{(n)}}(x)=n[F(x)]^{n-1}f(x).\tag{1.2.6}$$

2. 次序统计量的联合分布

本小节将主要考虑任意 k 个次序统计量$\left(X_{(i_1)},X_{(i_2)},\cdots,X_{(i_k)}\right)$$(1\leqslant i_1<i_2<\cdots<i_k\leqslant n)$的联合密度函数，并得到密度函数的一般形式.

定理 1.2.1 设 $X_1,X_2,\cdots,X_n$ $i.i.d.\sim F(x)$，且 $F(x)$有密度函数 $f(x)$. 则任意 k 个次序统计量$\left(X_{(i_1)},X_{(i_2)},\cdots,X_{(i_k)}\right)$$(1\leqslant i_1<i_2<\cdots<i_k\leqslant n)$的联合密度函数为

$$f(x_1,x_2,\cdots,x_k)$$

$$=\begin{cases}\dfrac{n!\prod\limits_{i=1}^{k}f(x_i)}{(i_1-1)!(n-i_k)!\prod\limits_{j=1}^{k-1}(i_{j+1}-i_j-1)!}[F(x_1)]^{i_1-1} \\ \times[1-F(x_k)]^{n-i_k}\prod\limits_{j=1}^{k-1}[F(x_{j+1})-F(x_j)]^{i_{j+1}-i_j-1}, & x_1<x_2<\cdots<x_k, \\ 0, & \text{其他}.\end{cases}$$

(1.2.7)

由定理 1.2.1 可得前 $k(1\leqslant k\leqslant n)$个次序统计量$(X_{(1)},X_{(2)},\cdots,X_{(k)})$的联合密度函数以及任意两个次序统计量$(X_{(i)},X_{(j)})(1\leqslant i<j\leqslant n)$的联合密度函数,具体见下面两个推论.

推论 1.2.1 设 $X_1,X_2,\cdots,X_n$ $i.i.d.\sim F(x)$,且 $F(x)$有密度函数 $f(x)$. 则前 $k(1\leqslant k\leqslant n)$个次序统计量$(X_{(1)},X_{(2)},\cdots,X_{(k)})$的联合密度函数为

$$h(x_1,x_2,\cdots,x_k)=\begin{cases}\dfrac{n!}{(n-k)!}[1-F(x_k)]^{n-k}\prod\limits_{i=1}^{k}f(x_i), & x_1<x_2<\cdots<x_k, \\ 0, & \text{其他}.\end{cases}\tag{1.2.8}$$

特别地,当 $k=n$ 时,次序统计量$(X_{(1)},X_{(2)},\cdots,X_{(n)})$的联合密度函数为

$$g(x_1,x_2,\cdots,x_n)=\begin{cases}n!\prod\limits_{i=1}^{n}f(x_i), & x_1<x_2<\cdots<x_n, \\ 0, & \text{其他}.\end{cases}\tag{1.2.9}$$

推论 1.2.2 设 $X_1,X_2,\cdots,X_n$ $i.i.d.\sim F(x)$,且 $F(x)$有密度函数 $f(x)$. 则次序统计量$(X_{(i)},X_{(j)})(1\leqslant i<j\leqslant n)$的联合密度函数为

$$f_{ij}(x,y)=\begin{cases}\dfrac{n!}{(i-1)!(j-i-1)!(n-j)!}[F(x)]^{i-1} \\ \times[F(y)-F(x)]^{j-i-1}[1-F(y)]^{n-j}f(x)f(y), & x<y, \\ 0, & \text{其他}.\end{cases}\tag{1.2.10}$$

特别地,当 $i=1,j=n$ 时,次序统计量$(X_{(1)},X_{(n)})$的联合密度函数为

$$f_{1n}(x,y)=\begin{cases}n(n-1)[F(y)-F(x)]^{n-2}f(x)f(y), & x<y, \\ 0, & \text{其他}.\end{cases}\tag{1.2.11}$$

3. 极差的分布

为了求样本极差 $R:=X_{(n)}-X_{(1)}$ 的分布，先求 $V:=X_{(j)}-X_{(i)}\,(1\leqslant i<j\leqslant n)$ 的分布，当取 $i=1,j=n$ 时，即可得到样本极差 $R:=X_{(n)}-X_{(1)}$ 的分布. 具体做法如下.

作下列变换：

$$\begin{cases} V=X_{(j)}-X_{(i)}, \\ Z=X_{(i)}, \end{cases} \Leftrightarrow \begin{cases} X_{(i)}=Z, \\ X_{(j)}=V+Z. \end{cases}$$

利用坐标变换以及 $(X_{(i)},X_{(j)})$ 的密度函数(1.2.10)（将其中 x 用 z 代替，y 用 $v+z$ 代替，再乘上变换的 Jacobi 行列式的绝对值），可得 (V,Z) 的联合密度函数为

$$g_{ij}(v,z)=\begin{cases} \dfrac{n!}{(i-1)!(j-i-1)!(n-j)!}[F(z)]^{i-1}[F(v+z)-F(z)]^{j-i-1} \\ \times[1-F(v+z)]^{n-j}f(z)f(v+z),\ v>0,-\infty<z<+\infty, \\ 0 \qquad\qquad 其他. \end{cases} \tag{1.2.12}$$

从而 $V=X_{(j)}-X_{(i)}$ 的密度函数为

$$g_V(v)=\int_{-\infty}^{+\infty}g_{ij}(v,z)\mathrm{d}z. \tag{1.2.13}$$

特别地，在式(1.2.12)中，取 $i=1,j=n$，可得 (R,Z) 的联合密度函数为

$$g_{1n}(r,z)=\begin{cases} n(n-1)[F(r+z)-F(z)]^{n-2} \\ \times f(z)f(r+z),\ r>0,-\infty<z<+\infty, \\ 0, \qquad\qquad 其他. \end{cases} \tag{1.2.14}$$

从而极差 $R:=X_{(n)}-X_{(1)}$ 的密度函数为

$$\begin{aligned} g_R(r)&=\int_{-\infty}^{+\infty}g_{1n}(r,z)\mathrm{d}z \\ &=\int_{-\infty}^{+\infty}n(n-1)[F(r+z)-F(z)]^{n-2} \\ &\quad\times f(z)f(r+z)\mathrm{d}z,\quad r>0; \end{aligned} \tag{1.2.15}$$

分布函数为

$$\begin{aligned} G_R(r)&=\int_{-\infty}^{r}g_R(x)\mathrm{d}x \\ &=n\int_{-\infty}^{+\infty}[F(r+z)-F(z)]^{n-1}f(z)\mathrm{d}z,r>0. \end{aligned} \tag{1.2.16}$$

例 1.2.2 设 $X_1,X_2,\cdots,X_n$ $i.i.d.\sim$指数分布 $E(\lambda),\lambda>0$. 求：

(1) $X_{(m)}(1\leqslant m\leqslant n)$的密度函数 $f_{X_{(m)}}(x)$；

(2) $(X_{(i)},X_{(j)})(1\leqslant i<j\leqslant n)$的联合密度函数 $f_{ij}(x,y)$；

(3) 前 $k(1\leqslant k\leqslant n)$个次序统计量$(X_{(1)},X_{(2)},\cdots,X_{(k)})$的联合密度函数 $h(x_1,x_2,\cdots,x_k)$；

(4) 极差 $R:=X_{(n)}-X_{(1)}$的密度函数 $g_R(r)$.

解 易见,指数分布 $E(\lambda)$的分布函数和密度函数分别为

$$F(x)=\begin{cases}0, & x\leqslant 0,\\ 1-e^{-\lambda x}, & x>0,\end{cases}\quad 和\quad f(x)=\begin{cases}0, & x\leqslant 0,\\ \lambda e^{-\lambda x}, & x>0.\end{cases}$$

(1) 由式(1.2.2)知,$X_{(m)}$的密度函数为

$$f_{X_{(m)}}(x)=\begin{cases}0, & x\leqslant 0,\\ mC_n^m\left[1-e^{-\lambda x}\right]^{m-1}\left[e^{-\lambda x}\right]^{n-m}\lambda e^{-\lambda x}, & x>0,\end{cases}$$
$$=\begin{cases}0, & x\leqslant 0,\\ m\lambda C_n^m\left[1-e^{-\lambda x}\right]^{m-1}e^{-(n-m+1)\lambda x}, & x>0.\end{cases}$$

(2) 由式(1.2.10)知,$(X_{(i)},X_{(j)})(1\leqslant i<j\leqslant n)$的联合密度函数为

$$f_{i,j}(x,y)=\begin{cases}\dfrac{n!}{(i-1)!(j-i-1)!(n-j)!}\left[1-e^{-\lambda x}\right]^{i-1}\\ \quad\times\left[e^{-\lambda x}-e^{-\lambda y}\right]^{j-i-1}\left[e^{-\lambda y}\right]^{n-j}\lambda e^{-\lambda x}\lambda e^{-\lambda y}, & 0<x<y,\\ 0, & 其他,\end{cases}$$
$$=\begin{cases}\dfrac{n!\lambda^2}{(i-1)!(j-i-1)(n-j)!}\left[1-e^{-\lambda x}\right]^{i-1}\\ \quad\times\left[e^{-\lambda x}-e^{-\lambda y}\right]^{j-i-1}\left[e^{-\lambda y}\right]^{n-j+1}e^{-\lambda x}, & 0<x<y,\\ 0, & 其他.\end{cases}$$

(3) 由式(1.2.8)知,前 $k(1\leqslant k\leqslant n)$个次序统计量$(X_{(1)},X_{(2)},\cdots,X_{(k)})$的联合密度函数为

$$h(x_1,x_2,\cdots,x_k)=\begin{cases}\dfrac{n!}{(n-k)!}\left[e^{-\lambda x_k}\right]^{n-k}\prod\limits_{i=1}^{k}\lambda e^{-\lambda x_i}, & 0<x_1<x_2<\cdots<x_k,\\ 0, & 其他,\end{cases}$$

$$=\begin{cases}\dfrac{n!\lambda^k}{(n-k)!}e^{-(n-k)\lambda x_k}e^{-\lambda\sum\limits_{i=1}^{k}x_i}, & 0<x_1<x_2<\cdots<x_k,\\ 0, & 其他.\end{cases}$$

特别地，当 $k=n$ 时，次序统计量 $(X_{(1)},X_{(2)},\cdots,X_{(n)})$ 的联合密度函数为

$$g(x_1,x_2,\cdots,x_n)=\begin{cases} n!\lambda^n e^{-\lambda\sum\limits_{i=1}^{n}x_i}, & 0<x_1<x_2<\cdots<x_n, \\ 0, & \text{其他}. \end{cases}$$

(4) 由式(1.2.15)知，极差 $R=X_{(n)}-X_{(1)}$ 的密度函数为

$$\begin{aligned} g_R(r)&=\begin{cases} \int_{-\infty}^{+\infty} n(n-1)\left[F(r+z)-F(z)\right]^{n-2}f(z)f(r+z)\mathrm{d}z, & r>0, \\ 0, & r\leqslant 0, \end{cases} \\ &=\begin{cases} n(n-1)\int_0^{+\infty}\left[e^{-\lambda z}-e^{-\lambda(r+z)}\right]^{n-2}\lambda e^{-\lambda z}\lambda e^{-\lambda(r+z)}\mathrm{d}z, & r>0, \\ 0, & r\leqslant 0, \end{cases} \\ &=\begin{cases} n(n-1)\lambda^2 e^{-\lambda r}(1-e^{-\lambda r})^{n-2}\int_0^{+\infty} e^{-n\lambda z}\mathrm{d}z, & r>0, \\ 0, & r\leqslant 0, \end{cases} \\ &=\begin{cases} (n-1)\lambda e^{-\lambda r}(1-e^{-\lambda r})^{n-2}, & r>0, \\ 0, & r\leqslant 0. \end{cases} \end{aligned}$$

八、样本中位数与样本 p 分位数

利用次序统计量，可以定义样本中位数与样本 p 分位数，具体如下.

1. 样本中位数

定义 1.2.5 设 $(X_{(1)},X_{(2)},\cdots,X_{(n)})$ 是容量为 n 的样本 $(X_1,X_2,\cdots,X_n)$ 的次序统计量，则称如下统计量

$$m_d=\begin{cases} X_{\left(\frac{n+1}{2}\right)}, & n\text{ 为奇数}, \\ \frac{1}{2}\left[X_{\left(\frac{n}{2}\right)}+X_{\left(\frac{n}{2}+1\right)}\right], & n\text{ 为偶数}, \end{cases}$$

为该样本的**样本中位数**(sample median).

样本中位数反映总体中位数的信息. 当总体分布关于某个点对称时，对称中心既是总体中数位又是总体均值，此时 m_d 也反映总体均值的信息.

2. 样本 p 分位数

定义 1.2.6 设 $(X_{(1)},X_{(2)},\cdots,X_{(n)})$ 是容量为 n 的样本 $(X_1,X_2,\cdots,X_n)$ 的次序统计量，对给定的 $p(0<p<1)$，称如下统计量

$$m_p=\begin{cases}X_{(\lfloor np\rfloor+1)}, & np\ 不是整数,\\ \frac{1}{2}\left[X_{(\lfloor np\rfloor)}+X_{(\lfloor np\rfloor+1)}\right], & np\ 是整数,\end{cases}$$

为该样本的**样本 p 分位数**(sample p-th quantile),此处$\lfloor np\rfloor$表示 np 的整数部分.

当 $p=0.5$ 时,样本 0.5 分位数的定义与样本中位数的定义是相同的.样本 p 分位数反映了总体 p 分位数(定义为 $x_p:=\inf\{x:F(x)\geqslant p\}$)的信息.易见,当总体分布函数 $F(x)$连续时,有 $F(x_p)=p$.

对多数总体而言,样本 p 分位数的精确分布一般很难求得.但幸运的是,当样本容量 $n\to\infty$时,样本 p 分位数的渐近分布有个比较简单的表达式,即下面的定理 1.2.2.

定理 1.2.2 设$(X_1,X_2,\cdots,X_n)$为来自总体 X 的样本,其分布函数为 $F(x)$,且有密度函数 $f(x)$,x_p 为其 p 分位数.若 $f(x)$在 x_p 处连续,且 $f(x_p)>0$,则当 $n\to\infty$时,样本 p 分位数 m_p 有如下渐近正态分布:

$$m_p\sim AN\left(x_p,\frac{p(1-p)}{nf^2(x_p)}\right),$$

即

$$\frac{\sqrt{n}(m_p-x_p)}{\sqrt{p(1-p)}/f(x_p)}\xrightarrow{L}N(0,1).$$

特别地,对于样本中位数,当 $n\to\infty$时,有

$$m_{0.5}\sim AN\left(x_{0.5},\frac{1}{4nf^2(x_{0.5})}\right),$$

即

$$\frac{2\sqrt{n}(m_{0.5}-x_{0.5})}{1/f(x_{0.5})}\xrightarrow{L}N(0,1).$$

习题 1.2

1.2.1 写出下列随机试验的样本空间:

(1)抛三枚硬币;

(2)抛三颗骰子;

(3)连续抛一枚硬币,直至出现正面为止;

(4)口袋中有黑、白、红球各一个,从中任取两个球,先从中取出一个,放回后再取出一个;

(5)口袋中有黑、白、红球各一个,从中任取两个球,先从中取出一个,不放回后再取出一个.

1.2.2 先抛一枚硬币,若出现正面(记为 Z),则再掷一颗骰子,试验停止;若出现反面(记为 F),则再抛一枚硬币,试验停止. 那么该试验的样本空间 Ω 是什么?

1.2.3 设$(X_1,\cdots,X_n)$是来自几何分布总体 $P(X=x)=\theta(1-\theta)^x$,$x=0,1,2,\cdots$的样本,$0<\theta<1$ 为未知参数,求样本的联合概率函数.

1.2.4 设$(X_1,\cdots,X_n)$是来自泊松分布 $\mathscr{P}(\lambda)$的样本,$\lambda>0$ 为未知参数,求样本空间 $\mathscr{X}$,以及样本的联合概率函数.

1.2.5 设$(X_1,\cdots,X_n)$是来自正态分布 $N(\mu,1)$的样本,$-\infty<\mu<+\infty$ 为未知参数,求样本空间 $\mathscr{X}$,以及样本的联合密度函数.

1.2.6 设某厂大量生产某种产品,其不合格品率 p 未知,每 m 件产品包装为一盒. 为了检查产品的质量,任意抽取 n 盒,查其中的不合格品数,试说明什么是总体,什么是样本,并指出样本的概率分布.

1.2.7 设$(X_1,\cdots,X_5)$是取自 Bernoulli 分布 $B(1,p)$的一个样本,其中 $0<p<1$ 为未知参数.

(1)写出样本的联合分布列;

(2)指出下列哪些是统计量,哪些不是统计量,为什么?

$$T_1=(X_1+\cdots+X_5)/5,\ T_2=X_5-E(X_1),$$
$$T_3=X_5-p,\ T_4=\max(X_1,\cdots,X_5).$$

1.2.8 设总体 X 服从两点分布 $B(1,p)$(即 $P(X=1)=p$,$P(X=0)=1-p$),其中 p 是未知参数,$\boldsymbol{X}=(X_1,\cdots,X_5)$为从此总体中抽取的简单样本.

(1)写出样本空间 $\mathscr{X}$,以及 $\boldsymbol{X}$ 的概率分布;

(2)指出 X_1+X_2,$\min_{1\leqslant i\leqslant 5}X_i$,$X_5+2p$,$X_5-E(X_1)$,$(X_5-X_1)^2/D(X_1)$ 哪些是统计量,哪些不是,为什么?

(3)设样本观察值$(X_1,\cdots,X_n)$中有 m 个 1,$n-m$ 个 0,求此样本的经验分布函数.

1.2.9 在一本书上我们随机地检查了 10 页,发现每页上的错误数为:

4 5 6 0 3 1 4 2 1 4

试计算其样本均值、修正的样本方差和修正的样本标准差.

1.2.10 设 $x_1,\cdots,x_n$ 和 $y_1,\cdots,y_n$ 是两组样本观测值，且有如下关系：$y_i=3x_i-4,i=1,\cdots,n$，试求样本均值 $\overline{x}$ 和 $\overline{y}$ 间的关系以及样本方差 s_x^2 和 s_y^2 间的关系.

1.2.11 设从正态总体 $N(20,9)$ 中分别抽取容量为 10 和 15 的两组独立样本，记这两组样本的样本均值和样本方差分别为 $\overline{X},\overline{Y}$ 和 S_X^2,S_Y^2.

(1)求两样本均值差的绝对值大于 0.3 的概率；

(2)求 $10S_X^2+15S_Y^2$ 大于 164 的概率.

1.2.12 设$(X_1,\cdots,X_n)$和$(Y_1,\cdots,Y_n)$是分别从正态总体 $N(\mu,\sigma^2)$ 中抽取的两组简单样本，且二者相互独立. 令 $\overline{X}$ 和 $\overline{Y}$ 分别为这两组样本的样本均值，试确定样本大小 n 的近似值，使得

$$P(|\overline{X}-\overline{Y}|>\sigma)\approx 0.01.$$

1.2.13 设总体 X 服从几何分布，即 $P(X=k)=pq^{k-1},k=1,2,\cdots$，其中 $0<p<1,q=1-p$，$(X_1,X_2,\cdots,X_n)$为该总体的样本. 求 $X_{(n)},X_{(1)}$ 的概率分布.

1.2.14 设总体密度函数为 $f(x)=6x(1-x),0<x<1$，$(X_1,\cdots,X_9)$是来自该总体的样本，试求样本中位数的分布.

1.2.15 设 $X_{(1)}$ 和 $X_{(n)}$ 分别为容量为 n 的最小和最大次序统计量，证明极差 $R_n=X_{(n)}-X_{(1)}$ 的分布函数为

$$F_{R_n}(x)=n\int_{-\infty}^{+\infty}[F(y+x)-F(y)]^{n-1}f(y)\mathrm{d}y,x>0,$$

其中 $F(y)$ 与 $f(y)$ 分别为总体的分布函数与密度函数.

1.2.16 设 $X_1,\cdots,X_n\ i.i.d.\sim F(x)$，$F(x)$有密度函数 $f(x)$. 记 $\boldsymbol{X}=(X_1,\cdots,X_n)$，求证 $\boldsymbol{X}$ 的次序统计量$(X_{(1)},\cdots,X_{(n)})$中任意两个$(X_{(i)},X_{(j)})$ $(i<j)$的联合密度为

$$f_{ij}(x,y)=$$

$$\begin{cases}\dfrac{n!}{(i-1)!(j-i-1)!(n-j)!}(F(x))^{i-1}(F(y)-F(x))^{j-i-1} & \\ \qquad\times(1-F(y))^{n-j}f(x)f(y), & x<y, \\ 0, & \text{其他}, \end{cases}$$

此处 $x=x_{(i)},y=x_{(j)}$.

1.2.17 设$(X_1,\cdots,X_{16})$是来自正态总体$X\sim N(8,2^2)$的样本，试求概率$P(X_{(16)}>10)$和$P(X_{(1)}>5)$.

1.2.18 设总体密度函数为$f(x)=2x,0<x<1$，$(X_1,\cdots,X_5)$是来自该总体的样本，试求$P\left(X_{(2)}<\frac{1}{2}\right)$.

1.3 数理统计学的发展简史

数理统计学的发展大致可以分为三个时期，具体如下.

1. 19 世纪末以前——数理统计学的萌芽时期

这一时期，描述统计学占据主导地位. 所谓描述统计学，就是收集大量的数据，并进行一些简单的运算（如求和、求平均值、求百分比等）或用图、表等把它们表示出来. 中国古代就有很多关于钱粮、人口、地震以及洪水等自然灾害的统计或记录，西方国家也有类似的统计或记录，并且在西方国家，统计学的英文词 Statistics 源出于 State（国家），意指国家收集的国情材料，即这些统计工作都与国家实施统治有关.

这一时期也出现了一些现在仍很常用的统计方法，如直方图法等，但更重要的、超出描述统计学范畴的成就是德国数学家 C. F. Gauss（高斯）和法国数学家 A. M. Legendre（勒让德）关于最小二乘法（least square estimation，简记为 LSE）的工作. 另外，德国的大地测量学者 F. R. Helmert（赫尔默特）于 1876 年在研究正态总体的样本方差时发现了十分重要的χ^2分布，英国科学家和探险家 F. Galton（高尔顿）在生物学研究中提出了回归分析方法，这些都是数理统计学发展史上的重要事件.

2. 19 世纪末到二战结束——数理统计学的发展时期

在这一时期，起主导作用的是以统计学家 K. Pearson（皮尔逊）和 R. A. Fisher（费希尔）为首的英国学派，而 K. Pearson 和 R. A. Fisher 也是数理统计学的两位主要奠基人，特别是 R. A. Fisher，他在数理统计学的发展中起了独特的作用.

关于 K. Pearson，他的主要贡献包括：1894 年，提出了**矩估计法**（moment）；1900 年，提出了检验拟合优度的χ^2统计量，并证明其极限分布（在原假设成立时）是χ^2分布，这个结果是大样本统计的先驱性工作.

关于 R. A. Fisher，他的主要贡献包括：1912 年，提出了**最大似然估计法**

(maximum likelihood estimation,简记为 MLE);系统地发展了正态总体下种种统计量的抽样分布理论,这标志着相关分析、回归分析和多元分析等分支的建立;创立了试验设计,并发展了相应的数据分析方法——方差分析.

这一时期,除了 K. Pearson 和 R. A. Fisher 对数理统计学的发展起到关键的作用外,还有一些著名的学者也对数理统计学的发展起到了积极的推动作用. 例如:K. Pearson 的学生、英国医生 W. S. Gosset(戈塞特,笔名 student)于 1908 年导出了 t 统计量的精确分布——t 分布,开了小样本理论的先河;波兰数学家、统计学家 J. Neyman(奈曼)和英国统计学家 E. S. Pearson(小皮尔逊,K. Pearson 的儿子)在 1928—1938 年间发表了一系列文章,对**假设检验**理论进行了系统化和深入研究,建立了假设检验的严格数学理论,并提出了著名的 N-P 引理;另外,J. Neyman 对数理统计学的发展作出的另一项重要贡献,是在 1934—1937 年间,建立了**置信区间**的数学理论;在**多元统计分析**领域,英国统计学家 R. A. Fisher,苏格兰统计学家 J. Wishart(威沙特)以及我国著名的统计学家许宝騄教授等都作出了很多奠基性的工作;在**时间序列分析**领域,英国统计学家 G. U. Yule(尤尔)和美国统计学家 N. Wiener(维纳)等作出过重要工作. 瑞典统计学家 H. Cramer(克拉默)在 1946 年发表的著作《Mathematical Methods of Statistics》(统计学的数学方法),对这一时期的主要成就作了扼要的总结,也标志了这门学科达到成熟的地步.

3. 二战结束以后到现在——数理统计学的成熟时期

在这一时期中,数理统计学在应用和理论两个方面继续获得很大的发展. 在应用方面,不仅是由于战后工农业生产以及军事、科学等技术的迅速发展所提出的要求,也是由于电子计算机这一有力工具的出现和飞速发展使得数理统计学的应用达到了前所未有的规模,推动了数理统计学的进步. 目前,数理统计方法已经渗透进各种专门的学科领域,形成了许多边缘学科,如统计质量管理、生物统计、气象统计、地质统计、医学统计、农业统计等.

在理论方面,战后的统计理论沿着纵深方向快速发展,理论上的深度比以前大大加强了,同时还出现了根本性的发展,如罗马尼亚数学家 A. Wald 于 1950 年创立的**统计决策理论**(1939 年开始发展的)以及 Bayes(贝叶斯)统计学派的兴起,特别是 A. Wald 于 1950 年创立的统计决策理论,它从人与大自然进行博弈的观点出发,企图把形形色色的统计问题纳入一个统一的模式之下,这种理论对战后数理统计许多分支的发展产生了很大影响,特别是参数估计这个分支.

近 50 年来,数理统计学在我国的发展也是令人瞩目的,特别是 2011 年统计学从数学和经济学中独立出来成为一级学科,极大地推动了统计学的发展.

有关数理统计学的发展历史,详见陈希孺院士的《数理统计简史》(湖南教育出版社,2002).

1.4 数理统计学的分支

数理统计学内容庞杂,分支学科很多,难于作出一个周密而无懈可击的分类.大体上可以划分为以下几类:

第一类分支学科是抽样调查和试验设计.它们主要讨论在观测和实验数据的收集中有关的理论和方法问题,但并非与统计推断无关.

第二类分支学科为数甚多,其任务都是讨论统计推断的原理和方法.各分支的形成是基于:

(1)特定的统计推断形式:如参数估计和假设检验;

(2)特定的统计观点:如贝叶斯统计与统计决策理论;

(3)特定的理论模型或样本结构:如非参数统计、多元统计分析、回归分析、相关分析、序贯分析、时间序列分析和随机过程统计等.

第三类是一些针对特殊的应用问题而发展起来的分支学科,如产品抽样检验、可靠性统计、统计质量管理等.

第 2 章
抽样分布及若干预备知识

样本是随机变量，有一定的概率分布，称为**样本分布**．统计量是样本的函数，它也是随机变量，也有概率分布，这个分布原则上可由样本分布导出．统计量的概率分布称为**抽样分布**．

统计量的性质和统计推断方法的优良性，主要取决于其抽样分布的性质．确定统计量的抽样分布是数理统计学的一个基本问题，也是一个较难的问题．近代统计学的奠基人之一，英国统计学家 R. A. Fisher 曾把抽样分布、参数估计和假设检验看作统计推断的三个中心内容．

讨论抽样分布的途径有两个：一是精确求出抽样分布，并称相应的统计推断为**小样本统计推断**；二是让样本容量趋于无穷大并求出抽样分布的极限分布，把该极限分布作为抽样分布的近似分布，再由此进行统计推断，相应的统计推断被称为**大样本统计推断**．

本章首先给出一些相关预备知识，包括随机向量与多元正态分布的性质，然后介绍一些常用的抽样分布，包括 χ^2 分布、t 分布、F 分布，以及正态总体下样本均值与样本方差的分布等，同时还简单介绍统计量的极限分布．为了后面几章阐释的需要，本章还将介绍充分统计量、完全统计量以及指数型分布族的定义及有关性质等．

2.1 随机向量与多元正态分布

一、随机向量

设 $\boldsymbol{X}=(X_1,X_2,\cdots,X_n)'$ 为 n 维随机向量，则其均值向量为

$$E\boldsymbol{X}=(EX_1,EX_2,\cdots,EX_n)'=(\mu_1,\mu_2,\cdots,\mu_n)':=\boldsymbol{\mu},$$

方差向量为

$$D\boldsymbol{X}=(DX_1,DX_2,\cdots,DX_n)'=(\sigma_1^2,\sigma_2^2,\cdots,\sigma_n^2)',$$

协方差矩阵为

$$\begin{aligned}Cov(\boldsymbol{X}) &:= Cov(\boldsymbol{X},\boldsymbol{X}) := E\left[\underset{n\times 1}{(\boldsymbol{X}-E\boldsymbol{X})}\underset{1\times n}{(\boldsymbol{X}-E\boldsymbol{X})'}\right]\\
&=\begin{pmatrix}E(X_1-EX_1)(X_1-EX_1) & \cdots & E(X_1-EX_1)(X_n-EX_n)\\ E(X_2-EX_2)(X_1-EX_1) & \cdots & E(X_2-EX_2)(X_n-EX_n)\\ \vdots & & \vdots\\ E(X_n-EX_n)(X_1-EX_1) & \cdots & E(X_n-EX_n)(X_n-EX_n)\end{pmatrix}\\
&=\begin{pmatrix}Cov(X_1,X_1) & \cdots & Cov(X_1,X_n)\\ Cov(X_2,X_1) & \cdots & Cov(X_2,X_n)\\ \vdots & & \vdots\\ Cov(X_n,X_1) & \cdots & Cov(X_n,X_n)\end{pmatrix}\\
&:=(Cov(X_i,X_j))_{n\times n}:=\boldsymbol{\Sigma}.\end{aligned}$$

可以证明：$\boldsymbol{\Sigma}'=\boldsymbol{\Sigma}$，且 $\boldsymbol{\Sigma}$ 为半正定矩阵，即 $\boldsymbol{\Sigma}\geqslant 0$.

事实上，对任意的 $\boldsymbol{y}\in\mathbb{R}^n$，有

$$\begin{aligned}\boldsymbol{y}'\boldsymbol{\Sigma}\boldsymbol{y} &= \boldsymbol{y}'E[(\boldsymbol{X}-E\boldsymbol{X})(X-E\boldsymbol{X})']\boldsymbol{y}\\ &= E[\boldsymbol{y}'(\boldsymbol{X}-E\boldsymbol{X})(\boldsymbol{X}-E\boldsymbol{X})'\boldsymbol{y}]\\ &= E[\boldsymbol{y}'(\boldsymbol{X}-E\boldsymbol{X})]^2\geqslant 0,\end{aligned}$$

所以 $\boldsymbol{\Sigma}$ 为半正定矩阵，即 $\boldsymbol{\Sigma}\geqslant 0$.

设 $\boldsymbol{X}=(X_1,X_2,\cdots,X_n)'$，$\boldsymbol{Y}=(Y_1,Y_2,\cdots,Y_m)'$，则随机向量 $\boldsymbol{X}$ 与 $\boldsymbol{Y}$ 的协方差矩阵定义为

$$Cov(\boldsymbol{X},\boldsymbol{Y}):=E[(\boldsymbol{X}-E\boldsymbol{X})(\boldsymbol{Y}-E\boldsymbol{Y})']$$

$$= \begin{pmatrix} Cov(X_1,Y_1) & Cov(X_1,Y_2) & \cdots & Cov(X_1,Y_m) \\ Cov(X_2,Y_1) & Cov(X_2,Y_2) & \cdots & Cov(X_2,Y_m) \\ \vdots & \vdots & \vdots & \vdots \\ Cov(X_n,Y_1) & Cov(X_n,Y_2) & \cdots & Cov(X_n,Y_m) \end{pmatrix}$$

$$:= (Cov(X_i,Y_j))_{n\times m}.$$

一般地，$Cov(\boldsymbol{X},\boldsymbol{Y})\neq Cov(\boldsymbol{Y},\boldsymbol{X})$.

关于随机向量的期望与协方差矩阵，有如下基本性质.

性质 2.1.1　设 $\boldsymbol{A},\boldsymbol{B}$ 为矩阵，$\boldsymbol{b}$ 为向量. 则

(i) $E(\boldsymbol{AX}+\boldsymbol{b})=\boldsymbol{A}E\boldsymbol{X}+\boldsymbol{b}$，$E(\boldsymbol{AXB})=\boldsymbol{A}(E\boldsymbol{X})\boldsymbol{B}$，这里，$\boldsymbol{X}$ 可为向量或矩阵，若 $\boldsymbol{X}$ 为矩阵，则 $\boldsymbol{b}$ 也为矩阵；

(ii) $Cov(\boldsymbol{AX},\boldsymbol{BY})=\boldsymbol{A}Cov(\boldsymbol{X},\boldsymbol{Y})\boldsymbol{B}'$；

(iii) $Cov(\boldsymbol{AX})=Cov(\boldsymbol{AX},\boldsymbol{AX})=\boldsymbol{A}Cov(\boldsymbol{X},\boldsymbol{X})\boldsymbol{A}'$.

二、多元正态分布

1. 定义

定义 2.1.1　设 $\boldsymbol{X}=(X_1,X_2,\cdots,X_n)'$ 为 n 维随机向量，若其概率密度函数为

$$f(\boldsymbol{x};\boldsymbol{\mu},\boldsymbol{\Sigma})=\left(\frac{1}{\sqrt{2\pi}}\right)^n\left|\sum\right|^{-\frac{1}{2}}e^{-\frac{1}{2}(\boldsymbol{x}-\boldsymbol{\mu})'\sum^{-1}(\boldsymbol{x}-\boldsymbol{\mu})},$$

$$\boldsymbol{x}=(x_1,x_2,\cdots,x_n)'\in\mathbb{R}^n,$$

则称 $\boldsymbol{X}$ 服从参数为 $\boldsymbol{\mu}$ 和 $\boldsymbol{\Sigma}$ 的 n 维正态分布，记作 $\boldsymbol{X}\sim N_n(\boldsymbol{\mu},\boldsymbol{\Sigma})$，其中

$$\boldsymbol{\mu}=(\mu_1,\mu_2,\cdots,\mu_n)'$$

为常数向量，

$$\boldsymbol{\Sigma}:=\boldsymbol{\Sigma}_{n\times n}=\begin{pmatrix} \sigma_{11} & \sigma_{12} & \cdots & \sigma_{1n} \\ \sigma_{21} & \sigma_{22} & \cdots & \sigma_{2n} \\ \vdots & \vdots & \vdots & \vdots \\ \sigma_{n1} & \sigma_{n2} & \cdots & \sigma_{nn} \end{pmatrix}:=(\sigma_{ij})_{n\times n}>0$$

是一个正定的常数矩阵.

可以证明：$\boldsymbol{\mu}=E\boldsymbol{X}$，$\boldsymbol{\Sigma}=Cov(\boldsymbol{X})=(Cov(X_i,X_j))_{n\times n}$.

2. 多元正态分布的性质

定理 2.1.1　设 $\boldsymbol{X}\sim N_n(\boldsymbol{\mu},\boldsymbol{\Sigma})$，$A$ 是一个 $m\times n$ 常数矩阵，$\boldsymbol{b}$ 是一个 m 维

常数向量,则 $\boldsymbol{Y}=A\boldsymbol{X}+\boldsymbol{b}\sim N_m\left(A\boldsymbol{\mu}+\boldsymbol{b},A\boldsymbol{\Sigma}A'\right)$.

注 2.1.1 由性质 2.1.1,可得

$$EY=E(A\boldsymbol{X})+\boldsymbol{b}=AE\boldsymbol{X}+\boldsymbol{b}=A\boldsymbol{\mu}+\boldsymbol{b},$$
$$Cov(\boldsymbol{Y})=Cov(A\boldsymbol{X}+\boldsymbol{b})=ACov(\boldsymbol{X})A'=A\boldsymbol{\Sigma}A'.$$

推论 2.1.1 设 $\boldsymbol{X}=(X_1,X_2,\cdots,X_n)'\sim N_n\left(\boldsymbol{\mu},\boldsymbol{\Sigma}\right)$,其中

$$\boldsymbol{\mu}=\begin{pmatrix}\mu_1\\ \mu_2\\ \vdots\\ \mu_n\end{pmatrix},\boldsymbol{\Sigma}=\begin{pmatrix}\sigma_{11}&\sigma_{12}&\cdots&\sigma_{1n}\\ \sigma_{21}&\sigma_{22}&\cdots&\sigma_{2n}\\ \vdots&\vdots&\vdots&\vdots\\ \sigma_{n1}&\sigma_{n2}&\cdots&\sigma_{nn}\end{pmatrix},$$

则 $X_i\sim N(\mu_i,\sigma_{ii}),i=1,2,\cdots,n.$

证明 易见

$$X_i=(0\cdots0\underset{i}{1}\quad 0\cdots0)\begin{pmatrix}X_1\\ X_2\\ \vdots\\ X_n\end{pmatrix}:=A\boldsymbol{X},$$

其中 $A=(0\cdots0\underset{i}{1}\ 0\cdots0)$. 故由定理 2.1.1 知,

$$X_i=A\boldsymbol{X}\sim N(A\boldsymbol{\mu},A\boldsymbol{\Sigma}A')=N(\mu_i,\sigma_{ii}).$$

结论得证.

类似于推论 2.1.1 的证明方法,可以证得 $\boldsymbol{X}=(X_1,X_2,\cdots,X_n)'$的任何子向量的分布都是正态分布.

例 2.1.1 设 $\boldsymbol{X}=\begin{pmatrix}X_1\\ X_2\end{pmatrix}\sim N_2\left[\begin{pmatrix}\mu_1\\ \mu_2\end{pmatrix},\begin{pmatrix}1&1\\ 1&2\end{pmatrix}\right]$,求 X_1+X_2 的分布.

解 易见

$$X_1+X_2=(1\quad 1)\begin{pmatrix}X_1\\ X_2\end{pmatrix}:=A\boldsymbol{X},$$

其中 $A=(1\quad 1)$. 记 $\boldsymbol{\mu}=\begin{pmatrix}\mu_1\\ \mu_2\end{pmatrix},\boldsymbol{\Sigma}=\begin{pmatrix}1&1\\ 1&2\end{pmatrix}$, 则

$$A\boldsymbol{\mu}=\mu_1+\mu_2,A\boldsymbol{\Sigma}A'=(1\quad 1)\begin{pmatrix}1&1\\ 1&2\end{pmatrix}\begin{pmatrix}1\\ 1\end{pmatrix}=5,$$

故由定理2.1.1知

$$X_1+X_2=A\boldsymbol{X}\sim N(A\boldsymbol{\mu},A\boldsymbol{\Sigma}A'),$$

即 $X_1+X_2\sim N(\mu_1+\mu_2,5)$.

定理2.1.2　设 $\boldsymbol{X}=(X_1,X_2,\cdots,X_n)'\sim N_n(\boldsymbol{\mu},\boldsymbol{\Sigma})$，则 $X_1,X_2,\cdots,X_n$ 相互独立的充分必要条件是：$\boldsymbol{\Sigma}$ 为对角阵

$$\begin{pmatrix}\sigma_{11} & & & \\ & \sigma_{22} & & \\ & & \ddots & \\ & & & \sigma_{nn}\end{pmatrix},$$

即

$$Cov(X_i,X_j)=\begin{cases}0, & i\neq j,\\ \sigma_{ii}, & i=j,\end{cases}$$

也即 $X_1,X_2,\cdots,X_n$ 两两不相关.

例2.1.2　设 $X_1,X_2,\cdots,X_n$ $i.i.d.\sim N(\mu,\sigma^2)$，则

$$\boldsymbol{X}=\begin{pmatrix}X_1\\X_2\\\vdots\\X_n\end{pmatrix}\sim N_n\left[\begin{pmatrix}\mu\\\mu\\\vdots\\\mu\end{pmatrix},\sigma^2 I_n\right],\text{其中 }\boldsymbol{\Sigma}:=\sigma^2 I_n=\begin{pmatrix}\sigma^2 & & & \\ & \sigma^2 & & \\ & & \ddots & \\ & & & \sigma^2\end{pmatrix}.$$

习题2.1

2.1.1　设 $X_1,\cdots,X_n$ 为随机变量，$Y_1=X_1$，$Y_i=X_i-X_{i-1}$，$i=2,3,\cdots,n$. 记 $\boldsymbol{X}=(X_1,X_2,\cdots,X_n)'$，$\boldsymbol{Y}=(Y_1,Y_2,\cdots,Y_n)'$.

(1)若 $Cov(\boldsymbol{X})=\boldsymbol{I}$，其中 $\boldsymbol{I}$ 是 n 阶单位矩阵，求 $Cov(\boldsymbol{Y})$；

(2)若 $Cov(\boldsymbol{Y})=\boldsymbol{I}$，求 $Cov(\boldsymbol{X})$.

2.1.2　设随机变量 $X_1,\cdots,X_n$ 相互独立，具有公共均值 θ 和方差 σ^2.

(1)定义 $Y_i=X_i-X_{i+1}$，$i=1,\cdots,n-1$. 求 $\begin{pmatrix}Y_1\\Y_2\\\vdots\\Y_{n-1}\end{pmatrix}$ 的均值向量与协方差矩阵；

(2)定义 $Q=(X_1-X_2)^2+\cdots+(X_{n-1}-X_n)^2$,求 EQ.

2.1.3 设 $\boldsymbol{X}=(X_1,X_2,X_3)'\sim N_3\left(\boldsymbol{\mu},\boldsymbol{\Sigma}\right)$,其中

$$\boldsymbol{\mu}=(2,1,2)',\quad \boldsymbol{\Sigma}=\begin{pmatrix}2&1&1\\1&3&0\\1&0&1\end{pmatrix}.$$

求 $Y_1=X_1+X_2+X_3$ 与 $Y_2=X_1-X_2$ 的联合分布.

2.1.4 (1)设 X 和 Y 为具有相同方差的任意两个随机变量. 证明 $Cov(X+Y,X-Y)=0$;

(2)设 $\boldsymbol{X}_{n\times1},\boldsymbol{Y}_{m\times1}$ 均为随机向量,$Cov(\boldsymbol{X})>0$(即 $Cov(\boldsymbol{X})$ 是正定矩阵),求常数矩阵 $\boldsymbol{A}_{n\times m}$,使得 $Cov(\boldsymbol{X},\boldsymbol{Y}-\boldsymbol{A}\boldsymbol{X})=\boldsymbol{0}$.

2.1.5 设随机向量 $\boldsymbol{X}$ 的密度函数为

$$f(\boldsymbol{x})=\frac{1}{(2\pi)^{\frac{n}{2}}\ (\det\boldsymbol{\Sigma})^{\frac{1}{2}}}\mathrm{e}^{-\frac{1}{2}(\boldsymbol{x}-\boldsymbol{\mu})'\boldsymbol{\Sigma}^{-1}(\boldsymbol{x}-\boldsymbol{\mu})},$$

且 $\boldsymbol{\Sigma}=\mathrm{diag}(\sigma_{11},\cdots,\sigma_{nn})$,证明:$X_1,\cdots,X_n$ 相互独立,且 $X_i\sim N(\mu_i,\sigma_{ii}^2)$, $i=1,2,\cdots,n$.

2.1.6 设 $\boldsymbol{X}_1\sim N_p\left(\boldsymbol{\mu}_1,\boldsymbol{\Sigma}_1\right)$,$X_2\sim N_p\left(\boldsymbol{\mu}_2,\boldsymbol{\Sigma}_2\right)$,且二者相互独立.

(1)证明

$$\begin{pmatrix}\boldsymbol{X}_1\\\boldsymbol{X}_2\end{pmatrix}\sim N_{2p}\left(\boldsymbol{\mu},\boldsymbol{\Sigma}\right),$$

其中

$$\boldsymbol{\mu}=\begin{pmatrix}\boldsymbol{\mu}_1\\\boldsymbol{\mu}_2\end{pmatrix},\boldsymbol{\Sigma}=\begin{pmatrix}\boldsymbol{\Sigma}_1&0\\0&\boldsymbol{\Sigma}_2\end{pmatrix};$$

(2)设 a, b 为常数,证明

$$a\boldsymbol{X}_1+b\boldsymbol{X}_2\sim N_p\left(a\boldsymbol{\mu}_1+b\boldsymbol{\mu}_2,a^2\boldsymbol{\Sigma}_1+b^2\boldsymbol{\Sigma}_2\right).$$

2.1.7 设 $\boldsymbol{X}\sim N_2\left(\boldsymbol{\mu},\boldsymbol{\Sigma}\right)$,其密度函数为

$$f(x_1,x_2)=k^{-1}\exp\left\{-\frac{1}{2}Q(x_1,x_2)\right\},$$

这里 $Q(x_1,x_2)=x_1^2+2x_2^2-x_1x_2-3x_1-2x_2+4$,求 $\boldsymbol{\mu}$ 和 $\boldsymbol{\Sigma}$.

2.1.8 设 $\boldsymbol{X}=(X_1,X_2,X_3)'\sim N_3\left(\boldsymbol{0},\boldsymbol{\Sigma}\right)$,其中

$$\boldsymbol{\Sigma}=\begin{pmatrix}1 & \rho & \rho\\ \rho & 1 & \rho\\ \rho & \rho & 1\end{pmatrix}.$$

确定 ρ 的值,使得 $X_1+X_2+X_3$ 与 $X_1-X_2-X_3$ 相互独立.

2.1.9 设 X_1 与 X_2 的联合分布是二元正态分布,其密度函数为

$$f(x_1,x_2)=\frac{1}{2\pi\sigma_1\sigma_2\sqrt{1-\rho^2}}\cdot\exp\left\{-\frac{1}{2(1-\rho^2)}\left[\frac{(x_1-\mu_1)^2}{\sigma_1^2}-2\rho\left(\frac{x_1-\mu_1}{\sigma_1}\right)\left(\frac{x_2-\mu_2}{\sigma_2}\right)+\frac{(x_2-\mu_2)^2}{\sigma_2^2}\right]\right\}.$$

(1)ρ 满足什么条件时,协方差矩阵 $\boldsymbol{\Sigma}$ 可逆?

(2)ρ 满足什么条件时,X_1 与 X_2 相互独立?

2.1.10 设 $\boldsymbol{X}\sim N_3(\boldsymbol{\mu},\boldsymbol{\Sigma})$,其中

$$\boldsymbol{X}=(X_1,X_2,X_3)',\ \boldsymbol{\mu}=(2,-3,1)',\ \boldsymbol{\Sigma}=\begin{pmatrix}1 & 1 & 1\\ 1 & 3 & 2\\ 1 & 2 & 2\end{pmatrix}.$$

(1)试求 $3X_1-2X_2+X_3$ 的分布;

(2)求二维向量 $\boldsymbol{c}=(c_1,c_2)'$,使得 X_3 与 $X_3-\boldsymbol{c}'(X_1,X_2)'$ 相互独立.

2.2 抽样分布

在本章一开始已经介绍,统计量的概率分布称为**抽样分布**.当总体的分布函数已知时,统计量的分布是确定的.一般来说,要求出一个统计量的精确分布是比较困难的,可是对于一些重要的特殊情形,例如对于来自正态总体的几个常用统计量的分布,已取得了一些重要的结果.

一、χ^2 分布(卡方分布)

χ^2 分布最早是由德国的大地测量学者 F. R. Helmert(赫尔默特)于 1876 年在研究正态总体的样本方差时发现的.为了给出 χ^2 分布的定义及性质,先回顾一下 Gamma 分布 $\Gamma(\alpha,\beta)$的定义及性质.

1. Gamma 分布 $\boldsymbol{\Gamma(\alpha,\beta)}$

设 $X\sim\Gamma(\alpha,\beta)$,则其概率密度函数为

$$f(x;\alpha,\beta)=\frac{\alpha^{\beta}}{\Gamma(\beta)}\mathrm{e}^{-\alpha x}x^{\beta-1},x>0,$$

其中 $\alpha>0$ 与 $\beta>0$ 为参数. 这里 $\Gamma(\beta)=\int_0^{+\infty}\mathrm{e}^{-x}\cdot x^{\beta-1}\mathrm{d}x,\beta>0$，满足：

$$\Gamma(\beta+1)=\beta\Gamma(\beta),\Gamma(n)=(n-1)!,\Gamma(2)=\Gamma(1)=1,\Gamma(1/2)=\sqrt{\pi}.$$

Gamma 分布 $\Gamma(\alpha,\beta)$ 具有以下基本性质.

定理 2.2.1 设 $X\sim\Gamma(\alpha,\beta)$，则

(1) $EX=\frac{\beta}{\alpha},DX=\frac{\beta}{\alpha^2}$；

(2) 可加性(对 β)：若 $X_1\sim\Gamma(\alpha,\beta_1)$，$X_2\sim\Gamma(\alpha,\beta_2)$，且 X_1 和 X_2 相互独立，则 $(X_1+X_2)\sim\Gamma(\alpha,\beta_1+\beta_2)$.

证明 (1) 因为 $f(x;\alpha,\beta)$ 为概率密度函数，所以

$$\int_0^{+\infty}\mathrm{e}^{-\alpha x}\cdot x^{\beta-1}\mathrm{d}x=\frac{\Gamma(\beta)}{\alpha^{\beta}},\tag{2.2.1}$$

利用式(2.2.1)易算得

$$\begin{aligned}EX&=\int_0^{+\infty}x\cdot\frac{\alpha^{\beta}}{\Gamma(\beta)}\mathrm{e}^{-\alpha x}\cdot x^{\beta-1}\mathrm{d}x\\&=\frac{\alpha^{\beta}}{\Gamma(\beta)}\cdot\int_0^{+\infty}\mathrm{e}^{-\alpha x}\cdot x^{(\beta+1)-1}\mathrm{d}x\\&=\frac{\alpha^{\beta}}{\Gamma(\beta)}\cdot\frac{\Gamma(\beta+1)}{\alpha^{\beta+1}}=\frac{\beta}{\alpha},\\EX^2&=\int_0^{+\infty}x^2\cdot\frac{\alpha^{\beta}}{\Gamma(\beta)}\mathrm{e}^{-\alpha x}\cdot x^{\beta-1}\mathrm{d}x\\&=\frac{\alpha^{\beta}}{\Gamma(\beta)}\cdot\int_0^{+\infty}\mathrm{e}^{-\alpha x}\cdot x^{(\beta+2)-1}\mathrm{d}x\\&=\frac{\alpha^{\beta}}{\Gamma(\beta)}\cdot\frac{\Gamma(\beta+2)}{\alpha^{\beta+2}}=\frac{\beta(\beta+1)}{\alpha^2}.\end{aligned}$$

所以

$$DX=EX^2-(EX)^2=\frac{\beta(\beta+1)}{\alpha^2}-\left(\frac{\beta}{\alpha}\right)^2=\frac{\beta}{\alpha^2}.$$

(2) 因为 $X_1\sim\Gamma(\alpha,\beta_1)$，所以 X_1 的特征函数为

$$f_{X_1}(t)=\left(1-\frac{it}{\alpha}\right)^{-\beta_1};$$

因为 $X_2\sim\Gamma(\alpha,\beta_2)$，所以 X_2 的特征函数为

$$f_{X_2}(t)=\left(1-\frac{it}{\alpha}\right)^{-\beta_2}.$$

注意到 X_1 和 X_2 相互独立，所以 X_1+X_2 的特征函数为

$$f_{X_1+X_2}(t)=f_{X_1}(t)\cdot f_{X_2}(t)=\left(1-\frac{it}{\alpha}\right)^{-(\beta_1+\beta_2)}.$$

再由唯一性定理(分布函数由其特征函数唯一决定)知，$(X_1+X_2)\sim\Gamma(\alpha,\beta_1+\beta_2)$. 定理证毕.

2. χ^2 分布的定义及性质

定义 2.2.1　设 $X_1,X_2,\cdots,X_n$ 独立同分布，且 $X_i\sim N(0,1)$，$i=1,2,\cdots,n$，则称

$$\xi:=\sum_{i=1}^{n}X_i^2$$

服从自由度为 n 的 **χ^2 分布**，记作 $\xi\sim\chi^2(n)$. 其中：n 为平方和个数，也即独立变量的个数，称为**自由度**(degree of freedom，简记为df)；ξ 也称为 **$\chi^2(n)$ 变量**.

注 2.2.1　由 χ^2 分布的定义知：

(1)$X_i^2\sim\chi^2(1)$，$i=1,2,\cdots,n$；

(2)$(X_3^2+X_7^2)\sim\chi^2(2)$；

(3)设 $X_1,X_2,\cdots,X_n$ 独立同分布，且 $X_i\sim N(\mu,\sigma^2)$，$i=1,2,\cdots,n$，则

$$\sum_{i=1}^{n}\left(\frac{X_i-\mu}{\sigma}\right)^2\sim\chi^2(n).$$

定理 2.2.2　设 $\xi\sim\chi^2(n)$，则有

(1)ξ 的概率密度函数为

$$f(x):=f(x;n)=\frac{1}{2^{\frac{n}{2}}\Gamma\left(\frac{n}{2}\right)}\mathrm{e}^{-\frac{1}{2}x}x^{\frac{n}{2}-1},x>0,$$

也即 $\xi\sim\Gamma\left(\frac{1}{2},\frac{n}{2}\right)$，$\chi^2(n)$分布也是 Gamma 分布 $\Gamma(\alpha,\beta)$，$\alpha=\frac{1}{2}$，$\beta=\frac{n}{2}$，故

$$\chi^2(n)\overset{d}{=}\Gamma\left(\frac{1}{2},\frac{n}{2}\right);$$

(2)$E\xi=n$，$D\xi=2n$；

(3)可加性：若 $\xi_1\sim\chi^2(n_1)$，$\xi_2\sim\chi^2(n_2)$，且 ξ_1 和 ξ_2 相互独立，则$(\xi_1+\xi_2)\sim\chi^2(n_1+n_2)$.

证明 (1)因为 $\xi \sim \chi^2(n)$，所以

$$\xi \overset{d}{=} \sum_{i=1}^{n} X_i^2,$$

其中 $X_1, X_2, \cdots, X_n$ $i.i.d. \sim N(0,1)$. 先求 X_i^2 的分布函数 $F_0(x)$.

当 $x \leqslant 0$ 时，$F_0(x)=P(X_i^2<x)=0$；

当 $x>0$ 时，

$$F_0(x)=P(X_i^2<x)=P(-\sqrt{x}<X_i<\sqrt{x})=\int_{-\sqrt{x}}^{\sqrt{x}} \frac{1}{\sqrt{2\pi}} e^{-\frac{t^2}{2}} dt$$

$$=\frac{2}{\sqrt{2\pi}} \int_0^{\sqrt{x}} e^{-\frac{t^2}{2}} dt,$$

所以 X_i^2 的概率密度函数为

$$f_0(x):=F'_0(x)=\begin{cases} 0, & x \leqslant 0, \\ \dfrac{2}{\sqrt{2\pi}} e^{-\frac{x}{2}} \cdot \dfrac{1}{2\sqrt{x}}, & x>0, \end{cases}$$

$$=\begin{cases} 0, & x \leqslant 0, \\ \dfrac{1}{\sqrt{2\pi}} e^{-\frac{x}{2}} \cdot x^{-\frac{1}{2}}, & x>0. \end{cases}$$

因为 $\Gamma\left(\frac{1}{2}\right)=\sqrt{\pi}$，所以

$$f_0(x)=\frac{1}{2^{\frac{1}{2}} \Gamma\left(\frac{1}{2}\right)} e^{-\frac{1}{2}x} \cdot x^{\frac{1}{2}-1}, x>0,$$

即

$$X_i^2 \sim \Gamma\left(\frac{1}{2}, \frac{1}{2}\right).$$

由于 Gamma 分布 $\Gamma(\alpha, \beta)$ 对第二个参数 β 具有可加性，所以有

$$\sum_{i=1}^{n} X_i^2 \sim \Gamma\left(\frac{1}{2}, \frac{n}{2}\right),$$

即 $\xi \sim \Gamma\left(\frac{1}{2}, \frac{n}{2}\right)$，故 ξ 的概率密度函数为

$$f(x)=\frac{1}{2^{\frac{n}{2}} \Gamma\left(\frac{n}{2}\right)} e^{-\frac{1}{2}x} x^{\frac{n}{2}-1}, x>0.$$

(2)因为

$$\xi \sim \chi^2(n) \stackrel{d}{=} \Gamma\left(\frac{1}{2}, \frac{n}{2}\right),$$

所以由定理 2.2.1(1)知

$$E\xi = \frac{\beta}{\alpha} = \frac{\frac{n}{2}}{\frac{1}{2}} = n, D\xi = \frac{\beta}{\alpha^2} = \frac{\frac{n}{2}}{\left(\frac{1}{2}\right)^2} = 2n.$$

(3)因为

$$\xi_1 \sim \chi^2(n_1) \stackrel{d}{=} \Gamma\left(\frac{1}{2}, \frac{n_1}{2}\right), \xi_2 \sim \chi^2(n_2) \stackrel{d}{=} \Gamma\left(\frac{1}{2}, \frac{n_2}{2}\right),$$

且 ξ_1 与 ξ_2 独立，故由 Gamma 分布的可加性(见定理 2.2.1(2))知，

$$(\xi_1 + \xi_2) \sim \Gamma\left(\frac{1}{2}, \frac{n_1 + n_2}{2}\right) \stackrel{d}{=} \chi^2(n_1 + n_2),$$

即 $(\xi_1 + \xi_2) \sim \chi^2(n_1 + n_2)$. 定理证毕.

注 2.2.2　$\chi^2(n)$分布的概率密度函数的图像如图 2-1 所示.

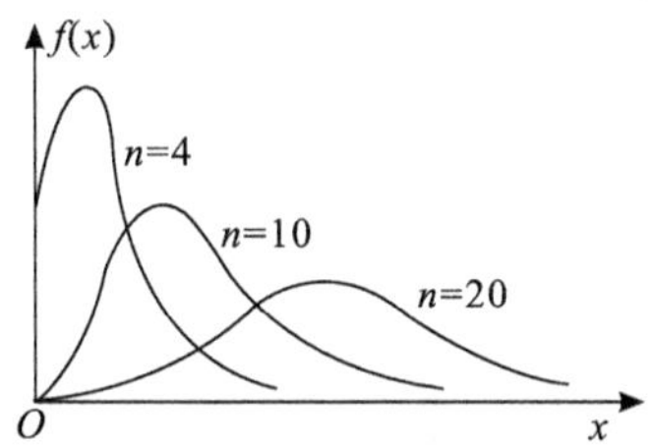

图 **2-1**　$\chi^2(n)$分布的概率密度函数的图像

例 2.2.1　设总体 $X \sim N(0,1)$，$(X_1, X_2, \cdots, X_{m+n})$ 为来自总体 X 的一个样本，记 $Y = \frac{1}{m}\left(\sum_{i=1}^{m} X_i\right)^2 + \frac{1}{n}\left(\sum_{i=m+1}^{m+n} X_i\right)^2$，$m, n > 1$. 试求常数 C，使得 CY 服从 χ^2 分布.

解　由于 $\sum_{i=1}^{m} X_i \sim N(0,m)$，$\sum_{i=m+1}^{m+n} X_i \sim N(0,n)$，所以

$$\frac{1}{\sqrt{m}}\sum_{i=1}^{m} X_i \sim N(0,1), \quad \frac{1}{\sqrt{n}}\sum_{i=m+1}^{m+n} X_i \sim N(0,1),$$

故

$$\left(\frac{1}{\sqrt{m}}\sum_{i=1}^{m} X_i\right)^2 \sim \chi^2(1), \left(\frac{1}{\sqrt{n}}\sum_{i=m+1}^{m+n} X_i\right)^2 \sim \chi^2(1),$$

且二者独立，于是有

$$Y=\frac{1}{m}\left(\sum_{i=1}^{m}X_i\right)^2+\frac{1}{n}\left(\sum_{i=m+1}^{m+n}X_i\right)^2\sim\chi^2(2),$$

故 $C=1$.

下面这个例子给出了服从指数分布的随机变量的线性函数的分布与 χ^2 分布的关系，这在指数分布总体的参数的区间估计和假设检验问题中有重要应用.

例 2.2.2 设总体 $X\sim E(\lambda)$，$(X_1,X_2,\cdots,X_n)$ 为来自总体 X 的一个样本，证明：

$$2\lambda n\overline{X}=2\lambda\sum_{i=1}^{n}X_i\sim\chi^2(2n).$$

证明 首先证明 $2\lambda X_1\sim\chi^2(2)$. 因为当 $y>0$ 时，$2\lambda X_1$ 的分布函数为

$$F(y)=P(2\lambda X_1<y)=P\left(X_1<\frac{y}{2\lambda}\right)=\int_0^{\frac{y}{2\lambda}}\lambda e^{-\lambda x}\,dx,$$

所以 $2\lambda X_1$ 的概率密度函数为

$$f(y)=F'(y)=\begin{cases}\dfrac{1}{2}e^{-\frac{y}{2}}, & y>0,\\ 0, & y\leqslant 0,\end{cases}$$

因此 $2\lambda X_1$ 服从自由度为 2 的 χ^2 分布，即 $2\lambda X_1\sim\chi^2(2)$. 由于 $X_1,X_2,\cdots,X_n$ 独立同分布，所以 $2\lambda X_i\sim\chi^2(2)$，$i=1,2,\cdots,n$. 再由 χ^2 分布的可加性知，$2\lambda\sum_{i=1}^{n}X_i\sim\chi^2(2n)$，即 $2\lambda n\overline{X}=2\lambda\sum_{i=1}^{n}X_i\sim\chi^2(2n)$.

二、t 分布

t 分布最早由 K. Pearson（皮尔逊）的学生，英国医生 W. S. Gosset（戈塞特）于 1908 年研究 t 统计量的精确分布时发现的，这一发现开创了小样本理论的先河.

1. 定义

定义 2.2.2 设 $X\sim N(0,1)$，$Y\sim\chi^2(n)$，且 X 与 Y 相互独立，则称

$$T:=\frac{X}{\sqrt{Y/n}}$$

服从自由度为 n 的 t **分布**，记作 $T\sim t(n)$，其中 n 称为**自由度**，T 也称为 $t(n)$**变量**.

关于自由度为 n 的 $t(n)$ 分布，有如下概率密度函数，证明略.

定理 2.2.3　若 $T\sim t(n)$，则 T 的概率密度函数为

$$f(x):=f(x;n)=\frac{\Gamma\left(\frac{n+1}{2}\right)}{\Gamma\left(\frac{n}{2}\right)\sqrt{n\pi}}\left(1+\frac{x^2}{n}\right)^{-\frac{n+1}{2}},\quad -\infty<x<+\infty.$$

注 2.2.3　$t(n)$分布的概率密度函数的图像如图 2-2 所示.

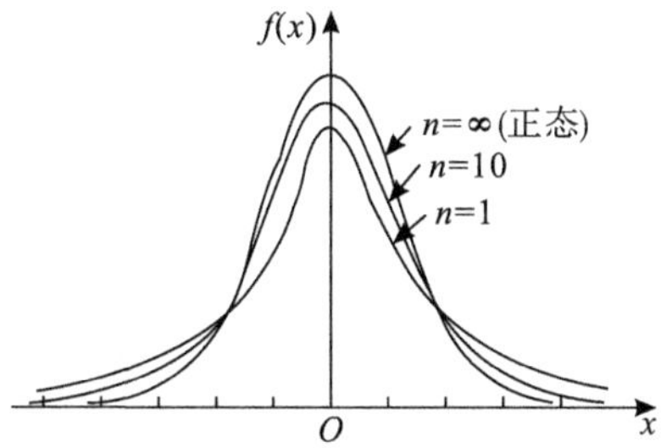

图 2-2　$t(n)$分布的概率密度函数的图像

2. t 分布的特性

(1) $t(n)$分布的概率密度函数关于 $x=0$ 对称，其图形与 $N(0,1)$近似，但其函数值在 0 附近低于 $N(0,1)$，如图 2-2 所示.

(2) 当 $n=1$ 时，$t(1)$分布即为柯西(Cauchy)分布，此时密度函数为

$$f(x):=f(x;1)=\frac{1}{\pi(1+x^2)},\quad -\infty<x<+\infty.$$

(3) 当 $n\to\infty$时，$t(n)\to N(0,1)$，即 $f(x)\to\frac{1}{\sqrt{2\pi}}\mathrm{e}^{-\frac{x^2}{2}}$. 因此

$$f(x)=\frac{\Gamma\left(\frac{n+1}{2}\right)}{\Gamma\left(\frac{n}{2}\right)\sqrt{n\pi}}\left(1+\frac{x^2}{n}\right)^{-\frac{n+1}{2}},\quad -\infty<x<+\infty.$$

一方面，当 $n\to\infty$时，

$$\left(1+\frac{x^2}{n}\right)^{-\frac{n+1}{2}}=\left(1+\frac{x^2}{n}\right)^{\frac{n}{x^2}\cdot\frac{x^2}{n}\cdot\left(-\frac{n+1}{2}\right)}\to\mathrm{e}^{-\frac{x^2}{2}};\qquad(2.2.2)$$

另一方面，由 Stirling 公式

$$\frac{\Gamma(n+h)}{\Gamma(n)\cdot n^h}\to 1,\quad n\to\infty$$

得

$$\frac{\Gamma\left(\frac{n+1}{2}\right)}{\Gamma\left(\frac{n}{2}\right)\sqrt{n\pi}}=\frac{\Gamma\left(\frac{n}{2}+\frac{1}{2}\right)}{\Gamma\left(\frac{n}{2}\right)\cdot\left(\frac{n}{2}\right)^{\frac{1}{2}}}\cdot\frac{\left(\frac{n}{2}\right)^{\frac{1}{2}}}{n^{\frac{1}{2}}\sqrt{\pi}}\to\frac{1}{\sqrt{2\pi}},\quad n\to\infty.\tag{2.2.3}$$

综合式(2.2.2)和式(2.2.3)知，

$$f(x)\to\frac{1}{\sqrt{2\pi}}\mathrm{e}^{-\frac{x^2}{2}},\quad n\to\infty,$$

即当 $n\to\infty$ 时，$t(n)\to N(0,1)$.

三、F 分布

1. 定义

定义 2.2.3 设 $X\sim\chi^2(n_1)$，$Y\sim\chi^2(n_2)$，且 X 和 Y 独立，则称

$$F:=\frac{X/n_1}{Y/n_2}$$

服从自由度为 (n_1,n_2) 的 F **分布**，记作 $F\sim F(n_1,n_2)$. 其中：F 也称为 $F(n_1,n_2)$ **变量**；n_1 称为**分子自由度或第一自由度**；n_2 称为**分母自由度或第二自由度**.

关于自由度为 (n_1,n_2) 的 $F(n_1,n_2)$ 分布，有如下概率密度函数，证明略.

定理 2.2.4 若 $F\sim F(n_1,n_2)$，则 F 的概率密度函数为

$$f(x):=f(x;n_1,n_2)=\frac{\Gamma\left(\frac{n_1+n_2}{2}\right)}{\Gamma\left(\frac{n_1}{2}\right)\Gamma\left(\frac{n_2}{2}\right)}\left(\frac{n_1}{n_2}\right)^{\frac{n_1}{2}}x^{\frac{n_1}{2}-1}\left(1+\frac{n_1}{n_2}x\right)^{-\frac{n_1+n_2}{2}},\quad x>0.$$

注 2.2.4 $F(n_1,n_2)$ 分布的概率密度函数的图像如图 2-3 所示.

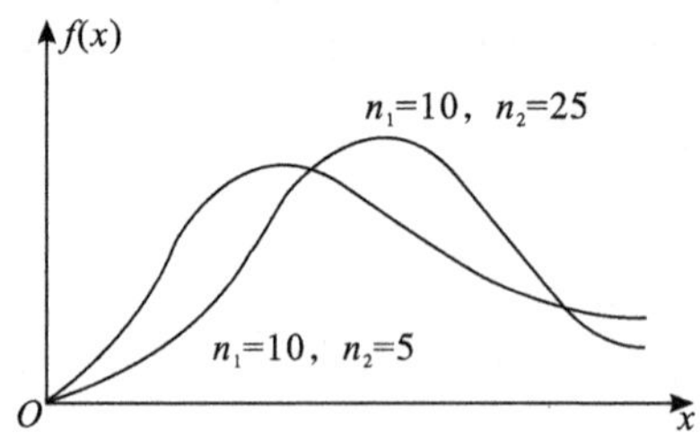

图 2-3 $F(n_1,n_2)$ 分布的概率密度函数的图像

2. F 分布的性质

性质 2.2.1　若 $F\sim F(n_1,n_2)$，则 $\frac{1}{F}\sim F(n_2,n_1)$.

事实上，由 $F(n_1,n_2)$ 分布的定义知，

$$F\overset{d}{=}\frac{X/n_1}{Y/n_2},$$

其中 $X\sim\chi^2(n_1)$，$Y\sim\chi^2(n_2)$，且 X 和 Y 独立，所以

$$\frac{1}{F}\overset{d}{=}\frac{Y/n_2}{X/n_1}\sim F(n_2,n_1).$$

性质 2.2.2　若 $T\sim t(n)$，则 $T^2\sim F(1,n)$，即 $t^2(n)\overset{d}{=}F(1,n)$.

事实上，由 $t(n)$ 分布的定义知

$$T\overset{d}{=}\frac{X}{\sqrt{Y/n}},$$

其中 $X\sim N(0,1)$，$Y\sim\chi^2(n)$，且 X 与 Y 独立，故有

$$T^2\overset{d}{=}\frac{X^2/1}{Y/n}.$$

由于 $X\sim N(0,1)$，所以 $X^2\sim\chi^2(1)$，且 X^2 与 Y 独立，故由 F 分布的定义知

$$T^2\overset{d}{=}\frac{X^2/1}{Y/n}\sim F(1,n).$$

四、正态总体下样本均值与样本方差的分布

1. 单正态总体下样本均值与样本方差的分布

定理 2.2.5(Fisher 定理)　设总体 $X\sim N(\mu,\sigma^2)$，$(X_1,X_2,\cdots,X_n)$ 为来自总体 X 的样本. 则有

(1) $\overline{X}\sim N\left(\mu,\frac{\sigma^2}{n}\right)$；

(2) $\frac{1}{\sigma^2}\sum_{i=1}^{n}(X_i-\mu)^2\sim\chi^2(n)$；

(3) $\frac{1}{\sigma^2}\sum_{i=1}^{n}(X_i-\overline{X})^2\sim\chi^2(n-1)$，且 $\sum_{i=1}^{n}(X_i-\overline{X})^2$ 与 $\overline{X}$ 独立.

证明　(1) 方法 Ⅰ：因为 $X_1,X_2,\cdots,X_n$ $i.i.d.\sim N(\mu,\sigma^2)$，所以由正态分布的可加性得 $\sum_{i=1}^{n}X_i\sim N(n\mu,n\sigma^2)$，故有 $\overline{X}\sim N\left(\mu,\frac{\sigma^2}{n}\right)$.

方法Ⅱ：因为 $X_1,X_2,\cdots,X_n$ $i.i.d.\sim N(\mu,\sigma^2)$，所以由例 2.1.2 知

$$\boldsymbol{X}:=\begin{pmatrix}X_1\\X_2\\\vdots\\X_n\end{pmatrix}\sim N_n\left[\begin{pmatrix}\mu\\\mu\\\vdots\\\mu\end{pmatrix},\sigma^2 I_n\right].$$

又因为

$$\overline{X}=\frac{1}{n}\sum_{i=1}^{n}X_i=\begin{pmatrix}\frac{1}{n}&\frac{1}{n}&\cdots&\frac{1}{n}\end{pmatrix}\begin{pmatrix}X_1\\X_2\\\vdots\\X_n\end{pmatrix}:=A\boldsymbol{X},$$

其中 $A=\left(\frac{1}{n}\quad\frac{1}{n}\quad\cdots\quad\frac{1}{n}\right)$，所以由多元正态分布的定理 2.1.1 知

$$\overline{X}=A\boldsymbol{X}\sim N\left[A\begin{pmatrix}\mu\\\mu\\\vdots\\\mu\end{pmatrix},A\,\sigma^2 I_nA'\right]=N\left(\mu,\frac{\sigma^2}{n}\right).$$

(2)因为 $X_1,X_2,\cdots,X_n$ $i.i.d.\sim N(\mu,\sigma^2)$，所以

$$\frac{X_1-\mu}{\sigma},\frac{X_2-\mu}{\sigma},\cdots,\frac{X_n-\mu}{\sigma}\ i.i.d.\sim N(0,1).$$

故由 χ^2 分布的定义知

$$\frac{1}{\sigma^2}\sum_{i=1}^{n}(X_i-\mu)^2=\sum_{i=1}^{n}\left(\frac{X_i-\mu}{\sigma}\right)^2\sim\chi^2(n).$$

(3)设 $\boldsymbol{Z}=A\boldsymbol{X}$，其中

$$A=\begin{pmatrix}\frac{1}{\sqrt{n}}&\frac{1}{\sqrt{n}}&\cdots&\frac{1}{\sqrt{n}}\\ *&*&\cdots&*\\ \vdots&\vdots&\vdots&\vdots\\ *&*&\cdots&*\end{pmatrix}_{n\times n}:=(a_{ij})_{n\times n}$$

为正交矩阵，即 $AA'=A'A=I_n$，且当 $i>1$ 时

$$\sum_{j=1}^{n}a_{1j}a_{ij}=\frac{1}{\sqrt{n}}\sum_{j=1}^{n}a_{ij}=0,$$

故

$$\sum_{j=1}^{n} a_{ij} = 0, i = 2,3,\cdots,n.$$

因为 $X_1, X_2, \cdots, X_n$ $i.i.d. \sim N(\mu, \sigma^2)$，所以

$$\mathbf{X} := (X_1, X_2, \cdots, X_n)' \sim N_n(\mu\mathbf{1}_n, \sigma^2 I_n),$$

其中 $\mathbf{1}_n = (1,1,\cdots,1)'$. 故由定理 2.1.1 知

$$\mathbf{Z} = A\mathbf{X} \sim N_n(A\mu\mathbf{1}_n, A\sigma^2 I_n A'),$$

其中

$$A\mu\mathbf{1}_n = A\begin{pmatrix}\mu\\ \mu\\ \vdots\\ \mu\end{pmatrix} = \begin{pmatrix}\sqrt{n}\mu\\ 0\\ \vdots\\ 0\end{pmatrix}, \quad A\sigma^2 I_n A' = \sigma^2 I_n,$$

即

$$\mathbf{Z} := (Z_1, Z_2, \cdots, Z_n)' \sim N_n\left[\begin{pmatrix}\sqrt{n}\mu\\ 0\\ \vdots\\ 0\end{pmatrix}, \sigma^2 I_n\right],$$

故

$$Z_1 \sim N(\sqrt{n}\mu, \sigma^2), \quad Z_i \sim N(0, \sigma^2), \quad i = 2,3,\cdots,n,$$

且 $Z_1, Z_2, \cdots, Z_n$ 相互独立，这里

$$Z_1 = \frac{1}{\sqrt{n}}X_1 + \frac{1}{\sqrt{n}}X_2 + \cdots + \frac{1}{\sqrt{n}}X_n = \sqrt{n}\overline{X}.$$

易见

$$\sum_{i=1}^{n} Z_i^2 = \mathbf{Z}'\mathbf{Z} = (A\mathbf{X})'A\mathbf{X} = \mathbf{X}'A'A\mathbf{X} = \mathbf{X}'\mathbf{X} = \sum_{i=1}^{n} X_i^2,$$

故

$$\sum_{i=2}^{n} Z_i^2 = \sum_{i=1}^{n} X_i^2 - Z_1^2 = \sum_{i=1}^{n} X_i^2 - (\sqrt{n}\overline{X})^2 = \sum_{i=1}^{n} (X_i - \overline{X})^2.$$

由于 $Z_2, \cdots, Z_n$ $i.i.d. \sim N(0, \sigma^2)$，所以

$$\frac{Z_2}{\sigma}, \cdots, \frac{Z_n}{\sigma} \ i.i.d. \sim N(0,1),$$

故

$$\frac{1}{\sigma^2}\sum_{i=1}^{n}(X_i-\overline{X})^2=\frac{1}{\sigma^2}\sum_{i=2}^{n}Z_i^2=\sum_{i=2}^{n}\left(\frac{Z_i}{\sigma}\right)^2\sim\chi^2(n-1).$$

又因为 Z_1 与 $\sum_{i=2}^{n}Z_i^2$ 相互独立，所以 $\sqrt{n}\overline{X}$ 与 $\sum_{i=1}^{n}(X_i-\overline{X})^2$ 相互独立，即 $\overline{X}$ 与 $\sum_{i=1}^{n}(X_i-\overline{X})^2$ 相互独立. 定理证毕.

例 2.2.3 设 $X_1,X_2,\cdots,X_n$ $i.i.d.\sim N(\mu,\sigma^2)$，记 $\hat{\sigma}^2=\frac{1}{n}\sum_{i=1}^{n}(X_i-\overline{X})^2$，求 $E(\hat{\sigma}^2-\sigma^2)^2$.

解 由定理 2.2.5(3)知

$$\xi:=\frac{1}{\sigma^2}\sum_{i=1}^{n}(X_i-\overline{X})^2\sim\chi^2(n-1),$$

而

$$\hat{\sigma}^2:=\frac{1}{n}\sum_{i=1}^{n}(X_i-\overline{X})^2=\frac{\sigma^2}{n}\cdot\xi,$$

故

$$\begin{aligned}E(\hat{\sigma}^2-\sigma^2)^2&=E\left(\frac{\sigma^2}{n}\xi-\sigma^2\right)^2=\frac{\sigma^4}{n^2}E(\xi-n)^2\\&=\frac{\sigma^4}{n^2}[D(\xi-n)+(E(\xi-n))^2]\\&=\frac{\sigma^4}{n^2}[D\xi+(n-1-n)^2]\\&=\frac{\sigma^4}{n^2}[2(n-1)+1]=\frac{2n-1}{n^2}\sigma^4,\end{aligned}$$

即 $E(\hat{\sigma}^2-\sigma^2)^2=\frac{2n-1}{n^2}\sigma^4$.

注 2.2.5 若记 $S_n^2=\frac{1}{n}\sum_{i=1}^{n}(X_i-\overline{X})^2$，$S_*^2=\frac{1}{n-1}\sum_{i=1}^{n}(X_i-\overline{X})^2$，$n\geqslant 2$，则

$$E(S_n^2)=\frac{n-1}{n}\sigma^2,\quad E(S_*^2)=\sigma^2,\quad D(S_n^2)=\frac{2(n-1)}{n^2}\sigma^4,\quad D(S_*^2)=\frac{2}{n-1}\sigma^4,$$

此时

$$D(S_n^2)<D(S_*^2).$$

定理 2.2.6　设总体 $X\sim N(\mu,\sigma^2)$，$(X_1,X_2,\cdots,X_n)$ 为来自总体 X 的样本. 记 $\overline{X}=\frac{1}{n}\sum\limits_{i=1}^{n}X_i$，$S_*^2=\frac{1}{n-1}\sum\limits_{i=1}^{n}(X_i-\overline{X})^2$，则

(1) $\frac{\sqrt{n}(\overline{X}-\mu)}{\sigma}\sim N(0,1)$；

(2) $\frac{\sqrt{n}(\overline{X}-\mu)}{S_*}\sim t(n-1)$.

证明　(1)由定理 2.2.5(1)知，$\overline{X}\sim N\left(\mu,\frac{\sigma^2}{n}\right)$，对 $\overline{X}$ 进行标准化，得

$$\frac{\overline{X}-\mu}{\sqrt{\frac{\sigma^2}{n}}}=\frac{\sqrt{n}(\overline{X}-\mu)}{\sigma}\sim N(0,1).$$

(2)令

$$U:=\frac{\sqrt{n}(\overline{X}-\mu)}{\sigma},\quad V:=\frac{1}{\sigma^2}\sum_{i=1}^{n}(X_i-\overline{X})^2.$$

由定理 2.2.5(Fisher 定理)知，$U\sim N(0,1)$，$V\sim\chi^2(n-1)$，且 $\overline{X}$ 与 $\sum\limits_{i=1}^{n}(X_i-\overline{X})^2$ 独立，所以 U 与 V 也独立，故由 t 分布的定义知

$$\frac{U}{\sqrt{\frac{V}{(n-1)}}}=\frac{\frac{\sqrt{n}(\overline{X}-\mu)}{\sigma}}{\sqrt{\frac{1}{\sigma^2}\sum\limits_{i=1}^{n}\frac{(X_i-\overline{X})^2}{(n-1)}}}=\frac{\sqrt{n}(\overline{X}-\mu)}{S_*}\sim t(n-1).$$

定理证毕.

例 2.2.4　设$(X_1,X_2,\cdots,X_9)$是来自正态总体 X 的简单随机样本，令

$$Y_1=\frac{1}{6}\sum_{i=1}^{6}X_i,\quad Y_2=\frac{1}{3}\sum_{i=7}^{9}X_i,$$

$$S^2=\frac{1}{2}\sum_{i=7}^{9}(X_i-Y_2)^2,\quad Z=\frac{\sqrt{2}(Y_1-Y_2)}{S}.$$

证明：统计量 Z 服从自由度为 2 的 t 分布.

证明　设 $X\sim N(\mu,\sigma^2)$，则

$$Y_1=\frac{1}{6}\sum_{i=1}^{6}X_i\sim N\left(\mu,\frac{\sigma^2}{6}\right),\quad Y_2=\frac{1}{3}\sum_{i=7}^{9}X_i\sim N\left(\mu,\frac{\sigma^2}{3}\right).$$

由于 $X_1,X_2,\cdots,X_9$ 相互独立，所以 Y_1 与 Y_2 独立，故

$$Y_1 - Y_2 \sim N\left(0, \frac{\sigma^2}{2}\right),$$

$$U := \frac{Y_1 - Y_2}{\sigma/\sqrt{2}} \sim N(0,1).$$

又由定理 2.2.5(3)知,

$$\frac{2S^2}{\sigma^2} = \frac{1}{\sigma^2}\sum_{i=7}^{9}(X_i - \overline{X})^2 \sim \chi^2(2),$$

且 U 与 S^2 相互独立,故由 t 分布的定义知

$$Z = \frac{\sqrt{2}(Y_1 - Y_2)}{S} = \frac{U}{\sqrt{\frac{S^2}{\sigma^2}}} \sim t(2).$$

证毕.

2. 两正态总体的抽样分布

定理 2.2.7 设$(X_1, X_2, \cdots, X_{n_1})$为来自总体 $X \sim N(\mu_1, \sigma^2)$的样本,$(Y_1, Y_2, \cdots, Y_{n_2})$为来自总体 $Y \sim N(\mu_2, \sigma^2)$的样本,且两组样本之间相互独立,则

$$T := \frac{(\overline{X} - \overline{Y}) - (\mu_1 - \mu_2)}{S_\omega\sqrt{\frac{1}{n_1} + \frac{1}{n_2}}} \sim t(n_1 + n_2 - 2),$$

其中

$$S_\omega = \sqrt{\frac{(n_1 - 1)S_{1*}^2 + (n_2 - 1)S_{2*}^2}{n_1 + n_2 - 2}},$$

$$S_{1*}^2 = \frac{1}{n_1 - 1}\sum_{i=1}^{n_1}(X_i - \overline{X})^2,$$

$$S_{2*}^2 = \frac{1}{n_2 - 1}\sum_{j=1}^{n_2}(Y_j - \overline{Y})^2,$$

$$\overline{X} = \frac{1}{n_1}\sum_{i=1}^{n_1}X_i,$$

$$\overline{Y} = \frac{1}{n_2}\sum_{j=1}^{n_2}Y_j,$$

$\overline{X},\overline{Y},S_{1*}^2,S_{2*}^2$ 分别为两组样本的样本均值和修正的样本方差.

证明　因为 $\overline{X}\sim N\left(\mu_1,\frac{\sigma^2}{n_1}\right),\overline{Y}\sim N\left(\mu_2,\frac{\sigma^2}{n_2}\right)$，且 $\overline{X}$ 与 $\overline{Y}$ 独立，所以

$$\overline{X}-\overline{Y}\sim N\left(\mu_1-\mu_2,\frac{\sigma^2}{n_1}+\frac{\sigma^2}{n_2}\right),$$

故

$$U:=\frac{(\overline{X}-\overline{Y})-(\mu_1-\mu_2)}{\sigma\sqrt{\frac{1}{n_1}+\frac{1}{n_2}}}\sim N(0,1).$$

又因为

$$\frac{(n_1-1)S_{1*}^2}{\sigma^2}\sim\chi^2(n_1-1),\quad\frac{(n_2-1)S_{2*}^2}{\sigma^2}\sim\chi^2(n_2-1),$$

且两组样本之间相互独立，所以 $\frac{(n_1-1)S_{1*}^2}{\sigma^2}$ 与 $\frac{(n_2-1)S_{2*}^2}{\sigma^2}$ 相互独立，故由 χ^2 分布的可加性知

$$V:=\frac{1}{\sigma^2}[(n_1-1)S_{1*}^2+(n_2-1)S_{2*}^2]\sim\chi^2(n_1+n_2-2).$$

又由于 $\overline{X}$ 与 S_{1*}^2 独立，$\overline{Y}$ 与 S_{2*}^2 独立，且两组样本之间相互独立，所以 U 与 V 独立，故由 t 分布的定义知

$$\frac{U}{\sqrt{V/(n_1+n_2-2)}}\sim t(n_1+n_2-2),$$

即

$$T:=\frac{(\overline{X}-\overline{Y})-(\mu_1-\mu_2)}{S_\omega\sqrt{\frac{1}{n_1}+\frac{1}{n_2}}}\sim t(n_1+n_2-2).$$

定理得证.

定理 2.2.8　设 $(X_1,X_2,\cdots,X_{n_1})$ 为来自总体 $X\sim N(\mu_1,\sigma_1^2)$ 的样本，$(Y_1,Y_2,\cdots,Y_{n_2})$ 为来自总体 $Y\sim N(\mu_2,\sigma_2^2)$ 的样本，且两组样本之间相互独立，则

$$F:=\frac{S_{1*}^2/\sigma_1^2}{S_{2*}^2/\sigma_2^2}\sim F(n_1-1,n_2-1),$$

其中 S_{1*}^2 和 S_{2*}^2 分别为两组样本修正的样本方差.

证明　因为

$$U:=\frac{(n_1-1)S_{1*}^2}{\sigma_1^2}\sim\chi^2(n_1-1),\quad V:=\frac{(n_2-1)S_{2*}^2}{\sigma_2^2}\sim\chi^2(n_2-1),$$

且两者独立,所以由 F 分布的定义知

$$\frac{U/(n_1-1)}{V/(n_2-1)}\sim F(n_1-1,n_2-1),$$

即

$$F=\frac{S_{1*}^2/\sigma_1^2}{S_{2*}^2/\sigma_2^2}\sim F(n_1-1,n_2-1).$$

定理得证.

例 2.2.5 设 $(X_1,X_2,\cdots,X_n)$ 是来自总体 $X\sim N(\mu_1,\sigma^2)$ 的样本,$(Y_1,Y_2,\cdots,Y_m)$ 是来自总体 $Y\sim N(\mu_2,\sigma^2)$ 的样本,且两组样本之间相互独立.试求

$$F=\frac{\frac{1}{n}\sum_{i=1}^{n}(X_i-\mu_1)^2}{\frac{1}{m}\sum_{j=1}^{m}(Y_j-\mu_2)^2}$$

的概率分布.

解 因为 $(X_1,X_2,\cdots,X_n)$ 是来自总体 $X\sim N(\mu_1,\sigma^2)$ 的样本,所以

$$\frac{X_1-\mu_1}{\sigma},\frac{X_2-\mu_1}{\sigma},\cdots,\frac{X_n-\mu_1}{\sigma}\ i.i.d.\sim N(0,1),$$

故

$$U:=\sum_{i=1}^{n}\left(\frac{X_i-\mu_1}{\sigma}\right)^2=\frac{1}{\sigma^2}\sum_{i=1}^{n}(X_i-\mu_1)^2\sim\chi^2(n).$$

同理可得

$$V:=\sum_{j=1}^{m}\left(\frac{Y_j-\mu_2}{\sigma}\right)^2=\frac{1}{\sigma^2}\sum_{j=1}^{m}(Y_j-\mu_2)^2\sim\chi^2(m),$$

且 U 与 V 独立,故由 F 分布的定义知,

$$\frac{U/n}{V/m}\sim F(n,m),$$

即 $F\sim F(n,m)$.

五、分位点(数)

1. 定义

定义 2.2.4 设 $X\sim F(x)$,$\alpha\in(0,1)$,若存在常数 F_α,使得

$$P(X>F_\alpha)=\alpha,$$

则称 F_α 为分布 $F(x)$ 的**上侧 α 分位点**（或**分位数**），或**右侧 α 分位点**. 同理，可定义**下侧 α 分位点**或**左侧 α 分位点**.

2. 正态分布 $N(\mu,\sigma^2)$ 的分位点：$\mu=0,\sigma^2=1$

设 $X\sim N(0,1)$，对于给定的 $\alpha\in(0,1)$，若存在 u_α，使得

$$P(X>u_\alpha)=\int_{u_\alpha}^{+\infty}\varphi(x)\mathrm{d}x=\alpha=1-\Phi(u_\alpha),$$

则称 u_α 为 $N(0,1)$ 分布的**上侧（或右侧）α 分位点**，如图 2-4 中左图所示.

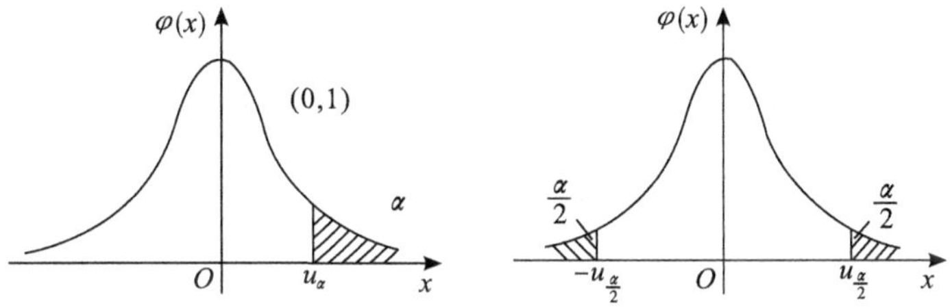

图 **2-4**　标准正态分布的上侧(或右侧)α 分位点及双侧α 分位点

若存在 $u_{\frac{\alpha}{2}}$，使得

$$P\left(|X|>u_{\frac{\alpha}{2}}\right)=P\left(X>u_{\frac{\alpha}{2}}\right)+P\left(X<-u_{\frac{\alpha}{2}}\right)$$

$$=\frac{\alpha}{2}+\frac{\alpha}{2}=\alpha,$$

则称 $u_{\frac{\alpha}{2}}$ 为 $N(0,1)$ 分布的**双侧 α 分位点**，如图 2-4 中右图所示.

关于 $N(0,1)$ 分布的分位点，有如下结论：

$$u_\alpha+u_{1-\alpha}=0\Leftrightarrow u_{1-\alpha}=-u_\alpha.$$

3. $\chi^2(n)$ 分布的分位点

设 $X\sim\chi^2(n)$，对于给定的 $\alpha\in(0,1)$，若存在 $\chi_\alpha^2(n)$，使得

$$P\left(X>\chi_\alpha^2(n)\right)=\int_{\chi_\alpha^2(n)}^{+\infty}f(x)\mathrm{d}x=\alpha,$$

则称 $\chi_\alpha^2(n)$ 为 $\chi^2(n)$ 分布的**上侧（或右侧）α 分位点**，如图 2-5 所示.

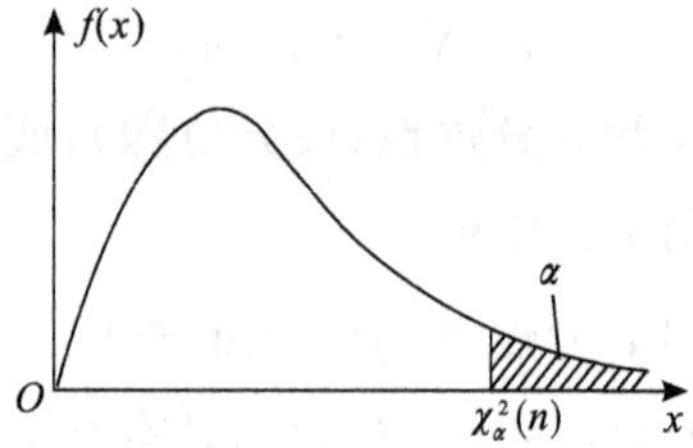

图 2-5　$\chi^2(n)$分布的上侧(或右侧)α分位点

4. $t(n)$分布的分位点

设 $X \sim t(n)$，对于给定的 $\alpha \in (0,1)$，若存在 $t_\alpha(n)$，使得

$$P(X > t_\alpha(n)) = \int_{t_\alpha(n)}^{+\infty} f(x)\mathrm{d}x = \alpha,$$

则称 $t_\alpha(n)$为 $t(n)$分布的**上侧(或右侧)α 分位点**，如图 2-6 所示.

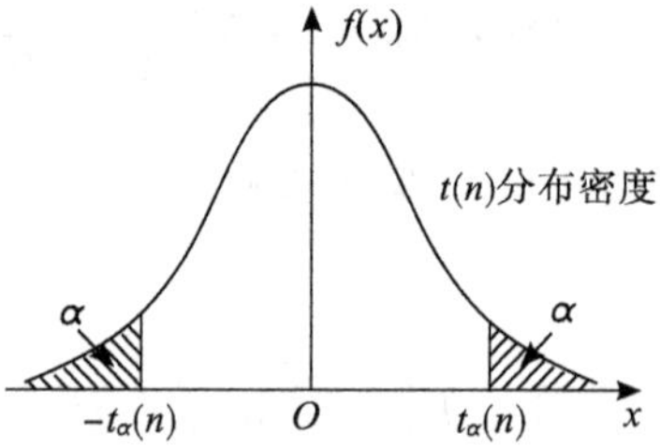

图 2-6　$t(n)$分布的上侧(或右侧)α分位点

同理，可定义下侧(或左侧)α 分位点和双侧 α 分位点$-t_\alpha(n)$.

关于 $t(n)$分布的分位点，有如下结论：

$$t_\alpha(n) + t_{1-\alpha}(n) = 0 \Leftrightarrow t_{1-\alpha}(n) = -t_\alpha(n).$$

5. $F(n_1, n_2)$分布的分位点

设 $X \sim F(n_1, n_2)$，对于给定的 $\alpha \in (0,1)$，若存在 $F_\alpha(n_1, n_2)$，使得

$$P(X > F_\alpha(n_1, n_2)) = \int_{F_\alpha(n_1, n_2)}^{+\infty} f(x)\mathrm{d}x = \alpha,$$

则称 $F_\alpha(n_1, n_2)$为 $F(n_1, n_2)$分布的**上侧(或右侧)α 分位点**，如图 2-7 所示.

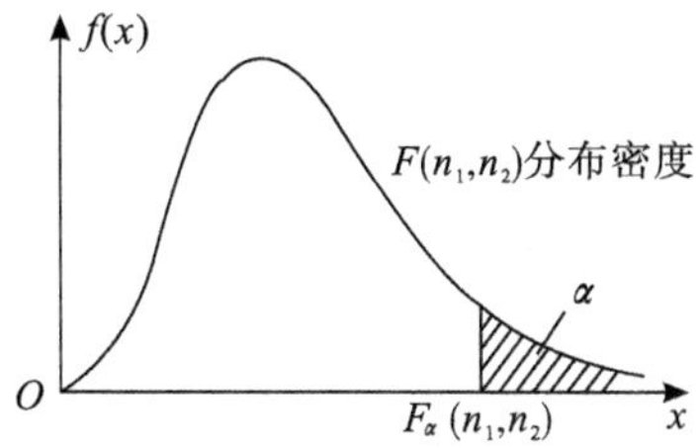

图 2-7　$F(n_1,n_2)$分布的上侧(或右侧)α 分位点

注 2.2.6　$F_\alpha(n_1,n_2)=\dfrac{1}{F_{1-\alpha}(n_2,n_1)}$.

事实上,设 $X\sim F(n_1,n_2)$,则$\dfrac{1}{X}\sim F(n_2,n_1)$,故

$$\begin{aligned}\alpha &= P(X>F_\alpha(n_1,n_2))\\ &= P\left(\frac{1}{X}<\frac{1}{F_\alpha(n_1,n_2)}\right)=1-P\left(\frac{1}{X}>\frac{1}{F_\alpha(n_1,n_2)}\right),\end{aligned}$$

故有

$$P\left(\frac{1}{X}>\frac{1}{F_\alpha(n_1,n_2)}\right)=1-\alpha,$$

即

$$\frac{1}{F_\alpha(n_1,n_2)}=F_{1-\alpha}(n_2,n_1)\Leftrightarrow F_\alpha(n_1,n_2)=\frac{1}{F_{1-\alpha}(n_2,n_1)}.$$

习题 2.2

2.2.1　设总体 $X\sim N(\mu,10^2)$,现从中抽取一容量为 n 的样本,样本均值记为 $\overline{X}$,欲使 $P(\mu-5<\overline{X}<\mu+5)\geqslant 0.954$,问 n 至少取多少?

2.2.2　设总体 X 服从威布尔分布,其分布函数为

$$F(x)=\begin{cases}1-\mathrm{e}^{-(x/\beta)^\alpha}, & x\geqslant 0,\\ 0, & x<0,\end{cases}$$

其中 α 为形状参数,β 为刻度参数. $(X_1,\cdots,X_n)$为从此总体中抽取的简单样本,试证 $Y=\min(X_1,\cdots,X_n)$仍服从威布尔分布,并指出 Y 的分布的形状参数和刻度参数是什么?

2.2.3　设 $(X_1,\cdots,X_{10})$ 是来自正态总体 $X\sim N(0,0.3^2)$ 的一个样本,

求 $P\left(\sum_{i=1}^{10} X_i^2 > 1.44\right)$.(注:$P\left(\chi^2(10) > 16\right) = 0.1$)

2.2.4　设$(X_1,X_2,\cdots,X_9)$是来自正态总体$X\sim N(0,4)$的样本,求常数a,b,c,使得$X=a\,(X_1-X_2)^2+b\,(X_3+X_4-X_5)^2+c\,(X_6+X_7-X_8-X_9)^2$服从$\chi^2$分布,并求其自由度.

2.2.5　设$(X_1,\cdots,X_{10})$是来自正态总体$X\sim N(\mu,0.5^2)$的一个样本,$\overline{X}$为样本均值.

(1)若$\mu=0$,求$P\left(\sum_{i=1}^{10} X_i^2 \geqslant 4\right)$;

(2)若μ未知,求$P\left(\sum_{i=1}^{10} (X_i-\overline{X})^2 \geqslant 2.85\right)$.

2.2.6　设总体X服从双指数分布,其分布函数为

$$F(x)=\begin{cases}1-\exp\left\{-\dfrac{x-\mu}{\sigma}\right\}, & x>\mu,\\ 0, & x\leqslant\mu,\end{cases}$$

其中$-\infty<\mu<+\infty,0<\sigma<+\infty,X_{(1)}\leqslant\cdots\leqslant X_{(n)}$是样本$(X_1,\cdots,X_n)$的次序统计量,试证明$\dfrac{2(n-i+1)}{\sigma}(X_{(i)}-X_{(i-1)})$服从自由度为2的$\chi^2$分布($i=2,\cdots,n$).

2.2.7　设X,Y_1,Y_2,Y_3,Y_4相互独立,且$X\sim N(2,1)$,$Y_i\sim N(0,4)$,$i=1,2,3,4$,令$Z=\dfrac{4(X-2)}{\sqrt{\sum_{i=1}^{4} Y_i^2}}$,求$Z$的分布.

2.2.8　设$(X_1,X_2,\cdots,X_n,X_{n+1})$是来自$N(\mu,\sigma^2)$的样本,$\overline{X}_n=\dfrac{1}{n}\sum_{i=1}^{n} X_i,S_*^2=\dfrac{1}{n-1}\sum_{i=1}^{n}(X_i-\overline{X}_n)^2$,试求常数$c$,使得$t_c=c\dfrac{X_{n+1}-\overline{X}_n}{S_*}$服从$t$分布,并指出分布的自由度.

2.2.9　设随机变量X服从自由度为9的t分布,且$Y=\dfrac{1}{X^2}$,求Y的分布.

2.2.10　设随机变量$X\sim F(n,n)$,证明:$P(X<1)=0.5$.

2.2.11　设$(X_1,X_2,\cdots,X_n)$是$N(\mu,\sigma^2)$的样本,证明修正的样本方差

$$S_*^2 = \frac{1}{n-1}\sum_{i=1}^{n}(X_i - \overline{X})^2$$

的方差为

$$D(S_*^2) = \frac{2\sigma^4}{n-1} \quad (n \geqslant 2).$$

2.2.12　设$(X_1, X_2, \cdots, X_n)$是来自正态总体$X \sim N(\mu, \sigma^2)$的样本，记$\overline{X}$为样本均值，$S_*^2 = \frac{1}{n-1}\sum_{i=1}^{n}(X_i - \overline{X})^2$为修正的样本方差．计算：

(1) $E[\overline{X} \cdot S_*^2]^2$；(2)$D\left[(\overline{X}-\mu)^2 + \left(1-\frac{1}{n}\right)S_*^2\right]$.

2.2.13　设 $X_1, \cdots, X_m$ *i. i. d.* $\sim N(\mu_1, \sigma^2)$，$Y_1, \cdots, Y_n$ *i. i. d.* $\sim N(\mu_2, \sigma^2)$，且$X_1, \cdots, X_m$和$Y_1, \cdots, Y_n$相互独立，$\overline{X}$和$\overline{Y}$分别表示样本均值，$S_{1m}^2 = \frac{1}{m}\sum_{i=1}^{m}(X_i - \overline{X})^2$，$S_{2n}^2 = \frac{1}{n}\sum_{i=1}^{n}(Y_i - \overline{Y})^2$，$\alpha$和$\beta$是两个给定的实数，试求

$$T = \frac{\alpha(\overline{X}-\mu_1) + \beta(\overline{Y}-\mu_2)}{\sqrt{\frac{mS_{1m}^2 + nS_{2n}^2}{n+m-2} \cdot \left(\frac{\alpha^2}{m} + \frac{\beta^2}{n}\right)}}$$

的分布．

2.2.14　设$(X_1, \cdots, X_n)$，$(Y_1, \cdots, Y_n)$是分别取自总体$X \sim N(\mu_1, \sigma^2)$和$Y \sim N(\mu_2, \sigma^2)$的简单随机样本，且两组样本相互独立，$\overline{X}$和$\overline{Y}$分别表示它们的样本均值，$S_{1*}^2 = \frac{1}{n-1}\sum_{i=1}^{n}(X_i - \overline{X})^2$和$S_{2*}^2 = \frac{1}{n-1}\sum_{i=1}^{n}(Y_i - \overline{Y})^2$分别表示修正的样本方差．试求统计量$\frac{(n-1)(S_{1*}^2 + S_{2*}^2)}{\sigma^2}$和$\frac{n[(\overline{X}-\overline{Y}) - (\mu_1 - \mu_2)]^2}{S_{1*}^2 + S_{2*}^2}$的分布．

2.2.15　从正态总体$X \sim N(\mu, \sigma^2)$中抽取一组样本$(X_1, X_2, \cdots, X_n)$，求k，使得$P\left(\overline{X} > \mu + kS_n\right) = 1 - \alpha$，其中$0 < \alpha < 1$，$S_n^2 = \frac{1}{n}\sum_{i=1}^{n}(X_i - \overline{X})^2$为样本方差．

2.2.16　设(X_1, X_2)是来自正态总体$N(0, \sigma^2)$的样本．

(1)求$Y = \left(\frac{X_1 - X_2}{X_1 + X_2}\right)^2$的分布；

(2)求常数 k,使得

$$P\left\{\frac{(X_1+X_2)^2}{(X_1+X_2)^2+(X_1-X_2)^2}>k\right\}=0.1.$$

2.2.17　设 $X_1,\cdots,X_n$ 独立,且 $X_i\sim N(0,\sigma_i^2)$,$i=1,\cdots,n$, 定义

$$\xi=\sum_{i=1}^{n}\frac{(X_i-Z)^2}{\sigma_i^2},\ 其中\ Z=\sum_{i=1}^{n}\frac{X_i}{\sigma_i^2}\Big/\sum_{i=1}^{n}\frac{1}{\sigma_i^2},$$

求 ξ 的分布.(提示:作适当的正交变换)

2.3　统计量的极限分布

在 2.2 节中,详细介绍了正态总体下相关统计量的精确抽样分布,包括样本均值和样本方差的精确分布等.然而在有些情形下,虽能求出统计量的精确分布,但表达式太复杂,使用时很不方便;在更多的情形下,统计量的精确分布不容易求得.因此,作为替代方法,有必要研究其极限分布.当样本容量 $n\to\infty$ 时,统计量的分布极限称为**统计量的极限分布**.只要样本容量足够大,且极限分布的形式比较简单,就可以用统计量的极限分布作为其精确分布的近似,从而进一步研究区间估计和假设检验等统计推断问题.

一、定义

定义 2.3.1　当样本容量 $n\to\infty$ 时,若统计量的分布趋于一确定分布,则称此确定分布为统计量的**极限分布**,也称为**大样本分布**.

注 2.3.1　当样本容量 n 充分大时,极限分布可作为统计量的近似分布.

定义 2.3.2　当样本容量 $n\to\infty$ 时,统计量或统计推断方法的性质称为**大样本性质**(large sample properties).当样本容量固定时,统计量或统计推断方法的性质称为**小样本性质**(small sample properties).

这里需要强调的是,大样本性质与小样本性质的差别不在于样本容量的大小,而在于所讨论的问题是在样本容量 $n\to\infty$ 时考虑,还是在样本容量 n 固定时研究.关于大样本性质的研究是数理统计学的一个重要的组成部分,称为**统计大样本理论**.

二、例子

关于统计量的大样本性质的研究,用到的主要工具有:大数定律、中心极

限定理以及 Slutsky 定理等. 下面的这个例子主要用到的工具是柯尔莫哥洛夫(Kolmogorov)强大数定律和林德贝格-莱维(Lindeberg-Lévy)中心极限定理.

例 2.3.1　设 $(X_1, X_2, \cdots, X_n)$ 为来自总体 $X \sim F(x)$ 的样本,且 $EX = \mu \in \mathbb{R}, DX = \sigma^2 \in (0, +\infty)$. 记 $\overline{X}_n = \frac{1}{n}\sum_{i=1}^{n} X_i$ 为样本均值. 试讨论 $\overline{X}_n$ 的大样本性质.

解　(1)根据柯尔莫哥洛夫强大数定律,有

$$P\left(\lim_{n\to\infty}\overline{X}_n = \mu\right) = 1 \Leftrightarrow \overline{X}_n \xrightarrow{a.s.} \mu, \quad n \to \infty, \tag{2.3.1}$$

式(2.3.1)表明当样本容量 $n\to\infty$ 时,估计量 $\overline{X}_n$ 以概率 1 收敛到 μ,这个性质称为 $\overline{X}_n$ 的强相合性,属于大样本性质.

(2)根据林德贝格-莱维中心极限定理,有

$$\frac{\sqrt{n}(\overline{X}_n - \mu)}{\sigma} \xrightarrow{L} N(0,1), \quad n \to \infty, \tag{2.3.2}$$

其中 $\xrightarrow{L}$ 表示依分布收敛. 式(2.3.2)刻画了 $\overline{X}_n$ 的另一个大样本性质——渐近正态性.

接下来的这个例子主要用到的工具是林德贝格-莱维中心极限定理和 Slutsky 定理. 在给出例子之前,先陈述 Slutsky 定理的内容.

定理 2.3.1(Slutsky 定理)　设 $\{X_n, n\geqslant 1\}$ 和 $\{Y_n, n\geqslant 1\}$ 为两个随机变量序列,满足 $X_n \xrightarrow{L} X, Y_n \xrightarrow{P} c$,其中 X 为一随机变量,c 为一常数. 则

(1) $X_n \pm Y_n \xrightarrow{L} X \pm c$;

(2) $X_n Y_n \xrightarrow{L} cX$;

(3) $\frac{X_n}{Y_n} \xrightarrow{L} \frac{X}{c}$,这里 $c \neq 0$.

例 2.3.2　设 $X_1, X_2, \cdots, X_n \; i.i.d. \sim$ 两点分布 $B(1,p)$. 证明:

$$\frac{\sqrt{n}(\overline{X}_n - p)}{\sqrt{\overline{X}_n(1-\overline{X}_n)}} \xrightarrow{L} N(0,1). \tag{2.3.3}$$

证明　根据林德贝格-莱维中心极限定理,有

$$\frac{\sqrt{n}(\overline{X}_n - p)}{\sqrt{p(1-p)}} \xrightarrow{L} N(0,1). \tag{2.3.4}$$

又由于 $\overline{X}_n \xrightarrow{P} p$，所以

$$\frac{\sqrt{p(1-p)}}{\sqrt{\overline{X}_n(1-\overline{X}_n)}} \xrightarrow{P} 1. \tag{2.3.5}$$

结合式(2.3.4)和式(2.3.5)，并借助于 Slutsky 定理，可得

$$\frac{\sqrt{n}(\overline{X}_n - p)}{\sqrt{\overline{X}_n(1-\overline{X}_n)}} = \frac{\sqrt{n}(\overline{X}_n - p)}{\sqrt{p(1-p)}} \cdot \frac{\sqrt{p(1-p)}}{\sqrt{\overline{X}_n(1-\overline{X}_n)}} \xrightarrow{L} N(0,1).$$

故式(2.3.3)得证.

习题 2.3

2.3.1　设 T_n 服从自由度为 n 的 t 分布，试证：T_n 的极限分布为标准正态分布 $N(0,1)$.

2.3.2　设 $X_1,\cdots,X_n$ $i.i.d.\sim F$，其中总体 F 有均值 a_F 和方差 σ_F^2. 设 $0<\sigma_F^2<\infty$，$\overline{X}_n=\sum\limits_{i=1}^{n}X_i/n$ 为样本均值，试讨论 $\overline{X}_n$ 的大样本性质和小样本性质.

2.3.3　设 $X\sim B(1,p)$，令 $(X_1,\cdots,X_n)$ 为从总体 X 中抽取的简单样本，试证：$\sqrt{n}(\overline{X}-p)/\sqrt{\overline{X}(1-\overline{X})}$ 的极限分布为 $N(0,1)$.

2.3.4　设总体 X 的 $2k$ 阶原点矩为 $\alpha_{2k}=E(X^{2k})<\infty$，说明样本的 k 阶原点矩 $A_k=\dfrac{1}{n}\sum\limits_{i=1}^{n}X_i^k$ 的渐近分布为 $N(\alpha_k,(\alpha_{2k}-\alpha_k^2)/n)$.

2.3.5　设 $(X_1,\cdots,X_n)$ 为来自均匀分布总体 $U(0,\theta)$ 的简单样本，根据林德贝格 - 莱维中心极限定理，求样本均值 $\overline{X}$ 的渐近分布.

2.3.6　设 $(X_1,\cdots,X_n)$ 为取自 Poisson 总体 $\mathscr{P}(\lambda)$ 的样本，试证：$\dfrac{\overline{X}-\lambda}{\sqrt{\overline{X}/n}}$ 的极限分布为 $N(0,1)$.

2.3.7　设 $(X_1,\cdots,X_m)$ 和 $(Y_1,\cdots,Y_n)$ 分别为取自正态总体 $N(\mu,\sigma_1^2)$ 和 $N(\mu,\sigma_2^2)$ 的样本，试证：当 m,n 都趋于无穷时，统计量 $(\overline{X}-\overline{Y})/\sqrt{\dfrac{S_X^2}{m}+\dfrac{S_Y^2}{n}}$

$\xrightarrow{L} N(0,1)$，其中 S_X^2 和 S_Y^2 分别为两组样本的样本方差.

2.3.8　某药厂试制了一种新药，声称对贫血的治疗有效率达到 80%. 医药监管部门准备对 100 个贫血患者进行此药的疗效试验，若这 100 人中至少有 75 人用药有效，就批准此药的生产. 如果该药的有效率确实达到 80%，此药被批准生产的概率是多少？

2.4　充分统计量、完全统计量和指数型分布族

为了后面研究一致最小方差无偏估计的存在性及唯一性，本节将给出充分统计量和完全统计量的概念和计算，同时还给出一个重要的分布族——指数型分布族.

一、充分统计量

统计量的充分性是数理统计的一个基本概念，它是由 R. A. Fisher 在 1922 年提出来的.

构造统计量就是对样本的简化、加工. 这种加工就是把原来数目众多且杂乱无章的数据转化为一个或少数几个统计量，以达到简化数据(降低维数)、便于使用的目的，这是加工样本的要求之一；加工样本的要求之二是去粗取精，不损失(重要)信息. 满足这两项要求的统计量在统计学中被称为**充分统计量**(sufficient statistic).

下面给出充分统计量的定义. 这里把充分统计量的判别准则——因子分解定理作为充分统计量的定义，主要是为了判别的方便.

定义 2.4.1　设 $X_1, X_2, \cdots, X_n$ $i.i.d. \sim f(x;\theta)$(概率密度函数或概率函数). 若$(X_1, X_2, \cdots, X_n)$的联合概率密度函数或联合概率函数满足

$$\prod_{i=1}^{n} f(x_i;\theta) = g(T(x_1, x_2, \cdots, x_n);\theta) \cdot h(x_1, x_2, \cdots, x_n),$$

其中 $h(x_1, x_2, \cdots, x_n)$ 为不依赖 θ 的非负函数，且是样本的函数，则称 $T(X_1, X_2, \cdots, X_n)$为**充分统计量**.

关于充分统计量，有的教材采用下面更为直观一点的定义，但用此定义去验证统计量的充分性不是太方便，特别是对连续型总体.

定义 2.4.1'　设样本 $\boldsymbol{X}=(X_1, X_2, \cdots, X_n)$的分布族为$\{f(\boldsymbol{x};\theta), \theta\in\Theta\}$，其中 $\boldsymbol{x}=(x_1, x_2, \cdots, x_n)$. 令 $T=T(\boldsymbol{X})$为一统计量，若在已知 T 给定的条件

下,样本 $\boldsymbol{X}$ 的条件分布与参数 θ 无关,则称 $T=T(\boldsymbol{X})$ 为 θ 的**充分统计量**.

实际应用时,条件分布可用条件概率(离散情形)或条件密度(连续情形)来替代.可以证明:定义 2.4.1 与定义 2.4.1'是等价的.一般而言,用定义 2.4.1去验证统计量的充分性会容易一些.

注 2.4.1 充分统计量的意义:充分统计量所包含的信息充分,它概括了样本$(X_1,X_2,\cdots,X_n)$中关于参数 θ 的全部信息(h 与 θ 无关,g 主要由 T 与 θ 构成).

注 2.4.2 充分统计量不唯一.例如,若 $T(X_1,X_2,\cdots,X_n)$是充分统计量,C 是常数,则 $C\cdot T(X_1,X_2,\cdots,X_n)$仍为充分统计量.

一般地,若 $T(X_1,X_2,\cdots,X_n):=T(\boldsymbol{X})$是充分统计量,$H(t)$是什么的一一映射,则 $H(T(\boldsymbol{X}))$仍为充分统计量;设 $T(X_1,X_2,\cdots,X_n):=T(\boldsymbol{X})$与 $S(X_1,X_2,\cdots,X_n):=S(\boldsymbol{X})$是两个统计量,满足 $T(\boldsymbol{X})=\varphi(S(\boldsymbol{X}))$,其中 φ 是一个可测函数,若 $T(\boldsymbol{X})$是充分统计量,则 $S(\boldsymbol{X})$也是充分统计量.

例 2.4.1 设 $X_1,X_2,\cdots,X_n$ *i.i.d.* $\sim$两点分布 $B(1,\theta)$,$0<\theta<1$ 为未知参数,求 θ 的充分统计量,其中

$$X_1\sim f(x;\theta):=P(X_1=x)=\theta^x(1-\theta)^{1-x},x=0,1.$$

解 因为$(X_1,X_2,\cdots,X_n)$的联合概率函数为

$$\begin{aligned}\prod_{i=1}^n f(x_i;\theta)&=\prod_{i=1}^n\theta^{x_i}(1-\theta)^{1-x_i}=\theta^{\sum_{i=1}^n x_i}(1-\theta)^{n-\sum_{i=1}^n x_i}\\&=(1-\theta)^n\left(\frac{\theta}{1-\theta}\right)^{\sum_{i=1}^n x_i}\\&:=g(T(x_1,x_2,\cdots,x_n);\theta)\cdot h(x_1,x_2,\cdots,x_n),\end{aligned}$$

其中

$$h(x_1,x_2,\cdots,x_n)\equiv 1,T(x_1,x_2,\cdots,x_n)=\sum_{i=1}^n x_i,$$

$$g(T(x_1,x_2,\cdots,x_n);\theta)=(1-\theta)^n\cdot\left(\frac{\theta}{1-\theta}\right)^{\sum_{i=1}^n x_i},$$

故由充分统计量的定义知,$T(X_1,X_2,\cdots,X_n)=\sum_{i=1}^n X_i$ 为充分统计量($\overline{X}=\frac{1}{n}\sum_{i=1}^n X_i$ 也是充分统计量).

例 2.4.2 设 $X_1,X_2,\cdots,X_n$ *i.i.d.* $\sim E(\lambda)$,其概率密度函数为

$$f(x;\lambda)=\lambda \mathrm{e}^{-\lambda x}I(x>0),$$

其中 $\lambda>0$ 为未知参数,求其充分统计量.

解　因为$(X_1,X_2,\cdots,X_n)$的联合概率密度函数为

$$\begin{aligned}\prod_{i=1}^{n}f(x_i;\theta)&=\prod_{i=1}^{n}\lambda \mathrm{e}^{-\lambda x_i}I(x_i>0)\\&=\lambda^n \mathrm{e}^{-\lambda\sum\limits_{i=1}^{n}x_i}I(x_1>0,x_2>0,\cdots,x_n>0)\\&:=g(T(x_1,x_2,\cdots,x_n);\lambda)\cdot h(x_1,x_2,\cdots,x_n),\end{aligned}$$

其中

$$h(x_1,x_2,\cdots,x_n)=I(x_1>0,x_2>0,\cdots,x_n>0),$$

$$T(x_1,x_2,\cdots,x_n)=\sum_{i=1}^{n}x_i,g(T(x_1,x_2,\cdots,x_n);\lambda)=\lambda^n \mathrm{e}^{-\lambda\sum\limits_{i=1}^{n}x_i},$$

故由充分统计量的定义知,$T(X_1,X_2,\cdots,X_n)=\sum\limits_{i=1}^{n}X_i$ 为充分统计量($\overline{X}=\frac{1}{n}\sum\limits_{i=1}^{n}X_i$ 也是充分统计量).

例 2.4.3　设 $X_1,X_2,\cdots,X_n$ *i.i.d.* $\sim N(\mu,\sigma^2)$,其中 $\theta:=(\mu,\sigma^2)$为未知参数,求其充分统计量.

解　由于 $X_1,X_2,\cdots,X_n$ *i.i.d.* $\sim N(\mu,\sigma^2)$,所以 $\boldsymbol{X}=(X_1,X_2\cdots,X_n)$的联合概率密度函数为

$$\begin{aligned}f(x_1,x_2,\cdots,x_n;\theta)&=\prod_{i=1}^{n}f(x_i;\theta)\\&=\left(\frac{1}{\sqrt{2\pi}\sigma}\right)^n\exp\left\{-\frac{1}{2\sigma^2}\sum_{i=1}^{n}(x_i-\mu)^2\right\}\\&=\left(\frac{1}{\sqrt{2\pi}\sigma}\right)^n\exp\left\{-\frac{1}{2\sigma^2}\sum_{i=1}^{n}x_i^2+\frac{n\mu}{\sigma^2}\overline{x}-\frac{n\mu^2}{2\sigma^2}\right\}\\&:=g(T(\boldsymbol{x});\theta)\cdot h(\boldsymbol{x}),\end{aligned}$$

其中 $\boldsymbol{x}=(x_1,x_2,\cdots,x_n),h(\boldsymbol{x})\equiv 1,T(\boldsymbol{x})=\left(\overline{x},\sum\limits_{i=1}^{n}x_i^2\right)$,故由充分统计量的定义知,$T(\boldsymbol{X})=\left(\overline{X},\sum\limits_{i=1}^{n}X_i^2\right)$ 是充分统计量,此时,

$$T_1(\boldsymbol{X})=\left(\overline{X},\sum_{i=1}^{n}\left(X_i-\overline{X}\right)^2\right),$$

$$T_2(\boldsymbol{X})=\left(\overline{X},\frac{1}{n}\sum_{i=1}^{n}\left(X_i-\overline{X}\right)^2\right):=\left(\overline{X},S_n^2\right)$$

也是充分统计量，因为

$$\sum_{i=1}^{n}(X_i-\overline{X})^2=\sum_{i=1}^{n}X_i^2-n\,\overline{X}^2,$$

所以 $T(\boldsymbol{X})$与 $T_1(\boldsymbol{X})$为一一对应的变换，即它们等价，故 $T_1(\boldsymbol{X})$也是充分统计量，或者 $\sum_{i=1}^{n}x_i^2$ 由$\sum_{i=1}^{n}(x_i-\overline{x})^2+n\overline{x}^2$ 代入可得

$$f(x_1,x_2,\cdots,x_n;\theta)=\left(\frac{1}{\sqrt{2\pi}\sigma}\right)^n\exp\left\{-\frac{1}{2\sigma^2}\left[\sum_{i=1}^{n}(x_i-\overline{x})^2+n\overline{x}^2\right]+\frac{n\mu}{\sigma^2}\overline{x}-\frac{n\mu^2}{2\sigma^2}\right\}$$

$$:=g(T_1(\boldsymbol{x});\theta)\cdot h(\boldsymbol{x}),$$

从而由充分统计量的定义知，$T_1(\boldsymbol{X})$为充分统计量. 同理，可证明 $T_2(\boldsymbol{X})$也是充分统计量.

在上例中，$T_2(\boldsymbol{X})=\left(\overline{X},\frac{1}{n}\sum_{i=1}^{n}(X_i-\overline{X})^2\right):=(\overline{X},S_n^2)$ 为(μ,σ^2)的充分统计量.

问题:$\overline{X}$ **是否为** μ **的充分统计量？**$\frac{1}{n}\sum_{i=1}^{n}(X_i-\overline{X})^2:=S_n^2$ **是否为**σ^2 **的充分统计量？**

回答：均不是. 因为 $T_2(\boldsymbol{X})$**为一整体概念，不可单独考虑.**

例 2.4.4 设 $\boldsymbol{X}=(X_1,X_2,\cdots,X_n)$为取自均匀分布 $U(0,\theta)$的简单随机样本，$\theta>0$ 为未知参数，求其充分统计量.

解 由题意知，样本 $\boldsymbol{X}=(X_1,X_2,\cdots,X_n)$的联合概率密度函数为

$$f(x_1,x_2,\cdots,x_n;\theta)=\begin{cases}\dfrac{1}{\theta^n}, & 0<x_1,x_2,\cdots,x_n<\theta,\\ 0, & \text{其他},\end{cases}$$

$$=\frac{1}{\theta^n}I(0<x_1,x_2,\cdots,x_n<\theta)$$

$$=\frac{1}{\theta^n}I\left(0<\max_{1\leqslant i\leqslant n}x_i<\theta\right)$$

$$:=g(T(\boldsymbol{x});\theta)\cdot h(\boldsymbol{x}),$$

其中 $\boldsymbol{x}=(x_1,x_2,\cdots,x_n)$，$h(\boldsymbol{x})\equiv 1$，$T(\boldsymbol{x})=\max\limits_{1\leqslant i\leqslant n}x_i$，故由充分统计量的定义

知，$T(\boldsymbol{X})=\max\limits_{1\leqslant i\leqslant n} X_i$ 为充分统计量.（因为 $X_i\sim U(0,\theta)$，$\theta>0$，所以 $P_\theta(X_i>0)=1$，$\mathscr{X}=(0,+\infty)$）

或者，$\boldsymbol{X}=(X_1,X_2,\cdots,X_n)$的联合概率联合密度为

$$\begin{aligned} f(x_1,x_2,\cdots,x_n;\theta) &= \prod_{i=1}^{n}\frac{1}{\theta}I(0<x_i<\theta) \\ &= \frac{1}{\theta^n}I\left(0<\min_{1\leqslant i\leqslant n}x_i\leqslant\max_{1\leqslant i\leqslant n}x_i<\theta\right) \\ &= \frac{1}{\theta^n}I\left(0<\max_{1\leqslant i\leqslant n}x_i<\theta\right)I\left(\min_{1\leqslant i\leqslant n}x_i>0\right) \\ &= \frac{1}{\theta^n}I(0<x_{(n)}<\theta)I(x_{(1)}>0) \\ &:= g(T(\boldsymbol{x});\theta)\cdot h(\boldsymbol{x}), \end{aligned}$$

其中 $\boldsymbol{x}=(x_1,x_2,\cdots,x_n)$，$h(\boldsymbol{x})=I(x_{(1)}>0)$，$T(\boldsymbol{x})=x_{(n)}=\max\limits_{1\leqslant i\leqslant n}x_i$，$x_{(1)}=\min\limits_{1\leqslant i\leqslant n}x_i$，故由充分统计量的定义知，$T(\boldsymbol{X})=X_{(n)}=\max\limits_{1\leqslant i\leqslant n}X_i$ 为充分统计量.

例 2.4.5 设 $\boldsymbol{X}=(X_1,X_2,\cdots,X_n)$为取自均匀分布$U(\theta_1,\theta_2)$的简单随机样本，$\theta=(\theta_1,\theta_2)$为未知参数，求其充分统计量.

解 由题意知，样本 $\boldsymbol{X}=(X_1,X_2,\cdots,X_n)$的联合概率密度函数为

$$\begin{aligned} f(x_1,x_2,\cdots,x_n;\theta) &= \prod_{i=1}^{n}\frac{1}{\theta}I(\theta_1<x_i<\theta_2) \\ &= \frac{1}{(\theta_2-\theta_1)^n}I(\theta_1<x_1,\cdots,x_n<\theta_2) \\ &= \frac{1}{(\theta_2-\theta_1)^n}I\left(\theta_1<\min_{1\leqslant i\leqslant n}x_i\leqslant\max_{1\leqslant i\leqslant n}x_i<\theta\right) \\ &= \frac{1}{(\theta_2-\theta_1)^n}I\left(\theta_1<x_{(1)}\leqslant x_{(n)}<\theta_2\right) \\ &:= g(T(\boldsymbol{x});\theta)\cdot h(\boldsymbol{x}), \end{aligned}$$

其中 $\boldsymbol{x}=(x_1,x_2,\cdots,x_n)$，$h(\boldsymbol{x})\equiv 1$，$T(\boldsymbol{x})=(x_{(1)},x_{(n)})$，故由充分统计量的定义知，

$$T(\boldsymbol{X})=(X_{(1)},X_{(n)})=\left(\min_{1\leqslant i\leqslant n}X_i,\max_{1\leqslant i\leqslant n}X_i\right)$$

为充分统计量.

二、完全统计量

定义 2.4.2 设 $T=T(X_1,X_2,\cdots,X_n)$为一统计量. 若对任意的 Borel 可

测函数 $\varphi(\cdot)$，只要

$$E_\theta[\varphi(T(X_1,X_2,\cdots,X_n))]=0,\ 对任意的\ \theta\in\Theta,$$

就可推出

$$\varphi(T(X_1,X_2,\cdots,X_n))=0\ a.s.\ \Leftrightarrow$$

$$P_\theta\Big(\varphi(T(X_1,X_2,\cdots,X_n))=0\Big)=1,\ 对任意的\ \theta\in\Theta,$$

则称 $T=T(X_1,X_2,\cdots,X_n)$ 为**完全统计量(complete statistic)**.

由完全统计量的定义知，若 $T=T(X_1,X_2,\cdots,X_n)$ 为完全统计量，则它的任一 Borel 可测函数 $g(T)$ 也是完全统计量.

注 2.4.3 依赖完全统计量的无偏估计是($a.s.$)唯一的：若 $\varphi_1(T)$ 和 $\varphi_2(T)$ 均依赖完全统计量 $T=T(X_1,X_2,\cdots,X_n)$，且均为 θ 的无偏估计(即 $E_\theta(\varphi_1(T))=E_\theta(\varphi_2(T))=\theta$)，则

$$\varphi_1(T)=\varphi_2(T)\ a.s.\ \Leftrightarrow P_\theta\Big(\varphi_1(T)=\varphi_2(T)\Big)=1,对任意的\ \theta\in\Theta.$$

事实上，由于 $E_\theta(\varphi_1(T))=E_\theta(\varphi_2(T))=\theta$，所以

$$\begin{aligned}E_\theta\Big(\varphi_1(T)-\varphi_2(T)\Big)&=E_\theta(\varphi_1(T))-E_\theta(\varphi_2(T))\\&=\theta-\theta=0,\ 对任意的\ \theta\in\Theta.\end{aligned}$$

故由完全统计量的定义知

$$\varphi_1(T)-\varphi_2(T)=0\ a.s.\ \Leftrightarrow \varphi_1(T)=\varphi_2(T)\ a.s..$$

注 2.4.4 完全统计量的意义：依赖完全统计量的无偏估计是唯一的.

充分完全统计量的意义：(1)包含 θ 的信息充分；(2)依赖完全统计量的无偏估计是唯一的.

例 2.4.6 设 $X_1,X_2,\cdots,X_n\ i.i.d.\sim B(1,\theta)$，$0<\theta<1$ 为未知参数. 记 $T=\sum\limits_{i=1}^n X_i$，证明：$T$ 为完全统计量.

证明 因为 $X_1,X_2,\cdots,X_n\ i.i.d.\sim B(1,\theta)$，所以 $T=\sum\limits_{i=1}^n X_i\sim B(n,\theta)$.

设 $\varphi(\cdot)$ 为任一 Borel 函数. 令

$$E_\theta\varphi(T)=0,对任意的\ \theta\in(0,1),$$

即

$$\sum_{k=0}^n \varphi(k)\cdot C_n^k\theta^k\ (1-\theta)^{n-k}=0,对任意的\ \theta\in(0,1).$$

记 $y=\dfrac{\theta}{1-\theta}\in(0,+\infty)$，则对任意的 $y\in(0,+\infty)$，有

$$\sum_{k=0}^{n}\varphi(k)\mathrm{C}_n^k y^k=0,$$

上式左端是 y 的多项式，且次数不超过 n，故必有

$$\varphi(k)=0,k=0,1,2,\cdots,n,$$

从而 $\varphi(T)=0\ a.s.$，即 T 是完全统计量.

例 2.4.7　设 $\boldsymbol{X}=(X_1,X_2,\cdots,X_n)$ 为取自均匀分布 $U(0,\theta)$ 的简单随机样本，$\theta>0$ 为未知参数，求证 $T:=T(\boldsymbol{X})=\max\limits_{1\leqslant i\leqslant n}X_i:=X_{(n)}$ 是充分完全统计量.

证明　易知 T 的概率密度函数为

$$f_T(t)=\begin{cases}\dfrac{n}{\theta^n}t^{n-1}, & 0<t<\theta,\\ 0, & \text{其他}.\end{cases}$$

设 $\varphi(t)$ 为 t 的任意 Borel 可测函数，满足

$$E_\theta\varphi(T)=\int_0^\theta\varphi(t)\,\frac{n}{\theta^n}t^{n-1}\mathrm{d}t=0,\ \text{对任意的}\ \theta>0,$$

故

$$\int_0^\theta\varphi(t)t^{n-1}\mathrm{d}t=0,\ \text{对任意的}\ \theta>0,$$

上式两边对 θ 求导得

$$\varphi(\theta)\theta^{n-1}=0,\ \text{对任意的}\ \theta>0\Leftrightarrow\varphi(\theta)=0,\text{对任意的}\ \theta>0,$$

即

$$\varphi(t)=0,\ \text{对任意的}\ t>0,$$

故 $T(\boldsymbol{X})=X_{(n)}$ 是完全统计量由于例 2.4.4 已经证明了 T 的充分性，故可证明其为充分完全统计量.

由上面的例子可以看出，从定义出发来判断统计量的完全性是比较复杂的. 下面将考虑一种特殊的分布族——指数型分布族，在这种分布族下判断统计量的完全性将会变得很简单.

三、指数型分布族

定义 2.4.3　设 $f(x;\theta)$ 为概率密度函数或概率函数. 若

$$f(x;\theta)=s(\theta)h(x)\cdot\mathrm{e}^{\sum\limits_{k=1}^{m}\mathrm{C}_k(\theta)T_k(x)},\tag{2.4.1}$$

其中 $\theta=(\theta_1,\theta_2,\cdots,\theta_m)\in\Theta$，$s(\theta)>0$，$h(x)\geqslant 0$，$\Theta$ 是 $\mathbb{R}^m$ 中的开集，则称式(2.4.1)为**指数型分布**，称此分布族为**指数型分布族**.

记 $G(x)=\{x: f(x;\theta)>0\}$，则称 $G(x)$ 为概率密度函数或概率函数 $f(x;\theta)$ 的**支撑集**. 指数型分布族的一个重要性质是族中的所有分布具有相同的支撑集. 由定义可知指数型分布族的支撑集 $\{x: f(x;\theta)>0\}=\{x: h(x)>0\}$ 与 θ 无关. 任一分布族若其支撑集与 θ 有关，则族中分布不再具有共同支撑集，因而必不是指数型分布族，如 $U(0,\theta)$，$\theta>0$ 为未知参数.

注 2.4.5 若 $X_1,X_2,\cdots,X_n$ $i.i.d.\sim$指数型分布(2.4.1)，则$(X_1,X_2,\cdots,X_n)$的联合概率密度函数或联合概率函数为

$$f(x_1,x_2,\cdots,x_n;\theta)=s^n(\theta)\cdot e^{\sum\limits_{k=1}^{m}C_k(\theta)\sum\limits_{i=1}^{n}T_k(x_i)}h(x_1)h(x_2)\cdots h(x_n). \tag{2.4.2}$$

由充分统计量的定义知，

$$T(X_1,X_2,\cdots,X_n)=\left(\sum_{i=1}^{n}T_1(X_i),\sum_{i=1}^{n}T_2(X_i),\cdots,\sum_{i=1}^{n}T_m(X_i)\right) \tag{2.4.3}$$

是 θ 的充分统计量. 可以证明它还是完全统计量，见下面的定理 2.4.1.

定理 2.4.1 设 $X_1,X_2,\cdots,X_n$ $i.i.d.\sim$指数型分布[式(2.4.1)]，且 Θ 有内点，则统计量

$$T(X_1,X_2,\cdots,X_n)=\left(\sum_{i=1}^{n}T_1(X_i),\sum_{i=1}^{n}T_2(X_i),\cdots,\sum_{i=1}^{n}T_m(X_i)\right)$$

是 θ 的充分完全统计量.

证明 证明过程可参考《数理统计引论》(陈希孺著，1981 年出版)的第 80 页，定理 1.6.1.

下面利用定理 2.4.1 来求一些分布族中未知参数的充分完全统计量.

例 2.4.8(正态分布) 设 $X_1,X_2,\cdots,X_n$ $i.i.d.\sim N(\mu,\sigma^2)$，$\theta=(\mu,\sigma^2)$为未知参数，求其充分完全统计量.

解 易知总体 $N(\mu,\sigma^2)$的概率密度函数为

$$f(x;\mu,\sigma^2)=\frac{1}{\sqrt{2\pi}\sigma}e^{-\frac{(x-\mu)^2}{2\sigma^2}}$$

$$= \frac{1}{\sqrt{2\pi}\sigma} e^{-\frac{\mu^2}{2\sigma^2}} \cdot e^{-\frac{x^2}{2\sigma^2}+\frac{\mu}{\sigma^2}x}$$

$$:= s(\theta)h(x)e^{C_1(\theta)T_1(x)+C_2(\theta)T_2(x)},$$

其中 $s(\theta)=\frac{1}{\sqrt{2\pi}\sigma}e^{-\frac{\mu^2}{2\sigma^2}}$，$\theta=(\mu,\sigma^2)$，$h(x)\equiv 1$，$C_1(\theta)=-\frac{1}{2\sigma^2}$，$T_1(x)=x^2$，$C_2(\theta)=\frac{\mu}{\sigma^2}$，$T_2(x)=x$，此为指数型分布，故由定理 2.4.1（或见式(2.4.3)）知，

$$T(X_1,X_2,\cdots,X_n)=\left(\sum_{i=1}^n X_i^2,\sum_{i=1}^n X_i\right)$$

是 $\theta=(\mu,\sigma^2)$ 的充分完全统计量.

注 2.4.6 充分完全统计量(或充分统计量，或完全统计量)是一个整体概念，即若 $T(X_1,X_2,\cdots,X_n)=\left(\sum_{i=1}^n X_i^2,\sum_{i=1}^n X_i\right)$ 是 $\theta=(\mu,\sigma^2)$ 的充分完全统计量，则不能说：$\sum_{i=1}^n X_i^2$ 是 μ 的充分完全统计量，$\sum_{i=1}^n X_i$ 是 σ^2 的充分完全统计量.

注 2.4.7 充分完全统计量不唯一. 若 $T(X_1,X_2,\cdots,X_n)=\left(\sum_{i=1}^n X_i^2,\sum_{i=1}^n X_i\right)$ 是 $\theta=(\mu,\sigma^2)$ 的充分完全统计量，则

$$T^*=\left(\sum_{i=1}^n X_i,\sum_{i=1}^n X_i^2\right),$$

$$T^{**}=\left(\sum_{i=1}^n X_i,\sum_{i=1}^n (X_i-\overline{X})^2\right),$$

$$T^{***}=\left(\overline{X},S_n^2\right)，其中\ S_n^2=\frac{1}{n}\sum_{i=1}^n (X_i-\overline{X})^2,$$

$$T^{****}=\left(\overline{X},S_*^2\right)，其中\ S_*^2=\frac{1}{n-1}\sum_{i=1}^n (X_i-\overline{X})^2,$$

均是 $\theta=(\mu,\sigma^2)$ 的充分完全统计量. 因为它们等价，可以互相表达，等价统计量的充分完全性一致.

注 2.4.8 (1)设 $X\sim N(\mu,\sigma^2)$,$\sigma^2=\sigma_0^2$ 已知,μ 未知,其概率密度函数为

$$f(x;\mu)=\frac{1}{\sqrt{2\pi}\sigma_0}\mathrm{e}^{-\frac{(x-\mu)^2}{2\sigma_0^2}}$$

$$=\underbrace{\frac{1}{\sqrt{2\pi}\sigma_0}\mathrm{e}^{-\frac{x^2}{2\sigma_0^2}}}_{h(x)}\cdot\underbrace{\mathrm{e}^{-\frac{\mu^2}{2\sigma_0^2}}}_{s(\mu)}\cdot\mathrm{e}^{\frac{\mu}{\sigma_0^2}x},$$

所以 $T(X_1,X_2,\cdots,X_n)=\sum\limits_{i=1}^{n}X_i$ 是 μ 的充分完全统计量.

(2)设 $X\sim N(\mu,\sigma^2)$,$\mu=\mu_0$ 已知,σ^2 未知,其概率密度函数为

$$f(x;\sigma^2)=\underbrace{\frac{1}{\sqrt{2\pi}\sigma}}_{s(\sigma^2)}\mathrm{e}^{-\frac{(x-\mu_0)^2}{2\sigma^2}},$$

所以 $T(X_1,X_2,\cdots,X_n)=\sum\limits_{i=1}^{n}(X_i-\mu_0)^2$ 是 σ^2 的充分完全统计量.

例 2.4.9(两点分布) 设 $X_1,X_2,\cdots,X_n\ i.i.d.\sim B(1,\theta)$,$0<\theta<1$ 为未知参数,求其充分完全统计量.

解 易知总体 $B(1,\theta)$ 的概率函数为

$$f(x;\theta)=\theta^x(1-\theta)^{1-x}=(1-\theta)\cdot\left(\frac{\theta}{1-\theta}\right)^x$$

$$=(1-\theta)\cdot\mathrm{e}^{x\lg\frac{\theta}{1-\theta}}$$

$$:=s(\theta)h(x)\mathrm{e}^{C(\theta)\cdot T(x)},\quad x=0,1,$$

其中 $s(\theta)=1-\theta$,$h(x)\equiv1$,$C(\theta)=\lg\dfrac{\theta}{1-\theta}$,$T(x)=x$,此为指数型分布,故由定理 2.4.1 知,$T(X_1,X_2,\cdots,X_n)=\sum\limits_{i=1}^{n}X_i$ 是 θ 的充分完全统计量.

例 2.4.10(Poisson 分布) 设 $X_1,X_2,\cdots,X_n\ i.i.d.\sim\mathscr{P}(\lambda)$,$\lambda>0$ 为未知参数,求其充分完全统计量.

解 易知总体 $\mathscr{P}(\lambda)$ 的概率函数为

$$f(x;\lambda)=\frac{\lambda^x}{x!}\mathrm{e}^{-\lambda}=\mathrm{e}^{-\lambda}\cdot\frac{1}{x!}\cdot\mathrm{e}^{x\lg\lambda}$$

$$:=s(\lambda)\cdot h(x)\cdot\mathrm{e}^{C(\lambda)T(x)},\quad x=0,1,2,\cdots,$$

其中 $s(\lambda)=\mathrm{e}^{-\lambda}$,$h(x)=\dfrac{1}{x!}$,$C(\lambda)=\lg\lambda$,$T(x)=x$,此为指数型分布,故由定

理 2.4.1 知，$T(X_1,X_2,\cdots,X_n)=\sum_{i=1}^{n}X_i$ 是 λ 的充分完全统计量.

上面举的例子都是指数型分布族，也有一些分布族不是指数型分布族，但也具有充分完全统计量. 比如：设 $X_1,X_2,\cdots,X_n$ $i.i.d. \sim U(0,\theta)$，$\theta>0$ 为未知参数，此分布不是指数型分布，但可以证明 $T(X_1,X_2,\cdots,X_n)=X_{(n)}=\max\limits_{1\leqslant i\leqslant n}X_i$ 是充分完全统计量，具体见例 2.4.7.

类似地，设 $X_1,X_2,\cdots,X_n$ $i.i.d. \sim U(\theta_1,\theta_2)$，$\theta_1<\theta_2$ 为未知参数，此分布也不是指数型分布，但可以证明 $T(X_1,X_2,\cdots,X_n)=(X_{(1)},X_{(n)})$ 是充分完全统计量. 具体证明过程可参考《高等数理统计学》(陈希孺著，1999 年出版).

习题 2.4

2.4.1　设 $(X_1,\cdots,X_n)$ 为来自指数分布总体 $f(x;\lambda)=\lambda e^{-\lambda x}I(x>0)$ 的样本，用因子分解定理证明 $\overline{X}$ 是充分统计量.

2.4.2　设无放回地从 N 件货物(其中 $N\theta$ 个是废品，θ 为废品率)中抽取 n 件，令

$$X_i=\begin{cases}1, & \text{抽取的第 } i \text{ 件是废品},\\ 0, & \text{其他},\end{cases}\quad i=1,2,\cdots,n,$$

证明：$\sum_{i=1}^{n}X_i$ 对 θ 是充分的.

2.4.3　设 X 分别以概率 $\theta_1,\cdots,\theta_{k+1}$ 取 $\mu_1,\cdots,\mu_{k+1}$，假设 $X_1,\cdots,X_n$ 是独立的且与 X 同分布，又 $\theta=(\theta_1,\cdots,\theta_{k+1})$ 是未知的且取值于集合 $\Theta=\left\{(\theta_1,\cdots,\theta_{k+1}):\theta_i\geqslant 0,1\leqslant i\leqslant k+1,\sum_{i=1}^{k+1}\theta_i=1\right\}$，$N_j$ 是 X_i 中 μ_j 的数目. 证明：$N=(N_1,\cdots,N_k)$ 是 θ 的充分统计量.

2.4.4　设 $(X_1,\cdots,X_n)$ 是来自具有如下密度的总体的样本，

$$f(x;\theta)=a(\theta)h(x),\theta_1\leqslant x\leqslant\theta_2,\text{其他情况下为 } 0,$$

这里 $h(x)\geqslant 0$，$\int_{-\infty}^{+\infty}f(x;\theta)\mathrm{d}x=1$，$\theta=(\theta_1,\theta_2)$，$-\infty<\theta_1\leqslant\theta_2<\infty$，且 $a(\theta)=\left[\int_{\theta_1}^{\theta_2}h(x)\mathrm{d}x\right]^{-1}$，求 θ 的充分统计量.

2.4.5 设 $(X_1,X_2,\cdots,X_n)$ 是来自下列 $\Gamma(\alpha,\beta)$ 的样本：

$$f(x;\alpha,\beta)=\begin{cases}\dfrac{\alpha^\beta}{\Gamma(\beta)}\mathrm{e}^{-\alpha x}x^{\beta-1}, & x>0,\\ 0, & x\leqslant 0,\end{cases}$$

其中 $\alpha>0,\beta>0$ 为未知参数. 证明：$\left(\sum\limits_{i=1}^n X_i,\prod\limits_{i=1}^n X_i\right)$ 是 (α,β) 的充分统计量.

2.4.6 设 $(X_1,X_2,\cdots,X_n)$ 是来自两参数指数分布

$$f(x;\theta,\mu)=\frac{1}{\theta}\mathrm{e}^{-(x-\mu)/\theta},x>\mu$$

的样本，$\theta>0,\mu\in\mathbb{R}$ 为未知参数. 证明：$(\overline{X},X_{(1)})$ 是 (θ,μ) 的充分统计量.

2.4.7 设 $X_1,\cdots,X_n$ $i.i.d.\sim\mathscr{P}(\lambda)$，$\lambda>0$ 为未知参数. 记 $T=\sum\limits_{i=1}^n X_i$，证明：$T$ 为完全统计量.

2.4.8 设 $(X_1,\cdots,X_n)$ 为取自下列指数分布总体的简单样本，

$$f(x;\theta)=\exp\{-(x-\theta)\},x>\theta,$$

其中 $-\infty<\theta<+\infty$ 为未知参数. 证明：$T(X)=X_{(1)}$ 为充分完全统计量.

2.4.9 设 $\boldsymbol{X}=(X_1,\cdots,X_n)$ 为从均匀分布 $U(-\theta/2,\theta/2)$，$0<\theta<\infty$ 中抽取的简单样本，证明：$T(\boldsymbol{X})=(X_{(1)},X_{(n)})$ 为充分统计量，但不是完全的.

2.4.10 设 $X_1,\cdots,X_n$ $i.i.d.$ 服从均匀分布 $U(\theta,2\theta)$，$\theta>0$，证明：$(X_{(1)},X_{(n)})$ 是充分统计量，但不是完全统计量.

2.4.11 考察下列分布族是不是指数型分布族.

(1)正态分布族； (2)二项分布族； (3)伽玛分布族；

(4)多项分布族； (5)均匀分布族； (6)单参数指数分布族与双参数指数分布族； (7)威布尔分布族.

2.4.12 设 $(X_1,\cdots,X_n)$ 是从下列总体中抽取的样本，其密度函数为

$$f(x;\theta)=\frac{1}{2\theta}\exp\left\{-\frac{|x|}{\theta}\right\},-\infty<x<+\infty,\theta>0,$$

证明：$T=\sum\limits_{i=1}^n|X_i|$ 是 θ 的充分完全统计量.

2.4.13 设 $X_1,\cdots,X_m$ $i.i.d.\sim N(a,\sigma^2)$，$Y_1,\cdots,Y_n$ $i.i.d.\sim N(b,\sigma^2)$，且两组样本独立. 记

$$\overline{X}=\frac{1}{m}\sum_{i=1}^m X_i,\overline{Y}=\frac{1}{n}\sum_{i=1}^n Y_i,$$

$$S^2 = \frac{1}{n+m-2}\left[\sum_{i=1}^{m}(X_i-\overline{X})^2+\sum_{i=1}^{n}(Y_i-\overline{Y})^2\right],$$

证明：$(\overline{X},\overline{Y},S^2)$为充分完全统计量.

2.4.14　设 $X_1, X_2, \cdots, X_n$ $i.i.d.$ ～Pareto 分布，其概率密度函数为

$$f(x;\theta)=\frac{\theta}{(1+x)^{\theta+1}}, 0<x<+\infty,$$

其中 $\theta>0$ 为未知参数. 问：该分布是否为指数型分布？充分完全统计量是什么？

第 3 章
点估计

数理统计的任务是用样本去推断总体，参数估计和非参数估计是统计推断的两种重要形式.

参数估计是对总体中未知参数的估计，主要包括两类：点估计和区间估计. 点估计就是用样本函数的一个具体数值去估计一个未知参数，区间估计就是用两个样本函数的值构成的区间去估计未知参数的取值范围；非参数估计是对总体未知分布的估计，主要包括总体分布函数以及概率密度函数的估计.

本章主要讨论参数的点估计问题，同时还将介绍总体分布函数以及概率密度函数的估计. 关于参数的区间估计，将在第 4 章中详细讨论.

本章讨论的估计问题主要分成三种类型：

(1)总体中未知参数的点估计——矩估计和最大似然估计；

(2)总体分布函数的估计；

(3)总体概率密度函数的估计.

3.1 点估计的概念与优良性准则

一、点估计的概念

设总体 $X\sim F(x;\theta)$，F 的类型已知，$\theta=(\theta_1,\theta_2,\cdots,$

θ_m)是未知的参数(向量). θ 的一切可能取值的集合记为 Θ,称为 m 维参数空间. 如 $X\sim N(\mu,\sigma^2)$,$\theta=(\mu,\sigma^2)$未知,则参数空间为

$$\Theta=\left\{(\mu,\sigma^2):\mu\in\mathbb{R},\sigma^2>0\right\}\subset\mathbb{R}^2.$$

尽管参数 θ 的真值是未知的,但参数空间 Θ 是事先知道的.

设 $g(\theta)$为 $\theta=(\theta_1,\theta_2,\cdots,\theta_m)$的实值函数(通常是连续函数),问:如何根据总体 X 的样本值 $x_1,x_2,\cdots,x_n$ 估计 $g(\theta)$呢?

估计 $g(\theta)$ 的关键是如何估计 $\theta_1,\theta_2,\cdots,\theta_m$,若它们的估计值分别是 $\hat{\theta}_1:=\hat{\theta}_1(x_1,x_2,\cdots,x_n)$,$\hat{\theta}_2:=\hat{\theta}_2(x_1,x_2,\cdots,x_n)$,$\cdots$,$\hat{\theta}_m:=\hat{\theta}_m(x_1,x_2,\cdots,x_n)$,则称 $g(\hat{\theta}_1,\hat{\theta}_2,\cdots,\hat{\theta}_m):=g(\hat{\theta})$为 $g(\theta)$的**点估计值**,其中 $\hat{\theta}:=(\hat{\theta}_1,\hat{\theta}_2,\cdots,\hat{\theta}_m)$;若用 $X_1,X_2,\cdots,X_n$ 分别代替 $x_1,x_2,\cdots,x_n$,则称 $g(\hat{\theta})$为 $g(\theta)$的**点估计量**. 点估计值和点估计量统称为**点估计**(point estimation),简称为**估计**.

如何根据来自总体的样本($X_1,X_2,\cdots,X_n$),估计 $\theta=(\theta_1,\theta_2,\cdots,\theta_m)$呢?方法有很多,最主要、最常见的有两种:第一种是矩估计法,第二种是最大似然估计法. 本章将在第 2 节和第 3 节分别介绍这两种方法.

例 3.1.1　设某型电子元件的寿命 $X\sim f(x;\theta)=\frac{1}{\theta}\mathrm{e}^{-\frac{x}{\theta}}$,$x>0$,其中$\theta>0$为未知参数. 现抽样获得如下样本值(单位:小时):1680,1300,1690,1431,1742,1981,1083,2120,2522. 试估计未知参数 θ.

解　由题意,$EX=\theta$,故用样本均值 $\overline{X}$ 作为 θ 的估计量是个自然的做法. 对于给定的样本值,可得$\overline{x}=\frac{1}{9}(1680+1300+\cdots+2522)=1728$,从而 $\hat{\theta}=\overline{X}$ 与 $\hat{\theta}=\overline{x}=1728$ 分别为 θ 的点估计量和点估计值.

注意到,若将 $\hat{\theta}_1=X_1$,$\hat{\theta}_2=\frac{1}{2}(X_{(1)}+X_{(n)})$作为 θ 的估计量亦无可厚非. 由此可见,点估计的选取相当宽泛. 对于一个未知参数,理论上可以任意地构造其估计,因此有必要建立一个评价估计量好坏的标准,即**优良性准则**.

二、优良性准则

1. 无偏性

定义 3.1.1　设 $\hat{\theta}_n=\hat{\theta}_n(X_1,X_2,\cdots,X_n)$是 θ 的一个估计量,若对任意的 $\theta\in\Theta$,有

$$E_\theta(\hat{\theta}_n-\theta)=0 \Leftrightarrow E_\theta(\hat{\theta}_n)=\theta,$$

则称 $\hat{\theta}_n$ 为 θ 的**无偏估计量**(unbiased estimator,**简记为** UE),否则称为**有偏估计量**(biased estimator).

若对任意的 $\theta\in\Theta$,有

$$\lim_{n\to\infty} E_\theta(\hat{\theta}_n-\theta)=0 \Leftrightarrow \lim_{n\to\infty} E_\theta(\hat{\theta}_n)=\theta,$$

则称 $\hat{\theta}_n$ 为 θ 的**渐近无偏估计量**(asymptotically unbiased estimator).

无偏估计量的要求是 $E_\theta(\hat{\theta}_n-\theta)=0$,这表示无偏估计的实际意义就是无系统误差. 当使用 $\hat{\theta}_n$ 估计 θ 时,由于样本的随机性,$\hat{\theta}_n$ 与 θ 总是有偏差的,这种偏差对某些样本观测值为正,对某些样本观测值为负,时而大,时而小. 无偏性则表示将这些偏差平均起来其值为 0,这就是无偏估计的含义. 若估计不具有无偏性,则无论使用多少次,其平均起来也会与参数真值有一定的距离,这个距离就是系统误差. 另外,这里将 $E(\cdot)$ 写成 $E_\theta(\cdot)$,只是为了强调总体中的未知参数的真值为 θ,这里的 θ 可以取遍参数空间 Θ 的所有值,故而给出的是一类总体的估计方法,而并不只针对某一个总体. 事实上,很多时候并不加上下标.

例 3.1.2 设 $(X_1,X_2,\cdots,X_n)$ 为来自总体 $N(\mu,\sigma^2)$ 的样本,考虑 μ 和 σ^2 的估计量 $\hat{\mu}=\overline{X}$ 和 $\hat{\sigma}^2=\frac{1}{n}\sum_{i=1}^{n}(X_i-\overline{X})^2 := S_n^2$. 判断 $\hat{\mu}$ 和 S_n^2 是否为 μ 和 σ^2 的无偏估计量?

解 由于

$$E(\hat{\mu})=E(\overline{X})=\frac{1}{n}\sum_{i=1}^{n}EX_i=\frac{1}{n}\cdot n\cdot\mu=\mu,$$

所以 $\overline{X}$ 是 μ 的无偏估计.

又由于

$$\begin{aligned}
E(\hat{\sigma}^2)&=E\left[\frac{1}{n}\sum_{i=1}^{n}(X_i-\overline{X})^2\right]=\frac{1}{n}E\left[\sum_{i=1}^{n}X_i^2-n\overline{X}^2\right]\\
&=\frac{1}{n}\left\{\sum_{i=1}^{n}[D(X_i)+(EX_i)^2]-n[D(\overline{X})+(E\overline{X})^2]\right\}\\
&=\frac{1}{n}\left[n(\sigma^2+\mu^2)-n\left(\frac{\sigma^2}{n}+\mu^2\right)\right]
\end{aligned}$$

$$=\frac{n-1}{n}\sigma^2\neq\sigma^2,$$

所以 $\hat{\sigma}^2=S_n^2$ 不是 σ^2 的无偏估计.

但

$$E\left(\frac{n}{n-1}\hat{\sigma}^2\right)=E\left(\frac{1}{n-1}\sum_{i=1}^{n}(X_i-\overline{X})^2\right)=\sigma^2,$$

所以 $\frac{1}{n-1}\sum_{i=1}^{n}(X_i-\overline{X})^2:=S_*^2$ 是 σ^2 的无偏估计. 称 $S_*^2=\frac{1}{n-1}\sum_{i=1}^{n}(X_i-\overline{X})^2$ 是修正的样本方差.

可以证明：S_* 不是 σ 的无偏估计，请读者自行证明.

关于无偏估计，有下列注.

注 3.1.1　无偏估计没有不变原则，即若 $\hat{\theta}$ 是 θ 的无偏估计，$g(\hat{\theta})$ 未必是 $g(\theta)$ 的无偏估计，除非 $g(\theta)$ 是 θ 的线性函数.

如在例 3.1.2 中，$\hat{\mu}=\overline{X}$ 是 μ 的无偏估计，但 $\hat{\mu}^2=\overline{X}^2$ 不是 μ^2 的无偏估计.

事实上，由于

$$E\overline{X}^2=D(\overline{X})+(E\overline{X})^2=\frac{1}{n}\sigma^2+\mu^2\neq\mu^2,$$

所以 $\overline{X}^2$ 不是 μ^2 的无偏估计. 但

$$E\left(\overline{X}^2-\frac{1}{n}S_*^2\right)=E(\overline{X}^2)-E\left(\frac{1}{n}S_*^2\right)=\mu^2,$$

其中 $S_*^2=\frac{1}{n-1}\sum_{i=1}^{n}(X_i-\overline{X})^2$ 是 σ^2 的无偏估计，即 $\overline{X}^2-\frac{1}{n}S_*^2$ 是 μ^2 的无偏估计.

例 3.1.3　设 $\hat{\theta}$ 为 θ 的无偏估计，且有 $D(\hat{\theta})>0$，判断 $\hat{\theta}^2$ 是否是 θ^2 的无偏估计？

证明　由于 $D(\hat{\theta})>0$，所以

$$D(\hat{\theta})=E\hat{\theta}^2-(E\hat{\theta})^2=E\hat{\theta}^2-\theta^2>0,$$

从而 $E\hat{\theta}^2>\theta^2$，即 $\hat{\theta}^2$ 不是 θ^2 的无偏估计.

注 3.1.2　无偏估计有时不唯一.

例如，设 $(X_1,X_2,\cdots,X_n)$ 为来自总体 $N(\mu,\sigma^2)$ 的样本，则

$$E\overline{X}_n=\mu,E\overline{X}_{n-1}=E\left(\frac{1}{n-1}\sum_{i=1}^{n-1}X_i\right)=\mu,EX_i=\mu.$$

又如：设$(X_1,X_2,\cdots,X_n)$为来自总体$\mathscr{P}(\lambda)$的样本，则$\theta\overline{X}+(1-\theta)S_*^2$均为$\lambda$的无偏估计，其中

$$\overline{X}=\frac{1}{n}\sum_{i=1}^{n}X_i,S_*^2=\frac{1}{n-1}\sum_{i=1}^{n}(X_i-\overline{X})^2.$$

注 3.1.3 无偏估计有时不存在.

例如，设$X\sim B(n,\theta)$，$0\leqslant\theta\leqslant1$，则$g(\theta)=\dfrac{1}{1+\theta^2}$没有无偏估计.

事实上，考虑样本容量为$n=1$的样本，设$\hat{g}(X)$是$g(\theta)$的无偏估计，则有

$$E_\theta\hat{g}(X)=g(\theta),\text{对任意的}\ 0\leqslant\theta\leqslant1,$$

即

$$\sum_{k=0}^{n}\hat{g}(k)C_n^k\theta^k(1-\theta)^{n-k}=\frac{1}{1+\theta^2},\ \text{对任意的}\ 0\leqslant\theta\leqslant1,$$

上式左边是θ的多项式，右边是θ的分式，二者不可能在$[0,1]$上恒相等，这表明$g(\theta)$没有无偏估计.

对于样本容量为$n(n\geqslant2)$的样本$(X_1,X_2,\cdots,X_n)$，令

$$E_\theta\hat{g}(X_1,X_2,\cdots,X_n)=\frac{1}{1+\theta^2},\ \text{对任意的}\ 0\leqslant\theta\leqslant1,$$

类似可证明$g(\theta)=\dfrac{1}{1+\theta^2}$没有无偏估计.

例 3.1.4 设$(X_1,X_2,\cdots,X_n)$为来自总体$X\sim B(1,p)$的样本，$0<p<1$为未知参数，$n>1$.

(1)试求$p(1-p)$的一个无偏估计；(2)证明：$\dfrac{1}{p}$的无偏估计不存在.

解 (1)易见，$\overline{X}=\dfrac{1}{n}\sum\limits_{i=1}^{n}X_i$是$p$的一个无偏估计，故直观上$\overline{X}(1-\overline{X})$是$p(1-p)$的一个估计，但是

$$\begin{aligned}E[\overline{X}(1-\overline{X})]&=E(\overline{X})-E(\overline{X}^2)=p-[D(\overline{X})+(E\overline{X})^2]\\&=p-\left[\frac{p(1-p)}{n}+p^2\right]=\frac{(n-1)p(1-p)}{n}\end{aligned}$$

$$\neq p(1-p),$$

从而有

$$E\left[\frac{n\overline{X}(1-\overline{X})}{n-1}\right]=p(1-p),$$

所以$\frac{n\overline{X}(1-\overline{X})}{n-1}$为 $p(1-p)$的一个无偏估计.

注意到 $DX=p(1-p)$，则可得 $S_*^2 := \frac{1}{n-1}\sum_{i=1}^{n}(X_i-\overline{X})^2$ 也为$p(1-p)$的一个无偏估计.

(2)用反证法. 假设 $g(X_1,X_2,\cdots,X_n)$是$\frac{1}{p}$的一个无偏估计，则有

$$Eg(X_1,X_2,\cdots,X_n)=\frac{1}{p},\ \text{对任意的 } 0<p<1,$$

即

$$\sum_{x_1,x_2,\cdots,x_n} g(x_1,x_2,\cdots,x_n)\cdot p^{\sum_{i=1}^{n}x_i}(1-p)^{n-\sum_{i=1}^{n}x_i}=\frac{1}{p},\ \text{对任意的 } 0<p<1,$$

上式左边是 p 的多项式，右边是 p 的分式，二者不可能在(0,1)上恒相等，从而导出矛盾，这表明$\frac{1}{p}$的无偏估计不存在.

注 3.1.4　无偏估计有时不合理.

例 3.1.5　设随机变量 X 服从 Poisson 分布 $\mathscr{P}(\lambda)$，即

$$P_\lambda(X=k)=\frac{\lambda^k}{k!}\mathrm{e}^{-\lambda},k=0,1,2,\cdots,$$

其中 $\lambda>0$ 为未知参数，要估计 $g(\lambda)=\mathrm{e}^{-2\lambda}$. 若 $\hat{g}(X)$为 $g(\lambda)$的无偏估计(样本量等于 1)，则

$$E_\lambda\hat{g}(X)=\sum_{k=0}^{\infty}\hat{g}(k)\frac{\lambda^k}{k!}\mathrm{e}^{-\lambda}=\mathrm{e}^{-2\lambda},\ \text{对任意的 } \lambda>0,$$

即

$$\sum_{k=0}^{\infty}\hat{g}(k)\frac{\lambda^k}{k!}=\mathrm{e}^{-\lambda}=\sum_{k=0}^{\infty}\frac{(-\lambda)^k}{k!}=\sum_{k=0}^{\infty}(-1)^k\frac{\lambda^k}{k!},\ \text{对任意的 } \lambda>0,$$

所以由幂级数相等的条件，得

$$\hat{g}(k)=(-1)^k,\quad k=0,1,2,\cdots,$$

即 $g(\lambda)$的无偏估计为

$$\hat{g}(X)=(-1)^X,\quad X=0,1,2,\cdots.$$

当 X 的观察值为偶数时,用 1 估计 $g(\lambda)=\mathrm{e}^{-2\lambda}$;

当 X 的观察值为奇数时,用 -1 估计 $g(\lambda)=\mathrm{e}^{-2\lambda}$.

这个估计量显然是不合理的,因为 $g(\lambda)=\mathrm{e}^{-2\lambda}>0$,可是估计量 $\hat{g}(X)$ 有很大概率取值 -1.

上例表明无偏估计有时不合理.

2. 有效性

一个未知参数可以有多个甚至无穷多个无偏估计量. 估计的无偏性只是反映了估计量的观测值在未知参数的真值的附近波动,而没有反映出估计值波动的程度. 由于方差是刻画随机变量取值围绕其期望波动程度的量,方差越小,说明该随机变量的取值越集中. 因此,一个好的估计量,不仅应该具有无偏性,而且应该有尽可能小的方差.

定义 3.1.2 设 $\hat{\theta}_1=\hat{\theta}_1(X_1,X_2,\cdots,X_n)$ 和 $\hat{\theta}_2=\hat{\theta}_2(X_1,X_2,\cdots,X_n)$ 都是未知参数 θ 的无偏估计量,如果对任意的 $\theta\in\Theta$,有

$$D(\hat{\theta}_1)\leqslant D(\hat{\theta}_2),$$

且至少有一个 $\theta\in\Theta$ 使上式中的小于号成立,则称 $\hat{\theta}_1$ 比 $\hat{\theta}_2$ **有效**.

例 3.1.6 设 $(X_1,X_2,\cdots,X_n)$ 为来自总体 $X\sim U[0,\theta]$ 的样本,$\theta>0$ 为未知参数. 记

$$\hat{\theta}_1=2\overline{X},\quad \hat{\theta}_2=\frac{n+1}{n}X_{(n)}.$$

(1)求证:$\hat{\theta}_1$ 与 $\hat{\theta}_2$ 均为 θ 的无偏估计;

(2)判断 $\hat{\theta}_1$ 与 $\hat{\theta}_2$ 谁更有效?

解 (1)由于

$$E\hat{\theta}_1=2E\overline{X}=\frac{2}{n}\sum_{i=1}^{n}EX_i=\frac{2}{n}\cdot n\cdot\frac{\theta}{2}=\theta,$$

所以 $\hat{\theta}_1$ 为 θ 的无偏估计.

由于总体 X 的密度函数与分布函数分别为

$$f(x;\theta)=\begin{cases}\dfrac{1}{\theta}, & 0\leqslant x\leqslant\theta,\\ 0, & \text{其他},\end{cases}\quad F(x;\theta)=\begin{cases}0, & x<0,\\ \dfrac{x}{\theta}, & 0\leqslant x\leqslant\theta,\\ 1, & x>\theta,\end{cases}$$

从而 $X_{(n)}$ 的密度函数为

$$f_{X_{(n)}}(x;\theta)=nF^{n-1}(x;\theta)f(x;\theta)$$

$$=\begin{cases} n\left(\dfrac{x}{\theta}\right)^{n-1}\dfrac{1}{\theta}, & 0\leqslant x\leqslant\theta, \\ 0, & \text{其他}, \end{cases}$$

于是

$$E\hat{\theta}_2=\frac{n+1}{n}EX_{(n)}=\frac{n+1}{n}\int_0^\theta x\cdot n\left(\frac{x}{\theta}\right)^{n-1}\frac{1}{\theta}\mathrm{d}x=\theta,$$

所以，$\hat{\theta}_2$ 也是 θ 的无偏估计.

(2)易见

$$D(\hat{\theta}_1)=D(2\overline{X})=4D(\overline{X})=\frac{4}{n}D(X)=\frac{\theta^2}{3n},$$

$$D(\hat{\theta}_2)=D\left(\frac{n+1}{n}X_{(n)}\right)=\left(\frac{n+1}{n}\right)^2D(X_{(n)})$$

$$=\left(\frac{n+1}{n}\right)^2\left[E(X_{(n)}^2)-(EX_{(n)})^2\right]$$

$$=\left(\frac{n+1}{n}\right)^2\left[\int_0^\theta x^2\cdot n\left(\frac{x}{\theta}\right)^{n-1}\frac{1}{\theta}\mathrm{d}x-\left(\frac{n}{n+1}\theta\right)^2\right]$$

$$=\left(\frac{n+1}{n}\right)^2\left[\frac{n}{n+2}\theta^2-\left(\frac{n}{n+1}\theta\right)^2\right]$$

$$=\frac{\theta^2}{n(n+2)}.$$

当 $n=1$ 时，$D(\hat{\theta}_1)=D(\hat{\theta}_2)$，即二者同样有效；当 $n>1$ 时，$\dfrac{\theta^2}{n(n+2)}<\dfrac{\theta^2}{3n}$，所以 $D(\hat{\theta}_2)<D(\hat{\theta}_1)$，即 $\hat{\theta}_2$ 比 $\hat{\theta}_1$ 有效.

3. 相合性

前面讨论的无偏性和有效性，其前提是样本容量固定. 一般来说，样本容量越大，样本中所含总体的信息就应该越多，从而就越能精确估计总体中的未知参数. 对于无限总体，随着样本容量的无限增大，一个好的估计与待估参数的真值之间任意接近的可能性会越来越大. 估计量的这种性质称为**相合性**.

定义 3.1.3　设 $\theta\in\Theta$ 为未知参数，$\hat{\theta}_n:=\hat{\theta}_n(X_1,X_2,\cdots,X_n)$ 是 θ 的一个

估计量,n 是样本容量.若对任意的 $\theta\in\Theta$ 及 $\varepsilon>0$,有

$$\lim_{n\to\infty}P\left(|\hat{\theta}_n-\theta|<\varepsilon\right)=1,$$

或

$$\lim_{n\to\infty}P\left(|\hat{\theta}_n-\theta|\geqslant\varepsilon\right)=0,$$

则称 $\hat{\theta}_n$ 为参数 θ 的**一致估计量**(consistent estimator),或**(弱)相合估计量**((weakly) consistent estimator),并记为 $\hat{\theta}_n\xrightarrow{P}\theta$.

若对任意的 $\theta\in\Theta$,有

$$P\left(\lim_{n\to\infty}\hat{\theta}_n=\theta\right)=1,$$

则称 $\hat{\theta}_n$ 为参数 θ 的**强相合估计量**(strongly consistent estimator),并记为 $\hat{\theta}_n\xrightarrow{a.s.}\theta$.

设 $r>0$,若对任意的 $\theta\in\Theta$,有

$$\lim_{n\to\infty}E\left|\hat{\theta}_n-\theta\right|^r=0,$$

则称 $\hat{\theta}_n$ 为参数 θ 的 ***r* 阶矩相合估计量**(consistent estimator in r-th mean),并记为 $\hat{\theta}_n\xrightarrow{r}\theta$,或 $\hat{\theta}_n\xrightarrow{L_r}\theta$;当 $r=2$ 时,称 $\hat{\theta}_n$ 为参数 θ 的**均方相合估计量**(consistent estimator in quadratic mean).

相合性反映了估计量的大样本性质,这是对估计量的一个最基本要求.如果一个估计量,在样本容量不断增大时,它都不能将参数估计到任意指定的精度,那么这个估计是很值得怀疑的.通常,不满足相合性要求的估计一般不予考虑.

从概率论角度来看,(弱)相合估计问题本质上就是依概率收敛的问题,所以为了判断估计量 $\hat{\theta}_n$ 是否为参数 θ 的(弱)相合估计,可以借助于依概率收敛的性质以及各种(弱)大数定律;除此之外,还可以借助于切比雪夫不等式和马尔可夫不等式等.而强相合估计问题本质上就是几乎处处收敛的问题,要判断估计量 $\hat{\theta}_n$ 是否为参数 θ 的强相合估计,可以借助于几乎处处收敛的性质以及各种强大数定律.

由概率论中关于这几种收敛性的关系,可知上述三种相合性具有如下关

系:强相合⇒弱相合,反之不一定成立;对任何 $r>0$,r 阶矩相合⇒弱相合,反之不一定成立;强相合与 r 阶矩相合之间没有包含关系.

估计量的大样本性质除了相合性以外,还有渐近正态性,将在后面有关小节中给出.

例 3.1.7　设$(X_1,X_2,\cdots,X_n)$为来自总体 X 的样本,$DX=\sigma^2<\infty$未知.证明:样本方差 $S_n^2=\frac{1}{n}\sum_{i=1}^{n}(X_i-\overline{X})^2$ 与修正的样本方差 $S_*^2=\frac{1}{n-1}\sum_{i=1}^{n}(X_i-\overline{X})^2$ 都是 σ^2 的相合估计量.

证明　易见

$$S_n^2=\frac{1}{n}\sum_{i=1}^{n}(X_i-\overline{X})^2=\frac{1}{n}\sum_{i=1}^{n}X_i^2-\overline{X}^2.$$

由于 $X_1,X_2,\cdots,X_n$ 独立同分布,所以 $X_1^2,X_2^2,\cdots,X_n^2$ 也独立同分布,且 $EX^2<\infty$,故由辛钦(Khinchine)大数定律知,

$$\frac{1}{n}\sum_{i=1}^{n}X_i^2\xrightarrow{P}EX^2,\quad \overline{X}\xrightarrow{P}EX,$$

再根据依概率收敛的性质有

$$S_n^2\xrightarrow{P}EX^2-(EX)^2=DX=\sigma^2,$$

即样本方差 $S_n^2=\frac{1}{n}\sum_{i=1}^{n}(X_i-\overline{X})^2$ 是 σ^2 的相合估计量.

由于$\frac{n}{n-1}\to 1(n\to\infty)$,而

$$S_*^2=\frac{1}{n-1}\sum_{i=1}^{n}(X_i-\overline{X})^2=\frac{n}{n-1}S_n^2,$$

故 $S_*^2\xrightarrow{P}\sigma^2$,即修正的样本方差 $S_*^2=\frac{1}{n-1}\sum_{i=1}^{n}(X_i-\overline{X})^2$ 也是 σ^2 的相合估计量.

在例 3.1.7 中,若用柯尔莫哥洛夫(Kolmogorov)强大数定律代替辛钦大数定律,可以证明样本方差 $S_n^2=\frac{1}{n}\sum_{i=1}^{n}(X_i-\overline{X})^2$ 与修正的样本方 $S_*^2=\frac{1}{n-1}\sum_{i=1}^{n}(X_i-\overline{X})^2$ 都是 σ^2 的强相合估计量.

例 3.1.8 设$(X_1,X_2,\cdots,X_n)$为来自总体 X 的样本,$EX=\mu$ 与 $DX=\sigma^2<\infty$均未知. 证明:

$$\hat{\mu}_n=\frac{2}{n(n+1)}\sum_{i=1}^{n}iX_i$$

是 μ 的无偏估计量和相合估计量.

证明 (1)因为

$$E\hat{\mu}_n=\frac{2}{n(n+1)}\sum_{i=1}^{n}iEX_i=\frac{2\mu}{n(n+1)}\sum_{i=1}^{n}i=\mu,$$

所以 $\hat{\mu}_n$ 是 μ 的无偏估计量.

(2)对任意的 $\varepsilon>0$,由切比雪夫不等式知

$$P\left(\left|\hat{\mu}_n-\mu\right|\geqslant\varepsilon\right)\leqslant\frac{D\left(\hat{\mu}_n\right)}{\varepsilon^2}=\frac{1}{\varepsilon^2}\cdot\frac{4}{n^2\ (n+1)^2}\sum_{i=1}^{n}i^2D(X_i)$$

$$=\frac{1}{\varepsilon^2}\cdot\frac{2(2n+1)\sigma^2}{3n(n+1)}\to 0,\quad n\to\infty,$$

所以 $\hat{\mu}_n$ 是 μ 的相合估计量.

例 3.1.9 设$(X_1,X_2,\cdots,X_n)$是从均匀分布总体 $U(0,\theta)$中抽取的简单随机样本,$\theta>0$ 为未知参数. 证明: $T(X_1,X_2,\cdots,X_n)=\left(\prod_{i=1}^{n}X_i\right)^{1/n}$ 是 $g(\theta)=\theta\mathrm{e}^{-1}$ 的强相合估计量.

证明 令 $Y_i=\ln X_i,i=1,2,\cdots,n$,则 $Y_1,Y_2,\cdots,Y_n$ 相互独立,且具有下列共同的概率密度函数:

$$f(y;\theta)=\frac{1}{\theta}\mathrm{e}^yI(y<\ln\theta),$$

易见

$$EY_1=\frac{1}{\theta}\int_{-\infty}^{\ln\theta}y\mathrm{e}^y\mathrm{d}y=\frac{1}{\theta}\left[y\mathrm{e}^y\Big|_{-\infty}^{\ln\theta}-\int_{-\infty}^{\ln\theta}\mathrm{e}^y\mathrm{d}y\right]=\ln\theta-1.$$

从而由柯尔莫哥洛夫强大数定律知

$$\ln T(X_1,X_2,\cdots,X_n)=\frac{1}{n}\sum_{i=1}^{n}\ln X_i=\frac{1}{n}\sum_{i=1}^{n}Y_i$$

$$=\overline{Y}\xrightarrow{a.\,s.}EY_1=\ln\theta-1,$$

因此有

$$T(X_1,X_2,\cdots,X_n)=\mathrm{e}^{\bar{Y}}\xrightarrow{a.s.}\theta\mathrm{e}^{-1},$$

即 $T(X_1,X_2,\cdots,X_n)=\left(\prod\limits_{i=1}^{n}X_i\right)^{1/n}$ 是 $g(\theta)=\theta\mathrm{e}^{-1}$ 的强相合估计量.

本节最后介绍三个判断相合性的定理.

定理 3.1.1 设 $\hat{\theta}_n:=\hat{\theta}_n(X_1,X_2,\cdots,X_n)$ 是 θ 的一个估计量.若

$$\lim_{n\to\infty}E\hat{\theta}_n=\theta,\quad \lim_{n\to\infty}D(\hat{\theta}_n)=0,$$

则 $\hat{\theta}_n$ 是 θ 的相合估计量.

证明 易见,对任意的 $\varepsilon>0$,

$$\begin{aligned}P\left(\left|\hat{\theta}_n-\theta\right|\geqslant\varepsilon\right)&=P\left(\left|\hat{\theta}_n-E\hat{\theta}_n+E\hat{\theta}_n-\theta\right|\geqslant\varepsilon\right)\\&\leqslant P\left(\left|\hat{\theta}_n-E\hat{\theta}_n\right|\geqslant\frac{\varepsilon}{2}\right)+P\left(\left|E\hat{\theta}_n-\theta\right|\geqslant\frac{\varepsilon}{2}\right).\end{aligned}\tag{3.1.1}$$

由于 $\lim\limits_{n\to\infty}E\hat{\theta}_n=\theta$,所以

$$\lim_{n\to\infty}P\left(\left|E\hat{\theta}_n-\theta\right|\geqslant\frac{\varepsilon}{2}\right)=0.\tag{3.1.2}$$

又由于 $\lim\limits_{n\to\infty}D(\hat{\theta}_n)=0$,所以由切比雪夫不等式知

$$P\left(\left|\hat{\theta}_n-E\hat{\theta}_n\right|\geqslant\frac{\varepsilon}{2}\right)\leqslant\frac{D(\hat{\theta}_n)}{\left(\frac{\varepsilon}{2}\right)^2}\to 0,\quad n\to\infty.\tag{3.1.3}$$

结合式(3.1.1)—式(3.1.3)知,$\hat{\theta}_n$ 是 θ 的相合估计量.

定理 3.1.2 设 $\hat{\theta}_{n1},\hat{\theta}_{n2},\cdots,\hat{\theta}_{nm}$ 分别是 $\theta_1,\theta_2,\cdots,\theta_m$ 的相合估计量,$\eta=g(\theta_1,\theta_2,\cdots,\theta_m)$ 是 $\theta_1,\theta_2,\cdots,\theta_m$ 的连续函数,则 $\hat{\eta}_n=g(\hat{\theta}_{n1},\hat{\theta}_{n2},\cdots,\hat{\theta}_{nm})$ 是 $\eta=g(\theta_1,\theta_2,\cdots,\theta_m)$ 的相合估计量.

证明 由于 $\eta=g(\theta_1,\theta_2,\cdots,\theta_m)$ 是 $\theta_1,\theta_2,\cdots,\theta_m$ 的连续函数,故对任意给定的 $\varepsilon>0$,存在一个 $\delta>0$,当 $|\hat{\theta}_{nj}-\theta_j|<\delta,j=1,2,\cdots,m$ 时,

$$\left|g(\hat{\theta}_{n1},\hat{\theta}_{n2},\cdots,\hat{\theta}_{nm})-g(\theta_1,\theta_2,\cdots,\theta_m)\right|<\varepsilon.\tag{3.1.4}$$

又由于 $\hat{\theta}_{n1},\hat{\theta}_{n2},\cdots,\hat{\theta}_{nm}$ 分别是 $\theta_1,\theta_2,\cdots,\theta_m$ 的相合估计量,故对给定的 $\delta>0$,

对任意给定的$\lambda>0$,存在正整数N,使得当$n\geqslant N$时,

$$P\left\{\left|\hat{\theta}_{nj}-\theta_j\right|\geqslant\delta\right\}<\frac{\lambda}{m},\quad j=1,2,\cdots,m.$$

从而有

$$\begin{aligned}P\left\{\bigcap_{j=1}^{m}\left(\left|\hat{\theta}_{nj}-\theta_j\right|<\delta\right)\right\}&=1-P\left\{\bigcup_{j=1}^{m}\left(\left|\hat{\theta}_{nj}-\theta_j\right|\geqslant\delta\right)\right\}\\&\geqslant 1-\sum_{j=1}^{m}P\left\{\left|\hat{\theta}_{nj}-\theta_j\right|\geqslant\delta\right\}\\&>1-m\cdot\frac{\lambda}{m}=1-\lambda.\end{aligned}$$

根据式(3.1.4)可知,

$$\bigcap_{j=1}^{m}\left\{\left|\hat{\theta}_{nj}-\theta_j\right|<\delta\right\}\subset\left\{\left|g(\hat{\theta}_{n1},\hat{\theta}_{n2},\cdots,\hat{\theta}_{nm})-g(\theta_1,\theta_2,\cdots,\theta_m)\right|<\varepsilon\right\},$$

故有

$$P\left\{\left|g(\hat{\theta}_{n1},\hat{\theta}_{n2},\cdots,\hat{\theta}_{nm})-g(\theta_1,\theta_2,\cdots,\theta_m)\right|<\varepsilon\right\}>1-\lambda,$$

由λ的任意性,定理得证.

定理 3.1.3 设$\hat{\theta}_{n1},\hat{\theta}_{n2},\cdots,\hat{\theta}_{nm}$分别是$\theta_1,\theta_2,\cdots,\theta_m$的强相合估计量,$\eta=g(\theta_1,\theta_2,\cdots,\theta_m)$是$\theta_1,\theta_2,\cdots,\theta_m$的连续函数,则$\hat{\eta}_n=g(\hat{\theta}_{n1},\hat{\theta}_{n2},\cdots,\hat{\theta}_{nm})$是$\eta=g(\theta_1,\theta_2,\cdots,\theta_m)$的强相合估计量.

证明 由于$\eta=g(\theta_1,\theta_2,\cdots,\theta_m)$是$\theta_1,\theta_2,\cdots,\theta_m$的连续函数,所以

$$\bigcap_{j=1}^{m}\left\{\lim_{n\to\infty}\hat{\theta}_{nj}=\theta_j\right\}\subset\left\{\lim_{n\to\infty}g\left(\hat{\theta}_{n1},\hat{\theta}_{n2},\cdots,\hat{\theta}_{nm}\right)=g\left(\theta_1,\theta_2,\cdots,\theta_m\right)\right\},$$

从而

$$\begin{aligned}&P\left\{\lim_{n\to\infty}g\left(\hat{\theta}_{n1},\hat{\theta}_{n2},\cdots,\hat{\theta}_{nm}\right)=g\left(\theta_1,\theta_2,\cdots,\theta_m\right)\right\}\\&\geqslant P\left\{\bigcap_{j=1}^{m}\left(\lim_{n\to\infty}\hat{\theta}_{nj}=\theta_j\right)\right\}=1-P\left\{\bigcup_{j=1}^{m}\left(\lim_{n\to\infty}\hat{\theta}_{nj}\neq\theta_j\right)\right\}\\&\geqslant 1-\sum_{j=1}^{m}P\left(\lim_{n\to\infty}\hat{\theta}_{nj}\neq\theta_j\right).\end{aligned}\tag{3.1.5}$$

又由于 $\hat{\theta}_{n1},\hat{\theta}_{n2},\cdots,\hat{\theta}_{nm}$ 分别是 $\theta_1,\theta_2,\cdots,\theta_m$ 的强相合估计量，所以

$$P\left(\lim_{n\to\infty}\hat{\theta}_{nj}\neq\theta_j\right)=0,\quad j=1,2,\cdots,m,$$

此与式(3.1.5)结合得

$$P\left[\lim_{n\to\infty}g\left(\hat{\theta}_{n1},\hat{\theta}_{n2},\cdots,\hat{\theta}_{nm}\right)=g\left(\theta_1,\theta_2,\cdots,\theta_m\right)\right]=1.$$

定理得证.

习题 3.1

3.1.1　设 $(X_1,\cdots,X_n)$ 是来自总体 $X\sim\mathscr{P}(\lambda)$ 的样本，$\lambda>0$ 未知，证明：$\overline{X}=\frac{1}{n}\sum_{i=1}^{n}X_i$ 和 $S_*^2=\frac{1}{n-1}\sum_{i=1}^{n}(X_i-\overline{X})^2$ 都是 λ 的无偏估计量，并问：是否还有其他无偏估计？

3.1.2　设总体 X 的密度函数为

$$f(x;\theta)=\begin{cases}\dfrac{2x}{3\theta^2}, & \theta<x<2\theta,\\ 0, & 其他,\end{cases}$$

其中 $\theta>0$ 是未知参数. 设 $(X_1,X_2,\cdots,X_n)$ 是来自该总体的一个样本. 若

$$E\left[c\sum_{i=1}^{n}X_i^2\right]=\theta^2,$$

试求 c 的值.

3.1.3　设 $X_1,\cdots,X_n$ $i.i.d.\sim N(a,\sigma^2)$.

(1)若 a 已知，证明：$\frac{1}{n}\sqrt{\frac{\pi}{2}}\sum_{i=1}^{n}|X_i-a|$ 为 σ 的无偏估计量；

(2)试选择 k，使得 $\hat{\sigma}=k\sum_{i=1}^{n}|X_i-\overline{X}|$ 为 σ 的无偏估计量.

3.1.4　设 $(X_1,X_2,\cdots,X_n)$ 是来自正态总体 $N(\mu,\sigma^2)$ 的样本，试证明：

$$\hat{\sigma}=\frac{1}{\sqrt{2}}\frac{\Gamma\left(\frac{n-1}{2}\right)}{\Gamma\left(\frac{n}{2}\right)}\sqrt{\sum_{i=1}^{n}(X_i-\overline{X})^2}$$

是 σ 的无偏估计.

3.1.5　设 $(X_1,\cdots,X_n)$ 是来自下列二项分布的样本：

$$P(X=k)=C_m^k\theta^k(1-\theta)^{m-k},\ k=0,1,2,\cdots,m.$$

试求 θ^2 的无偏估计.

3.1.6 设$(X_1,X_2,\cdots,X_n)$是来自指数分布总体 $\mathrm{Exp}(\lambda)$的样本,已知 $\overline{X}$ 为 $1/\lambda$ 的无偏估计,试说明 $1/\overline{X}$ 是否为 λ 的无偏估计.

3.1.7 设$(X_1,X_2,\cdots,X_n)$为来自总体 $X\sim U[\theta,\theta+1]$的样本,θ 为未知参数. 记

$$\hat{\theta}_1=\overline{X}-\frac{1}{2},\quad \hat{\theta}_2=X_{(1)}-\frac{1}{n+1}.$$

(1)求证:$\hat{\theta}_1$ 与 $\hat{\theta}_2$ 均为 θ 的无偏估计;

(2)比较 $\hat{\theta}_1$ 与 $\hat{\theta}_2$ 的有效性.

3.1.8 设$(X_1,X_2,\cdots,X_n)$为来自总体 X 的样本,且 $EX=\mu$ 和 $DX=\sigma^2$ 都存在. 记

$$\hat{\mu}_1=\overline{X}=\frac{1}{n}\sum_{i=1}^{n}X_i,\quad \hat{\mu}_2=\sum_{i=1}^{n}k_iX_i,\quad k_i\geqslant 0,\ \sum_{i=1}^{n}k_i=1.$$

(1)求证:$\hat{\mu}_1$ 与 $\hat{\mu}_2$ 均为 μ 的无偏估计;

(2)比较 $\hat{\mu}_1$ 与 $\hat{\mu}_2$ 的有效性.

3.1.9 设总体 $X\sim U(\theta,2\theta)$,其中 $\theta>0$ 是未知参数,又$(X_1,\cdots,X_n)$为取自该总体的样本,$\overline{X}$ 为样本均值. 证明:$\hat{\theta}=\frac{2}{3}\overline{X}$ 是参数 θ 的无偏估计和相合估计.

3.1.10 设$(X_1,X_2,\cdots,X_n)$为来自总体 $X\sim N(\mu,\sigma^2)$的样本,记 $S_*^2=\frac{1}{n-1}\sum_{i=1}^{n}(X_i-\overline{X})^2$. 证明:$S_*^2$ 是 σ^2 的强相合估计和均方相合估计.

3.1.11 设 $\hat{\theta}_n:=\hat{\theta}_n(X_1,X_2,\cdots,X_n)$是 θ 的一个估计量,$\theta\in\Theta$ 为未知参数. 证明 $\hat{\theta}_n$ 是 θ 的均方相合估计的充要条件是:对任意的 $\theta\in\Theta$,

$$\lim_{n\to\infty}E\hat{\theta}_n=\theta,\quad \lim_{n\to\infty}D(\hat{\theta}_n)=0.$$

3.1.12 设总体 $X\sim U(0,2\theta)$,其中 $\theta>0$ 是未知参数,又$(X_1,\cdots,X_n)$为取自该总体的样本,$\overline{X}$ 为样本均值,$X_{(n)}$ 为最大次序统计量.

(1)证明:$\hat{\theta}_1=\overline{X}$ 和 $\hat{\theta}_2=\frac{n+1}{2n}X_{(n)}$ 都是参数 θ 的无偏估计;

(2)证明：$\hat{\theta}_1$ 是 θ 的强相合估计，$\hat{\theta}_2^*=\frac{1}{2}X_{(n)}$ 是 θ 的弱相合估计；

(3)判断 $\hat{\theta}_1$ 和 $\hat{\theta}_2$ 谁更有效？

3.1.13　设 $(X_1,X_2,\cdots,X_n)$ 为来自总体 $X\sim U[0,\theta]$ 的样本，$\theta>0$ 为未知参数. 记

$$\hat{\theta}_1=\frac{n+1}{n}X_{(n)},\ \hat{\theta}_2=(n+1)X_{(1)}.$$

(1)求证：$\hat{\theta}_1$ 与 $\hat{\theta}_2$ 均为 θ 的无偏估计；

(2)比较 $\hat{\theta}_1$ 与 $\hat{\theta}_2$ 的方差的大小.

3.1.14　设 $(X_1,X_2,\cdots,X_n)$ 为来自总体 $X\sim U\left[\theta-\frac{1}{2},\theta+\frac{1}{2}\right]$ 的样本，θ 为未知参数. 记

$$\hat{\theta}_1=\overline{X},\ \hat{\theta}_2=\frac{1}{2}(X_{(1)}+X_{(n)}).$$

(1)求证：$\hat{\theta}_1$ 与 $\hat{\theta}_2$ 均为 θ 的无偏估计；

(2)比较 $\hat{\theta}_1$ 与 $\hat{\theta}_2$ 的有效性.

3.2　矩估计

一、基本思想

矩估计法，简称矩法(moment)，由英国统计学家 K. Pearson 于 1894 年提出. 其基本思想是：

(1)用样本矩替换总体矩，这里的矩既可以是原点矩也可以是中心矩；

(2)用样本矩的(连续)函数去替换相应的总体矩的函数.

二、求解过程

设总体 $X\sim F(x;\theta)$，$\theta=(\theta_1,\theta_2,\cdots,\theta_m)$ 为未知参数，则总体 X 的 k 阶原点矩和 k 阶中心矩分别为

$$V_k := EX^k = \int_{-\infty}^{+\infty} x^k \mathrm{d}F(x;\theta),$$

$$U_k := E(X-EX)^k = \int_{-\infty}^{+\infty} (x-EX)^k \mathrm{d}F(x;\theta).$$

显然，$V_1=EX:=\mu$ 为总体均值，

$$V_2-V_1^2=EX^2-(EX)^2=DX=U_2:=\sigma^2$$

为总体方差.

设$(X_1,X_2,\cdots,X_n)$为来自总体 X 的样本，则样本的 k 阶原点矩和 k 阶中心矩分别为

$$\hat{V}_k=\frac{1}{n}\sum_{i=1}^{n}X_i^k,\quad \hat{U}_k=\frac{1}{n}\sum_{i=1}^{n}(X_i-\overline{X})^k.$$

显然，$\hat{V}_1=\frac{1}{n}\sum\limits_{i=1}^{n}X_i:=\overline{X}$ 为样本均值，

$$\hat{V}_2-\hat{V}_1^2=\frac{1}{n}\sum_{i=1}^{n}X_i^2-\overline{X}^2=\frac{1}{n}\sum_{i=1}^{n}(X_i-\overline{X})^2=\hat{U}_2:=S_n^2$$

为样本方差.

在统计中，总体矩 V_k 一般未知，而样本矩 $\hat{V}_k$ 已知. 为了估计未知参数 $\theta_1,\theta_2,\cdots,\theta_m$，令

$$\begin{cases}V_1=EX=\int_{-\infty}^{+\infty}x\mathrm{d}F(x;\theta)=\hat{V}_1=\frac{1}{n}\sum\limits_{i=1}^{n}X_i,\\V_2=EX^2=\int_{-\infty}^{+\infty}x^2\mathrm{d}F(x;\theta)=\hat{V}_2=\frac{1}{n}\sum\limits_{i=1}^{n}X_i^2,\\\qquad\vdots\\V_m=EX^m=\int_{-\infty}^{+\infty}x^m\mathrm{d}F(x;\theta)=\hat{V}_m=\frac{1}{n}\sum\limits_{i=1}^{n}X_i^m.\end{cases}\tag{3.2.1}$$

若方程组(3.2.1)有解，则解上述方程组得

$$\begin{cases}\hat{\theta}_1=\hat{\theta}_1(X_1,X_2,\cdots,X_n),\\\hat{\theta}_2=\hat{\theta}_2(X_1,X_2,\cdots,X_n),\\\qquad\vdots\\\hat{\theta}_m=\hat{\theta}_m(X_1,X_2,\cdots,X_n).\end{cases}\tag{3.2.2}$$

称 $\hat{\theta}_i$ 是 θ_i 的矩估计，$i=1,2,\cdots,m$. 这种估计未知参数的方法称为**矩估计法**，简称**矩法**.

注 3.2.1 在方程组(3.2.1)的 m 个方程中，若有 $k(1\leqslant k\leqslant m)$个方程不含有未知参数，则按顺序再加上 k 个方程.

如总体 $X\sim U[-\theta,\theta]$，$\theta>0$ 未知. 由于 $EX=0$ 不含有未知参数 θ，故考虑总体的二阶矩：

$$EX^2=\int_{-\theta}^{\theta}x^2\cdot\frac{1}{2\theta}\mathrm{d}x=\frac{\theta^2}{3}.$$

令 $EX^2=\dfrac{\theta^2}{3}=\dfrac{1}{n}\sum\limits_{i=1}^{n}X_i^2$，得 θ 的矩估计为 $\hat{\theta}=\sqrt{\dfrac{3}{n}\sum\limits_{i=1}^{n}X_i^2}$.

需要强调的是，矩估计也可能不存在. 如果总体的一阶原点矩不存在，如柯西分布，矩估计就不存在，从而矩估计法失效.

三、不变原则

设 $g(\theta)$ 为 θ 的连续函数，$\theta\in\Theta$，若 $\hat{\theta}$ 为 θ 的矩估计，则 $g(\hat{\theta})$ 为 $g(\theta)$ 的矩估计.

四、理论基础——柯尔莫哥洛夫强大数定律

使用矩估计法时，并不要求知道总体的分布类型，这也使得矩估计法的应用非常广泛. 可以由辛钦大数定律或者柯尔莫哥洛夫强大数定律解释矩估计法的合理性.

柯尔莫哥洛夫强大数定律：设 $X_1,X_2,\cdots$ 为一独立同分布随机变量序列，若 $EX_1=\mu$ 存在，则

$$\frac{1}{n}\sum_{i=1}^{n}X_i\xrightarrow{a.\,s.}\mu\,.$$

矩估计的理论基础：设 $X_1,X_2,\cdots$ 为一独立同分布随机变量序列，k 为正整数，若 EX_1^k 存在，则

$$\frac{1}{n}\sum_{i=1}^{n}X_i^k\xrightarrow{a.\,s.}EX_1^k.$$

上式表明样本矩几乎处处收敛于相应的总体矩，这便是矩估计法的理论基础. 随着样本容量的增加，样本矩与相应的总体矩之间可以无限地接近.

五、矩估计的相合性

由柯尔莫哥洛夫强大数定律知，矩估计一般是强相合估计，从而也是弱相合估计.

六、例子

例 3.2.1　设总体 X 满足：$EX=\mu$，$DX=\sigma^2$，其中 μ 和 σ^2 均未知. 设

$(X_1,X_2,\cdots,X_n)$为来自总体 X 的样本,求 μ 和 σ^2 的矩估计.

解 令

$$\begin{cases} V_1 = EX = \mu = \hat{V}_1 = \dfrac{1}{n}\sum_{i=1}^{n} X_i = \overline{X}, \\ V_2 = EX^2 = \sigma^2 + \mu^2 = \hat{V}_2 = \dfrac{1}{n}\sum_{i=1}^{n} X_i^2, \end{cases}$$

解此方程组得 μ 和 σ^2 的矩估计分别为

$$\begin{cases} \hat{\mu} = \dfrac{1}{n}\sum_{i=1}^{n} X_i = \overline{X}, \\ \hat{\sigma}^2 = \dfrac{1}{n}\sum_{i=1}^{n} (X_i - \overline{X})^2 = S_n^2. \end{cases}$$

注 3.2.2 从例 3.2.1 可知,矩估计法不直接依赖于总体分布的类型,只依赖于总体矩.均值 μ 的矩估计始终是样本均值 $\overline{X} = \dfrac{1}{n}\sum_{i=1}^{n} X_i$,而方差 σ^2 的矩估计始终是样本方差 $S_n^2 = \dfrac{1}{n}\sum_{i=1}^{n}(X_i - \overline{X})^2$. 后面§3.3 节将会讲到,最大似然估计法与分布有关,这是矩估计法与最大似然估计法的主要区别.

注 3.2.3 矩估计不唯一.比如总体 X 服从参数为 $\lambda>0$ 的 Poisson 分布 $\mathscr{P}(\lambda)$,则 $EX=DX=\lambda$,故由例 3.2.1 知,$\overline{X}$ 和 S_n^2 都是 λ 的矩估计.

注 3.2.4 例 3.2.1 是一个很一般的结论.设 $X\sim N(\mu,\sigma^2)$.

(1)若 μ 和 σ^2 均未知,则由例 3.2.1 知,μ 和 σ^2 的矩估计分别为 $\hat{\mu} = \overline{X}$,$\hat{\sigma}^2 = S_n^2 = \dfrac{1}{n}\sum_{i=1}^{n}(X_i - \overline{X})^2$;

(2)若 μ 已知,则由例 3.2.1 的解题过程知,σ^2 的矩估计为 $\hat{\sigma}^2 = \dfrac{1}{n}\sum_{i=1}^{n} X_i^2 - \mu^2$;

(3)无论 σ^2 已知或未知,μ 的矩估计始终是 $\hat{\mu}=\overline{X}$.

例 3.2.2 设总体 $X\sim E(\lambda)$,其中 $\lambda>0$ 为未知参数.设$(X_1,X_2,\cdots,X_n)$为来自总体 X 的样本,求 λ 的矩估计.

解 易见

$$EX = \int_{-\infty}^{+\infty} x f(x;\lambda)\mathrm{d}x = \int_{0}^{+\infty} x\lambda \mathrm{e}^{-\lambda x}\mathrm{d}x = \frac{1}{\lambda},$$

令$\frac{1}{\lambda}=\hat{V}_1=\overline{X}$,得 λ 的矩估计为$\hat{\lambda}=\frac{1}{\overline{X}}$.

例 3.2.3 设总体 $X\sim U(0,\theta)$,其中 $\theta>0$ 为未知参数. 设$(X_1,X_2,\cdots,X_n)$为来自总体 X 的样本,求 θ 的矩估计.

解 易见

$$EX=\int_0^\theta x\frac{1}{\theta}\mathrm{d}x=\frac{\theta}{2},$$

令$\frac{\theta}{2}=\hat{V}_1=\overline{X}$,得 θ 的矩估计为 $\hat{\theta}=2\overline{X}$.

类似地,对于双参数均匀总体 $U[a,b]$,其中 $a<b$ 为未知参数,可以利用总体和样本的一阶矩和二阶矩,求出参数 a 和 b 的矩估计. 请读者自行给出,也可见课后习题.

例 3.2.4 设总体 $X\sim\Gamma(\alpha,\beta)$,其概率密度函数为

$$f(x;\alpha,\beta)=\frac{\alpha^\beta}{\Gamma(\beta)}\mathrm{e}^{-\alpha x}x^{\beta-1},\quad x>0,$$

其中 $\alpha>0,\beta>0$ 为未知参数. 设$(X_1,X_2,\cdots,X_n)$为来自总体 X 的样本,求 α 和 β 的矩估计.

解 由定理 2.2.1 及其证明过程知,

$$EX=\frac{\beta}{\alpha},\quad EX^2=\frac{\beta(\beta+1)}{\alpha^2}.$$

令

$$\begin{cases}\dfrac{\beta}{\alpha}=\hat{V}_1=\overline{X},\\ \dfrac{\beta(\beta+1)}{\alpha^2}=\hat{V}_2=\dfrac{1}{n}\sum\limits_{i=1}^n X_i^2,\end{cases}$$

得 α,β 的矩估计分别为

$$\hat{\alpha}=\frac{\overline{X}}{S_n^2},\quad\hat{\beta}=\frac{\overline{X}^2}{S_n^2}.$$

注 3.2.5 在例 3.2.4 中,若 α 已知,则 β 的矩估计为 $\hat{\beta}=\alpha\overline{X}$;若 β 已知,则 α 的矩估计为 $\hat{\alpha}=\beta/\overline{X}$.

例 3.2.5 设总体 X 的概率分布为

X	0	1	2	3
P	θ^2	$2\theta(1-\theta)$	θ^2	$1-2\theta$

其中 $0<\theta<\frac{1}{2}$ 为未知参数. 利用总体 X 的如下样本值：

$$3,\ 1,\ 3,\ 0,\ 3,\ 1,\ 2,\ 3.$$

求 θ 的矩估计.

解 易见

$$EX = 1\times 2\theta(1-\theta)+2\theta^2+3(1-2\theta) = 3-4\theta,$$

$$\overline{X} = \frac{1}{8}(3+1+\cdots+3) = 2,$$

令 $3-4\theta=2$,得 θ 的矩估计为 $\hat{\theta}=\frac{1}{4}$.

关于未知参数的函数的矩估计,可以借助于矩估计的不变原则来解决,具体见下例.

例 3.2.6 设 $(X_1,X_2,\cdots,X_n)$ 为来自总体 X 的样本,求总体 X 的变异系数、偏度和峰度

$$v = \frac{\sqrt{U_2}}{V_1},\quad \beta_1 = \frac{U_3}{U_2^{3/2}},\quad \beta_2 = \frac{U_4}{U_2^2}-3$$

的矩估计,其中

$$V_1 = EX,\quad U_2 = E(X-EX)^2,\quad U_3 = E(X-EX)^3,\quad U_4 = E(X-EX)^4$$

分别为总体 X 的一阶原点矩、二阶中心矩、三阶中心矩和四阶中心矩.

解 由于总体 X 的一阶原点矩、二阶中心矩、三阶中心矩和四阶中心矩的矩估计分别为

$$\hat{V}_1 = \frac{1}{n}\sum_{i=1}^{n}X_i := \overline{X},$$

$$\hat{U}_2 = \frac{1}{n}\sum_{i=1}^{n}(X_i-\overline{X})^2 := S_n^2,$$

$$\hat{U}_3 = \frac{1}{n}\sum_{i=1}^{n}(X_i-\overline{X})^3,$$

$$\hat{U}_4 = \frac{1}{n}\sum_{i=1}^{n}(X_i-\overline{X})^4,$$

由此及矩估计的不变原则可得总体 X 的变异系数、偏度和峰度的矩估计分别为

$$\hat{v} := \hat{v}(X_1, X_2, \cdots, X_n) = \frac{\sqrt{\hat{U}_2}}{\hat{V}_1},$$

$$\hat{\beta}_1 := \hat{\beta}_1(X_1, X_2, \cdots, X_n) = \frac{\hat{U}_3}{\hat{U}_2^{3/2}},$$

$$\hat{\beta}_2 := \hat{\beta}_2(X_1, X_2, \cdots, X_n) = \frac{\hat{U}_4}{\hat{U}_2^2} - 3,$$

也分别称为样本变异系数、样本偏度和样本峰度.

总体变异系数(population coefficient of variation)是衡量总体分布散布程度的量，**总体偏度**(population skewness)是反映总体分布的非对称性或“偏倚性”的一种度量，**总体峰度**(population kurtosis)是反映总体分布的密度函数在众数(即密度函数的最大值点)附近“峰”的尖峭程度的一种度量，而**样本变异系数**(sample coefficient of variation)、**样本偏度**(sample skewness)和**样本峰**度(sample kurtosis)则分别反映了总体变异系数、总体偏差和总体峰度的信息. 显然，正态分布 $N(\mu, \sigma^2)$ 的总体偏度和总体峰度均为零.

矩估计法也可以用于多维样本，具体见下例.

例 3.2.7　设(X_i, Y_i)，$i=1,2,\cdots,n$ 为从一个二维总体(X,Y)中抽取的简单随机样本，求总体分布的协方差 $Cov(X,Y) := \sigma_{12}$ 和相关系数 $\rho_{X,Y}$ 的矩估计.

解　总体分布的协方差 $Cov(X,Y) := \sigma_{12}$ 的矩估计是样本协方差，即 $Cov(X,Y) := \sigma_{12}$ 的矩估计为

$$\hat{\sigma}_{12} = \frac{1}{n}\sum_{i=1}^{n}(X_i - \overline{X})(Y_i - \overline{Y}) := S_{XY},$$

其中 $\overline{X} = \frac{1}{n}\sum_{i=1}^{n} X_i, \overline{Y} = \frac{1}{n}\sum_{i=1}^{n} Y_i$.

总体分布的相关系数 $\rho_{X,Y}$ 的矩估计是样本相关系数，即 $\rho_{X,Y}$ 的矩估计为

$$\hat{\rho}_{X,Y}=\frac{S_{XY}}{\sqrt{S_X^2\cdot S_Y^2}}=\frac{\sum_{i=1}^{n}(X_i-\overline{X})(Y_i-\overline{Y})}{\sqrt{\sum_{i=1}^{n}(X_i-\overline{X})^2\cdot\sum_{i=1}^{n}(Y_i-\overline{Y})^2}},$$

其中 $S_X^2=\frac{1}{n}\sum_{i=1}^{n}(X_i-\overline{X})^2$，$S_Y^2=\frac{1}{n}\sum_{i=1}^{n}(Y_i-\overline{Y})^2$.

习题 3.2

3.2.1　设总体密度函数如下，$(X_1,\cdots,X_n)$是样本，试求未知参数的矩估计.

(1) $f(x;\theta)=\frac{2}{\theta^2}(\theta-x)$，$0<x<\theta$，$\theta>0$；

(2) $f(x;\theta)=(\theta+1)x^\theta$，$0<x<1$，$\theta>0$；

(3) $f(x;\theta)=\sqrt{\theta}x^{\sqrt{\theta}-1}$，$0<x<1$，$\theta>0$；

(4) $f(x;\theta,\mu)=\frac{1}{\theta}\mathrm{e}^{-\frac{x-\mu}{\theta}}$，$x>\mu$，$\theta>0$；

(5) $f(x;\theta)=\frac{1}{2\theta}\mathrm{e}^{-\frac{|x|}{\theta}}$，$-\infty<x<+\infty$，$\theta>0$.

3.2.2　设$(X_1,X_2,\cdots,X_n)$是来自正态总体 $N(a,\sigma^2)$的样本，求$P(X>1)$的矩估计量.

3.2.3　设$(X_1,X_2,\cdots,X_n)$是来自二项分布总体 $X\sim B(m,p)$的样本，其中，m 已知，$p\in(0,1)$为未知参数. 求 $g(p)=\frac{p}{q}$的矩估计量，其中 $q=1-p$.

3.2.4　设 $X_1,\cdots,X_n$ $i.i.d.\sim$Gamma 分布 $\Gamma(\lambda,r)$，其概率密度函数为

$$f(x;\lambda,r)=\frac{\lambda^r}{\Gamma(r)}\mathrm{e}^{-\lambda x}x^{r-1},\ x>0,$$

其中 $r>0$ 已知，$\lambda>0$ 未知. 求 λ 的矩估计量，并讨论它的无偏性.

3.2.5　(1)设总体 $X\sim U[\theta_1,\theta_1+\theta_2]$，其中 $\theta_1,\theta_2>0$ 为未知参数. 设$(X_1,X_2,\cdots,X_n)$为来自总体 X 的样本，求 θ_1 和 θ_2 的矩估计；

(2)设总体 $X\sim U[a,b]$，其中 $a<b$ 为未知参数. 设$(X_1,X_2,\cdots,X_n)$为来自总体 X 的样本，求 a 和 b 的矩估计.

3.2.6　设 $X_1,\cdots,X_n$ 是具有成功概率 θ 的 n 个贝努里试验的示性函数.

(1)求 θ 的一个矩估计;

(2)求 $Var_{\theta}(\overline{X})=\theta(1-\theta)/n$ 的矩估计.

3.2.7　设 $(X_1,\cdots,X_n)$ 是来自对数级数分布

$$P(X=k)=-\frac{1}{\ln(1-p)}\cdot\frac{p^k}{k},\ k=1,2,\cdots$$

的一个样本,其中 $0<p<1$ 为未知参数. 求参数 p 的矩估计.

3.2.8　一个袋中装有白球和黑球,它们除颜色外没有任何差别. 现有放回地从中抽取一个容量为 n 的样本,其中有 k 个白球. 试求袋中黑球数与白球数之比 R 的矩估计.

3.3　最大似然估计

在上一节中已经指出:矩估计法不直接依赖于总体分布的类型,只依赖于总体矩. 而实际问题中总体的分布类型常常是已知的,这正是估计总体中未知参数的最好信息. 最大似然估计法正是利用总体分布函数 $F(x;\theta)$ 的已知表达式及样本 $X_1,X_2,\cdots,X_n$ 的信息,来建立未知参数 θ 的估计量的一种基于最大概率原则的统计方法.

一、基本思想

最大似然估计法也称为"极大似然估计法",是英国统计学家 R. A. Fisher在 1912 年的一项工作中提出来的. 在正态分布这个特殊情形下,这方法可追溯到 Gauss 在 19 世纪初关于最小二乘法的工作. R. A. Fisher 后来在 1922 年的工作,尤其在 1925 年发表的 Theory of statistical estimation (Mathematical Proceedings of the Cambridge Philosophical Society, 1925, 22, 700—725)一文中对这一估计法作了许多研究,因此这个方法应归功于 R. A. Fisher.

最大似然估计法,简称**最大似然法**,是目前广泛应用的一种求点估计的方法,它的基本思想是**最大概率原则**,即概率最大的事件最可能出现,也即选取合适的 $\hat{\theta}=(\hat{\theta}_1,\hat{\theta}_2,\cdots,\hat{\theta}_m)$,使得出现样本值 $(x_1,x_2,\cdots,x_n)$ 的概率是最大的,即出现样本值 $(x_1,x_2,\cdots,x_n)$ 的可能性最大,此时 $\hat{\theta}=(\hat{\theta}_1,\hat{\theta}_2,\cdots,\hat{\theta}_m)$ 称为 $\theta=(\theta_1,\theta_2,\cdots,\theta_m)$ 的最大似然估计,英文是 maximum likelihood estimation, 简记为 MLE.

请看下面的例子. 设(X_1,X_2,X_3)为取自总体 $X\sim B(1,p)$的样本,p 为未知参数,(x_1,x_2,x_3)为样本(X_1,X_2,X_3)的一个观测值,令

$$\begin{aligned} L(p;x_1,x_2,x_3) &= P(X_1=x_1,X_2=x_2,X_3=x_3) \\ &= \prod_{i=1}^{3} P(X_i=x_i) = p^{\sum\limits_{i=1}^{3}x_i}(1-p)^{3-\sum\limits_{i=1}^{3}x_i}. \end{aligned}$$

(1)如果需要从 p 的两个值$\frac{1}{4}$和$\frac{3}{4}$中选一个,$p\in\Theta:=\left\{\frac{1}{4},\frac{3}{4}\right\}$,则将仅依赖于$\sum\limits_{i=1}^{3}x_i$ 的$L(p;x_1,x_2,x_3)$列表如下:

$x_1+x_2+x_3$	0	1	2	3
$L\left(\frac{1}{4};x_1,x_2,x_3\right)$	$\frac{27}{64}$	$\frac{9}{64}$	$\frac{3}{64}$	$\frac{1}{64}$
$L\left(\frac{3}{4};x_1,x_2,x_3\right)$	$\frac{1}{64}$	$\frac{3}{64}$	$\frac{9}{64}$	$\frac{27}{64}$

若观测到 $x_1+x_2+x_3=0$,自然应该认为 p 取$\frac{1}{4}$;若观测到 $x_1+x_2+x_3=3$,自然应该认为 p 取$\frac{3}{4}$,此时参数的取值是按照最大概率原则来确定的.

(2)如果参数 p 的取值范围为 $\Theta:=[0,1]$,设$(x_1,x_2,\cdots,x_n)$为样本$(X_1,X_2,\cdots,X_n)$的一组观测值,则有

$$\begin{aligned} L(p;x_1,x_2,\cdots,x_n) &= P(X_1=x_1,X_2=x_2,\cdots,X_n=x_n) \\ &= \prod_{i=1}^{n} P(X_i=x_i) = p^{\sum\limits_{i=1}^{n}x_i}(1-p)^{n-\sum\limits_{i=1}^{n}x_i}, \end{aligned}$$

此时应选取 p 的估计值为何值才能使该样本的观测值出现的可能性最大?考虑如下三种情况:

(1)若 $\sum\limits_{i=1}^{n}x_i=0$,则 p 的估计值取 0;

(2)若 $\sum\limits_{i=1}^{n}x_i=n$,则 p 的估计值取 1;

(3)若 $0<\sum\limits_{i=1}^{n}x_i<n$,令

$$L(p)=L(p;x_1,x_2,\cdots,x_n)=p^{\sum\limits_{i=1}^{n}x_i}(1-p)^{n-\sum\limits_{i=1}^{n}x_i},$$

则有

$$\ln L(p)=\Big(\sum_{i=1}^{n}x_i\Big)\ln p+\Big(n-\sum_{i=1}^{n}x_i\Big)\ln(1-p).$$

令$\dfrac{\mathrm{d}\ln L(p)}{\mathrm{d}p}=0$，则 p 的估计值为 $\hat{p}=\dfrac{1}{n}\sum_{i=1}^{n}x_i=\overline{x}$.

二、求解过程

设总体 $X\sim F(x;\theta)$，$\theta=(\theta_1,\theta_2,\cdots,\theta_m)\in\Theta$ 为未知参数，总体 X 的概率密度函数或概率函数为 $f(x;\theta)$. 当 X 是连续型随机变量时，$f(x;\theta)$是通常的概率密度函数；当 X 是离散型随机变量时，$f(x;\theta)$是概率函数，即 $f(x;\theta)=P(X=x)$，如 $X\sim B(n;\theta)$，则 $f(x;\theta)=P(X=x)=\mathrm{C}_n^x\theta^x(1-\theta)^{n-x}$，$x=0,1,2,\cdots,n$.

设$(X_1,X_2,\cdots,X_n)$是来自总体 $F(x;\theta)$的样本，则 $X_1,X_2,\cdots,X_n$ 独立同分布且都服从分布 $F(x;\theta)$，从而$(X_1,X_2,\cdots,X_n)$的联合概率密度函数或联合概率函数为

$$f(x_1,x_2,\cdots,x_n;\theta)=\prod_{i=1}^{n}f(x_i;\theta),\theta\in\Theta.$$

在式子 $\prod_{i=1}^{n}f(x_i;\theta)$ 中，若将$(x_1,x_2,\cdots,x_n)$看成是固定不变的，则只有 θ 未知，在参数空间 Θ 中变化；于是可将 $\prod_{i=1}^{n}f(x_i;\theta)$ 看成是在 Θ 中定义的 θ 的函数，称为**似然函数**(likelihood function)，或**样本的似然函数**，记作

$$L(\theta):=L(\theta;x_1,x_2,\cdots,x_n):=\prod_{i=1}^{n}f(x_i;\theta),\theta\in\Theta.$$

若存在 $\hat{\theta}=(\hat{\theta}_1,\hat{\theta}_2,\cdots,\hat{\theta}_m):=\hat{\theta}(x_1,x_2,\cdots,x_n)$，使得 $L(\hat{\theta})$达到最大，即

$$L(\hat{\theta})=\sup_{\theta\in\Theta}L(\theta),$$

则称 $\hat{\theta}=\hat{\theta}(x_1,x_2,\cdots,x_n)$是 θ 的**最大似然估计值**；若将$(x_1,x_2,\cdots,x_n)$改为$(X_1,X_2,\cdots,X_n)$，则称 $\hat{\theta}=\hat{\theta}(X_1,X_2,\cdots,X_n)$是 θ 的**最大似然估计量**. 最大似然估计值和最大似然估计量统称为**最大似然估计**. 也称 $\hat{\theta}_i$ 为 θ_i 的**最大似然估计**，$i=1,2,\cdots,m$. 这种估计未知参数的方法称为**最大似然估计法**，简称**最大似然法**.

如何寻找 $\hat{\theta}$ 呢？由于 $L(\theta)$与 $\ln L(\theta)$的单调性一致，所以 $L(\theta)$与 $\ln L(\theta)$在同一个点处达到最大值. 为此，令

$$\frac{\partial \ln L(\theta)}{\partial \theta}=0,$$

称上式为**似然方程**(likelihood equation),称 $\ln L(\theta)$ 为**对数似然函数**(logarithmic likelihood function).

因为 $\theta=(\theta_1,\theta_2,\cdots,\theta_m)$,所以似然方程可展开为下面的方程组:

$$\begin{cases}\dfrac{\partial \ln L(\theta)}{\partial \theta_1}=0,\\ \dfrac{\partial \ln L(\theta)}{\partial \theta_2}=0,\\ \quad\vdots\\ \dfrac{\partial \ln L(\theta)}{\partial \theta_m}=0,\end{cases} \tag{3.3.1}$$

称上式为**似然方程组**(likelihood equations).若似然方程组有解,则解此方程组得

$$\begin{cases}\hat{\theta}_1=\hat{\theta}_1(x_1,x_2,\cdots,x_n),\\ \hat{\theta}_2=\hat{\theta}_2(x_1,x_2,\cdots,x_n),\\ \quad\vdots\\ \hat{\theta}_m=\hat{\theta}_m(x_1,x_2,\cdots,x_n),\end{cases}$$

即 $\hat{\theta}=(\hat{\theta}_1,\hat{\theta}_2,\cdots,\hat{\theta}_m)=\hat{\theta}(x_1,x_2,\cdots,x_n)$.

注 3.3.1 似然方程组的解 $\hat{\theta}$ 不一定是最大似然估计.但可以证明:

(1)若似然函数的极大值在参数空间 Θ 内部达到,且似然方程组只有唯一解 $\hat{\theta}$,则 $\hat{\theta}$ 必为 θ 的最大似然估计;

(2)若总体分布为指数型分布族,且似然方程组的解 $\hat{\theta}$ 是参数空间 Θ 的内点,则 $\hat{\theta}$ 必为 θ 的最大似然估计.

注 3.3.2 若 $L(\theta)$ 不存在偏导,或者似然方程组(3.3.1)没有解,则需要直接研究 $L(\theta)$,找其最大值点.

注 3.3.3 在有些场合下,最大似然估计可以不存在.

例如,设总体 $X\sim B\left(1,\dfrac{1}{1+\mathrm{e}^{\theta}}\right)$,其中参数空间为 $\Theta=\mathbb{R}=(-\infty,+\infty)$.

如果观测到样本值 $x=1$，则似然函数为 $L(\theta;1)=\frac{1}{1+e^{\theta}}$，此为 θ 的单调递减函数，且在 $\Theta=\mathbb{R}$ 上取不到最大值，即 θ 的最大似然估计不存在. 如果参数空间为 $\Theta=\overline{\mathbb{R}}=[-\infty,+\infty]$，则 θ 的最大似然估计为 $-\infty$.

注 3.3.4　若最大似然估计存在，则它必为充分统计量的函数，因为由充分统计量的定义知，

$$\prod_{i=1}^{n} f(x_i;\theta) = g(T(x_1,x_2,\cdots,x_n);\theta)\cdot h(x_1,x_2,\cdots,x_n),$$

θ 使该式达到极大的充要条件是使 $g(T(x_1,x_2,\cdots,x_n);\theta)$ 达到极大，而由后者必有 $\hat{\theta}=\hat{\theta}(T(x_1,x_2,\cdots,x_n))$.

注 3.3.5　求最大似然估计的一般步骤：

(1)写出似然函数：$L(\theta) = L(\theta;x_1,x_2,\cdots,x_n) = \prod_{i=1}^{n} f(x_i;\theta)$；

(2)写出对数似然函数：$\ln L(\theta)$；

(3)求解似然方程组(3.3.1)，得最大似然估计 $\hat{\theta}=(\hat{\theta}_1,\hat{\theta}_2,\cdots,\hat{\theta}_m)=\hat{\theta}(x_1,x_2,\cdots,x_n)$；或直接研究 $L(\theta)$，找其最大值点.

三、不变原则

设参数 $\theta=(\theta_1,\theta_2,\cdots,\theta_m)$ 的取值范围是 $\Theta\subset\mathbb{R}^m$，$L(\theta)$ 是似然函数. 设 $w=g(\theta)$ 是 Θ 到 Θ^* 上的博雷尔(Borel)可测函数(可为连续函数、单调函数、1—1 映射等)，对任何 $w\in\Theta^*$，令

$$M(w) = \sup_{\{\theta:g(\theta)=w\}} L(\theta). \tag{3.3.2}$$

定义 3.3.1　称 $M(w)$ 是由函数 $w=g(\theta)$ 导出的似然函数. 若有 $\hat{w}\in\Theta^*$ 满足

$$M(\hat{w})=\sup_{w\in\Theta^*} M(w),$$

则称 $\hat{w}$ 是 $w=g(\theta)$ 的最大似然估计.

最大似然估计有如下不变原则.

定理 3.3.1　若 $\hat{\theta}$ 是 θ 的最大似然估计，则 $\hat{w}=g(\hat{\theta})$ 是 $w=g(\theta)$ 的最大似然估计.

证明　对任意的 $w\in\Theta^*$，由于 $g(\hat{\theta})=\hat{w}$，所以 $\hat{\theta}\in\left\{\theta:g(\theta)=\hat{w}\right\}$，故结合

$M(w)$的定义知

$$M(w)=\sup_{\{\theta:g(\theta)=w\}}L(\theta)\leqslant\sup_{\theta\in\Theta}L(\theta)=L(\hat{\theta})\leqslant\sup_{\{\theta:g(\theta)=\hat{w}\}}L(\theta)=M(\hat{w}).\tag{3.3.3}$$

这就证明了 $\hat{w}=g(\hat{\theta})$是 $w=g(\theta)$的最大似然估计. 定理得证.

四、例子

例 3.3.1(两点分布) 设总体 X 的分布为: $P_\theta(X=1)=\theta, P_\theta(X=0)=1-\theta, \theta\in[0,1]$为未知参数. 设$(X_1,X_2,\cdots,X_n)$为来自总体 X 的样本,求 θ 的最大似然估计.

解 总体 X 的概率函数为

$$f(x;\theta)=\theta^x(1-\theta)^{1-x},\ x=0,1.$$

设样本为$(x_1,x_2,\cdots,x_n)$,则似然函数为

$$L(\theta)=\prod_{i=1}^{n}f(x_i;\theta)=\prod_{i=1}^{n}\theta^{x_i}(1-\theta)^{1-x_i}=\theta^{\sum\limits_{i=1}^{n}x_i}(1-\theta)^{n-\sum\limits_{i=1}^{n}x_i},$$

这里 $x_i=0$ 或 $1, i=1,2,\cdots,n$.

对数似然函数为

$$\ln L(\theta)=\left(\sum_{i=1}^{n}x_i\right)\ln\theta+\left(n-\sum_{i=1}^{n}x_i\right)\ln(1-\theta),$$

令

$$\frac{\mathrm{d}\ln L(\theta)}{\mathrm{d}\theta}=\frac{1}{\theta}\sum_{i=1}^{n}x_i+\frac{1}{1-\theta}\left(n-\sum_{i=1}^{n}x_i\right)(-1)=0,$$

解得 θ 的最大似然估计值为 $\hat{\theta}=\bar{x}=\frac{1}{n}\sum\limits_{i=1}^{n}x_i$. 将$(x_1,x_2,\cdots,x_n)$改为$(X_1,X_2,\cdots,X_n)$,得 θ 的最大似然估计量为 $\hat{\theta}=\overline{X}=\frac{1}{n}\sum\limits_{i=1}^{n}X_i$. 此与 θ 的矩估计量相同.

例 3.3.2(指数分布) 设总体 $X\sim E(\lambda)$, $\lambda>0$ 为未知参数. 设$(X_1,X_2,\cdots,X_n)$为来自总体 X 的样本,求 λ 的最大似然估计.

解 因为 $X\sim E(\lambda)$,所以其概率密度函数为

$$f(x;\lambda)=\begin{cases}\lambda\mathrm{e}^{-\lambda x}, & x>0,\\ 0, & x\leqslant 0,\end{cases}$$

给定样本$(x_1,x_2,\cdots,x_n)$，其似然函数为

$$L(\lambda)=\prod_{i=1}^{n}f(x_i;\lambda)=\prod_{i=1}^{n}\lambda e^{-\lambda x_i}I(x_i>0)=\lambda^n e^{-\lambda\sum_{i=1}^{n}x_i}I\left(\min_{1\leqslant i\leqslant n}x_i>0\right),$$

当$\min\limits_{1\leqslant i\leqslant n}x_i>0$时，对数似然函数为

$$\ln L(\lambda)=n\ln\lambda-\lambda\sum_{i=1}^{n}x_i,$$

令

$$\frac{d\ln L(\lambda)}{d\lambda}=\frac{n}{\lambda}-\sum_{i=1}^{n}x_i=0,$$

解得 λ 的最大似然估计值为$\hat{\lambda}=\dfrac{n}{\sum\limits_{i=1}^{n}x_i}=\dfrac{1}{\bar{x}}$. 将$(x_1,x_2,\cdots,x_n)$改为$(X_1,X_2,\cdots,X_n)$，得 λ 的最大似然估计量为$\hat{\lambda}=\dfrac{1}{\bar{X}}=\dfrac{n}{\sum\limits_{i=1}^{n}X_i}$. 此与 λ 的矩估计量相同.

指数分布可以描述某电子产品的寿命 X，今抽到 18 个产品，测量其寿命(单位:小时)分别为：

17，　29，　50，　68，　100，　130，　140，　190，　210，

270，　280，　340，　410，　450，　520，　620，　800，　1100.

问:(1)如何估计 λ? (2)如何估计 $P_\lambda(X>200)$?

只需利用例 3.3.2 的结论和最大似然估计的不变原理即可.

(1)利用上面的公式$\hat{\lambda}=\dfrac{n}{\sum\limits_{i=1}^{n}x_i}$，其中$n=18,\sum\limits_{i=1}^{n}x_i=5724$，所以$\hat{\lambda}=\dfrac{1}{318}$.

(2)易见

$$P_\lambda(X>200)=\int_{200}^{+\infty}\lambda e^{-\lambda x}dx=-e^{-\lambda x}\Big|_{200}^{+\infty}=e^{-200\lambda}:=g(\lambda),$$

因为 λ 的最大似然估计为$\hat{\lambda}=\dfrac{1}{318}$，所以 $g(\lambda)=e^{-200\lambda}$的最大似然估计为

$$g(\hat{\lambda})=e^{-200\hat{\lambda}}=e^{-200\times\frac{1}{318}}\approx 0.5332.$$

例 3.3.3(正态分布)　设总体 $X\sim N(\mu,\sigma^2)$，$\theta=(\mu,\sigma^2)$为未知参数. 设$(X_1,X_2,\cdots,X_n)$为来自总体 X 的样本，求 θ 的最大似然估计、σ 的最大似然

估计以及 $\Phi\left(\frac{x-\mu}{\sigma}\right)$ 的最大似然估计，这里 $x\in\mathbb{R}$ 为常数，$\Phi(\cdot)$ 为标准正态随机变量的分布函数.

解 因为 $X\sim N(\mu,\sigma^2)$，所以 X 的概率密度函数为

$$f(x;\mu,\sigma^2)=\frac{1}{\sqrt{2\pi}\sigma}\mathrm{e}^{-\frac{(x-\mu)^2}{2\sigma^2}}.$$

给定样本 $(x_1,x_2,\cdots,x_n)$，其似然函数为

$$L(\mu,\sigma^2)=\prod_{i=1}^{n}f(x_i;\mu,\sigma^2)=\prod_{i=1}^{n}\frac{1}{\sqrt{2\pi}\sigma}\mathrm{e}^{-\frac{(x_i-\mu)^2}{2\sigma^2}}$$

$$=\left(\frac{1}{\sqrt{2\pi}}\right)^n\frac{1}{\sigma^n}\mathrm{e}^{-\frac{1}{2\sigma^2}\sum\limits_{i=1}^{n}(x_i-\mu)^2},$$

对数似然函数为

$$\ln L(\mu,\sigma^2)=n\ln\frac{1}{\sqrt{2\pi}}-\frac{n}{2}\ln\sigma^2-\frac{1}{2\sigma^2}\sum_{i=1}^{n}(x_i-\mu)^2.$$

令

$$\begin{cases}\dfrac{\partial\ln L(\mu,\sigma^2)}{\partial\mu}=0+0-\dfrac{1}{2\sigma^2}\sum\limits_{i=1}^{n}2(x_i-\mu)(-1)=0,\\[2ex]\dfrac{\partial\ln L(\mu,\sigma^2)}{\partial\sigma^2}=0-\dfrac{n}{2}\dfrac{1}{\sigma^2}+\dfrac{1}{2\sigma^4}\sum\limits_{i=1}^{n}(x_i-\mu)^2=0,\end{cases}$$

解此方程组得

$$\begin{cases}\hat{\mu}=\bar{x},\\ \hat{\sigma}^2=\dfrac{1}{n}\sum\limits_{i=1}^{n}(x_i-\bar{x})^2,\end{cases}$$

即 $\theta=(\mu,\sigma^2)$ 的最大似然估计值为 $\hat{\theta}=\left(\bar{x},\frac{1}{n}\sum\limits_{i=1}^{n}(x_i-\bar{x})^2\right)$.

将 $(x_1,x_2,\cdots,x_n)$ 改为 $(X_1,X_2,\cdots,X_n)$，得 $\theta=(\mu,\sigma^2)$ 的最大似然估计量为 $\hat{\theta}=\left(\overline{X},\frac{1}{n}\sum\limits_{i=1}^{n}(X_i-\overline{X})^2\right)=(\overline{X},S_n^2)$. 再结合不变原则(定理 3.3.1) 知，$\sigma$ 的最大似然估计为 $S_n:=\sqrt{\frac{1}{n}\sum\limits_{i=1}^{n}(X_i-\overline{X})^2}$，$\Phi\left(\frac{x-\mu}{\sigma}\right)$ 的最大似然估计为 $\Phi\left(\frac{x-\overline{X}}{S_n}\right)$.

注 3.3.6　关于正态总体 $N(\mu,\sigma^2)$，参数 μ 和 σ^2 的最大似然估计和矩估计有如下关系：

(1)若 μ 和 σ^2 均未知，则由例 3.3.3 知，μ 和 σ^2 的最大似然估计分别为 $\hat{\mu}=\overline{X},\hat{\sigma}^2=S_n^2=\dfrac{1}{n}\sum\limits_{i=1}^{n}(X_i-\overline{X})^2$，此与 μ 和 σ^2 的矩估计相同；

(2)若 μ 已知，则由例 3.3.3 的解题过程知，σ^2 的最大似然估计为 $\hat{\sigma}^2=\dfrac{1}{n}\sum\limits_{i=1}^{n}(X_i-\mu)^2$；而由注 3.2.4 知，$\sigma^2$ 的矩估计为 $\hat{\sigma}^2=\dfrac{1}{n}\sum\limits_{i=1}^{n}X_i^2-\mu^2$，此时，$\sigma^2$ 的最大似然估计与矩估计不同；

(iii)无论 σ^2 已知或未知，μ 的最大似然估计始终是 $\hat{\mu}=\overline{X}$，此与 μ 的矩估计相同.

很多情况下，最大似然估计与矩估计相同，如 $B(1,\theta)$，$E(\lambda)$，$N(\mu,\sigma^2)$. 但也有不同的情况. 如下面的例子.

例 3.3.4　设总体 X 的概率分布为

X	0	1	2	3
P	θ^2	$2\theta(1-\theta)$	θ^2	$1-2\theta$

其中 $0<\theta<\dfrac{1}{2}$ 为未知参数. 利用总体 X 的如下样本值：

$$3,\quad 1,\quad 3,\quad 0,\quad 3,\quad 1,\quad 2,\quad 3.$$

求 θ 的最大似然估计.

解　给定样本值 3,1,3,0,3,1,2,3，得似然函数为

$$\begin{aligned}L(\theta)&=P(X_1=3)P(X_2=1)\cdots P(X_8=3)\\&=(1-2\theta)^4\cdot\theta^2\cdot\theta^2\cdot[2\theta(1-\theta)]^2\\&=4\theta^6(1-2\theta)^4(1-\theta)^2,\end{aligned}$$

对数似然函数为

$$\ln L(\theta)=\ln 4+6\ln\theta+4\ln(1-2\theta)+2\ln(1-\theta).$$

令

$$\frac{\mathrm{d}\ln L(\theta)}{\mathrm{d}\theta}=\frac{6}{\theta}+4\times\frac{-2}{1-2\theta}+2\times\frac{-1}{1-\theta}=0,$$

解得 $\theta=\frac{7\pm\sqrt{13}}{12}$. 因为 $0<\theta<\frac{1}{2}$,故 θ 的最大似然估计为 $\hat{\theta}=\frac{7-\sqrt{13}}{12}$.

由例 3.2.5 知,θ 的矩估计为 $\hat{\theta}=\frac{1}{4}$,此与 θ 的最大似然估计不同. 再看下面的例子.

例 3.3.5 设总体 X 的概率密度函数为

$$f(x;\theta)=\begin{cases}\theta, & 0<x<1,\\ 1-\theta, & 1\leqslant x<2,\\ 0, & \text{其他},\end{cases}$$

其中 $\theta(0<\theta<1)$ 是未知参数. 设 $(X_1,X_2,\cdots,X_n)$ 为来自总体 X 的样本,N 为样本值 $(x_1,x_2,\cdots,x_n)$ 中小于 1 的个数. 求 θ 的矩估计 $\hat{\theta}_1$ 和最大似然估计 $\hat{\theta}_2$.

解 先求 θ 的矩估计 $\hat{\theta}_1$. 由总体 X 的概率密度函数得

$$EX=\int_{-\infty}^{+\infty}xf(x;\theta)\mathrm{d}x=\int_0^1\theta x\mathrm{d}x+\int_1^2(1-\theta)x\mathrm{d}x=\frac{3}{2}-\theta,$$

令 $\frac{3}{2}-\theta=\overline{X}=\frac{1}{n}\sum_{i=1}^{n}X_i$,得 θ 的矩估计量为 $\hat{\theta}_1=\frac{3}{2}-\overline{X}$,矩估计值为 $\hat{\theta}_1=\frac{3}{2}-\overline{x}$.

再求 θ 的最大似然估计 $\hat{\theta}_2$. 给定样本 $(x_1,x_2,\cdots,x_n)$,其似然函数为

$$L(\theta)=\prod_{i=1}^{n}f(x_i;\theta)=\theta^N(1-\theta)^{n-N},$$

对数似然函数为

$$\ln L(\theta)=N\ln\theta+(n-N)\ln(1-\theta),$$

令

$$\frac{\mathrm{d}\ln L(\theta)}{\mathrm{d}\theta}=\frac{N}{\theta}-\frac{n-N}{1-\theta}=0,$$

得 θ 的最大似然估计为 $\hat{\theta}_2=\frac{N}{n}$. 此与 θ 的矩估计不同.

当似然方程无解或者似然函数 $L(\theta)$ 不存在偏导时,则需直接考虑似然函数的单调性,用的是直接观察法,下面通过具体的例子来说明.

例 3.3.6 设总体 X 服从 $\{1,2,\cdots,N\}$ 上的均匀分布,即 $P(X=i)=\frac{1}{N}$,

$i=1,2,\cdots,N$,其中 N 为未知参数. 设$(X_1,X_2,\cdots,X_n)$为来自总体 X 的样本,$(x_1,x_2,\cdots,x_n)$为样本的一个观测值,求 N 的最大似然估计 $\hat{N}$.

解　易见,样本$(x_1,x_2,\cdots,x_n)$的似然函数为

$$L(N)=\prod_{i=1}^{n}P(X_i=x_i)=\frac{1}{N^n},$$

这里 $x_i\in\{1,2,\cdots,N\}$,$i=1,2,\cdots,n$,即当 $N\geqslant\max\{x_1,x_2,\cdots,x_n\}=x_{(n)}$时,

$$L(N)=\frac{1}{N^n},$$

此为 N 的单调递减函数,欲使似然函数 $L(N)$取值最大,只需 N 取值最小,而 $N\geqslant x_{(n)}$,故 N 的最大似然估计为 $\hat{N}=x_{(n)}$. 将$(x_1,x_2,\cdots,x_n)$改为$(X_1,X_2,\cdots,X_n)$,得 N 的最大似然估计量为 $\hat{N}=X_{(n)}$.

例 3.3.7(单参数均匀分布)　设总体 $X\sim U[0,\theta]$,$\theta>0$ 为未知参数. 设$(X_1,X_2,\cdots,X_n)$为来自总体 X 的样本,$(x_1,x_2,\cdots,x_n)$为样本的一个观测值. (1)求 θ 的最大似然估计 $\hat{\theta}$;(2)证明:$\hat{\theta}$ 是 θ 的相合估计.

解　(1)因为 $X\sim U[0,\theta]$,所以 X 的概率密度函数为

$$f(x;\theta)=\begin{cases}\dfrac{1}{\theta}, & 0\leqslant x\leqslant\theta,\\ 0, & \text{其他},\end{cases}=\frac{1}{\theta}I(0\leqslant x\leqslant\theta),$$

给定样本$(x_1,x_2,\cdots,x_n)$,其似然函数为

$$\begin{aligned}L(\theta)&=\prod_{i=1}^{n}f(x_i;\theta)=\prod_{i=1}^{n}\frac{1}{\theta}I\left(0\leqslant x_i\leqslant\theta\right)\\&=\frac{1}{\theta^n}I\left(0\leqslant x_1,x_2,\cdots,x_n\leqslant\theta\right)\\&=\frac{1}{\theta^n}I\left(0\leqslant x_{(1)}\leqslant x_{(n)}\leqslant\theta\right),\end{aligned}$$

其中 $x_{(1)}=\min\{x_1,x_2,\cdots,x_n\}$,$x_{(n)}=\max\{x_1,x_2,\cdots,x_n\}$. 当 $0\leqslant x_{(1)}\leqslant x_{(n)}\leqslant\theta$,即 $\theta\geqslant x_{(n)}$时,

$$L(\theta)=\frac{1}{\theta^n}.$$

显然当 $\theta\geqslant x_{(n)}$时,$L(\theta)=\dfrac{1}{\theta^n}$为 θ 的单调递减函数,故当 $\theta=x_{(n)}$时,$L(\theta)$达最大,即 θ 的最大似然估计为$\hat{\theta}=x_{(n)}=\max\{x_1,x_2,\cdots,x_n\}$. 将$(x_1,x_2,\cdots,x_n)$改

为$(X_1,X_2,\cdots,X_n)$，得 θ 的最大似然估计量为 $\hat{\theta}=X_{(n)}=\max\{X_1,X_2,\cdots,X_n\}$. 此与 θ 的矩估计量 $\hat{\theta}=2\overline{X}$ 不同.

(2)由例 3.1.6 知，$\hat{\theta}=X_{(n)}$ 的密度函数为

$$f_{X_{(n)}}(x;\theta)=\begin{cases} n\left(\dfrac{x}{\theta}\right)^{n-1}\dfrac{1}{\theta}, & 0\leqslant x\leqslant\theta, \\ 0, & \text{其他}, \end{cases}$$

所以对任意的 $\varepsilon>0$ 且 $\varepsilon<\theta$，有

$$\begin{aligned} P\left(|\hat{\theta}-\theta|\geqslant\varepsilon\right) &= 1-P\left(|\hat{\theta}-\theta|<\varepsilon\right)=1-P\left(\theta-\varepsilon<\hat{\theta}<\theta+\varepsilon\right) \\ &= 1-\int_{\theta-\varepsilon}^{\theta} n\left(\frac{x}{\theta}\right)^{n-1}\frac{1}{\theta}\mathrm{d}x=1-\frac{1}{\theta^n}\left[\theta^n-(\theta-\varepsilon)^n\right] \\ &= \left(1-\frac{\varepsilon}{\theta}\right)^n, \end{aligned}$$

因此有

$$\lim_{n\to\infty}P\left(\left|\hat{\theta}-\theta\right|\geqslant\varepsilon\right)=\lim_{n\to\infty}\left(1-\frac{\varepsilon}{\theta}\right)^n=0,$$

即 $\hat{\theta}$ 是 θ 的相合估计.

可以证明：$\hat{\theta}$ 也是 θ 的强相合估计. 此时要用到 Borel—Cantelli 引理，请读者自行证明.

注 3.3.7 若 $X\sim U(0,\theta)$，则 θ 的最大似然估计仍为 $\hat{\theta}=X_{(n)}=\max\{X_1,X_2,\cdots,X_n\}$.

注 3.3.8 在例 3.3.6 和例 3.3.7 中，似然方程无解，故用直接观察法，利用单调性来处理.

例 3.3.8(双参数均匀分布) 设总体 $X\sim U[\theta_1,\theta_2]$，$\theta_1<\theta_2$ 为未知参数. 设$(X_1,X_2,\cdots,X_n)$为来自总体 X 的样本，求 θ_1 和 θ_2 的最大似然估计.

解 因为 $X\sim U[\theta_1,\theta_2]$，所以 X 的概率密度函数为

$$f(x;\theta_1,\theta_2)=\begin{cases} \dfrac{1}{\theta_2-\theta_1}, & \theta_1\leqslant x\leqslant\theta_2, \\ 0, & \text{其他}, \end{cases}=\frac{1}{\theta_2-\theta_1}I(\theta_1\leqslant x\leqslant\theta_2),$$

给定样本$(x_1,x_2,\cdots,x_n)$，其似然函数为

$$L(\theta_1,\theta_2)=\prod_{i=1}^{n}f(x_i;\theta_1,\theta_2)=\prod_{i=1}^{n}\frac{1}{\theta_2-\theta_1}I\left(\theta_1\leqslant x_i\leqslant\theta_2\right)$$

$$=\frac{1}{(\theta_2-\theta_1)^n}I\left(\theta_1\leqslant x_1,x_2,\cdots,x_n\leqslant\theta_2\right)$$

$$=\frac{1}{(\theta_2-\theta_1)^n}I\left(\theta_1\leqslant x_{(1)}\leqslant x_{(n)}\leqslant\theta_2\right),$$

其中 $x_{(1)}=\min\{x_1,x_2,\cdots,x_n\}$，$x_{(n)}=\max\{x_1,x_2,\cdots,x_n\}$. 当 $\theta_1\leqslant x_{(1)}\leqslant x_{(n)}\leqslant\theta_2$，即 $\theta_1\leqslant x_{(1)}$，$\theta_2\geqslant x_{(n)}$ 时，

$$L(\theta_1,\theta_2)=\frac{1}{(\theta_2-\theta_1)^n}.$$

显然 $L(\theta_1,\theta_2)$ 为 $\theta_2-\theta_1$ 的单调递减函数，$\theta_2-\theta_1$ 越小，$L(\theta_1,\theta_2)$ 越大，故 θ_1 和 θ_2 的最大似然估计分别为 $\hat{\theta}_1=x_{(1)}$，$\hat{\theta}_2=x_{(n)}$.

将 $(x_1,x_2,\cdots,x_n)$ 改为 $(X_1,X_2,\cdots,X_n)$，得 θ_1 和 θ_2 的最大似然估计量分别为 $\hat{\theta}_1=X_{(1)}$，$\hat{\theta}_2=X_{(n)}$.

注 3.3.9　类似于例 3.3.8 的解法，若 $X\sim U(\theta_1,\theta_2)$，则 θ_1 和 θ_2 的最大似然估计仍分别为 $\hat{\theta}_1=X_{(1)}$，$\hat{\theta}_2=X_{(n)}$.

例 3.3.9(双参数指数分布)　设总体 X 服从双参数指数分布，其概率密度函数为

$$f(x;\theta_1,\theta_2)=\begin{cases}\dfrac{1}{\theta_2}e^{-\frac{1}{\theta_2}(x-\theta_1)}, & x\geqslant\theta_1,\\ 0, & x<\theta_1,\end{cases}$$

其中 $\theta_1\in(-\infty,+\infty)$ 与 $\theta_2\in(0,+\infty)$ 为未知参数. 设 $(X_1,X_2,\cdots,X_n)$ 为来自总体 X 的样本，求 θ_1 和 θ_2 的最大似然估计.

解　给定样本 $(x_1,x_2,\cdots,x_n)$，其似然函数为

$$L(\theta_1,\theta_2)=\prod_{i=1}^{n}\frac{1}{\theta_2}e^{-\frac{1}{\theta_2}(x_i-\theta_1)}I(x_i\geqslant\theta_1)$$

$$=\frac{1}{\theta_2^n}e^{-\frac{1}{\theta_2}\sum\limits_{i=1}^{n}(x_i-\theta_1)}I(x_1\geqslant\theta_1,x_2\geqslant\theta_1,\cdots,x_n\geqslant\theta_1)$$

$$=\frac{1}{\theta_2^n}e^{\frac{1}{\theta_2}\left(n\theta_1-\sum\limits_{i=1}^{n}x_i\right)}I(x_{(1)}\geqslant\theta_1),$$

其中 $x_{(1)}=\min\{x_1,x_2,\cdots,x_n\}$. 当 $x_{(1)}\geqslant\theta_1$，即 $\theta_1\leqslant x_{(1)}$ 时，

$$L(\theta_1,\theta_2)=\frac{1}{\theta_2^n}e^{\frac{1}{\theta_2}\left(n\theta_1-\sum_{i=1}^{n}x_i\right)}.$$

显然,$L(\theta_1,\theta_2)$为 θ_1 的单调递增函数,故当 $\theta_1=x_{(1)}$ 时,$L(\theta_1,\theta_2)$最大,即 θ_1 的最大似然估计为 $\hat{\theta}_1=x_{(1)}$.

将 $\hat{\theta}_1=x_{(1)}$ 代入 $L(\theta_1,\theta_2)$,得

$$L(x_{(1)},\theta_2)=\frac{1}{\theta_2^n}e^{\frac{1}{\theta_2}\left(nx_{(1)}-\sum_{i=1}^{n}x_i\right)},$$

两边取对数得

$$\ln L(x_{(1)},\theta_2)=-n\ln\theta_2+\frac{1}{\theta_2}\left(nx_{(1)}-\sum_{i=1}^{n}x_i\right),$$

令

$$\frac{\mathrm{d}\ln L(x_{(1)},\theta_2)}{\mathrm{d}\theta_2}=-\frac{n}{\theta_2}-\frac{1}{\theta_2^2}\left(nx_{(1)}-\sum_{i=1}^{n}x_i\right)=0,$$

解得 θ_2 的最大似然估计为 $\hat{\theta}_2=\bar{x}-x_{(1)}$.

将$(x_1,x_2,\cdots,x_n)$改为$(X_1,X_2,\cdots,X_n)$,得 θ_1 和 θ_2 的最大似然估计量分别为 $\hat{\theta}_1=X_{(1)}$,$\hat{\theta}_2=\overline{X}-X_{(1)}$.

此例题结合了观察法和求解似然方程两种方法,是一种很典型的做法.

在前面的例子中,未知参数 θ 的最大似然估计都是唯一的.但有时最大似然估计不一定唯一,具体见下例.

例 3.3.10 设总体 $X\sim U[\theta,\theta+3]$,$\theta\in\mathbb{R}$ 为未知参数.设$(X_1,X_2,\cdots,X_n)$为来自总体 X 的样本,求 θ 的最大似然估计.

解 因为 $X\sim U[\theta,\theta+3]$,所以 X 的概率密度函数为

$$f(x;\theta)=\begin{cases}\frac{1}{3}, & \theta\leqslant x\leqslant\theta+3,\\ 0, & \text{其他},\end{cases}=\frac{1}{3}I(\theta\leqslant x\leqslant\theta+3).$$

给定样本$(x_1,x_2,\cdots,x_n)$,其似然函数为

$$\begin{aligned}L(\theta)&=\prod_{i=1}^{n}f(x_i;\theta)=\prod_{i=1}^{n}\frac{1}{3}I(\theta\leqslant x_i\leqslant\theta+3)\\&=\frac{1}{3^n}I(\theta\leqslant x_1,x_2,\cdots,x_n\leqslant\theta+3)\end{aligned}$$

$$=\frac{1}{3^n}I(\theta\leqslant x_{(1)}\leqslant x_{(n)}\leqslant\theta+3).$$

当 $\theta\leqslant x_{(1)}\leqslant x_{(n)}\leqslant\theta+3$，即 $x_{(n)}-3\leqslant\theta\leqslant x_{(1)}$ 时，

$$L(\theta)=\frac{1}{3^n},$$

此为常数，故区间$[x_{(n)}-3,x_{(1)}]$内的任一点都是 θ 的最大似然估计，因而是不唯一的.

五、最大似然估计的相合性与渐近正态性

最大似然估计在十分广泛的条件下具有强相合性，关于最大似然估计的渐近正态性，我们先给出定义，具体如下：

定义 3.3.2　设 $\hat{\theta}_n$ 是 θ 的相合估计量，若存在趋于 0 的非负常数序列 $\sigma_n(\theta)$，使得$\dfrac{\hat{\theta}_n-\theta}{\sigma_n(\theta)}\xrightarrow{L}N(0,1)$，或$\dfrac{\hat{\theta}_n-\theta}{\sigma_n(\theta)}\xrightarrow{d}N(0,1)$，则称 $\hat{\theta}_n$ 是**渐近正态的**(asymptotically normal)，或者称 $\hat{\theta}_n$ 是 θ 的**渐近正态估计**，这时也称 $\hat{\theta}_n$ 服从**渐近正态分布** $N(\theta,\sigma_n^2(\theta))$，记为 $\hat{\theta}_n\sim AN(\theta,\sigma_n^2(\theta))$. $\sigma_n^2(\theta)$称为 $\hat{\theta}_n$ 的**渐近方差**.

关于最大似然估计的渐近正态性有如下定理.

定理 3.3.2　设总体 X 有概率密度函数或概率函数 $f(x;\theta)$，$\theta\in\Theta$，Θ 为非退化区间. 设 $f(x;\theta)$满足下列条件：

(1)对任意的 $\theta\in\Theta$，当 $x\in\mathscr{X}$，$f(x;\theta)>0$，当 $x\notin\mathscr{X}$，$f(x;\theta)=0$；且对任意的 $\theta\in\Theta$ 和 $x\in\mathscr{X}$，偏导数

$$\frac{\partial\ln f(x;\theta)}{\partial\theta},\frac{\partial^2\ln f(x;\theta)}{\partial\theta^2},\frac{\partial^3\ln f(x;\theta)}{\partial\theta^3}$$

均存在；

(2)存在定义于样本空间 $\mathscr{X}$ 上的函数 $F_1(x)$，$F_2(x)$和 $F_3(x)$，使得对任意的 $\theta\in\Theta$ 和 $x\in\mathscr{X}$，有

$$\left|\frac{\partial f(x;\theta)}{\partial\theta}\right|<F_1(x),\left|\frac{\partial^2 f(x;\theta)}{\partial\theta^2}\right|<F_2(x),\left|\frac{\partial^3 f(x;\theta)}{\partial\theta^3}\right|<F_3(x),$$

其中函数 $F_1(x)$，$F_2(x)$和 $F_3(x)$满足

$$\int_{-\infty}^{+\infty}F_1(x)\mathrm{d}x<\infty,\quad\int_{-\infty}^{+\infty}F_2(x)\mathrm{d}x<\infty,$$

$$\sup_{\theta\in\Theta}\int_{-\infty}^{+\infty}F_3(x)f(x;\theta)\mathrm{d}x<\infty;$$

(3)对任意的 $\theta\in\Theta$,有

$$0<I(\theta)=E_\theta\left[\frac{\partial\ln f(X;\theta)}{\partial\theta}\right]^2=\int_{-\infty}^{+\infty}\left[\frac{\partial\ln f(x;\theta)}{\partial\theta}\right]^2 f(x;\theta)\mathrm{d}x<\infty.$$

设$(X_1,X_2,\cdots,X_n)$是来自总体 $X\sim f(x;\theta)$的样本,则存在未知参数 θ 的最大似然估计 $\hat{\theta}_n=\hat{\theta}_n(X_1,X_2,\cdots,X_n)$,且 $\hat{\theta}_n$ 具有相合性和渐近正态性,$\hat{\theta}_n\sim AN\left(\theta,\frac{1}{nI(\theta)}\right)$,即

$$\sqrt{n}(\hat{\theta}_n-\theta)\xrightarrow{L}N\left(0,\frac{1}{I(\theta)}\right).$$

定理 3.3.2 表明,最大似然估计通常是渐近正态的,且其渐近方差 $\sigma_n^2(\theta)=\frac{1}{nI(\theta)}$有一个统一的形式,其中 $I(\theta)$称为 Fisher 信息量,它的具体定义将在本章第 5 节给出.

习题 3.3

3.3.1 设总体 X 的密度函数为

$$f(x;\theta)=\begin{cases}\frac{x}{\theta^2}\exp\left\{-\frac{x^2}{2\theta^2}\right\}, & x>0,\\ 0, & x\leqslant 0,\end{cases}$$

其中 $\theta>0$ 为未知参数. 设$(X_1,\cdots,X_n)$为从总体 X 中抽取的随机样本,求 θ 的最大似然估计.

3.3.2 设$(X_1,\cdots,X_n)$是来自均匀分布 $U(\theta,2\theta)$的简单随机样本,其中 $0<\theta<+\infty$为未知参数,求 θ 的 MLE,它是 θ 的无偏估计吗?如果不是,试对它略作修改,得到 θ 的一个无偏估计.

3.3.3 设总体 X 的密度函数为 $f(x;\theta)=\theta x^{\theta-1}$, $0<x<1$, $\theta>0$ 为未知参数,$(X_1,\cdots,X_n)$是其样本. 求 $g(\theta)=1/\theta$ 的最大似然估计.

3.3.4 设总体 $X\sim U(\theta,2\theta)$,其中 $\theta>0$ 是未知参数,设$(X_1,\cdots,X_n)$为取自该总体的样本. 求 θ 的最大似然估计,它是无偏估计吗?是相合估计吗?

3.3.5 设总体 X 服从 Weibull 分布,密度函数为

$$f(x;\lambda)=\begin{cases}\lambda\alpha\cdot x^{\alpha-1}\mathrm{e}^{-\lambda x^{\alpha}}, & x>0,\\ 0, & \text{其他},\end{cases}$$

其中 $\lambda>0$ 为未知参数，$\alpha>0$ 为已知常数. 设$(X_1,\cdots,X_n)$为从此总体中抽取的简单样本，求 λ 的 MLE.

3.3.6 设总体的概率密度函数如下，$(x_1,\cdots,x_n)$是样本，试求未知参数的最大似然估计：

(1) $f(x;\theta)=c\theta^c x^{-(c+1)}$, $x>\theta$, $\theta>0$ 未知，$c>0$ 已知；

(2) $f(x;\theta,\mu)=\dfrac{1}{\theta}\mathrm{e}^{-\frac{x-\mu}{\theta}}$, $x>\mu$, $\mu\in\mathbb{R}$ 未知，$\theta>0$ 已知；

(3) $f(x;\theta)=(k\theta)^{-1}$, $\theta<x<(k+1)\theta$, $\theta>0$ 未知，$k>0$ 已知.

3.3.7 设总体的概率密度函数如下，$(x_1,\cdots,x_n)$是样本，试求未知参数的最大似然估计：

(1) $f(x;\theta)=\sqrt{\theta}x^{\sqrt{\theta}-1}$, $0<x<1$, $\theta>0$ 未知；

(2) $f(x;\theta)=\theta c^{\theta}x^{-(\theta+1)}$, $x>c$, $\theta>1$ 未知，$c>0$ 已知.

3.3.8 设 $X_1,\cdots,X_n$ 是独立同分布的，且有概率密度函数

$$f(x;\theta)=\frac{1}{\sigma}\exp\{-(x-\mu)/\sigma\},\ x\geqslant\mu,$$

其中 $\theta=(\mu,\sigma^2)$, $-\infty<\mu<+\infty$, $\sigma^2>0$.

(1) 求出 μ 和 σ^2 的最大似然估计；

(2) 对 $t>\mu$ 求 $P_\theta(X_1\geqslant t)$的最大似然估计.

3.3.9 设总体 X 的概率密度函数为

$$f(x;\theta)=\frac{1}{2\theta}\mathrm{e}^{-\frac{|x|}{\theta}},\ -\infty<x<+\infty,$$

其中 $\theta>0$ 为未知参数. 设$(X_1,\cdots,X_n)$是来自总体 X 的样本.

(1) 求未知参数 θ 的最大似然估计 $\hat{\theta}$；

(2) 求 $E\hat{\theta}$和 $D\hat{\theta}$；

(3) 证明：$\hat{\theta}$ 是 θ 的相合估计量，同时也是强相合估计量.

3.3.10 设$(X_1,\cdots,X_n)$是取自 $U\left(\theta-\dfrac{1}{2},\theta+\dfrac{1}{2}\right)$分布的一组样本，试证满足 $X_{(n)}-\dfrac{1}{2}\leqslant T\leqslant X_{(1)}+\dfrac{1}{2}$ 的任何 T 都是 θ 的最大似然估计.

3.3.11　设 $X_1,\cdots,X_n$ $i.i.d.\sim N(\sigma,\sigma^2)$，$\sigma>0$，试求 σ^2 的 MLE $\hat{\sigma}^2$，并证明 $\hat{\sigma}$ 为 σ 的弱相合估计.

3.3.12　若 $X=e^{\xi}$，而 $\xi\sim N(a,\sigma^2)$，则随机变量 X 的分布称为对数正态分布. 求出 X 的密度函数. 设 $(X_1,\cdots,X_n)$ 是从总体 X 中抽取的简单随机样本，求 a 和 σ^2 的矩估计和最大似然估计.

3.3.13　设总体 $X\sim \mathrm{Exp}(1/\theta)$，$(X_1,\cdots,X_n)$ 是其样本，θ 的矩估计和最大似然估计都是 $\overline{X}$，它也是 θ 的相合估计和无偏估计，试证明在均方误差准则 $\left(\mathrm{MSE}(\hat{\theta})=E\,(\hat{\theta}-\theta)^2\right)$ 下存在优于 $\overline{X}$ 的估计.

3.3.14　设 $(X_1,\cdots,X_n)$ 是来自密度函数为 $f(x;\theta)=e^{-(x-\theta)}$，$x>\theta$ 的样本.

(1) 求 θ 的最大似然估计 $\hat{\theta}_1$，它是否是相合估计？是否是无偏估计？

(2) 求 θ 的矩估计 $\hat{\theta}_2$，它是否是相合估计？是否是无偏估计？

3.3.15　一个袋中装有白球和黑球，它们除颜色外没有任何差别. 现有放回地从中抽取一个容量为 n 的样本，其中有 k 个白球. 试求袋中黑球数与白球数之比 R 的最大似然估计.

3.4　一致最小方差无偏估计

一、均方误差

相合性和渐近正态性是在大样本场合下评价估计量好坏的两个重要标准，但在样本量不是很大时，人们更加倾向于使用一些基于小样本的评价标准，此时，对无偏估计使用方差，对有偏估计使用均方误差.

定义 3.4.1　设 $\hat{\theta}$ 是 θ 的估计量，称 $M_\theta(\hat{\theta}):=E\,(\hat{\theta}-\theta)^2$ 是 $\hat{\theta}$ 的**均方误差**(mean squared error，简记为 MSE).

设 $\hat{\theta}_1$ 和 $\hat{\theta}_2$ 是 θ 的两个估计量，若对一切 $\theta\in\Theta$，有

$$M_\theta(\hat{\theta}_1)\leqslant M_\theta(\hat{\theta}_2),$$

且小于号至少对某个 $\theta\in\Theta$ 成立，则称在 MSE 准则下，$\hat{\theta}_1$ 优于 $\hat{\theta}_2$.

若存在估计量 $\hat{\theta}_*$，使得对 θ 的任一估计量 $\hat{\theta}$，都有

$$M_\theta(\hat{\theta}_*)\leqslant M_\theta(\hat{\theta}),\ \text{对一切}\ \theta\in\Theta,$$

则称 $\hat{\theta}_*$ 为 θ 的**一致最小均方误差估计**(uniformly minimum mean squared error estimator).

显然,均方误差 $M_\theta(\hat{\theta})=E(\hat{\theta}-\theta)^2$ 越小,则估计量 $\hat{\theta}$ 越好,精度也越高.当 $\hat{\theta}$ 是 θ 的无偏估计,也即 θ 是**可估参数**时,均方误差 $M_\theta(\hat{\theta})$ 就是 $\hat{\theta}$ 的方差 $D(\hat{\theta})$.

注意到

$$\begin{aligned}M_\theta(\hat{\theta}) &= E(\hat{\theta}-\theta)^2 = E(\hat{\theta}-E\hat{\theta}+E\hat{\theta}-\theta)^2\\ &= E(\hat{\theta}-E\hat{\theta})^2+(E\hat{\theta}-\theta)^2+2E(\hat{\theta}-E\hat{\theta})(E\hat{\theta}-\theta)\\ &= D(\hat{\theta})+(E\hat{\theta}-\theta)^2,\end{aligned}$$

因此,均方误差由点估计的方差与偏差 $\hat{E}\theta-\theta$ 的平方两部分组成.如果 $\hat{\theta}$ 是 θ 的无偏估计,则 $M_\theta(\hat{\theta})=D(\hat{\theta})$,此时用均方误差评价点估计与用方差是完全一样的,这也说明了用方差考察无偏估计的有效性是合理的.当 $\hat{\theta}$ 不是 θ 的无偏估计时,就要看其均方误差 $M_\theta(\hat{\theta})$,即不仅要看其方差 $D(\hat{\theta})$ 的大小,还要看其偏差平方 $(\hat{E}\theta-\theta)^2$ 的大小.

例 3.4.1　设 $(X_1,X_2,\cdots,X_n)$ 为来自总体 $N(\mu,\sigma^2)$ 的样本,$\hat{\mu}=\overline{X}$,求 $\hat{\mu}$ 的均方误差.

解　根据定义,可得 $\hat{\mu}=\overline{X}$ 的均方误差为

$$M_\mu(\hat{\mu})=E(\overline{X}-\mu)^2=E(\overline{X}-E\overline{X})^2=D(\overline{X})=\frac{1}{n}\sigma^2,$$

易见

$$M_\mu(\hat{\mu})=E(\overline{X}-\mu)^2=\frac{1}{n}\sigma^2\to 0,\ n\to\infty.$$

此表明样本容量越大,估计量的精度越高.

例 3.4.2　设 $(X_1,X_2,\cdots,X_n)$ 为来自总体 $\Gamma(\alpha,\beta)$ 的样本,其概率密度函数为

$$f(x;\alpha,\beta)=\frac{\alpha^\beta}{\Gamma(\beta)}\mathrm{e}^{-\alpha x}x^{\beta-1},x>0,$$

其中 α 未知,β 已知.已知 α 的最大似然估计为 $\hat{\alpha}=\dfrac{\beta}{\overline{X}}$,求 $\hat{\alpha}$ 的均方误差.

解 记 $T=\sum_{i=1}^{n}X_i$,则 $\overline{X}=\dfrac{T}{n}$,$\hat{\alpha}=\dfrac{\beta}{\overline{X}}=\dfrac{n\beta}{T}$. 从而

$$M_{\alpha}(\hat{\alpha})=E(\hat{\alpha}-\alpha)^2=E\left(\frac{n\beta}{T}-\alpha\right)^2=n^2\beta^2E\left(\frac{1}{T^2}\right)-2\alpha\beta nE\left(\frac{1}{T}\right)+\alpha^2.$$

因为 $X_i\sim\Gamma(\alpha,\beta)$,$i=1,2,\cdots,n$,且 $X_1,X_2,\cdots,X_n$ 之间相互独立,所以

$$T=\sum_{i=1}^{n}X_i\sim\Gamma(\alpha,n\beta),$$

故 T 的概率密度函数为

$$f_T(t)=\frac{\alpha^{n\beta}}{\Gamma(n\beta)}\mathrm{e}^{-\alpha t}t^{n\beta-1},\quad t>0,$$

从而

$$\begin{aligned}E\left(\frac{1}{T}\right)&=\int_0^{+\infty}\frac{1}{t}\cdot\frac{\alpha^{n\beta}}{\Gamma(n\beta)}\mathrm{e}^{-\alpha t}t^{n\beta-1}\mathrm{d}t\\&=\frac{\alpha^{n\beta}}{\Gamma(n\beta)}\int_0^{+\infty}\mathrm{e}^{-\alpha t}t^{(n\beta-1)-1}\mathrm{d}t\\&=\frac{\alpha^{n\beta}}{\Gamma(n\beta)}\cdot\frac{\Gamma(n\beta-1)}{\alpha^{n\beta-1}}\\&=\frac{\alpha}{n\beta-1},\end{aligned}$$

$$\begin{aligned}E\left(\frac{1}{T^2}\right)&=\int_0^{+\infty}\frac{1}{t^2}\cdot\frac{\alpha^{n\beta}}{\Gamma(n\beta)}\mathrm{e}^{-\alpha t}t^{n\beta-1}\mathrm{d}t\\&=\frac{\alpha^{n\beta}}{\Gamma(n\beta)}\int_0^{+\infty}\mathrm{e}^{-\alpha t}t^{(n\beta-2)-1}\mathrm{d}t\\&=\frac{\alpha^{n\beta}}{\Gamma(n\beta)}\cdot\frac{\Gamma(n\beta-2)}{\alpha^{n\beta-2}}\\&=\frac{\alpha^2}{(n\beta-1)(n\beta-2)}.\end{aligned}$$

所以

$$\begin{aligned}M_{\alpha}(\hat{\alpha})=E(\hat{\alpha}-\alpha)^2&=n^2\beta^2\frac{\alpha^2}{(n\beta-1)(n\beta-2)}-2\alpha\beta n\frac{\alpha}{n\beta-1}+\alpha^2\\&=\frac{n\beta+2}{(n\beta-1)(n\beta-2)}\alpha^2\to0,\quad n\to\infty.\end{aligned}$$

此表明样本容量越大,估计量的精度越高.

例 3.4.3 设$(X_1,X_2,\cdots,X_n)$为来自总体 $U[0,\theta]$的样本,其概率密度函数为

$$f(x;\theta)=\frac{1}{\theta},\ 0\leqslant x\leqslant\theta,$$

$\theta>0$ 为未知参数，其最大似然估计为 $\hat{\theta}_1=X_{(n)}$，矩估计为 $\hat{\theta}_2=2\overline{X}$. 求这两个估计量的均方误差，并比较大小.

解　先求 $\hat{\theta}_2$ 的均方误差 $M_\theta(\hat{\theta}_2)$. 易见

$$\begin{aligned}M_\theta(\hat{\theta}_2)&=E(\hat{\theta}_2-\theta)^2=E(2\overline{X}-\theta)^2\\&=E\left[2\left(\overline{X}-\frac{\theta}{2}\right)\right]^2=4D(\overline{X})=\frac{1}{3n}\theta^2.\end{aligned}$$

再来求 $\hat{\theta}_1$ 的均方误差 $M_\theta(\hat{\theta}_1)$. 易见

$$M_\theta(\hat{\theta}_1)=E(\hat{\theta}_1-\theta)^2=E(X_{(n)}-\theta)^2=EX_{(n)}^2-2\theta EX_{(n)}+\theta^2.$$

因为 $X_{(n)}$ 的概率密度函数为

$$f_{X_{(n)}}(t)=\begin{cases}n\left(\dfrac{t}{\theta}\right)^{n-1}\dfrac{1}{\theta}, & 0\leqslant t\leqslant\theta,\\ 0, & \text{其他},\end{cases}$$

所以

$$EX_{(n)}=\int_{-\infty}^{+\infty}tf_{X_{(n)}}(t)\mathrm{d}t=\int_0^\theta tn\left(\frac{t}{\theta}\right)^{n-1}\frac{1}{\theta}\mathrm{d}t=\frac{n}{n+1}\theta,$$

$$EX_{(n)}^2=\int_{-\infty}^{+\infty}t^2f_{X_{(n)}}(t)\mathrm{d}t=\int_0^\theta t^2n\left(\frac{t}{\theta}\right)^{n-1}\frac{1}{\theta}\mathrm{d}t=\frac{n}{n+2}\theta^2.$$

从而

$$\begin{aligned}M_\theta(\hat{\theta}_1)&=EX_{(n)}^2-2\theta EX_{(n)}+\theta^2\\&=\frac{n}{n+2}\theta^2-2\theta\frac{n}{n+1}\theta+\theta^2\\&=\frac{2}{(n+1)(n+2)}\theta^2.\end{aligned}$$

易见，当 $n=1$ 或 $n=2$ 时，$M_\theta(\hat{\theta}_1)=M_\theta(\hat{\theta}_2)$；当 $n\geqslant3$ 时，$M_\theta(\hat{\theta}_1)<M_\theta(\hat{\theta}_2)$.

在此例中，最大似然估计 $\hat{\theta}_1=X_{(n)}$ 为 θ 的有偏估计，而矩估计 $\hat{\theta}_2=2\overline{X}$ 为 θ 的无偏估计. 此例说明在均方误差的准则下有些有偏估计优于无偏估计.

二、一致最小方差无偏估计

前面已经指出，均方误差由点估计的方差与偏差的平方两部分组成. 当

要求 $\hat{\theta}$ 是 θ 的无偏估计，也即 θ 是可估参数时，均方误差就简化为估计的方差，此时一致最小均方误差估计即为一致最小方差无偏估计，其定义如下.

定义 3.4.2 设 $\hat{\theta}_*=\hat{\theta}_*(X_1,X_2,\cdots,X_n)$ 是 θ 的一个无偏估计，若对 θ 的其他任何无偏估计 $\hat{\theta}=\hat{\theta}(X_1,X_2,\cdots,X_n)$，恒有

$$E(\hat{\theta}_*-\theta)^2=D(\hat{\theta}_*)\leqslant D(\hat{\theta})=E(\hat{\theta}-\theta)^2，对任意的\ \theta\in\Theta，$$

则称 $\hat{\theta}_*$ 是 θ 的**一致最小方差无偏估计**(uniformly minimum variance unbiased estimator，简记为 UMVUE)，或称 $\hat{\theta}_*$ 是 θ 的**有效估计**.

下面的 Blackwell-Lehmann-Scheffe 定理给出了求一致最小方差无偏估计的常用方法，也称为**充分完全统计量法**. 它的证明涉及较深的数学工具，需要条件期望等概念，在此省略其证明.

定理 3.4.1(Blackwell-Lehmann-Scheffe 定理) 设 $T=T(X_1,X_2,\cdots,X_n)$ 是充分完全统计量，则用 T 构造的 $g(\theta)$ 的无偏估计 $\varphi(T)$ 必是 $g(\theta)$ 的唯一的一致最小方差无偏估计，即若 $\varphi(T)=\varphi(T(X_1,X_2,\cdots,X_n))$ 是 $g(\theta)$ 的无偏估计，则 $\varphi(T)$ 就是 $g(\theta)$ 的唯一的 UMVUE. 这里的唯一性是指：如果 $\varphi_1(T)$ 和 $\varphi_2(T)$ 都是 $g(\theta)$ 的无偏估计，则

$$P_\theta\Big(\varphi_1(T)=\varphi_2(T)\Big)=1，对任意的\ \theta\in\Theta，$$

即认为 $\varphi_1(T)$ 和 $\varphi_2(T)$ 是同一个估计量.

例如，设 $X_1,X_2,\cdots,X_n\ i.i.d.\sim N(\mu,\sigma^2)$，则由例 2.5.8 或注2.5.7知，

$$T=\left(\sum_{i=1}^n X_i,\sum_{i=1}^n (X_i-\overline{X})^2\right)$$

是充分完全统计量.

由于 $\overline{X}=\dfrac{1}{n}\sum_{i=1}^n X_i$ 是 μ 的无偏估计，且是充分完全统计量 T 的函数，故由定理 3.4.1 知，$\overline{X}$ 为 μ 的唯一的 UMVUE.

又 $S_*^2=\dfrac{1}{n-1}\sum_{i=1}^n (X_i-\overline{X})^2$ 是 σ^2 的无偏估计，且是充分完全统计量 T 的函数，故由定理 3.4.1 知，S_*^2 是 σ^2 的唯一的的 UMVUE.

注 3.4.1 若 $T=T(\boldsymbol{X})$ 是充分完全统计量，如何用 $T(\boldsymbol{X})$ 构造 $g(\theta)$ 的无偏估计呢?

1. 动态调整法

将 θ 的矩估计、最大似然估计或无偏估计（最好是 T 的函数）代入 $g(\theta)$ 中，得 $\hat{g}$，并计算 $E_\theta\hat{g}$，然后动态调整得 $g(\theta)$ 的无偏估计.

例 3.4.4　设 $X_1,X_2,\cdots,X_n$ $i.i.d.\sim\mathscr{P}(\lambda)$，$\lambda>0$ 为未知参数，其概率函数为

$$f(x;\lambda)=\frac{\lambda^x}{x!}\mathrm{e}^{-\lambda},\quad x=0,1,2,\cdots,$$

求 λ^2 的 UMVUE.

解　由例 2.4.10 知，$T=\sum_{i=1}^n X_i$ 为充分完全统计量，且 $\overline{X}=\frac{1}{n}\sum_{i=1}^n X_i=\frac{T}{n}$. 易见

$$E\overline{X}=\frac{1}{n}\sum_{i=1}^n EX_i=\lambda,\quad D\overline{X}=\frac{\lambda}{n},$$

从而

$$E\overline{X}^2=D\overline{X}+(E\overline{X})^2=\frac{\lambda}{n}+\lambda^2,$$

故有

$$\lambda^2=E\overline{X}^2-\frac{\lambda}{n}=E\overline{X}^2-\frac{1}{n}\cdot E\overline{X}=E\left(\overline{X}^2-\frac{1}{n}\overline{X}\right),\qquad(3.4.1)$$

即

$$\overline{X}^2-\frac{1}{n}\overline{X}=\left(\frac{T}{n}\right)^2-\frac{1}{n}\cdot\frac{T}{n}=\frac{T^2-nT}{n^2}=\frac{T(T-1)}{n^2}$$

为 λ^2 的无偏估计，且是充分完全统计量 T 的函数，故 $\overline{X}^2-\frac{1}{n}\overline{X}$ 为 λ^2 的 UMVUE.

式(3.4.1)利用了 $\overline{X}$ 是 λ 的无偏估计这一事实. 考虑到 $S_*^2=\frac{1}{n-1}\sum_{i=1}^n(X_i-\overline{X})^2$ 也是 λ 的无偏估计，所以有

$$\lambda^2=E\overline{X}^2-\frac{\lambda}{n}=E\overline{X}^2-\frac{1}{n}\cdot ES_*^2=E\left(\overline{X}^2-\frac{1}{n}S_*^2\right),$$

即 $\overline{X}^2-\frac{1}{n}S_*^2$ 也是 λ^2 的无偏估计,但它不是充分完全统计量 T 的函数,故 $\overline{X}^2-\frac{1}{n}S_*^2$ 不是 λ^2 的 UMVUE.

2. 待定求解法

该方法的具体做法是:首先,求出 T 的概率密度函数或概率函数 $f(t;\theta)$;然后,设 $\hat{g}(T)$ 是 $g(\theta)$ 的无偏估计,由 $E_\theta(\hat{g}(T))=g(\theta)$,对任意的 $\theta\in\Theta$,求出 $\hat{g}(T)$.

例 3.4.5 设 $X_1,X_2,\cdots,X_n$ $i.i.d.\sim\mathscr{P}(\lambda)$,$\lambda>0$ 为未知参数,$T=\sum_{i=1}^{n}X_i$ 是充分完全统计量,利用方法(2),求 $\hat{g}(T)$,使 $\hat{g}(T)$ 为 λ^2 的无偏估计.

解 由泊松分布的可加性知,$T=\sum_{i=1}^{n}X_i\sim\mathscr{P}(n\lambda)$,故 T 的概率函数为

$$f(t;n\lambda)=\frac{(n\lambda)^t}{t!}e^{-n\lambda},\quad t=0,1,2,\cdots.$$

假设 $\hat{g}(T)$ 为 λ^2 的无偏估计,所以 $E_\theta(\hat{g}(T))=\lambda^2$,从而

$$\sum_{t=0}^{\infty}\hat{g}(t)\cdot\frac{(n\lambda)^t}{t!}e^{-n\lambda}=\lambda^2,\ \text{对任意的}\ \lambda>0,$$

整理得

$$\sum_{t=0}^{\infty}\hat{g}(t)\cdot\frac{(n\lambda)^t}{t!}=\lambda^2e^{n\lambda}=\lambda^2\sum_{i=0}^{\infty}\frac{(n\lambda)^i}{i!}=\frac{1}{n^2}\sum_{i=0}^{\infty}\frac{(n\lambda)^{i+2}}{i!},\ \text{对任意的}\ \lambda>0,$$

比较上式两边 λ^t 的系数得

$$\begin{cases}\hat{g}(t)=0, & \text{当}\ t=0,1,\\ \dfrac{\hat{g}(t)}{t!}=\dfrac{1}{n^2(t-2)!}, & \text{当}\ t\geqslant 2,\end{cases}$$

所以

$$\hat{g}(t)=\frac{t(t-1)}{n^2},\quad t=0,1,2,\cdots,$$

从而

$$\hat{g}(T)=\frac{T(T-1)}{n^2},$$

此与例 3.4.4 的结果相同.

利用例 3.4.5 的方法,可类似求出 $\lambda^3,\lambda^k,e^{-\lambda},e^{\lambda}$ 的 UMVUE,分别为

$$\frac{T(T-1)(T-2)}{n^3},\ \frac{T(T-1)\cdots(T-k+1)}{n^k},\ \left(1-\frac{1}{n}\right)^T,\ \left(1+\frac{1}{n}\right)^T.$$

请读者自行计算.

注 3.4.2　若存在充分完全统计量 T,使得 $\hat{g}(T)$ 为 $g(\theta)$ 的无偏估计,则 $\hat{g}(T)$ 必为 $g(\theta)$ 的 UMVUE. 这种 UMVUE 是唯一的(完全性保证了唯一性),即若 $\hat{g}(X_1,X_2,\cdots,X_n)$ 是 $g(\theta)$ 的无偏估计,但不是 T 的函数,则 $\hat{g}(X_1,X_2,\cdots,X_n)$ 一定不是 $g(\theta)$ 的 UMVUE. 也就是说,在无偏估计存在的前提下,充分完全统计量的存在是 UMVUE 存在的充分条件,但不是必要条件.

事实上,如果 $\hat{g}(X_1,X_2,\cdots,X_n)$ 是 $g(\theta)$ 的一个无偏估计,$T=T(X_1,X_2,\cdots,X_n)$ 是充分完全统计量,则 $E\big(\hat{g}(X_1,X_2,\cdots,X_n)\mid T\big)$ 是 $g(\theta)$ 的唯一的 UMVUE.

注 3.4.3　有时候充分完全统计量不存在,但仍有 UMVUE,即充分完全统计量的存在只是 UMVUE 存在的充分条件,但不是必要条件.

例 3.4.6　设 $X_1,X_2,\cdots,X_n\ i.i.d.\sim\Gamma(\alpha,\beta)$,其概率密度函数为

$$f(x;\alpha,\beta)=\frac{\alpha^\beta}{\Gamma(\beta)}e^{-\alpha x}\cdot x^{\beta-1},x>0,$$

其中 $\beta>0$ 已知,$\alpha>0$ 未知. 求 $\frac{\beta}{\alpha},\frac{\beta(\beta+1)}{\alpha^2}$ 的 UMVUE.

解　易见

$$f(x;\alpha,\beta)=\alpha^\beta\cdot\frac{1}{\Gamma(\beta)}\cdot x^{\beta-1}\cdot e^{-\alpha x}:=s(\alpha)\cdot h(x)e^{C(\alpha)\cdot T(x)},$$

其中 $s(\alpha)=\alpha^\beta,h(x)=\frac{1}{\Gamma(\beta)}\cdot x^{\beta-1},C(\alpha)=-\alpha,T(x)=x$,此为指数型分布,故由定理 3.4.1 知,$T=\sum_{i=1}^n X_i$ 为充分完全统计量.

因为 $EX_i=\frac{\beta}{\alpha}$,所以 $E\overline{X}=\frac{\beta}{\alpha}=E\left(\frac{T}{n}\right)$,即 $\overline{X}=\frac{T}{n}$ 为 $\frac{\beta}{\alpha}$ 的无偏估计,且是充分完全统计量 T 的函数,故由定理 3.4.1 知,$\overline{X}=\frac{T}{n}$ 为 $\frac{\beta}{\alpha}$ 的 UMVUE.

又因为 $EX_i^2=\frac{\beta(\beta+1)}{\alpha^2}$,所以 $\frac{1}{n}\sum_{i=1}^n X_i^2$ 是 $\frac{\beta(\beta+1)}{\alpha^2}$ 的无偏估计. 但由于其

不是充分完全统计量 $T=\sum_{i=1}^{n}X_i$ 的函数,所以不是 UMVUE(由唯一性得到).如何求?

因为 $X_1,X_2,\cdots,X_n$ $i.i.d.\sim\Gamma(\alpha,\beta)$,所以 $T=\sum_{i=1}^{n}X_i\sim\Gamma(\alpha,n\beta)$,故有

$$ET^2=\frac{n\beta(n\beta+1)}{\alpha^2},$$

从而

$$\frac{\beta(\beta+1)}{n\beta(n\beta+1)}\cdot ET^2=\frac{\beta(\beta+1)}{\alpha^2},$$

即 $\frac{\beta(\beta+1)}{n\beta(n\beta+1)}\cdot T^2$ 是 $\frac{\beta(\beta+1)}{\alpha^2}$ 的无偏估计,且是充分完全统计量 T 的函数,故由定理 3.4.1 知,$\frac{\beta(\beta+1)}{n\beta(n\beta+1)}\cdot T^2$ 是 $\frac{\beta(\beta+1)}{\alpha^2}$ 的 UMVUE.

在本节的最后,给出另一种求 UMVUE 的方法:**零无偏估计法**.

定理 3.4.2 设 $\boldsymbol{X}=(X_1,X_2,\cdots,X_n)$ 是来自某总体的样本,$\hat{g}=\hat{g}(\boldsymbol{X})$ 是 $g(\theta)$ 的一个无偏估计,$D(\hat{g})<\infty,\theta\in\Theta$. 则 $\hat{g}$ 是 $g(\theta)$ 的 UMVUE 的充要条件是:对任意满足条件 $E\varphi(\boldsymbol{X})=0$ 和 $D(\varphi(\boldsymbol{X}))<\infty,\theta\in\Theta$ 的统计量 $\varphi=\varphi(\boldsymbol{X})$,都有

$$Cov(\hat{g},\varphi)=0,\ \text{对任意的}\ \theta\in\Theta. \tag{3.4.2}$$

证明 先证充分性. 设 $\tilde{g}=\tilde{g}(\boldsymbol{X})$ 是 $g(\theta)$ 的任一无偏估计.

对任意的 $\theta\in\Theta$,若 $D(\tilde{g})=\infty$,则显然有

$$D(\hat{g})\leqslant D(\tilde{g});$$

若 $D(\tilde{g})<\infty$,记 $\varphi=\tilde{g}-\hat{g}$,则

$$E\varphi=E\tilde{g}-E\hat{g}=g(\theta)-g(\theta)=0,$$

即 φ 为 0 的一个无偏估计,且

$$D(\varphi)=E(\tilde{g}-\hat{g})^2=E\Big(\tilde{g}-g(\theta)+g(\theta)-\hat{g}\Big)^2$$

$$\leqslant 2[D(\tilde{g})+D(\hat{g})]<\infty,$$

从而由式(3.4.2)知

$$D(\tilde{g})=E(\tilde{g}-g(\theta))^2=E\Big(\varphi+\hat{g}-g(\theta)\Big)^2$$

$$= E\varphi^2 + 2Cov(\varphi,\hat{g}) + E\big(\hat{g} - g(\theta)\big)^2$$

$$\geqslant E\big(\hat{g} - g(\theta)\big)^2 = D(\hat{g}),$$

所以 $\hat{g}$ 为 $g(\theta)$的 UMVUE. 充分性得证.

再证必要性. 设 $\hat{g}$ 为 $g(\theta)$的 UMVUE,且 $D(\hat{g})<\infty,\theta\in\Theta$.

又设 $\varphi=\varphi(\boldsymbol{X})$为 0 的任一无偏估计,记 $a=D(\varphi)$. 若 $a=0$,则

$$\varphi=E\varphi=0\ a.s.,$$

从而式(3.4.2)成立. 不妨设 $a>0$. 记 $b=Cov(\hat{g},\varphi)$.

反证:假设式(3.4.2)不成立,即 $b\neq 0$. 当 $b>0$ 时,取 $\lambda\in\left(-\dfrac{2b}{a},0\right)$;当 $b<0$ 时,取 $\lambda\in\left(0,-\dfrac{2b}{a}\right)$. 从而

$$2\lambda b + \lambda^2 a < 0. \tag{3.4.3}$$

记 $\tilde{g}_\lambda=\hat{g}+\lambda\varphi$. 易见,$\tilde{g}_\lambda$ 是 $g(\theta)$的一个无偏估计,但

$$\begin{aligned} D(\tilde{g}_\lambda) &= D(\hat{g}) + 2\lambda Cov(\hat{g},\varphi) + \lambda^2 D(\varphi) \\ &= D(\hat{g}) + 2\lambda b + \lambda^2 a \\ &< D(\hat{g}), \end{aligned}$$

此与 $\hat{g}$ 是 $g(\theta)$的 UMVUE 矛盾. 故 $b=0$,即式(3.4.2)成立.

习题 3.4

3.4.1　设$(X_1,\cdots,X_n)$是来自 $N(\mu,\sigma^2)$的一个样本,计算 σ^2 的两个估计 $S_*^2=\dfrac{1}{n-1}\sum\limits_{i=1}^{n}(X_i-\overline{X})^2$ 和$\tilde{\sigma}^2=\dfrac{n-1}{n+1}S_*^2$ 的均方误差.

3.4.2　设随机变量 X_1,X_2 独立同分布,其共同的密度函数为

$$f(x;\theta)=\frac{3x^2}{\theta^3},\ 0<x<\theta,$$

其中 $\theta>0$ 为未知参数.

(1)证明:$T_1=\dfrac{2}{3}(X_1+X_2)$和 $T_2=\dfrac{7}{6}\max\{X_1,X_2\}$都是 θ 的无偏估计;

(2)计算 T_1 和 T_2 的均方误差并进行比较;

(3)证明:在均方误差意义下,在形如 $T_c=c\max\{X_1,X_2\}$的估计中,$T_{8/7}$

最优.

3.4.3 设 X 是一个 $N(\theta,1)$ 变量，考察 θ 的估计 $T_{a,b}(X)=aX+b$.

(1)计算 $T_{a,b}$ 的 MSE，并说明对所有 θ，$T_{1/2,0}$ 和 $T_{1,0}$ 中的任何一个都不能改进另一个；

(2)是否存在某个形如 $aX+b$ 的估计，它对所有 θ 改进了 X？

(3)证明：X 是唯一的形如 $aX+b$ 的无偏估计.

3.4.4 设 $X\sim B(n,\theta)$，试证：$X(n-X)/n(n-1)$ 是 $q(\theta)=\theta(1-\theta)$ 的 UMVUE.

3.4.5 设 $X_1,\cdots,X_n$ $i.i.d.\sim N(\mu,\sigma^2)$，$-\infty<\mu<+\infty$，$\sigma^2>0$ 都是未知参数，试求 $3\mu+4\sigma^2$ 的 UMVUE.

3.4.6 设 $X_1,\cdots,X_n$ $i.i.d.\sim N(0,\sigma^2)$，$\sigma^2>0$ 为未知参数，试求 σ 和 $3\sigma^4$ 的 UMVUE.

3.4.7 设$(X_1,\cdots,X_n)$为一样本，总体服从 $\Gamma(\lambda,p)$分布，其中 p 和 λ 未知，试求 p/λ 的 UMVUE.

3.4.8 设 $X_1,X_2,\cdots,X_n$ $i.i.d.\sim\mathscr{P}(\lambda)$，$\lambda>0$ 为未知参数，其概率函数为

$$f(x;\lambda)=\frac{\lambda^x}{x!}\mathrm{e}^{-\lambda},x=0,1,2,\cdots.$$

求：λ^3，λ^k，$\mathrm{e}^{-\lambda}$，e^{λ} 的 UMVUE.

3.5 Cramer-Rao 不等式

对于无偏估计来说，当然方差越小越好. 可是当样本量一定时，估计量的方差不能任意小，而是有下列著名的下界不等式，即 Cramer-Rao 不等式(简记为 C-R 不等式). 这个不等式是由瑞典统计学家 H. Cramer 和印度统计学家 C. R. Rao 分别于 1945 年和 1946 年对单参数正则分布族证得的. C-R 不等式给出了可估参数的无偏估计的方差下界，是验证、求 UMVUE 的另一种方法.

在介绍 C-R 不等式之前，先给出 Fisher 信息函数的概念.

一、Fisher 信息函数

设总体 $X\sim f(x;\theta)$(概率密度函数或概率函数)，$\theta\in\Theta$，称

$$I(\theta)=E_\theta\left(\frac{\partial\ln f(X;\theta)}{\partial\theta}\right)^2$$

为 **Fisher 信息函数**(或 **Fisher 信息量**).

例 3.5.1(正态分布)　设 $X\sim N(\mu,\sigma_0^2)$,$\sigma_0^2>0$ 为已知常数,μ 为未知参数. 计算 $I(\mu)$.

解　因为

$$f(x;\mu)=\frac{1}{\sqrt{2\pi}\sigma_0}\mathrm{e}^{-\frac{(x-\mu)^2}{2\sigma_0^2}},$$

所以

$$\ln f(x;\mu)=-\ln\left(\sqrt{2\pi}\sigma_0\right)-\frac{(x-\mu)^2}{2\sigma_0^2},$$

$$\frac{\partial\ln f(x;\mu)}{\partial\mu}=-\frac{2(x-\mu)}{2\sigma_0^2}\cdot(-1)=\frac{x-\mu}{\sigma_0^2},$$

从而

$$I(\mu)=E\left(\frac{X-\mu}{\sigma_0^2}\right)^2=\frac{1}{\sigma_0^4}\cdot DX=\frac{1}{\sigma_0^2},$$

即 $I(\mu)=\frac{1}{\sigma_0^2}$.

例 3.5.2(正态分布)　设 $X\sim N(0,\sigma^2)$,$\sigma^2>0$ 为未知参数. 计算 $I(\sigma^2)$.

解　因为

$$f(x;\sigma^2)=\frac{1}{\sqrt{2\pi}\sigma}\mathrm{e}^{-\frac{x^2}{2\sigma^2}},$$

所以

$$\ln f(x;\sigma^2)=-\ln\sqrt{2\pi}-\frac{1}{2}\ln\sigma^2-\frac{1}{2\sigma^2}\cdot x^2,$$

$$\frac{\partial\ln f(x;\sigma^2)}{\partial\sigma^2}=-\frac{1}{2\sigma^2}+\frac{1}{2\sigma^4}\cdot x^2,$$

从而

$$I(\sigma^2)=E\left(-\frac{1}{2\sigma^2}+\frac{1}{2\sigma^4}X^2\right)^2=\frac{1}{4\sigma^4}\cdot E\left(\frac{1}{\sigma^2}X^2-1\right)^2.$$

记 $\xi=\frac{X}{\sigma}$,则 $\xi\sim N(0,1)$,从而

$$I(\sigma^2)=\frac{1}{4\sigma^4}E(\xi^2-1)^2=\frac{1}{4\sigma^4}(E\xi^4-2E\xi^2+1)$$

$$= \frac{1}{4\sigma^4}(3-2+1) = \frac{1}{2\sigma^4},$$

即 $I(\sigma^2)=\frac{1}{2\sigma^4}$.

例 3.5.3(两点分布) 设 $X \sim B(1,\theta)$,$0<\theta<1$ 为未知参数,其概率函数为

$$f(x;\theta) := P(X=x) = \theta^x(1-\theta)^{1-x}, \quad x=0,1.$$

计算 $I(\theta)$.

解 因为

$$\ln f(x;\theta) = x\ln\theta + (1-x)\ln(1-\theta),$$

$$\frac{\partial \ln f(x;\theta)}{\partial\theta} = \frac{x}{\theta} + \frac{1-x}{1-\theta}\cdot(-1) = \frac{x}{\theta} - \frac{1-x}{1-\theta},$$

所以

$$\begin{aligned} I(\theta) &= E\left(\frac{X}{\theta} - \frac{1-X}{1-\theta}\right)^2 = E\left(\frac{X-\theta}{\theta(1-\theta)}\right)^2 \\ &= \frac{1}{\theta^2(1-\theta)^2}\cdot E(X-\theta)^2 \\ &= \frac{1}{\theta^2(1-\theta)^2}\cdot DX = \frac{1}{\theta^2(1-\theta)^2}\cdot\theta(1-\theta) \\ &= \frac{1}{\theta(1-\theta)}, \end{aligned}$$

即 $I(\theta)=\frac{1}{\theta(1-\theta)}$.

例 3.5.4(泊松分布) 设 $X \sim \mathscr{P}(\lambda)$,$\lambda>0$ 为未知参数,其概率函数为

$$f(x;\lambda) := P(X=x) = \frac{\lambda^x}{x!}\mathrm{e}^{-\lambda}, \quad x=0,1,2,\cdots.$$

求 $I(\lambda)$.

解 因为

$$\ln f(x;\lambda) = x\ln\lambda - \ln x! - \lambda,$$

$$\frac{\partial \ln f(x;\lambda)}{\partial\lambda} = \frac{x}{\lambda} - 1,$$

所以

$$I(\lambda) = E\left(\frac{X}{\lambda} - 1\right)^2 = \frac{1}{\lambda^2}\cdot E(X-\lambda)^2 = \frac{1}{\lambda^2}\cdot DX = \frac{1}{\lambda},$$

即 $I(\lambda)=\frac{1}{\lambda}$.

例 3.5.5(Gamma 分布) 设 $X\sim\Gamma(\alpha,\beta)$，$\beta>0$ 为已知常数，$\alpha>0$ 为未知参数，其概率密度函数为

$$f(x;\alpha)=\frac{\alpha^{\beta}}{\Gamma(\beta)}\cdot \mathrm{e}^{-\alpha x}\cdot x^{\beta-1},\quad x>0.$$

求 $I(\alpha)$.

解 因为

$$\ln f(x;\alpha)=\beta\ln\alpha-\ln\Gamma(\beta)-\alpha x+(\beta-1)\ln x,$$

$$\frac{\partial \ln f(x;\alpha)}{\partial\alpha}=\frac{\beta}{\alpha}-x,$$

所以

$$I(\alpha)=E_{\alpha}\left(\frac{\beta}{\alpha}-X\right)^2=E_{\alpha}\left(X-\frac{\beta}{\alpha}\right)^2=DX=\frac{\beta}{\alpha^2},$$

即 $I(\alpha)=\frac{\beta}{\alpha^2}$.

二、C-R 不等式

定理 3.5.1 设 $X_1,X_2,\cdots,X_n$ $i.i.d.\sim f(x;\theta)$（概率密度函数或概率函数），$\theta\in\Theta$ 为未知参数，$\hat{g}:=\hat{g}(X_1,X_2,\cdots,X_n)$ 是 $g(\theta)$ 的无偏估计，则在一定的正则条件下，有

$$D(\hat{g})\geqslant\frac{(g'(\theta))^2}{nI(\theta)},\tag{3.5.1}$$

称 $\frac{(g'(\theta))^2}{nI(\theta)}$ 为 C-R 下界.

定理 3.5.1 是在一定的正则条件下成立的. 这里的正则条件主要是指分布族 $\{f(x;\theta),\theta\in\Theta\}$ 满足适当的条件，比如分布族有共同的支撑集、$f(x;\theta)$ 可导、$f(x;\theta)$ 的积分与微分运算可交换、$f(x;\theta)$ 的无穷级数与微分运算可交换等.

定理 3.5.1 的证明 不失一般性，假设 $D(\hat{g})<\infty$，$I(\theta)<\infty$. 仅考虑连续情形，离散情形可类似考虑.

一方面，

$$\begin{aligned}g'(\theta)&=\frac{\partial}{\partial\theta}(g(\theta))=\frac{\partial}{\partial\theta}E(\hat{g})\\&=\frac{\partial}{\partial\theta}\int\cdots\int\hat{g}(x_1,x_2,\cdots,x_n)\cdot\prod_{i=1}^{n}f(x_i;\theta)\mathrm{d}x_1\mathrm{d}x_2\cdots\mathrm{d}x_n\end{aligned}$$

$$= \int \cdots \int \hat{g}(x_1, x_2, \cdots, x_n) \cdot \frac{\partial}{\partial \theta}\left[\prod_{i=1}^{n} f(x_i;\theta)\right] \mathrm{d}x_1 \mathrm{d}x_2 \cdots \mathrm{d}x_n$$

$$= \int \cdots \int \hat{g}(x_1, x_2, \cdots, x_n) \cdot \frac{\partial}{\partial \theta}\left[\ln \prod_{i=1}^{n} f(x_i;\theta)\right]$$

$$\times \left[\prod_{i=1}^{n} f(x_i;\theta)\right] \mathrm{d}x_1 \mathrm{d}x_2 \cdots \mathrm{d}x_n$$

$$= \int \cdots \int \hat{g}(x_1, x_2, \cdots, x_n) \left[\sum_{i=1}^{n} \frac{\partial}{\partial \theta} \ln f(x_i;\theta)\right]$$

$$\times \prod_{i=1}^{n} f(x_i;\theta) \mathrm{d}x_1 \mathrm{d}x_2 \cdots \mathrm{d}x_n; \tag{3.5.2}$$

另一方面,

$$\int \cdots \int g(\theta) \left[\sum_{i=1}^{n} \frac{\partial}{\partial \theta} \ln f(x_i;\theta)\right] \cdot \prod_{i=1}^{n} f(x_i;\theta) \mathrm{d}x_1 \mathrm{d}x_2 \cdots \mathrm{d}x_n$$

$$= g(\theta) \int \cdots \int \frac{\partial}{\partial \theta}\left[\ln \prod_{i=1}^{n} f(x_i;\theta)\right] \cdot \prod_{i=1}^{n} f(x_i;\theta) \mathrm{d}x_1 \mathrm{d}x_2 \cdots \mathrm{d}x_n$$

$$= g(\theta) \int \cdots \int \frac{\partial}{\partial \theta}\left[\prod_{i=1}^{n} f(x_i;\theta)\right] \mathrm{d}x_1 \mathrm{d}x_2 \cdots \mathrm{d}x_n$$

$$= g(\theta) \cdot \frac{\partial}{\partial \theta} \int \cdots \int \prod_{i=1}^{n} f(x_i;\theta) \mathrm{d}x_1 \mathrm{d}x_2 \cdots \mathrm{d}x_n$$

$$= g(\theta) \cdot \frac{\partial}{\partial \theta}(1) = 0. \tag{3.5.3}$$

由式(3.5.2)和式(3.5.3)知,

$$g'(\theta) = g'(\theta) - 0 = \int \cdots \int \left(\hat{g} - g(\theta)\right) \left[\sum_{i=1}^{n} \frac{\partial}{\partial \theta} \ln f(x_i;\theta)\right]$$

$$\times \prod_{i=1}^{n} f(x_i;\theta) \mathrm{d}x_1 \mathrm{d}x_2 \cdots \mathrm{d}x_n$$

$$= E\left[\left(\hat{g} - g(\theta)\right) \left(\sum_{i=1}^{n} \frac{\partial}{\partial \theta} \ln f(x_i;\theta)\right)\right].$$

令 $Y_i = \frac{\partial}{\partial \theta} \ln f(X_i;\theta), i=1,2,\cdots,n$,则 $Y_1, Y_2, \cdots, Y_n$ 相互独立且同分布. 此时

$$g'(\theta) = E\left[\left(\hat{g} - g(\theta)\right) \sum_{i=1}^{n} Y_i\right].$$

再由 Cauchy-Schwarz 不等式：$(E\xi\eta)^2\leqslant E\xi^2\cdot E\eta^2$，得

$$(g'(\theta))^2\leqslant E\left(\hat{g}-g(\theta)\right)^2\cdot E\left(\sum_{i=1}^{n}Y_i\right)^2$$

$$=D(\hat{g})\cdot\left[\sum_{i=1}^{n}EY_i^2+2\sum_{1\leqslant i<j\leqslant n}EY_i\cdot EY_j\right].$$

因为

$$\begin{aligned}EY_i&=E\left[\frac{\partial}{\partial\theta}\ln f(X_i;\theta)\right]\\&=\int\left[\frac{\partial}{\partial\theta}\ln f(x_i;\theta)\right]\cdot f(x_i;\theta)\mathrm{d}x_i\\&=\int\frac{1}{f(x_i;\theta)}\cdot\frac{\partial}{\partial\theta}f(x_i;\theta)\cdot f(x_i;\theta)\mathrm{d}x_i\\&=\int\frac{\partial}{\partial\theta}f(x_i;\theta)\mathrm{d}x_i\\&=\frac{\partial}{\partial\theta}\int f(x_i;\theta)\mathrm{d}x_i=\frac{\partial}{\partial\theta}(1)=0,\quad i=1,2,\cdots,n,\end{aligned}$$

所以

$$(g'(\theta))^2\leqslant D(\hat{g})\cdot\sum_{i=1}^{n}EY_i^2=D(\hat{g})\cdot nI(\theta),$$

即

$$D(\hat{g})\geqslant\frac{(g'(\theta))^2}{nI(\theta)}.$$

定理得证.

注 3.5.1　若 $D(\hat{g})=\infty$ 或 $I(\theta)=\infty$，则式(3.5.1)显然成立.

注 3.5.2　设 $\hat{g}$ 是 $g(\theta)$ 的无偏估计. 若 $D(\hat{g})=\dfrac{(g'(\theta))^2}{nI(\theta)}$，则 $\hat{g}$ 必为 $g(\theta)$ 的 UMVUE.

例 3.5.6　设总体 $X\sim N(\mu,\sigma_0^2)$，$\sigma_0>0$ 为已知常数，μ 为未知参数，$(X_1,X_2,\cdots,X_n)$ 为来自总体 X 的样本. 估计 $g(\mu)=\mu$，并求出 C-R 下界.

解　先求 $I(\mu)$. 因为 X 的概率密度函数为

$$f(x;\mu)=\frac{1}{\sqrt{2\pi}\sigma_0}\mathrm{e}^{-\frac{(x-\mu)^2}{2\sigma_0^2}},$$

所以

$$\ln f(x;\mu)=-\ln\left(\sqrt{2\pi}\sigma_0\right)-\frac{(x-\mu)^2}{2\sigma_0^2},$$

$$\frac{\partial\ln f(x;\mu)}{\partial\mu}=-\frac{2(x-\mu)}{2\sigma_0^2}\cdot(-1)=\frac{x-\mu}{\sigma_0^2},$$

从而

$$I(\mu)=E\left[\frac{\partial\ln f(X;\mu)}{\partial\mu}\right]^2=E\left(\frac{X-\mu}{\sigma_0^2}\right)^2$$

$$=\frac{1}{\sigma_0^4}E(X-\mu)^2=\frac{1}{\sigma_0^4}\cdot DX=\frac{1}{\sigma_0^2},$$

故 $g(\mu)=\mu$ 的 C-R 下界为

$$\frac{(g'(\mu))^2}{nI(\mu)}=\frac{1}{n\cdot\frac{1}{\sigma_0^2}}=\frac{\sigma_0^2}{n}.$$

而 $\hat{\mu}=\overline{X}$ 是 μ 的无偏估计(一般用样本均值来估计总体均值),且

$$D(\overline{X})=\frac{1}{n}D(X)=\frac{\sigma_0^2}{n}=\text{C-R 下界},$$

所以 $\overline{X}$ 是 μ 的 UMVUE.

例 3.5.7 设总体 $X\sim B(1,\theta)$,$0<\theta<1$ 为未知参数,$(X_1,X_2,\cdots,X_n)$为来自总体 X 的样本. 估计 $g(\theta)=\theta$,并求出 C-R 下界.

解 先求 $I(\theta)$. 因为 X 的概率函数为

$$f(x;\theta):=P(X=x)=\theta^x(1-\theta)^{1-x},\quad x=0,1,$$

所以

$$\ln f(x;\theta)=x\ln\theta+(1-x)\ln(1-\theta),$$

$$\frac{\mathrm{d}\ln f(x;\theta)}{\mathrm{d}\theta}=\frac{x}{\theta}-\frac{1-x}{1-\theta}=\frac{x-\theta}{\theta(1-\theta)},$$

从而

$$I(\theta)=E\left[\frac{\mathrm{d}\ln f(X;\theta)}{\mathrm{d}\theta}\right]^2=\frac{1}{\theta^2(1-\theta)^2}\cdot E(X-\theta)^2$$

$$=\frac{1}{\theta^2(1-\theta)^2}\cdot DX=\frac{1}{\theta(1-\theta)},$$

故 $g(\theta)=\theta$ 的 C-R 下界为

$$\frac{(g'(\theta))^2}{nI(\theta)}=\frac{1}{n\cdot\frac{1}{\theta(1-\theta)}}=\frac{\theta(1-\theta)}{n}.$$

而 $\hat{\theta}=\overline{X}$ 是 θ 的无偏估计，且

$$D(\overline{X}) = \frac{1}{n}D(X) = \frac{\theta(1-\theta)}{n} = \text{C-R 下界},$$

所以 $\overline{X}$ 是 θ 的 UMVUE.

注 3.5.3　注 3.5.2 之逆不成立，即并不是所有的 UMVUE，其方差都能达到 C-R 下界（即 C-R 下界有时可能过小，达不到），在这种情况下，用 C-R 不等式就无法判定估计量是否为未知参数的 UMVUE.

例 3.5.8　设 $X\sim\mathscr{P}(\lambda)$，$\lambda>0$ 为未知参数，$(X_1,X_2,\cdots,X_n)$ 为来自总体 X 的样本. 估计 $g(\lambda)=\mathrm{e}^{-\lambda}=P(X=0)$，并求出 C-R 下界.

解　由例 2.4.10 知，$T=\sum\limits_{i=1}^{n}X_i$ 为充分完全统计量，且 $T\sim\mathscr{P}(n\lambda)$.

用待定求解法知：$\hat{g}=\left(1-\dfrac{1}{n}\right)^T$ 为 $\mathrm{e}^{-\lambda}$ 的无偏估计（类似于例 3.4.5 的做法）.

因为 $\hat{g}$ 是充分完全统计量 T 的函数，所以由定理 3.4.1（Blackwell-Lehmann-Scheffe 定理）知，$\hat{g}=\left(1-\dfrac{1}{n}\right)^T$ 为 $\mathrm{e}^{-\lambda}$ 的 UMVUE.

易见

$$\begin{aligned}
D(\hat{g}) &= E\hat{g}^2-(E\hat{g})^2 = E\left(1-\frac{1}{n}\right)^{2T}-\mathrm{e}^{-2\lambda} \\
&= \sum_{t=0}^{\infty}\left(1-\frac{1}{n}\right)^{2t}\cdot\frac{(n\lambda)^t}{t!}\mathrm{e}^{-n\lambda}-\mathrm{e}^{-2\lambda} \\
&= \mathrm{e}^{-n\lambda}\cdot\sum_{t=0}^{\infty}\frac{\left[\left(1-\frac{1}{n}\right)^2 n\lambda\right]^t}{t!}-\mathrm{e}^{-2\lambda} \\
&= \mathrm{e}^{-n\lambda}\cdot\mathrm{e}^{\left(1-\frac{1}{n}\right)^2 n\lambda}-\mathrm{e}^{-2\lambda} \\
&= \mathrm{e}^{-n\lambda}\cdot\mathrm{e}^{n\lambda+\frac{\lambda}{n}-2\lambda}-\mathrm{e}^{-2\lambda} \\
&= \mathrm{e}^{-2\lambda}\left(\mathrm{e}^{\frac{\lambda}{n}}-1\right),
\end{aligned}$$

且 $g(\lambda)=\mathrm{e}^{-\lambda}$ 的 C-R 下界为

$$\frac{(g'(\lambda))^2}{nI(\lambda)} = \frac{(-\mathrm{e}^{-\lambda})^2}{n\cdot\dfrac{1}{\lambda}} = \frac{\lambda\mathrm{e}^{-2\lambda}}{n} = \mathrm{e}^{-2\lambda}\cdot\frac{\lambda}{n}.$$

因为对任意的 $x\neq 0$，$e^x-1>x$，所以 $e^{\frac{\lambda}{n}}-1>\frac{1}{n}$，从而

$$D(\hat{g})=e^{-2\lambda}\left(e^{\frac{\lambda}{n}}-1\right)>e^{-2\lambda}\cdot\frac{\lambda}{n}=\text{C-R 下界},$$

即 $g(\lambda)=e^{-\lambda}$ 的 UMVUE 的方差大于 C-R 下界.

此例表明 UMVUE 的方差有时达不到 C-R 下界(C-R 下界太小).

习题 3.5

3.5.1 设总体的概率函数 $f(x;\theta)$ 的 Fisher 信息量存在，若二阶导数 $\frac{\partial^2}{\partial\theta^2}f(x;\theta)$ 对一切 $\theta\in\Theta$ 存在，证明 Fisher 信息量满足下式：

$$I(\theta)=-E\left[\frac{\partial^2}{\partial\theta^2}\ln f(x;\theta)\right].$$

3.5.2 设总体 X 的密度函数为

$$f(x;\theta)=\frac{2\theta}{x^3}e^{-\theta/x^2},\quad x>0,$$

其中 $\theta>0$ 为参数，求 θ 的 Fisher 信息量 $I(\theta)$.

3.5.3 设总体 $X\sim\mathscr{P}(\lambda)$，$\lambda>0$ 为未知参数，$(X_1,X_2,\cdots,X_n)$ 为来自总体 X 的样本. 估计 $g(\lambda)=\lambda$，并求出 C-R 下界.

3.5.4 设 $(X_1,\cdots,X_n)$ 为从下列总体中抽取的简单样本，

$$f(x;\theta)=\begin{cases}\theta^{-1}e^{-\frac{x}{\theta}}, & x>0,\\ 0, & \text{其他},\end{cases}$$

其中 $\theta>0$ 为未知参数，求 θ 的 UMVUE，并比较此 UMVUE 的方差与 θ 的无偏估计方差的 C-R 下界.

3.5.5 设 $X_1,\cdots,X_n\ i.i.d.\sim N(0,\sigma^2)$，$\sigma^2>0$ 为未知参数.

(1)求 σ^2 的无偏估计方差的 C-R 下界；

(2)求 σ^2 的 UMVUE.

3.5.6 设 $\boldsymbol{X}=(X_1,\cdots,X_n)$ 是一个样本，总体有密度 $f(x;\theta)=\theta x^{\theta-1}$，$0<x<1$，$\theta>0$ 为未知参数，令 $T(\boldsymbol{X})=-\frac{1}{n}\sum_{i=1}^{n}\ln X_i$.

(1)证明：$E(T(\boldsymbol{X}))=\frac{1}{\theta}$，$Var(T(\boldsymbol{X}))=\frac{1}{n\theta^2}$；

(2)证明:Fisher 信息函数为 $I(\theta)=\frac{1}{\theta^2}$,且 $T(\boldsymbol{X})$是 $q(\theta)=\frac{1}{\theta}$的 UMVUE.

3.5.7 设$(X_1,\cdots,X_n)$是来自总体$\Gamma(\lambda,\alpha)$的样本,其密度函数为

$$f(x;\lambda)=\frac{\lambda^\alpha}{\Gamma(\alpha)}x^{\alpha-1}\mathrm{e}^{-\lambda x},\ x>0,$$

其中 $\alpha>0$ 已知,$\lambda>0$ 为未知参数. 试证明:$\overline{X}/\alpha$ 是 $g(\lambda)=1/\lambda$ 的有效估计,从而也是 UMVUE.

3.5.8 设 $X_1,\cdots,X_n$ 为独立同分布随机变量,且有如下分布列

$$P(X_1=-1)=\frac{1-\theta}{2},P(X_1=0)=\frac{1}{2},P(X_1=1)=\frac{\theta}{2},$$

其中 $0<\theta<1$ 为未知参数.

(1)求 θ 的 MLE $\hat{\theta}_1$,并问 $\hat{\theta}_1$ 是否是无偏的;

(2)求 θ 的矩估计 $\hat{\theta}_2$;

(3)计算 θ 的无偏估计的方差的 C-R 下界.

3.6 分布函数与密度函数的估计

一、分布函数的估计

设样本 $X_1,X_2,\cdots,X_n$ $i.i.d.\sim F(x)=P(X<x)$,给定样本值 x,如何估计分布函数 $F(x)$? 常用的方法主要有两种:代入法与经验分布函数法.下面依次来介绍这两种方法.

1. 代入法

假定已知 $F(x)=F(x;\theta)$(表达式形式已知),θ 为未知参数,先给出 θ 的 MLE 或者矩估计 $\hat{\theta}=\hat{\theta}(x_1,x_2,\cdots,x_n)$,代入上式得 $\hat{F}(x)=F(x;\hat{\theta})$.

例如,设 $X\sim N(\mu,\sigma^2)$,$\theta=(\mu,\sigma^2)$为未知参数,则 X 的分布函数为

$$F(x;\mu,\sigma^2)=\frac{1}{\sqrt{2\pi}\sigma}\int_{-\infty}^{x}\mathrm{e}^{-\frac{(t-\mu)^2}{2\sigma^2}}\mathrm{d}t=\Phi\left(\frac{x-\mu}{\sigma}\right).$$

由于 μ 和 σ^2 的 MLE 分别为 $\hat{\mu}=\overline{x}$和 $\hat{\sigma}^2=\frac{1}{n}\sum_{i=1}^{n}(x_i-\overline{x})^2$,代入上式得

$$\hat{F}(x)=\frac{1}{\sqrt{2\pi}\hat{\sigma}}\int_{-\infty}^{x}\mathrm{e}^{-\frac{(t-\overline{x})^2}{2\hat{\sigma}^2}}\mathrm{d}t=\Phi\left(\frac{x-\overline{x}}{\hat{\sigma}}\right).$$

2. 经验分布函数法

当分布函数 $F(x)$ 的表达式未知的时候，一般可用经验分布函数来估计. 其定义如下：

设 $(X_1,X_2,\cdots,X_n)$ 为来自总体 $X\sim F(x)=P(X<x)$ 的样本. 称

$$F_n(x)=\frac{X_1,X_2,\cdots,X_n\text{ 中小于 }x\text{ 的个数}}{n}$$

$$=\frac{1}{n}\sum_{i=1}^{n}I(X_i<x),\quad x\in\mathbb{R}$$

为总体 X 的**经验分布函数**(empirical distribution function).

注 3.6.1 经验分布函数 $F_n(x)$ 具有二重性：

(1)对于固定的 n，$F_n(x)$ 为一个分布函数；

(2)对于固定的 x，$F_n(x)$ 为一个离散型随机变量，取值为 $0,\frac{1}{n},\frac{2}{n},\cdots,\frac{n-1}{n},1$，相应的概率为

$$P\left(F_n(x)=\frac{j}{n}\right)=\mathrm{C}_n^jF^j(x)\left[1-F(x)\right]^{n-j},\quad j=0,1,2,\cdots,n.$$

事实上，由于 $I(X_1<x),I(X_2<x),\cdots,I(X_n<x)$ $i.i.d.\sim B(1,F(x))$，所以 $\sum_{i=1}^{n}I(X_i<x)\sim B(n,F(x))$，从而

$$P\left(F_n(x)=\frac{j}{n}\right)=P\left(\sum_{i=1}^{n}I(X_i<x)=j\right)$$

$$=\mathrm{C}_n^jF^j(x)\left[1-F(x)\right]^{n-j},\quad j=0,1,2,\cdots,n.$$

关于经验分布函数 $F_n(x)$，有如下性质.

定理 3.6.1 经验分布函数 $F_n(x)$ 具有如下性质：

(1)无偏性：$E(F_n(x))=F(x)$；

(2)强相合性：$F_n(x)\xrightarrow{a.s.}F(x)$；

(3)渐近正态性：

$$\frac{\sqrt{n}(F_n(x)-F(x))}{\sqrt{F(x)(1-F(x))}}\xrightarrow{L}N(0,1).$$

证明 (1)由于 $X_1,X_2,\cdots,X_n$ $i.i.d.\sim F(x)=P(X<x)$，所以

$$E(F_n(x)) = E\left[\frac{1}{n}\sum_{i=1}^{n} I(X_i < x)\right] = \frac{1}{n}\sum_{i=1}^{n} EI(X_i < x)$$

$$= \frac{1}{n}\sum_{i=1}^{n} P(X_i < x) = \frac{1}{n}\cdot n \cdot F(x) = F(x).$$

(2) 由于 $X_1, X_2, \cdots, X_n$ 独立同分布，所以 $I(X_1<x), I(X_2<x), \cdots, I(X_n<x)$ 也独立同分布，且

$$EI(X_i<x) = P(X_i<x) = F(x), \quad i=1,2,\cdots,n,$$

故由柯尔莫哥洛夫强大数定律知

$$\frac{1}{n}\sum_{i=1}^{n} I(X_i < x) \xrightarrow{a.s.} EI(X_1 < x) = F(x),$$

即 $F_n(x) \xrightarrow{a.s.} F(x)$，所以 $F_n(x)$ 是 $F(x)$ 的强相合估计.

(3) 由于 $X_1, X_2, \cdots, X_n \ i.\,i.\,d. \sim F(x) = P(X<x)$，所以 $I(X_1<x), I(X_2<x), \cdots, I(X_n<x) \ i.\,i.\,d. \sim B(1, F(x))$. 故由林德贝格—莱维中心极限定理得

$$\frac{\sqrt{n}(F_n(x) - F(x))}{\sqrt{F(x)(1-F(x))}} \xrightarrow{L} N(0,1).$$

定理得证.

注 3.6.2　在实际应用中，可用 $F_n(x)$ 来估计 $F(x)$，这可由柯尔莫哥洛夫强大数定律得到.

注 3.6.3　$F_n(x)$ 的求法：将样本 $X_1, X_2, \cdots, X_n$ 从小到大排列为

$$X_{(1)} \leqslant X_{(2)} \leqslant \cdots \leqslant X_{(n)},$$

故经验分布函数为

$$F_n(x) = \frac{1}{n}\sum_{i=1}^{n} I(X_i < x)$$

$$= \begin{cases} 0, & x \leqslant X_{(1)}, \\ \dfrac{k}{n}, & X_{(k)} < x \leqslant X_{(k+1)}, \quad k = 1,2,\cdots,n-1, \\ 1, & x > X_{(n)}. \end{cases}$$

可以画出 $F_n(x)$ 的图像如下：

由图 3.1 可见：对固定的 n，$F_n(x)$ 具有如下性质：

(1) 单调性：$F_n(x)$ 单调不减；

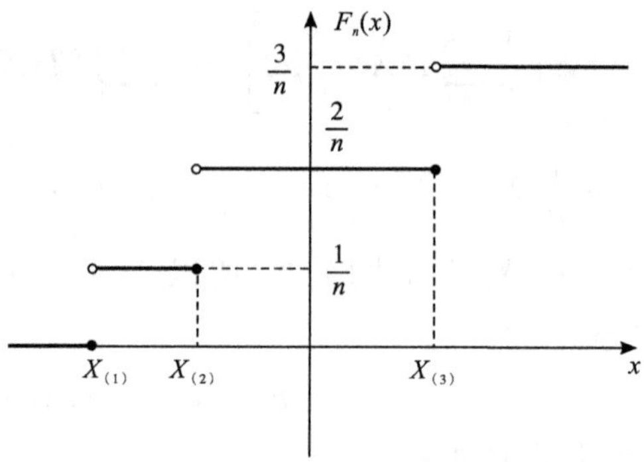

图 **3.1** 经验分布函数 $F_n(x)$ 的图像

(2)规范性：$F_n(-\infty)=0, F_n(+\infty)=1$；

(3)连续性：$F_n(x)$ 是左连续的.

故对固定的 n，$F_n(x)$ 为一个分布函数.

例 3.6.1 某食品厂生产干卤肉，随机取 10 罐，称其重量(单位：克)如下：

344， 336， 342， 340， 338， 344， 343， 344， 343， 345.

求 $F_{10}(x)$.

解 将上述数据按从小到大顺序排列为：

336， 338， 340， 342， 343， 343， 344， 344， 344， 345.

故有

$$F_{10}(x)=\frac{1}{10}\sum_{i=1}^{10} I(X_i<x)=\begin{cases}0, & x\leqslant 336,\\ \frac{1}{10}, & 336<x\leqslant 338,\\ \frac{2}{10}, & 338<x\leqslant 340,\\ \frac{3}{10}, & 340<x\leqslant 343,\\ \frac{4}{10}, & 342<x\leqslant 343,\\ \frac{6}{10}, & 343<x\leqslant 344,\\ \frac{9}{10}, & 344<x\leqslant 345,\\ 1, & x>345.\end{cases}$$

注 3.6.4　若一个点重数为 m，则经验分布函数 $F_n(x)$ 在此点的跳跃度为 $\frac{m}{n}$.

关于经验分布函数 $F_n(x)$，还有下面更强的结论——格里汶科定理(Glivenko-Cantelli Theorem).

定理 3.6.2　设 $F(x)$ 为随机变量 X 的分布函数，$(X_1, X_2, \cdots, X_n)$ 为取自总体 $F(x)$ 的简单随机样本，$F_n(x)$ 为其经验分布函数. 则

$$P\left(\lim_{n\to\infty}\sup_{x\in\mathbb{R}} \mid F_n(x)-F(x)\mid = 0\right) = 1,$$

即 $\sup_{x\in\mathbb{R}}|F_n(x)-F(x)|\xrightarrow{a.s.}0$，也即 $F_n(x)$ 是 $F(x)$ 的一致强相合估计.

格里汶科定理表明：当 n 充分大时，对所有的 $x\in\mathbb{R}$，经验分布函数 $F_n(x)$ 与理论分布函数 $F(x)$ 之间只有很小的差别.

二、概率密度函数的估计

设样本 $X_1, X_2, \cdots, X_n$ $i.i.d.\sim f(x)$，其中 $f(x)$ 为总体 X 的概率密度函数，且 $f(x)$ 未知，如何估计 $f(x)$？常用的方法有：直方图估计法、核估计法、最近邻估计法等，这里主要介绍直方图估计法和最近邻估计法.

1. 直方图估计法

(1)直方图估计原理

给定一个小区间 $[a,b)$，由积分中值定理知：

$$P(a\leqslant X<b)=\int_a^b f(x)\mathrm{d}x=(b-a)f(x_0),$$

其中 x_0 为介于 a 与 b 之间的常数. 所以

$$f(x_0)=\frac{P(a\leqslant X<b)}{b-a}.$$

记 $N_n[a,b)$ = “样本 $X_1, X_2, \cdots, X_n$ 落入区间 $[a,b)$ 中的个数” $=\sum_{i=1}^{n} I(a\leqslant X_i<b)$，于是概率 $P(a\leqslant X<b)$ 可用频率 $\frac{N_n[a,b)}{n}$ 来估计，代入上式可得 $f(x_0)$ 的估计值，即

$$\hat{f}(x_0)=\frac{N_n[a,b)}{n(b-a)}=\frac{\sum_{i=1}^{n} I(a\leqslant X_i<b)}{n(b-a)}.$$

称 $\hat{f}(x_0)$ 是 $f(x_0)$ 的**直方图估计**. 这种估计 $f(x)$ 的方法称为**直方图估计法**.

(2)直方图估计的步骤

将样本 $X_1,X_2,\cdots,X_n$ 从小到大排列为

$$X_{(1)}\leqslant X_{(2)}\leqslant\cdots\leqslant X_{(n)}.$$

取 a 略小于 $X_{(1)}$，取 b 略大于 $X_{(n)}$，取一个正整数 m，将区间 $[a,b)$ 划分为 m 等分，得各段为

$$t_0=a<t_1<t_2<\cdots<t_m=b,$$

其中

$$t_i=a+\frac{b-a}{m}i:=a+hi,\ i=0,1,\cdots,m,\quad h:=h_n=\frac{b-a}{m}.$$

记 V_i 是样本 $X_1,X_2,\cdots,X_n$ 落入 $[t_{i-1},t_i)$ 中的个数，$i=1,2,\cdots,m$，即

$$V_i=\sum_{j=1}^{n}I(t_{i-1}\leqslant X_j<t_i)=N_n[t_{i-1},t_i).$$

对于 $x\in[t_{i-1},t_i)$，$f(x)$ 的直方图估计为

$$\hat{f}(x)=\frac{V_i}{nh},\quad i=1,2,\cdots,m.$$

当 $x<a$ 或者 $x\geqslant b$ 时，$\hat{f}(x)=0$.

所以，概率密度函数 $f(x)$ 的直方图估计为

$$\hat{f}(x)=\begin{cases}\dfrac{V_i}{nh}, & x\in[t_{i-1},t_i),i=1,2,\cdots,m,\\ 0, & x<a\text{ 或者 }x\geqslant b.\end{cases}$$

关于直方图估计 $\hat{f}(x)$，有如下一致强相合性.

定理 3.6.3 设概率密度函数 $f(x)$ 在 $(-\infty,+\infty)$ 上一致连续，若存在某个 $\delta>0$，使得 $\int_{-\infty}^{+\infty}|x|^{\delta}f(x)\mathrm{d}x<\infty$，且 $\lim\limits_{n\to\infty}h_n=0$，$h_n\geqslant\frac{1}{n}(\ln n)^2$，则

$$P\left(\lim_{n\to\infty}\sup_{x\in\mathbb{R}}|\hat{f}(x)-f(x)|=0\right)=1,$$

即 $\sup\limits_{x\in\mathbb{R}}|\hat{f}(x)-f(x)|\xrightarrow{a.s.}0$，也即 $\hat{f}(x)$ 是 $f(x)$ 的一致强相合估计.

2. 最近邻估计法

设 $f(x)$ 是总体 X 的概率密度函数，$X_1,X_2,\cdots,X_n$ 是样本，$\{k_n,n\geqslant1\}$ 是一正整数序列，$1\leqslant k_n\leqslant n$. 对给定的 x 及 n，记

$$a_n(x)=\min\left\{t: N_n[x-t,x+t)\geqslant k_n\right\},$$

即至少存在 k_n 个 i 使得 $X_i\in[x-t,x+t)$，其中

$$N_n[x-t,x+t)=\sum_{i=1}^{n}I(x-t\leqslant X_i<x+t)$$

表示样本 $X_1,X_2,\cdots,X_n$ 落入区间 $[x-t,x+t)$ 中的个数. 1965 年 Loftsgarden 和 Quesenberry 提出下列关于 $f(x)$ 的最近邻估计：

$$\hat{f}(x)=\frac{k_n}{2na_n(x)}. \tag{3.6.1}$$

称 $\hat{f}(x)$ 是 $f(x)$ 的**最近邻估计**. 这种估计 $f(x)$ 的方法称为**最近邻估计法**.

关于最近邻估计 $\hat{f}(x)$，Prakasa Rao(1983)证明了下列结论.

定理 3.6.4　设概率密度函数 $f(x)$ 在 $(-\infty,+\infty)$ 上一致连续，若

$$\lim_{n\to\infty}\frac{k_n}{n}=0,\quad \lim_{n\to\infty}\frac{k_n}{\ln n}=\infty,$$

则

$$P\left[\lim_{n\to\infty}\sup_{x\in\mathbb{R}}|\hat{f}(x)-f(x)|=0\right]=1,$$

即 $\sup_{x\in\mathbb{R}}|\hat{f}(x)-f(x)|\xrightarrow{a.s.}0$，也即 $\hat{f}(x)$ 是 $f(x)$ 的一致强相合估计.

习题 3.6

3.6.1　设容量为 10 的样本观察值为

0.5，0.7，0.2，0.7，0.4，2.5，1.5，-0.2，-0.5，0.1.

求经验分布函数 $F_{10}(x)$.

3.6.2　在直方图估计中，证明：$\sum_{i=1}^{m}\hat{f}(x)h=1$.

3.6.3　设 $\{t_k^{(n)}\}$ 是直线上的点列：$\cdots<t_k^{(n)}<t_{k+1}^{(n)}<\cdots$，这里 $t_{k+1}^{(n)}-t_k^{(n)}\equiv h_n>0$（对一切整数 k）. 令

$$f_n(x)=\frac{1}{nh_n}R_n\left(t_k^{(n)},t_{k+1}^{(n)}\right),\ x\in\left[t_k^{(n)},t_{k+1}^{(n)}\right),$$

其中 $R_n\left(t_k^{(n)},t_{k+1}^{(n)}\right)=\sum_{i=1}^{n}I\left(t_k^{(n)}\leqslant X_i<t_{k+1}^{(n)}\right)$ 表示样本 $X_1,X_2,\cdots,X_n$ 落入区间 $\left[t_k^{(n)},t_{k+1}^{(n)}\right)$ 中的个数.

设概率密度函数 $f(x)$ 在点 x 处连续，且 $\lim\limits_{n\to\infty} h_n=0$，$\lim\limits_{n\to\infty} nh_n=\infty$. 证明：对任意的 $\varepsilon>0$，有

$$\lim_{n\to\infty} P\left(\left|f_n(x)-f(x)\right|\geqslant\varepsilon\right)=0.$$

第 4 章 区间估计

参数估计主要有两类:点估计和区间估计. 关于点估计的问题已经在第 3 章中讨论过了,就是用样本的函数去估计未知参数. 点估计虽然给出了未知参数的估计量或估计值,但并未给出相应的可靠度与精度;而区间估计恰好可以弥补这一不足. 在区间估计理论中,现今最为广泛接受的观点是置信区间,它是波兰数学家、统计学家 J. Neyman(奈曼)于 1934 年提出并建立的.

4.1 基本概念

一、区间估计与置信区间

1. 区间估计

设 $\hat{\theta}=\hat{\theta}(X_1,X_2,\cdots,X_n)$ 为未知参数 θ 的点估计. 众所周知,由于抽样的随机性,要使点估计 $\hat{\theta}$ 恰好为未知参数 θ 的真值是几乎不可能的,特别是在连续型总体的场合,点估计 $\hat{\theta}$ 恰好为未知参数 θ 的真值的概率为 0,即 $P(\hat{\theta}=\theta)=0$. 因此,人们想在点估计旁再设置一个区间 $[\hat{\theta}_1,\hat{\theta}_2]$,使这个区间尽可能地以较大概率覆盖(包含)$\theta$ 的真值,这就形成了如下区间估计的概念.

定义 4.1.1 设 $(X_1,X_2,\cdots,X_n)$ 是来自总体 $X\sim$

$F(x;\theta)$的样本,$\theta \in \Theta$ 为未知参数. 假如 $\hat{\theta}_1 = \hat{\theta}_1(X_1, X_2, \cdots, X_n)$和 $\hat{\theta}_2 = \hat{\theta}_2(X_1, X_2, \cdots, X_n)$是在参数空间 Θ 上取值的两个统计量,且 $\hat{\theta}_1 \leqslant \hat{\theta}_2$,则称随机区间$[\hat{\theta}_1, \hat{\theta}_2]$为参数 θ 的一个**区间估计**(interval estimation).

上述定义中区间估计用闭区间给出,也可用开区间或半开区间给出,这由实际需要而定. 根据区间估计的定义,从形式上看,任何一组满足条件$\hat{\theta}_1 \leqslant \hat{\theta}_2$的统计量 $\hat{\theta}_1, \hat{\theta}_2$ 都可以构成未知参数 θ 的一个区间估计$[\hat{\theta}_1, \hat{\theta}_2]$,也就是说未知参数 θ 的区间估计有很多种,这就涉及评价一个区间估计优劣的标准问题. 评价一个区间估计优劣的标准主要有两个要素:可靠度与精度(或精确度). **可靠度**是指待估参数 θ 被包含在随机区间$[\hat{\theta}_1, \hat{\theta}_2]$内可能性的大小$P\left(\hat{\theta}_1 \leqslant \theta \leqslant \hat{\theta}_2\right)$,可能性越大,可靠度越高. **精度**可由随机区间$[\hat{\theta}_1, \hat{\theta}_2]$的平均长度$E[\hat{\theta}_2 - \hat{\theta}_1]$来度量,长度越短,精度越高.

最理想的情况是,所作的区间估计既有较高的可靠度,又有较高的精度. 但这两者往往是矛盾的,不可能同时都很高. 当样本容量固定时,若精度提高了,则可靠度就降低;反之,若可靠度提高,则精度就降低. 在应用中,若要求可靠度和精度都很高,则必须增加样本容量,也就是说要多做一些试验,才可能实现.

如何构造可靠度和精度都尽可能高的区间估计呢? 通常采用的方法是在保证一定可靠度的前提下选择精度尽可能高的区间估计. 这就是著名统计学家 J. Neyman 提出的一种妥协方案.

2. 置信区间

前面已经指出:可靠度和精度相互制约,在固定的样本容量下,可靠度和精度不可能同时都很高. 面对这一矛盾,著名统计学家 J. Neyman 建议采取如下妥协方案:在保证可靠度达到指定要求的前提下,尽可能提高精度. 这一建议被广大实际工作者和统计学家接受,同时也导致引入如下置信区间的概念,由于是 J. Neyman 建议的,所以也称置信区间为 Neyman 置信区间.

定义 4.1.2 设随机区间$[\hat{\theta}_1, \hat{\theta}_2]$是未知参数 θ 的一个区间估计,若对于任意给定的 $\alpha \in (0,1)$,有

$$P\left(\hat{\theta}_1 \leqslant \theta \leqslant \hat{\theta}_2\right) \geqslant 1 - \alpha,\ \text{对任意的}\ \theta \in \Theta, \tag{4.1.1}$$

则称$[\hat{\theta}_1,\hat{\theta}_2]$是$\theta$的**置信水平**为$1-\alpha$的**置信区间**(confidence interval),或称$[\hat{\theta}_1,\hat{\theta}_2]$是$\theta$的$1-\alpha$**置信区间**,$\hat{\theta}_1$和$\hat{\theta}_2$分别称为$\theta$的$1-\alpha$置信区间的(双侧)**置信下限**和(双侧)**置信上限**. $1-\alpha$称为**置信水平**(confidence level),或**置信度**,而$\inf\limits_{\theta\in\Theta} P\left(\hat{\theta}_1\leqslant\theta\leqslant\hat{\theta}_2\right)$称为$[\hat{\theta}_1,\hat{\theta}_2]$的**置信系数**(confidence coefficient).

细心的读者自然会问:在定义4.1.2中,为什么式(4.1.1)里是"$\geqslant$"号,而不是"$=$"号呢?原因是,若要求"$=$"号处处成立,则在许多重要情况下所要求的置信区间不存在;另一方面,之所以使用"$\geqslant$"号定义置信区间,主要是照顾到总体分布为离散分布场合,而当总体分布为连续分布场合,为了用足置信水平,实际中常用的都是"$=$"号.所以在构造置信区间时,为方便起见,首选的都是考虑式(4.1.1)里的"$=$"号,特别是在总体分布为连续分布场合,这一要求实现并不难.

如何正确理解置信水平$1-\alpha$呢?绝对不能将置信水平$1-\alpha$解释成"θ落在$[\hat{\theta}_1,\hat{\theta}_2]$内的概率至少为$1-\alpha$",这是因为参数$\theta$是常数,而不是随机变量;实际上应解释为"随机区间$[\hat{\theta}_1,\hat{\theta}_2]$覆盖未知参数$\theta$的概率至少为$1-\alpha$".

置信水平$1-\alpha$有一个频率解释:在大量重复使用θ的置信区间$[\hat{\theta}_1,\hat{\theta}_2]$时,如使用100次,由于每次得到的样本观测值是不同的,从而每次得到的区间也是不一样的.对每一次具体的观测值而言,参数θ可能在$[\hat{\theta}_1,\hat{\theta}_2]$内,也可能不在,平均而言,大约有$100(1-\alpha)$个区间含有$\theta$,大约有$100\alpha$个区间不含$\theta$.当使用次数充分大时,频率接近于置信水平.

注4.1.1　置信区间不唯一.

怎样寻找优良的置信区间呢?这不是容易的事,一般要视具体的问题而定.构造置信区间一般有如下一些方法,如:枢轴量法、统计量法以及基于假设检验理论的接受域法等,其中枢轴量法是最为常用的方法.本章只介绍基于枢轴量的区间估计法.

二、枢轴量法

枢轴量法是构造置信区间最为常用的方法,在本小节中将给出枢轴量的定义,以及利用枢轴量构造置信区间的一般步骤.

1. 定义

定义 4.1.3 若变量 $h=h(X_1,X_2,\cdots,X_n;\theta)$ 含有样本 $X_1,X_2,\cdots,X_n$ 及未知参数 θ，但其概率分布函数完全已知，且与 θ 无关，则称 h 为**枢轴量**(pivotal quantity).

枢轴量的寻找，一般从 θ 的点估计出发. 构造枢轴量的目的，是为了构造未知参数的置信区间.

2. 利用枢轴量构造置信区间的步骤

利用枢轴量构造置信区间，一般有如下三个步骤：

(1)找枢轴量 $h=h(X_1,X_2,\cdots,X_n;\theta)$，令它的分布函数为 $G(x)$.

(2)给定置信水平 $1-\alpha$，适当地选取两个常数 λ_1 和 λ_2，使得

$$P(\lambda_1\leqslant h(X_1,X_2,\cdots,X_n;\theta)\leqslant\lambda_2)=1-\alpha,$$

在离散场合，上式"="号改为"$\geqslant$"号.

(3)由 $\lambda_1\leqslant h(X_1,X_2,\cdots,X_n;\theta)\leqslant\lambda_2$ 反解出

$$\hat{\theta}_1(X_1,X_2,\cdots,X_n)\leqslant\theta\leqslant\hat{\theta}_2(X_1,X_2,\cdots,X_n),$$

于是$[\hat{\theta}_1,\hat{\theta}_2]$为 θ 的置信水平为 $1-\alpha$ 的置信区间.

注 4.1.2 上述三步中，关键是第一步，即构造枢轴量 $h=h(X_1,X_2,\cdots,X_n;\theta)$，其分布不含有未知参数 θ. 第二步是如何确定 λ_1 和 λ_2，通常取 λ_1 为 $G(x)$的下侧$\frac{\alpha}{2}$分位点，取 λ_2 为 $G(x)$的上侧$\frac{\alpha}{2}$分位点，即

$$P(h<\lambda_1)=\frac{\alpha}{2},P(h>\lambda_2)=\frac{\alpha}{2},$$

从而有

$$P(\lambda_1\leqslant h\leqslant\lambda_2)=1-\alpha.$$

例 4.1.1 设$(X_1,X_2,\cdots,X_n)$为来自某总体 X 的一组样本，其分布函数为 $F(x;\theta)$，θ 为未知参数. 若此分布函数 $F(x;\theta)$既是 x 的连续函数，又是 θ 的严格单调函数，则可构造枢轴量，获得 θ 的置信水平为 $1-\alpha$ 的置信区间.

解 因为 $X\sim F(x;\theta)$，且 $F(x;\theta)$是 x 的连续函数，则有下列结论成立：

(1)$F(X;\theta)\sim U[0,1]$；

(2)$-\ln F(X;\theta)\sim E(1)\overset{d}{=\!=}\Gamma(1,1)$；

(3) $-2\ln F(X;\theta)\sim\Gamma\left(\frac{1}{2},1\right)\xlongequal{d}\chi^2(2)$；

(4) $-2\sum_{i=1}^{n}\ln F(X_i;\theta)=-2\ln\prod_{i=1}^{n}F(X_i;\theta)\sim\chi^2(2n)$.

若取 $-2\sum_{i=1}^{n}\ln F(X_i;\theta)$ 作为枢轴量，对于给定的 $0<\alpha<1$，取 $\lambda_1=\chi^2_{1-\frac{\alpha}{2}}(2n),\lambda_2=\chi^2_{\frac{\alpha}{2}}(2n)$，则有

$$P\left\{\lambda_1\leqslant -2\ln\prod_{i=1}^{n}F(X_i;\theta)\leqslant\lambda_2\right\}=1-\alpha,$$

从而

$$P\left\{e^{-\frac{\lambda_2}{2}}\leqslant\prod_{i=1}^{n}F(X_i;\theta)\leqslant e^{-\frac{\lambda_1}{2}}\right\}=1-\alpha. \tag{4.1.2}$$

由于分布函数 $F(x;\theta)$ 是 θ 的严格单调函数，故 $\prod_{i=1}^{n}F(X_i;\theta)$ 仍是 θ 的严格单调函数，从而可设法从上式括号内的不等式解出 $\hat{\theta}_L\leqslant\theta\leqslant\hat{\theta}_U$，则$[\hat{\theta}_L,\hat{\theta}_U]$ 就是 θ 的置信水平为 $1-\alpha$ 的置信区间.

利用例 4.1.1 的结论，可得很多分布中未知参数的置信区间. 例如，取分布函数 $F(x;\theta)=x^{\theta},0<x<1,\theta>0$ 为未知参数，显然，分布函数$F(x;\theta)$ 既是 x 的连续函数，又是 θ 的严格单调减函数，从而 $\prod_{i=1}^{n}F(x_i;\theta)=\left(\prod_{i=1}^{n}x_i\right)^{\theta}$ 也是 θ 的严格单调减函数. 代入式(4.1.2)，得

$$P\left\{e^{-\frac{\lambda_2}{2}}\leqslant\left(\prod_{i=1}^{n}X_i\right)^{\theta}\leqslant e^{\frac{\lambda_1}{2}}\right\}=1-\alpha,$$

反解出 θ 可得

$$P\left\{\frac{\lambda_1}{-2\ln\prod_{i=1}^{n}X_i}\leqslant\theta\leqslant\frac{\lambda_2}{-2\ln\prod_{i=1}^{n}X_i}\right\}=1-\alpha,$$

即得 θ 的置信水平为 $1-\alpha$ 的置信区间为

$$\left[\frac{\lambda_1}{-2\ln\prod_{i=1}^{n}X_i},\frac{\lambda_2}{-2\ln\prod_{i=1}^{n}X_i}\right]=\left[\frac{\chi^2_{1-\frac{\alpha}{2}}(2n)}{-2\ln\prod_{i=1}^{n}X_i},\frac{\chi^2_{\frac{\alpha}{2}}(2n)}{-2\ln\prod_{i=1}^{n}X_i}\right].$$

三、单侧上、下置信限

在有些区间估计问题中，不是寻求双侧置信区间，而是更关注单侧置信区间. 比如：设总体的未知参数为 θ，若是有关元件、设备的寿命或者是某种新材料的强度等问题，人们关心的是"未知参数 θ 至少有多大"；若是有关药品的毒性、轮胎的磨损或者是产品的不合格率等问题，人们关心的是"未知参数 θ 不超过多大". 这也是一种区间估计，分别称之为单侧置信区间的置信下限与置信上限，定义如下.

定义 4.1.4 设 $\hat{\theta}_U=\hat{\theta}_U(X_1,X_2,\cdots,X_n)$ 和 $\hat{\theta}_L=\hat{\theta}_L(X_1,X_2,\cdots,X_n)$ 是在参数空间 Θ 上取值的两个统计量，θ 是总体的某一未知参数. 若对给定的 $0<\alpha<1$，有

$$P\left(\theta\leqslant\hat{\theta}_U\right)\geqslant1-\alpha,\ \text{对一切}\ \theta\in\Theta,$$

$$P\left(\theta\geqslant\hat{\theta}_L\right)\geqslant1-\alpha,\ \text{对一切}\ \theta\in\Theta,$$

则分别称 $\hat{\theta}_U=\hat{\theta}_U(X_1,X_2,\cdots,X_n)$ 和 $\hat{\theta}_L=\hat{\theta}_L(X_1,X_2,\cdots,X_n)$ 是 θ 的置信水平为 $1-\alpha$ 的**单侧置信上限**(upper confidence bound)和**单侧置信下限**(lower confidence bound). 而 $\inf\limits_{\theta\in\Theta}P\left(\theta\leqslant\hat{\theta}_U\right)$ 和 $\inf\limits_{\theta\in\Theta}P\left(\theta\geqslant\hat{\theta}_L\right)$ 分别称为置信上、下限的**置信系数**.

显然，对置信上限 $\hat{\theta}_U$ 而言，若 $E\hat{\theta}_U$ 越小，则置信上限的精度越高；对置信下限 $\hat{\theta}_L$ 而言，若 $E\hat{\theta}_L$ 越大，则置信下限的精度越高.

容易看出，单侧置信下限与单侧置信上限都是置信区间的特殊情况(一端被固定)，它们的置信水平的解释类似，它们的寻求方法也是相通的. 另外，单侧置信限与双侧置信限(置信区间)之间存在着一个简单的联系，若已有：

(1)θ 的 $1-\alpha_1$ 单侧置信下限为 $\hat{\theta}_L$，即 $P\left(\theta\geqslant\hat{\theta}_L\right)\geqslant1-\alpha_1\Leftrightarrow P\left(\theta<\hat{\theta}_L\right)<\alpha_1$；

(2)θ 的 $1-\alpha_2$ 单侧置信上限为 $\hat{\theta}_U$，即 $P\left(\theta\leqslant\hat{\theta}_U\right)\geqslant1-\alpha_2\Leftrightarrow P\left(\theta>\hat{\theta}_U\right)<\alpha_2$.

且对任何样本 $(X_1,X_2,\cdots,X_n)$，都有 $\hat{\theta}_L\leqslant\hat{\theta}_U$，则 $[\hat{\theta}_L,\hat{\theta}_U]$ 是 θ 的置信水平为 $1-(\alpha_1+\alpha_2)$ 的(双侧)置信区间.

例 4.1.2 设$(X_1,X_2,\cdots,X_n)$为来自正态总体$X\sim N(\mu,\sigma^2)$的样本，σ^2未知，求μ的置信水平为$1-\alpha$的单侧置信上限和单侧置信下限.

解 记$T=\dfrac{\sqrt{n}(\overline{X}-\mu)}{S_*}$，则$T\sim t(n-1)$. 易见

$$P\big(T\geqslant -t_\alpha(n-1)\big)=1-\alpha$$

$$\Leftrightarrow P\left\{\frac{\sqrt{n}(\overline{X}-\mu)}{S_*}\geqslant -t_\alpha(n-1)\right\}=1-\alpha$$

$$\Leftrightarrow P\left\{\mu\leqslant \overline{X}+\frac{S_*}{\sqrt{n}}\cdot t_\alpha(n-1)\right\}=1-\alpha,$$

即$\overline{X}+\dfrac{S_*}{\sqrt{n}}\cdot t_\alpha(n-1)$为$\mu$的置信水平为$1-\alpha$的单侧置信上限.

同理可得

$$P\big(T\leqslant t_\alpha(n-1)\big)=1-\alpha$$

$$\Leftrightarrow P\left\{\frac{\sqrt{n}(\overline{X}-\mu)}{S_*}\leqslant t_\alpha(n-1)\right\}=1-\alpha$$

$$\Leftrightarrow P\left\{\mu\geqslant \overline{X}-\frac{S_*}{\sqrt{n}}\cdot t_\alpha(n-1)\right\}=1-\alpha,$$

即$\overline{X}-\dfrac{S_*}{\sqrt{n}}\cdot t_\alpha(n-1)$为$\mu$的置信水平为$1-\alpha$的单侧置信下限.

此例就是通过寻找枢轴量$T=\dfrac{\sqrt{n}(\overline{X}-\mu)}{S_*}$来构造未知参数$\mu$的置信水平为$1-\alpha$的单侧置信上限和单侧置信下限.

习题 4.1

4.1.1 从正态总体$N(3.4,6^2)$中抽取一容量为n的样本，如果要求其样本均值位于$(1.4,5.4)$内的概率不小于0.95，问：样本容量n至少应为多大？

4.1.2 设$(X_1,\cdots,X_n)$是来自正态总体$N(\mu,1)$的样本.

(1) 若$n=4$，求μ的区间估计$[\overline{X}-1,\overline{X}+1]$的置信系数；

(2) 要使μ的区间估计$[\overline{X}-1,\overline{X}+1]$的置信系数为0.99，问至少需要多

少样本量?

4.1.3　设$(X_1,\cdots,X_n)$是来自正态总体$N(\mu,\sigma_0^2)$的样本,其中$\mu\in\mathbb{R}$未知,$\sigma_0^2=4$.假定μ的一个置信水平为$1-\alpha$的置信区间为

$$\left[\overline{X}-\frac{\sigma_0}{\sqrt{n}}u_{\alpha/2},\quad \overline{X}+\frac{\sigma_0}{\sqrt{n}}u_{\alpha/2}\right].$$

(1) 当$n=16$时,求置信水平为0.9的μ的置信区间的长度;

(2)n至少为多大时才能使得μ的0.9置信区间的长度不超过1?

4.1.4　设x是从指数分布$E(\lambda)$中随机抽得的单个观察值,若取$[x,2x]$为$1/\lambda$的区间估计,求该区间的置信系数.

4.1.5　设$(X_1,X_2,\cdots,X_n)$是来自某总体X的一组样本,其分布函数为$F(x;\theta)=x^{\theta-1}$, $0<x<1,\theta>1$为未知参数. 求θ的置信水平为$1-\alpha$的置信区间.

4.1.6　设$(X_1,X_2,\cdots,X_n)$是来自某总体$X\sim N(\mu,\sigma^2)$的一组样本,证明:

$$\left[\min_{1\leqslant i\leqslant n}X_i,\quad \max_{1\leqslant i\leqslant n}X_i\right]$$

为μ的置信水平为$1-\frac{1}{2^{n-1}}$的置信区间.

4.2　单个正态总体的区间估计

设总体$X\sim N(\mu,\sigma^2)$,$\theta=(\mu,\sigma^2)$为参数,$(X_1,X_2,\cdots,X_n)$为来自总体X的样本.本节主要考虑如下四种区间估计问题:

- σ^2已知时μ的置信区间;
- σ^2未知时μ的置信区间;
- μ已知时σ^2的置信区间;
- μ未知时σ^2的置信区间.

下面分别考虑上述四种情形.

一、σ^2已知时μ的置信区间

设$X\sim N(\mu,\sigma_0^2)$,σ_0^2已知,求μ的置信区间,置信水平为$1-\alpha$.

考察变量(即枢轴量)

$$U=\frac{\sqrt{n}(\overline{X}-\mu)}{\sigma_0}.$$

则 $U \sim N(0,1)$，其分布与 μ 无关. 易见

$$P\left\{-u_{\frac{\alpha}{2}} \leqslant U \leqslant u_{\frac{\alpha}{2}}\right\} = P\left\{-u_{\frac{\alpha}{2}} \leqslant \frac{\sqrt{n}(\overline{X}-\mu)}{\sigma_0} \leqslant u_{\frac{\alpha}{2}}\right\} = 1-\alpha$$

$$\overset{\text{解出}\mu}{\Leftrightarrow} P\left\{\overline{X} - \frac{\sigma_0}{\sqrt{n}} u_{\frac{\alpha}{2}} \leqslant \mu \leqslant \overline{X} + \frac{\sigma_0}{\sqrt{n}} u_{\frac{\alpha}{2}}\right\} = 1-\alpha,$$

所以，$\left[\overline{X}-\frac{\sigma_0}{\sqrt{n}}u_{\frac{\alpha}{2}}, \overline{X}+\frac{\sigma_0}{\sqrt{n}}u_{\frac{\alpha}{2}}\right]$是 μ 的置信水平为 $1-\alpha$ 的置信区间，简记为

$$\left[\overline{X} \pm \frac{\sigma_0}{\sqrt{n}} u_{\frac{\alpha}{2}}\right].$$

注 4.2.1　区间长度为 $L=\frac{2\sigma_0}{\sqrt{n}}u_{\frac{\alpha}{2}}$，$n$ 越大，L 越小；α 越大，$1-\alpha$ 越小，L 越小.

例 4.2.1　设某工厂滚珠直径 $X(\mathrm{mm}) \sim N(\mu, \sigma_0^2)$，$\sigma_0^2=0.05(\mathrm{mm}^2)$. 已知随机抽出 6 个滚珠，测得直径为 14.70，15.21，14.90，14.91，15.32，15.32，求这批产品平均直径的区间估计(取 $1-\alpha=0.95$).

解　已知 $n=6$，$\sigma_0^2=0.05$，$\alpha=0.05$，查表得 $u_{\frac{\alpha}{2}}=u_{0.025}=1.96$，$\overline{X}=\frac{1}{6}\sum_{i=1}^{6}X_i=15.06$，代入$\left[\overline{X}\pm\frac{\sigma_0}{\sqrt{n}}u_{\frac{\alpha}{2}}\right]$中得 μ 的置信水平为 $1-\alpha=0.95$ 的置信区间为

$$\left[15.06-\frac{\sqrt{0.05}}{\sqrt{6}}\times 1.96, 15.06+\frac{\sqrt{0.05}}{\sqrt{6}}\times 1.96\right]=[14.88, 15.24].$$

二、σ^2 未知时 μ 的置信区间

设 $X \sim N(\mu, \sigma_0^2)$，$\sigma^2$ 未知，求 μ 的置信区间，置信水平为 $1-\alpha$.

考察变量(即枢轴量)

$$T=\frac{\sqrt{n}(\overline{X}-\mu)}{S_*},\quad \text{其中 } S_*^2=\frac{1}{n-1}\sum_{i=1}^{n}(X_i-\overline{X})^2.$$

则 $T \sim t(n-1)$，其分布与 μ 无关. 易见

$$P\left\{-t_{\frac{\alpha}{2}}(n-1) \leqslant T \leqslant t_{\frac{\alpha}{2}}(n-1)\right\}$$

$$=P\left\{-t_{\frac{\alpha}{2}(n-1)} \leqslant \frac{\sqrt{n}(\overline{X}-\mu)}{S_*} \leqslant t_{\frac{\alpha}{2}}(n-1)\right\}=1-\alpha$$

$$\overset{\text{解出}\mu}{\Leftrightarrow} P\left\{\overline{X}-\frac{S_*}{\sqrt{n}}t_{\frac{\alpha}{2}}(n-1)\leqslant\mu\leqslant\overline{X}+\frac{S_*}{\sqrt{n}}t_{\frac{\alpha}{2}}(n-1)\right\}=1-\alpha,$$

所以，$\left[\overline{X}-\frac{S_*}{\sqrt{n}}t_{\frac{\alpha}{2}}(n-1),\overline{X}+\frac{S_*}{\sqrt{n}}t_{\frac{\alpha}{2}}(n-1)\right]$是 μ 的置信水平为 $1-\alpha$ 的置信区间，简记为

$$\left[\overline{X}\pm\frac{S_*}{\sqrt{n}}t_{\frac{\alpha}{2}}(n-1)\right].$$

注 4.2.2 区间长度为 $L=\frac{2S_*}{\sqrt{n}}t_{\frac{\alpha}{2}}(n-1)$，$n$ 越大，$t_{\frac{\alpha}{2}}(n-1)$越小，$L$ 越小；α 越大，$1-\alpha$ 越小，L 越小.

例 4.2.2 利用某仪器间接测量某炉的温度(单位:℃)，重复测量 5 次结果为:1250,1265,1245,1260,1275(℃). 给出真实温度的范围.

解 假设 X 为测量值，且 $X\sim N(\mu,\sigma^2)$，μ 为真实温度，σ^2 为测量值方差，且未知，求 μ 的置信区间(置信水平为 $1-\alpha=0.95$).

因为 σ^2 未知，所以 μ 的置信区间为

$$\left[\overline{X}\pm\frac{S_*}{\sqrt{n}}t_{\frac{\alpha}{2}}(n-1)\right],$$

其中

$$n=5,\overline{X}=\frac{1}{5}\sum_{i=1}^{5}X_i=1259,$$

$$S_*^2=\frac{1}{n-1}\sum_{i=1}^{n}(X_i-\overline{X})^2$$

$$=\frac{1}{n-1}\left[\sum_{i=1}^{n}X_i^2-n\overline{X}^2\right]=\frac{570}{4},$$

取 $\alpha=0.05$，查表得 $t_{\frac{\alpha}{2}}(n-1)=t_{0.025}(4)=2.776$，代入$\left[\overline{X}\pm\frac{S_*}{\sqrt{n}}t_{\frac{\alpha}{2}}(n-1)\right]$中得 μ 的置信水平为 $1-\alpha=0.95$ 的置信区间为[1244.2,1273.8].

三、μ 已知时 σ^2 的置信区间

设 $X\sim N(\mu_0,\sigma^2)$，μ_0 已知，求 σ^2 的置信区间，置信水平为 $1-\alpha$.

显然，当 μ_0 已知时，σ^2 的一个良好的无偏估计是 $S_{\mu_0}^2=\frac{1}{n}\sum_{i=1}^{n}(X_i-\mu_0)^2$，且$\frac{nS_{\mu_0}^2}{\sigma^2}\sim\chi^2(n)$，为此，考察变量(即枢轴量)

$$h=\frac{1}{\sigma^2}\sum_{i=1}^{n}(X_i-\mu_0)^2.$$

则 $h\sim\chi^2(n)$，其分布与 σ^2 无关. 选取两个常数 λ_1 和 λ_2，使得

$$P(\lambda_1\leqslant h\leqslant\lambda_2)=1-\alpha.$$

满足上式要求的 λ_1 和 λ_2 有无穷多对，其中有一对 λ_1 和 λ_2，使得区间的长度最短，但这样一对 λ_1 和 λ_2 不易求得. 为方便起见，一般取 λ_1 和 λ_2 分别为 $\chi^2(n)$ 分布的下侧 $\frac{\alpha}{2}$ 分位点 $\chi^2_{1-\frac{\alpha}{2}}(n)$ 和上侧 $\frac{\alpha}{2}$ 分位点 $\chi^2_{\frac{\alpha}{2}}(n)$，此时有

$$\begin{aligned}&P\left(\chi^2_{1-\frac{\alpha}{2}}(n)\leqslant h\leqslant\chi^2_{\frac{\alpha}{2}}(n)\right)\\&=P\left(\chi^2_{1-\frac{\alpha}{2}}(n)\leqslant\frac{1}{\sigma^2}\sum_{i=1}^{n}(X_i-\mu_0)^2\leqslant\chi^2_{\frac{\alpha}{2}}(n)\right)=1-\alpha\\&\overset{\text{解出}\sigma^2}{\Longleftrightarrow}P\left(\frac{\sum_{i=1}^{n}(X_i-\mu_0)^2}{\chi^2_{\frac{\alpha}{2}}(n)}\leqslant\sigma^2\leqslant\frac{\sum_{i=1}^{n}(X_i-\mu_0)^2}{\chi^2_{1-\frac{\alpha}{2}}(n)}\right)=1-\alpha,\end{aligned}$$

所以，σ^2 的置信水平为 $1-\alpha$ 的置信区间为

$$\left[\frac{\sum_{i=1}^{n}(X_i-\mu_0)^2}{\chi^2_{\frac{\alpha}{2}}(n)},\frac{\sum_{i=1}^{n}(X_i-\mu_0)^2}{\chi^2_{1-\frac{\alpha}{2}}(n)}\right].$$

例 4.2.3　为了解一台测量长度的仪器的精度，对一根长 30 mm 的标准金属棒进行了 6 次测量，测量结果(单位：mm)是

30.1，　29.9，　29.8，　30.3，　30.2，　29.6.

假定测量值服从正态分布 $N(30,\sigma^2)$，试求 σ^2 的置信水平为 0.95 的置信区间.

解　已知 $n=6,\mu_0=30,1-\alpha=0.95,\alpha=0.05$，查表得 $\chi^2_{1-\frac{\alpha}{2}}(n)=\chi^2_{0.975}(6)=1.2375$，$\chi^2_{\frac{\alpha}{2}}(n)=\chi^2_{0.025}(6)=14.4494$，易算得 $\sum_{i=1}^{6}(X_i-\mu_0)^2=0.35$，代入

$$\left[\frac{\sum_{i=1}^{n}(X_i-\mu_0)^2}{\chi^2_{\frac{\alpha}{2}}(n)},\frac{\sum_{i=1}^{n}(X_i-\mu_0)^2}{\chi^2_{1-\frac{\alpha}{2}}(n)}\right]$$

中得 σ^2 的置信水平为 0.95 的置信区间为

$$\left[\frac{0.35}{14.4494},\frac{0.35}{1.2375}\right]=[0.0242,0.2828].$$

四、μ 未知时 σ^2 的置信区间

设 $X\sim N(\mu,\sigma^2)$，μ 未知，求 σ^2 的置信区间，置信水平为 $1-\alpha$.

显然，当 μ 未知时，σ^2 的一个良好的无偏估计是 $S_*^2=\frac{1}{n-1}\sum_{i=1}^{n}(X_i-\overline{X})^2$，且 $\frac{(n-1)S_*^2}{\sigma^2}\sim\chi^2(n-1)$，为此，考察变量（即枢轴量）

$$h=\frac{1}{\sigma^2}\sum_{i=1}^{n}(X_i-\overline{X})^2.$$

则 $h\sim\chi^2(n-1)$，其分布与 σ^2 无关. 选取两个常数 λ_1 和 λ_2，使得

$$P(\lambda_1\leqslant h\leqslant\lambda_2)=1-\alpha.$$

类似地，满足上式要求的 λ_1 和 λ_2 有无穷多对，为方便起见，取 $\lambda_1=\chi^2_{1-\frac{\alpha}{2}}(n-1)$，$\lambda_2=\chi^2_{\frac{\alpha}{2}}(n-1)$，此时有

$$P\left(\chi^2_{1-\frac{\alpha}{2}}(n-1)\leqslant h\leqslant\chi^2_{\frac{\alpha}{2}}(n-1)\right)$$

$$=P\left(\chi^2_{1-\frac{\alpha}{2}}(n-1)\leqslant\frac{1}{\sigma^2}\sum_{i=1}^{n}(X_i-\overline{X})^2\leqslant\chi^2_{\frac{\alpha}{2}}(n-1)\right)=1-\alpha$$

$$\overset{\text{解出}\sigma^2}{\Leftrightarrow}P\left[\frac{\sum_{i=1}^{n}(X_i-\overline{X})^2}{\chi^2_{\frac{\alpha}{2}}(n-1)}\leqslant\sigma^2\leqslant\frac{\sum_{i=1}^{n}(X_i-\overline{X})^2}{\chi^2_{1-\frac{\alpha}{2}}(n-1)}\right]=1-\alpha,$$

所以，σ^2 的置信水平为 $1-\alpha$ 的置信区间为

$$\left[\frac{\sum_{i=1}^{n}(X_i-\overline{X})^2}{\chi^2_{\frac{\alpha}{2}}(n-1)},\frac{\sum_{i=1}^{n}(X_i-\overline{X})^2}{\chi^2_{1-\frac{\alpha}{2}}(n-1)}\right].$$

例 4.2.4 某厂生产的零件重量服从正态分布 $N(\mu,\sigma^2)$. 现从该厂生产的零件中抽取 9 个，测得重量（单位：g）为

45.3， 45.4， 45.1， 45.3， 45.5， 45.7， 45.4， 45.3， 45.6.

试求总体方差 σ^2 和标准差 σ 的 0.95 置信区间.

解 已知 $n=9$，$1-\alpha=0.95$，$\alpha=0.05$，查表得 $\chi^2_{1-\frac{\alpha}{2}}(n-1)=\chi^2_{0.975}(8)=2.1797$，$\chi^2_{\frac{\alpha}{2}}(n-1)=\chi^2_{0.025}(8)=17.5345$，易算得 $\overline{X}=45.4$，$\sum_{i=1}^{9}(X_i-\overline{X})^2=0.26$，代入

$$\left[\frac{\sum_{i=1}^{n}(X_i-\overline{X})^2}{\chi^2_{\frac{\alpha}{2}}(n-1)},\frac{\sum_{i=1}^{n}(X_i-\overline{X})^2}{\chi^2_{1-\frac{\alpha}{2}}(n-1)}\right]$$

中得 σ^2 的置信水平为 0.95 的置信区间为

$$\left[\frac{0.26}{17.5345},\frac{0.26}{2.1797}\right]=[0.0148,0.1193],$$

从而 σ 的置信水平为 0.95 的置信区间为 $[0.1218,0.3454]$.

习题 4.2

4.2.1　设某种清漆的 9 个样品，其干燥时间（以 h 计）分别为

6.0　5.7　5.8　6.5　7.0　6.3　5.6　6.1　5.0.

设干燥时间总体服从正态分布 $X\sim N(\mu,\sigma^2)$. 在下述情况下，求 μ 的置信水平为 0.95 的置信区间：

(1) 若由以往经验知 $\sigma=0.6(h)$；

(2) 若 σ 为未知.

4.2.2　某厂生产的化纤强度服从正态分布，长期以来其标准差稳定在 $\sigma=0.85$，现抽取了一个容量为 $n=25$ 的样本，测定其强度，算得样本均值为 $\overline{x}=2.25$，试求这批化纤平均强度的置信水平为 0.95 的置信区间.

4.2.3　对物体某指标进行 5 次测量，得其数据为 4.781，4.795，4.769，4.792，4.779. 设指标值服从 $N(\mu,\sigma^2)$，其中 $\sigma=0.01$，试求物体该指标平均值的置信系数为 0.95 的置信区间.

4.2.4　设在上题中 σ 未知，求置信系数分别为 0.95 和 0.99 的置信区间.

4.2.5　设某种电子管的使用寿命服从正态分布，从中随机抽取 15 个进行试验，得样本均值为 1950 小时，修正的样本标准差为 300 小时，以 95% 的可靠度求整批电子管平均使用寿命的置信区间.

4.2.6　设 $(X_1,\cdots,X_n)$ 为取自正态总体 $N(\mu,16)$ 的样本，为使 $[\overline{x}-1,\overline{x}+1]$ 是 μ 的置信系数为 0.90 的置信区间，样本容量 n 至少为多少？

4.2.7　设样本 $(X_1,\cdots,X_n)$ 取自正态总体 $N(\mu,16)$，为使得 μ 的置信系数为 $1-\alpha$ 的置信区间的长度不大于给定的 L，样本容量 n 至少应为多少？

4.2.8　设 (X_1,X_2,X_3,X_4) 是来自总体 X 的样本，(0.50，1.25，0.80，2.00) 为样本观测值. 已知 $Y=\ln X\sim N(\mu,\sigma_0^2)$，其中 $\mu\in\mathbb{R}$ 未知，$\sigma_0^2=1$.

(1) 求 μ 的置信水平为 $1-\alpha=0.95$ 的置信区间；

(2) 求总体均值 EX 的置信水平为 $1-\alpha=0.95$ 的置信区间.

4.2.9 设$(X_1,X_2,\cdots,X_n)$是来自正态总体$N(\mu,\sigma^2)$的样本，其中μ已知，σ未知.

(1) 验证：$\frac{1}{\sigma^2}\sum_{i=1}^{n}(X_i-\mu)^2\sim\chi^2(n)$. 利用这一结果构造$\sigma^2$的置信水平为$1-\alpha$的置信区间；

(2) 设$\mu=6.5$，且有样本值7.5，2.0，12.1，8.8，9.4，7.3，1.9，2.8，7.0，7.3. 试求σ的置信水平为0.95的置信区间.

4.2.10 已知某种材料的抗压强度$X\sim N(\mu,\sigma^2)$，现随机抽取10个试件进行抗压试验，测得数据如下：

482 493 457 471 510 446 435 418 394 469.

(1)求平均抗压强度μ的置信水平为95%的置信区间；

(2)若已知$\sigma=30$，求平均抗压强度μ的置信水平为95%的置信区间；

(3)求σ的置信水平为95%的置信区间.

4.2.11 分别使用金球和钢球测定引力常数（以$10^{-11}\mathrm{m}^3\cdot\mathrm{kg}^{-1}\cdot\mathrm{s}^{-2}$计).

(1)用金球测定观察值为

6.683 6.681 6.676 6.678 6.679 6.672.

(2)用钢球测定观察值为

6.661 6.661 6.667 6.667 6.664.

设测定值总体为$N(\mu,\sigma^2)$，μ,σ^2均为未知. 试就(1)，(2)两种情况分别求μ的置信水平为0.9的置信区间，并求σ^2的置信水平为0.9的置信区间.

4.3 两个正态总体的区间估计

设$(X_1,X_2,\cdots,X_{n_1})$为来自正态总体$X\sim N(\mu_1,\sigma_1^2)$的样本，$(Y_1,Y_2,\cdots,Y_{n_2})$为来自正态总体$Y\sim N(\mu_2,\sigma_2^2)$的样本，且两组样本之间相互独立. 本节主要考虑如下六种区间估计问题：

- 方差已知时均值差$\mu_1-\mu_2$的置信区间；
- 方差未知且相等时均值差$\mu_1-\mu_2$的置信区间；
- 方差未知且样本量相等时均值差$\mu_1-\mu_2$的置信区间；
- 方差未知且不相等，样本量不相等时均值差$\mu_1-\mu_2$的置信区间；
- 均值已知时方差比$\frac{\sigma_1^2}{\sigma_2^2}$的置信区间；

· 均值未知时方差比$\frac{\sigma_1^2}{\sigma_2^2}$的置信区间.

下面分别来考虑上述六种情形.

一、均值差的置信区间

关于均值差 $\mu_1-\mu_2$ 的置信区间，主要考虑如下四种情形.

1. 方差已知时均值差 $\mu_1-\mu_2$ 的置信区间

设 σ_1^2 和 σ_2^2 均已知，求均值差 $\mu_1-\mu_2$ 的置信区间，置信水平为 $1-\alpha$.

考察变量（即枢轴量）

$$U=\frac{\overline{X}-\overline{Y}-(\mu_1-\mu_2)}{\sqrt{\frac{\sigma_1^2}{n_1}+\frac{\sigma_2^2}{n_2}}}.$$

则 $U\sim N(0,1)$. 查表找出 $N(0,1)$分布的上、下侧$\frac{\alpha}{2}$分位点 $u_{\frac{\alpha}{2}}$ 和 $-u_{\frac{\alpha}{2}}$，于是有

$$P\left(-u_{\frac{\alpha}{2}}\leqslant U\leqslant u_{\frac{\alpha}{2}}\right)=1-\alpha$$

$$\Leftrightarrow P\left[-u_{\frac{\alpha}{2}}\leqslant\frac{\overline{X}-\overline{Y}-(\mu_1-\mu_2)}{\sqrt{\frac{\sigma_1^2}{n_1}+\frac{\sigma_2^2}{n_2}}}\leqslant u_{\frac{\alpha}{2}}\right]=1-\alpha$$

$$\Leftrightarrow P\left[\overline{X}-\overline{Y}-u_{\frac{\alpha}{2}}\cdot\sqrt{\frac{\sigma_1^2}{n_1}+\frac{\sigma_2^2}{n_2}}\leqslant\mu_1-\mu_2\leqslant\overline{X}-\overline{Y}+u_{\frac{\alpha}{2}}\cdot\sqrt{\frac{\sigma_1^2}{n_1}+\frac{\sigma_2^2}{n_2}}\right]=1-\alpha,$$

所以，$\mu_1-\mu_2$ 的置信水平为 $1-\alpha$ 的置信区间为

$$\left[\overline{X}-\overline{Y}\pm u_{\frac{\alpha}{2}}\cdot\sqrt{\frac{\sigma_1^2}{n_1}+\frac{\sigma_2^2}{n_2}}\right].$$

2. 方差未知且相等时均值差 $\mu_1-\mu_2$ 的置信区间

设 $\sigma_1^2=\sigma_2^2=\sigma^2$，且未知，求均值差 $\mu_1-\mu_2$ 的置信区间，置信水平为 $1-\alpha$.

考察变量（即枢轴量）

$$T=\frac{\overline{X}-\overline{Y}-(\mu_1-\mu_2)}{S_\omega\cdot\sqrt{\frac{1}{n_1}+\frac{1}{n_2}}},\ \text{其中 } S_\omega^2=\frac{(n_1-1)S_{1*}^2+(n_2-1)S_{2*}^2}{n_1+n_2-2}.$$

则 $T\sim t(n_1+n_2-2)$. 查表找出 $t(n_1+n_2-2)$分布的上、下侧$\frac{\alpha}{2}$分位点

$t_{\frac{\alpha}{2}}(n_1+n_2-2)$和$-t_{\frac{\alpha}{2}}(n_1+n_2-2)$，于是有

$$P\left(-t_{\frac{\alpha}{2}}(n_1+n_2-2)\leqslant T\leqslant t_{\frac{\alpha}{2}}(n_1+n_2-2)\right)=1-\alpha,$$

所以，$\mu_1-\mu_2$ 的置信水平为 $1-\alpha$ 的置信区间为

$$\left[\overline{X}-\overline{Y}\pm t_{\frac{\alpha}{2}}(n_1+n_2-2)\cdot S_\omega\cdot\sqrt{\frac{1}{n_1}+\frac{1}{n_2}}\right].$$

对于 $\sigma_2^2=k\sigma_1^2$ 的场合，其中 k 为已知常数，则类似于上面的做法，可得 $\mu_1-\mu_2$的置信水平为 $1-\alpha$ 的置信区间为

$$\left[\overline{X}-\overline{Y}\pm t_{\frac{\alpha}{2}}(n_1+n_2-2)\cdot S_\omega\cdot\sqrt{\frac{1}{n_1}+\frac{k}{n_2}}\right],$$

其中

$$S_\omega^2=\frac{(n_1-1)S_{1*}^2+(n_2-1)S_{2*}^2/k}{n_1+n_2-2}.$$

3. 方差未知且样本量相等时均值差 $\boldsymbol{\mu_1-\mu_2}$ 的置信区间

设 σ_1^2 与 σ_2^2 均未知，且 $n_1=n_2=n$，求均值差 $\mu_1-\mu_2$ 的置信区间，置信水平为 $1-\alpha$.

令 $Z_i=X_i-Y_i,i=1,2,\cdots,n$，且记 $\tilde{\mu}=\mu_1-\mu_2,\tilde{\sigma}^2=\sigma_1^2+\sigma_2^2$，则有

$$Z_1,Z_2,\cdots,Z_n\quad i.i.d.\sim N(\tilde{\mu},\tilde{\sigma}^2).$$

这就转化为了在单个正态总体下，当方差 $\tilde{\sigma}^2$ 未知时，求均值 $\tilde{\mu}$ 的置信区间问题. 易见，$\overline{Z}=\overline{X}-\overline{Y}$ 是 $\tilde{\mu}$ 的一个良好的无偏估计，枢轴量

$$T_Z:=\frac{\sqrt{n}(\overline{Z}-\tilde{\mu})}{S_Z}\sim t(n-1),$$

此处 $S_Z^2=\dfrac{1}{n-1}\sum\limits_{i=1}^n(Z_i-\overline{Z})^2$，$T_Z$ 的表达式与 $\tilde{\mu}=\mu_1-\mu_2$ 有关，但其分布与 $\tilde{\mu}=\mu_1-\mu_2$无关，因此取 T_Z 为枢轴量. 由前面已讨论过的结果，可知 $\tilde{\mu}=\mu_1-\mu_2$的置信水平为 $1-\alpha$ 的置信区间为

$$\left[\overline{Z}-\frac{S_Z}{\sqrt{n}}t_{\frac{\alpha}{2}}(n-1),\overline{Z}+\frac{S_Z}{\sqrt{n}}t_{\frac{\alpha}{2}}(n-1)\right].$$

4. 方差未知且不相等，且样本量不相等时均值差 $\boldsymbol{\mu_1-\mu_2}$ 的置信区间

设 $\sigma_1^2\neq\sigma_2^2$ 均未知，且 $n_1\neq n_2$，求均值差 $\mu_1-\mu_2$ 的置信区间，置信水平为 $1-\alpha$. 这是著名的 Behrens-Fisher 问题. 它是 Behrens 在 1929 年提出的问题，几种特殊情况如上所述都已解决，但一般情况并未圆满解决，至今仍有文献

在讨论. Fisher 首先研究了这个问题,并对一般情况给出近似解法,随后许多著名统计学家,如 Scheffe 和 Welch 等也研究过这个问题,但至今还得不出简单、精确的解法,只能得到一些近似的解法. 下面给出两种近似结果.

(1)n_1 与 n_2 都充分大的情形

当 n_1 与 n_2 都充分大时,可用大样本方法. 由于

$$\frac{\overline{X}-\overline{Y}-(\mu_1-\mu_2)}{\sqrt{\dfrac{\sigma_1^2}{n_1}+\dfrac{\sigma_2^2}{n_2}}} \sim N(0,1), \tag{4.4.1}$$

且当 $n_1 \to \infty$ 时,$S_{1*}^2 \xrightarrow{P} \sigma_1^2$,$n_2 \to \infty$ 时,$S_{2*}^2 \xrightarrow{P} \sigma_2^2$,将式(4.4.1)中的 σ_1^2 和 σ_2^2 分别用 S_{1*}^2 和 S_{2*}^2 代入,利用定理 2.3.1(Slutsky 定理)知,当 $n_1, n_2 \to \infty$ 时,有

$$\begin{aligned}\widetilde{U} &= \frac{\overline{X}-\overline{Y}-(\mu_1-\mu_2)}{\sqrt{\dfrac{S_{1*}^2}{n_1}+\dfrac{S_{2*}^2}{n_2}}} \\ &= \frac{\sqrt{\dfrac{\sigma_1^2}{n_1}+\dfrac{\sigma_2^2}{n_2}}}{\sqrt{\dfrac{S_{1*}^2}{n_1}+\dfrac{S_{2*}^2}{n_2}}} \cdot \frac{\overline{X}-\overline{Y}-(\mu_1-\mu_2)}{\sqrt{\dfrac{\sigma_1^2}{n_1}+\dfrac{\sigma_2^2}{n_2}}} \xrightarrow{L} N(0,1).\end{aligned} \tag{4.4.2}$$

因此,取 $\widetilde{U}$ 为枢轴量,当 n_1 与 n_2 都充分大时,$\mu_1-\mu_2$ 的置信水平近似为 $1-\alpha$ 的置信区间是

$$\left[\overline{X}-\overline{Y}-u_{\frac{\alpha}{2}}\sqrt{\frac{S_{1*}^2}{n_1}+\frac{S_{2*}^2}{n_2}},\ \overline{X}-\overline{Y}+u_{\frac{\alpha}{2}}\sqrt{\frac{S_{1*}^2}{n_1}+\frac{S_{2*}^2}{n_2}}\right]. \tag{4.4.3}$$

(2)n_1 与 n_2 不都是充分大的情形.

假定 n_1 与 n_2 不都是充分大,令

$$S_*^2 = \frac{S_{1*}^2}{n_1}+\frac{S_{2*}^2}{n_2}.$$

取枢轴量为

$$T_* = \frac{\overline{X}-\overline{Y}-(\mu_1-\mu_2)}{S_*}.$$

在一般情况下,T_* 已不服从 t 分布,但与具有适当自由度 r 的 t 分布很接近,其中 r 由下列公式确定:

$$r = \frac{S_*^4}{\dfrac{S_{1*}^4}{n_1^2(n_1-1)}+\dfrac{S_{2*}^4}{n_2^2(n_2-1)}}. \tag{4.4.4}$$

r一般不为整数,可取与其最接近的整数代替之.于是,近似地有

$$T_* = \frac{\overline{X}-\overline{Y}-(\mu_1-\mu_2)}{S_*} \sim t(r).$$

由前面已讨论过的结果,可知 $\mu_1-\mu_2$ 的置信水平近似为 $1-\alpha$ 的置信区间为

$$\left[\overline{X}-\overline{Y}-S_* t_{\frac{\alpha}{2}}(r), \overline{X}-\overline{Y}+S_* t_{\frac{\alpha}{2}}(r)\right].$$

这是由 Welch 在 1938 年给出的 Behrens-Fisher 问题的一个近似解法.

二、方差比的置信区间

1. 均值已知时方差比$\frac{\sigma_1^2}{\sigma_2^2}$的置信区间

设 μ_1,μ_2 均已知,求方差比$\frac{\sigma_1^2}{\sigma_2^2}$的置信区间,置信水平为 $1-\alpha$.

考察变量(即枢轴量)

$$F = \frac{\frac{1}{n_1}\sum_{i=1}^{n_1}(X_i-\mu_1)^2/\sigma_1^2}{\frac{1}{n_2}\sum_{j=1}^{n_2}(Y_j-\mu_2)^2/\sigma_2^2}.$$

则 $F \sim F(n_1,n_2)$. 查表找出 $F(n_1,n_2)$分布的上、下侧$\frac{\alpha}{2}$分位点 $F_{\frac{\alpha}{2}}(n_1,n_2)$和 $F_{1-\frac{\alpha}{2}}(n_1,n_2)$,于是有

$$P\left\{F_{1-\frac{\alpha}{2}}(n_1,n_2) \leqslant F \leqslant F_{\frac{\alpha}{2}}(n_1,n_2)\right\} = 1-\alpha$$

$$\Leftrightarrow P\left\{F_{1-\frac{\alpha}{2}}(n_1,n_2) \leqslant \frac{\frac{1}{n_1}\sum_{i=1}^{n_1}(X_i-\mu_1)^2/\sigma_1^2}{\frac{1}{n_2}\sum_{j=1}^{n_2}(Y_j-\mu_2)^2/\sigma_2^2} \leqslant F_{\frac{\alpha}{2}}(n_1,n_2)\right\} = 1-\alpha,$$

所以,$\frac{\sigma_1^2}{\sigma_2^2}$的置信水平为 $1-\alpha$ 的置信区间为

$$\left[\frac{\frac{1}{n_1}\sum_{i=1}^{n_1}(X_i-\mu_1)^2}{\frac{1}{n_2}\sum_{j=1}^{n_2}(Y_j-\mu_2)^2 \cdot F_{\frac{\alpha}{2}}(n_1,n_2)}, \frac{\frac{1}{n_1}\sum_{i=1}^{n_1}(X_i-\mu_1)^2}{\frac{1}{n_2}\sum_{j=1}^{n_2}(Y_j-\mu_2)^2 \cdot F_{1-\frac{\alpha}{2}}(n_1,n_2)}\right],$$

这里,

$$F_{1-\frac{\alpha}{2}}(n_1,n_2)=\frac{1}{F_{\frac{\alpha}{2}}(n_2,n_1)}.$$

2. 均值未知时方差比$\frac{\sigma_1^2}{\sigma_2^2}$的置信区间

设 μ_1,μ_2 均未知，求方差比$\frac{\sigma_1^2}{\sigma_2^2}$的置信区间，置信水平为 $1-\alpha$.

考察变量(即枢轴量)

$$F=\frac{S_{1*}^2/\sigma_1^2}{S_{2*}^2/\sigma_2^2}.$$

则 $F\sim F(n_1-1,n_2-1)$. 查表找出 $F(n_1-1,n_2-1)$分布的上、下侧$\frac{\alpha}{2}$分位点 $F_{\frac{\alpha}{2}}(n_1-1,n_2-1)$和 $F_{1-\frac{\alpha}{2}}(n_1-1,n_2-1)$，于是有

$$P\left(F_{1-\frac{\alpha}{2}}(n_1-1,n_2-1)\leqslant F\leqslant F_{\frac{\alpha}{2}}(n_1-1,n_2-1)\right)=1-\alpha$$

$$\Leftrightarrow P\left(F_{1-\frac{\alpha}{2}}(n_1-1,n_2-1)\leqslant \frac{S_{1*}^2/\sigma_1^2}{S_{2*}^2/\sigma_2^2}\leqslant F_{\frac{\alpha}{2}}(n_1-1,n_2-1)\right)=1-\alpha,$$

所以，$\frac{\sigma_1^2}{\sigma_2^2}$的置信水平为 $1-\alpha$ 的置信区间为

$$\left[\frac{S_{1*}^2}{S_{2*}^2\cdot F_{\frac{\alpha}{2}}(n_1-1,n_2-1)},\frac{S_{1*}^2}{S_{2*}^2\cdot F_{1-\frac{\alpha}{2}}(n_1-1,n_2-1)}\right],$$

这里，

$$F_{1-\frac{\alpha}{2}}(n_1-1,n_2-1)=\frac{1}{F_{\frac{\alpha}{2}}(n_2-1,n_1-1)}.$$

例 4.3.1　甲、乙两台机床生产同一种型号的滚珠. 从甲生产的滚珠中取 8 个，从乙中取 9 个，测得滚珠的直径(mm)为

甲：15.0，14.8，15.2，15.4，14.9，15.1，15.2，14.8；

乙：15.2，15.0，14.8，15.1，15.0，14.6，14.8，15.1，14.5.

设甲、乙两台机床生产的滚珠直径均服从正态分布，且方差相等. 求甲机床生产的滚珠直径与乙机床生产的滚珠直径的均值差的置信水平为 0.90 的置信区间.

解　设甲机床生产的滚珠直径为 X，且 $X\sim N(\mu_1,\sigma_1^2)$，乙机床生产的滚珠直径为 Y，且 $Y\sim N(\mu_2,\sigma_2^2)$，其中 $\sigma_1^2=\sigma_2^2=\sigma^2$ 未知，求均值差 $\mu_1-\mu_2$ 的置信区间，置信水平为 $1-\alpha=0.90$，$\alpha=0.1$，$n_1=8$，$n_2=9$.

易算得 $\overline{X}=15.05,\overline{Y}=14.9,S_{1*}^2=0.0457,S_{2*}^2=0.0575,S_\omega=0.228$，查表得 $t_{\frac{\alpha}{2}}(n_1+n_2-2)=t_{0.05}(8+9-2)=1.753$，代入

$$\left[\overline{X}-\overline{Y}\pm t_{\frac{\alpha}{2}}(n_1+n_2-2)\cdot S_\omega\cdot\sqrt{\frac{1}{n_1}+\frac{1}{n_2}}\right],$$

得 $\mu_1-\mu_2$ 的置信水平为 $1-\alpha=0.90$ 的置信区间为 $[-0.044,0.344]$.

例 4.3.2 在例 4.3.1 中，若不假定方差相等，求两台机床生产的滚珠直径的方差比 $\frac{\sigma_1^2}{\sigma_2^2}$ 的置信水平为 $1-\alpha=0.90$ 的置信区间.

解 由于 $S_{1*}^2=0.0457,S_{2*}^2=0.0575,1-\alpha=0.90,\alpha=0.10,n_1=8,n_2=9$，查表得

$$F_{\frac{\alpha}{2}}(n_1-1,n_2-1)=F_{0.05}(7,8)=3.50,$$

$$F_{1-\frac{\alpha}{2}}(n_1-1,n_2-1)=\frac{1}{F_{\frac{\alpha}{2}}(n_2-1,n_1-1)}=\frac{1}{F_{0.05}(8,7)}=\frac{1}{3.73}\approx 0.268,$$

代入

$$\left[\frac{S_{1*}^2}{S_{2*}^2\cdot F_{\frac{\alpha}{2}}(n_1-1,n_2-1)},\frac{S_{1*}^2}{S_{2*}^2\cdot F_{1-\frac{\alpha}{2}}(n_1-1,n_2-1)}\right],$$

得 $\frac{\sigma_1^2}{\sigma_2^2}$ 的置信水平为 $1-\alpha=0.90$ 的置信区间为

$$\left[\frac{0.0457}{0.0575\times 3.50},\frac{0.0457}{0.0575\times 0.268}\right]=[0.227,2.966].$$

习题 4.3

4.3.1 研究两种固体燃料火箭推进器的燃烧率. 设两者都服从正态分布，并且已知燃烧率的标准差均近似地为 0.05 cm/s，取样本容量为 $n_1=n_2=20$，得燃烧率的样本均值分别为 $\overline{x}_1=18$ cm/s，$\overline{x}_2=24$ cm/s. 设两样本独立. 求两燃烧率总体均值差 $\mu_1-\mu_2$ 的置信水平为 0.99 的置信区间.

4.3.2 随机地从 A 批导线中抽 4 根，又从 B 批导线中抽 5 根，测得电阻(以 Ω 计)为

A 批导线：0.143，0.142，0.143，0.137；

B 批导线：0.140，0.142，0.136，0.138，0.140.

设测定数据分别来自分布 $N(\mu_1,\sigma^2)$，$N(\mu_2,\sigma^2)$，且两样本相互独立. 又 μ_1，μ_2，σ^2 均为未知. 试求 $\mu_1-\mu_2$ 的置信水平为 0.95 的置信区间.

4.3.3　某电子产品有两种型号，为了比较它们的某项参数值，分别从这两种型号电子产品中随机抽取若干个，测量该项参数值，得如下数据：

型号甲：10.1，10.3，10.4，9.7，9.8；

型号乙：12.5，12.2，12.1，12.0，11.9，11.8，12.8.

假设这两种型号的电子产品的该项参数值皆服从正态分布，而且它们的方差相等，试求它们的平均参数之差的置信系数为 95% 的置信区间.

4.3.4　某公司利用两条自动化流水线灌装矿泉水. 现从生产线上抽取样本 $X_1,\cdots,X_{12}$ 和 $Y_1,\cdots,Y_{17}$，它们是每瓶矿泉水的体积(单位：mL). 算得样本均值 $\overline{X}=501.1$ 和 $\overline{Y}=499.7$，修正的样本方差 $S_1^2=2.4$ 和 $S_2^2=4.7$. 假设这两条流水线所生产矿泉水的体积分别服从正态分布 $N(a,\sigma^2)$ 和 $N(b,\sigma^2)$，试求 $b-a$ 的置信系数为 0.95 的置信区间.

4.3.5　假定枪弹的速度服从正态分布，为了比较两种枪弹的速度，在相同的条件下进行速度测定，得出数据如下：

枪弹甲：$m=110$，$\overline{X}=2805$，$S_1=120.41$，

枪弹乙：$n=100$，$\overline{Y}=2680$，$S_2=105.00$，

这里的 S_1 和 S_2 分别表示两组样本修正的样本标准差. 试求这两种枪弹的平均速度之差的置信水平近似为 95% 的置信区间.

4.3.6　欲比较甲、乙两种棉花品种的优劣，现假设用它们纺出的棉纱强度服从 $N(a,\sigma_1^2)$ 和 $N(b,\sigma_2^2)$，$\sigma_1^2\neq\sigma_2^2$. 试验者从这两批棉纱中分别抽取样本 $X_1,\cdots,X_{120}$ 和 $Y_1,\cdots,Y_{60}$，其样本均值分别为 $\overline{X}=3.32$，$\overline{Y}=3.76$，修正的样本方差分别为 $S_1^2=2.18$，$S_2^2=5.76$. 试给出 $a-b$ 的置信水平为 95% 的置信区间.

4.3.7　设 $(X_1,\cdots,X_m)$ 是从正态总体 $N(a,\sigma_1^2)$ 中抽取的简单随机样本，$(Y_1,\cdots,Y_n)$ 是从正态总体 $N(b,\sigma_2^2)$ 中抽取的简单随机样本，且两组样本独立. 当 $\sigma_2^2/\sigma_1^2=\lambda$ 且 λ 已知时，求 $b-a$ 的置信系数为 $1-\alpha$ 的置信区间.

4.3.8　设两位化验员 A，B 独立地对某种聚合物含氯量用相同的方法各做 10 次测定，其测定值修正的样本方差依次为 $s_A^2=0.5419$，$s_B^2=0.6065$. 设 σ_A^2，σ_B^2 分别为 A，B 所测定的测定值总体的方差. 设总体均为正态的，且

两样本独立. 求方差比 σ_A^2/σ_B^2 的置信水平为 0.95 的置信区间.

4.3.9 有甲、乙两台机床加工同样产品,分别从它们加工的产品中抽取若干个产品,分别测得产品直径后,算得如下数据:

机床甲: $m=8,\ \overline{x}=30.97,\ S_1=\sqrt{\dfrac{1}{m-1}\sum\limits_{i=1}^{m}(x_i-\overline{x})^2}=36.7$;

机床乙: $n=7,\ \overline{y}=21.99,\ S_2=\sqrt{\dfrac{1}{n-1}\sum\limits_{j=1}^{n}(y_j-\overline{y})^2}=8.1$.

假设产品直径服从正态分布. 试求

(1)这两台机床加工产品的平均直径之差的置信水平近似为 95% 的置信区间;

(2)这两台机床加工精度(即方差)之比的置信水平为 90% 的置信区间.

4.4 非正态总体的区间估计

本章第 2 节和第 3 节都是正态总体下参数的置信区间问题,但对于非正态总体,要考虑合适的枢轴量. 若枢轴量的精确分布容易求得,则可用小样本方法获得精确的置信区间;若枢轴量的精确分布不容易求得,或其精确分布虽可以求得,但表达式很复杂,使用不方便,则可用枢轴量的极限分布来构造有关参数的近似的置信区间. 本节以指数分布和均匀分布为例,利用小样本方法,通过枢轴量的精确分布来构造未知参数的置信区间;以二项分布和泊松分布为例,利用大样本方法,通过枢轴量的极限分布来构造未知参数的近似的置信区间.

一、小样本方法

例 4.4.1(指数分布) 设 $(X_1, X_2, \cdots, X_n)$ 为来自指数分布总体 $X\sim E(\lambda)$ 的样本,总体 X 的概率密度函数为

$$f(x;\lambda)=\lambda e^{-\lambda x},\ x>0,$$

$EX=\dfrac{1}{\lambda}$, $\lambda>0$ 为未知参数. 求 $g(\lambda)=\dfrac{1}{\lambda}$ 的置信水平为 $1-\alpha$ 的置信区间.

解 因为 $E(\lambda)$ 是指数型分布,所以由 §2.4 节中的定理 2.4.1 知,

$T=\sum\limits_{i=1}^{n}X_i$ 为充分完全统计量.

又因为 $E(\lambda)\overset{d}{=}\Gamma(\lambda,1)$,而 Gamma 分布对第二个参数具有可加性,所以

$$T=\sum_{i=1}^{n}X_i\sim\Gamma(\lambda,n),$$

从而 T 的概率密度函数为

$$f_T(t;\lambda,n)=\frac{\lambda^n}{\Gamma(n)}e^{-\lambda t}\cdot t^{n-1},\quad t>0.$$

令 $h=2\lambda T$,得 h 的概率密度函数为

$$\begin{aligned}g(h;n)&=f_T\left(\frac{h}{2\lambda};\lambda,n\right)\cdot\frac{1}{2\lambda}\\&=\frac{\lambda^n}{\Gamma(n)}\cdot e^{-\lambda\cdot\frac{h}{2\lambda}}\cdot\left(\frac{h}{2\lambda}\right)^{n-1}\cdot\frac{1}{2\lambda}\\&=\frac{\lambda^n}{\Gamma(n)}\cdot e^{-\frac{h}{2}}\cdot h^{n-1}\cdot\left(\frac{1}{2\lambda}\right)^n\\&=\frac{\left(\frac{1}{2}\right)^n}{\Gamma\left(\frac{2n}{2}\right)}\cdot e^{-\frac{h}{2}}\cdot h^{\frac{2n}{2}-1},\quad h>0,\end{aligned}$$

所以 $h=2\lambda T\sim\Gamma\left(\frac{1}{2},\frac{2n}{2}\right)\overset{d}{=\!=}\chi^2(2n)$,即 $h=2\lambda T\sim\chi^2(2n)$,此分布与未知参数 λ 无关,故 $h=2\lambda T$ 可作为枢轴量.

对于给定的 $\alpha\in(0,1)$,查表得 $\chi^2(2n)$ 分布的上、下侧 $\frac{\alpha}{2}$ 分位点 $\chi^2_{\frac{\alpha}{2}}(2n)$, $\chi^2_{1-\frac{\alpha}{2}}(2n)$,于是有

$$P\left\{\chi^2_{1-\frac{\alpha}{2}}(2n)\leqslant h\leqslant\chi^2_{\frac{\alpha}{2}}(2n)\right\}=P\left\{\chi^2_{1-\frac{\alpha}{2}}(2n)\leqslant 2\lambda T\leqslant\chi^2_{\frac{\alpha}{2}}(2n)\right\}=1-\alpha,$$

所以,$\frac{1}{\lambda}$ 的置信水平为 $1-\alpha$ 的置信区间为

$$\left[\frac{2T}{\chi^2_{\frac{\alpha}{2}}(2n)},\frac{2T}{\chi^2_{1-\frac{\alpha}{2}}(2n)}\right].$$

例 4.4.2(均匀分布)　设$(X_1,X_2,\cdots,X_n)$为来自均匀分布总体 $X\sim U(0,\theta)$的样本,总体 X 的概率密度函数为

$$f(x;\theta)=\frac{1}{\theta},\quad 0<x<\theta,$$

$\theta>0$ 为未知参数. 求 θ 的置信水平为 $1-\alpha$ 的置信区间.

解　由例 2.4.7 知,$T=\max\limits_{1\leqslant i\leqslant n}X_i=X_{(n)}$ 为充分完全统计量. 由例3.1.6知,

$X_{(n)}$的概率密度函数为

$$f_{X_{(n)}}(x;\theta)=\begin{cases} n\left(\dfrac{x}{\theta}\right)^{n-1}\dfrac{1}{\theta}, & 0<x<\theta, \\ 0, & 其他. \end{cases}$$

令 $h=\dfrac{X_{(n)}}{\theta}$,得 h 的概率密度函数为

$$g(y)=f_{X_{(n)}}(y\theta;\theta)\cdot\theta=ny^{n-1},\quad 0<y<1,$$

此分布与未知参数 θ 无关,故 $h=\dfrac{X_{(n)}}{\theta}$可作为枢轴量.

对于给定的 $\alpha\in(0,1)$,选取正数 c_1 和 c_2,使得

$$P(c_1\leqslant h\leqslant c_2)=\int_{c_1}^{c_2}ny^{n-1}\mathrm{d}y=1-\alpha,$$

由于 $g(y)=ny^{n-1}$ 在 $0<y<1$ 上单调递增,为使得区间长度最短,故应取 $c_2=1$,从而求得 $c_1=\sqrt[n]{\alpha}$. 所以,θ 的置信水平为 $1-\alpha$ 的置信区间为 $\left[X_{(n)},\dfrac{X_{(n)}}{\sqrt[n]{\alpha}}\right]$.

如果不要求区间长度最短,那么还有如下简单做法:对于给定的 $\alpha\in(0,1)$,选取正数 c_1 和 c_2,使得

$$P(c_1\leqslant h\leqslant c_2)=1-\alpha.$$

易见,满足此条件的 c_1 和 c_2 有无穷多组. 为方便计算,考虑

$$P(h<c_1)=P(h>c_2)=\frac{\alpha}{2},$$

从而

$$c_1=\sqrt[n]{\frac{\alpha}{2}},\quad c_2=\sqrt[n]{1-\frac{\alpha}{2}},$$

且有

$$P\left(\sqrt[n]{\frac{\alpha}{2}}\leqslant h\leqslant\sqrt[n]{1-\frac{\alpha}{2}}\right)=P\left(\sqrt[n]{\frac{\alpha}{2}}\leqslant\frac{X_{(n)}}{\theta}\leqslant\sqrt[n]{1-\frac{\alpha}{2}}\right)=1-\alpha,$$

所以 θ 的置信水平为 $1-\alpha$ 的置信区间为

$$\left[\frac{X_{(n)}}{\sqrt[n]{1-\frac{\alpha}{2}}},\frac{X_{(n)}}{\sqrt[n]{\frac{\alpha}{2}}}\right].$$

二、大样本方法

例 4.4.3(二项分布)　设$(X_1,X_2,\cdots,X_n)$为来自两点分布总体$X\sim B(1,p)$的样本,$0<p<1$为未知参数.求p的置信水平为$1-\alpha$的置信区间.

解　记$\overline{X}=\frac{1}{n}\sum_{i=1}^{n}X_i,S_n=\sum_{i=1}^{n}X_i=n\overline{X}$,则$S_n\sim B(n,p)$.利用棣莫弗-拉普拉斯(De Moivre-Laplace)中心极限定理,有

$$\frac{S_n-np}{\sqrt{np(1-p)}}=\frac{\sqrt{n}(\overline{X}-p)}{\sqrt{p(1-p)}}\xrightarrow{L}N(0,1),\tag{4.4.1}$$

即当n充分大时,随机变量$T=\frac{\sqrt{n}(\overline{X}-p)}{\sqrt{p(1-p)}}$的极限分布是$N(0,1)$,与未知参数$p$无关,所以可取$T$为枢轴量.对于给定的$0<\alpha<1$,当$n$充分大时有

$$P\left(\left|T\right|\leqslant u_{\frac{\alpha}{2}}\right)=P\left\{\left|\frac{\sqrt{n}(\overline{X}-p)}{\sqrt{p(1-p)}}\right|\leqslant u_{\frac{\alpha}{2}}\right\}\approx 1-\alpha.\tag{4.4.2}$$

上式括号中的不等式等价于

$$(\overline{X}-p)^2\leqslant\frac{u_{\frac{\alpha}{2}}^2 p(1-p)}{n},$$

展开得到p的二次三项式

$$p^2\left(n+u_{\frac{\alpha}{2}}^2\right)-p(2n\overline{X}+u_{\frac{\alpha}{2}}^2)+n\overline{X}^2\leqslant 0.$$

利用Δ判别式法,得上述不等式的解为

$$\hat{p}_1\leqslant p\leqslant\hat{p}_2,$$

其中

$$\hat{p}_1=\frac{n}{n+u_{\frac{\alpha}{2}}^2}\left[\overline{X}+\frac{u_{\frac{\alpha}{2}}^2}{2n}-u_{\frac{\alpha}{2}}\sqrt{\frac{\overline{X}(1-\overline{X})}{n}+\frac{u_{\frac{\alpha}{2}}^2}{4n^2}}\right],$$

$$\hat{p}_2=\frac{n}{n+u_{\frac{\alpha}{2}}^2}\left[\overline{X}+\frac{u_{\frac{\alpha}{2}}^2}{2n}+u_{\frac{\alpha}{2}}\sqrt{\frac{\overline{X}(1-\overline{X})}{n}+\frac{u_{\frac{\alpha}{2}}^2}{4n^2}}\right].$$

因此$\left[\hat{p}_1,\hat{p}_2\right]$就是$p$的置信水平近似为$1-\alpha$的置信区间.

在例4.4.3中,$\hat{p}_1$和$\hat{p}_2$的表达式较为复杂,使用不方便.在实用中,往往采用下面较为简单的做法,但要用到定理2.3.1(Slutsky定理).

利用定理 2.3.1(Slutsky 定理)，可以得到例 4.4.3 中未知参数 p 的置信水平为 $1-\alpha$ 的较为简单的置信区间. 由辛钦大数定律知，$\overline{X}=\frac{S_n}{n}\xrightarrow{P}p$，结合依概率收敛的性质以及式(4.4.1)可知，

$$\sqrt{\frac{p(1-p)}{\overline{X}(1-\overline{X})}}\xrightarrow{P}1,\quad \frac{\sqrt{n}(\overline{X}-p)}{\sqrt{p(1-p)}}\xrightarrow{L}N(0,1). \tag{4.4.3}$$

故由定理 2.3.1(Slutsky 定理)知，

$$\frac{\sqrt{n}(\overline{X}-p)}{\sqrt{\overline{X}(1-\overline{X})}}=\frac{\sqrt{n}(\overline{X}-p)}{\sqrt{p(1-p)}}\cdot\sqrt{\frac{p(1-p)}{\overline{X}(1-\overline{X})}}\xrightarrow{L}N(0,1), \tag{4.4.4}$$

此极限分布与未知参数 p 无关，故可取 $T=\frac{\sqrt{n}(\overline{X}-p)}{\sqrt{\overline{X}(1-\overline{X})}}$ 为枢轴量. 令

$$P\left(\left|\frac{\sqrt{n}(\overline{X}-p)}{\sqrt{\overline{X}(1-\overline{X})}}\right|\leqslant u_{\frac{\alpha}{2}}\right)\approx 1-\alpha,$$

即有

$$P\left(\overline{X}-u_{\frac{\alpha}{2}}\sqrt{\frac{\overline{X}(1-\overline{X})}{n}}\leqslant p\leqslant\overline{X}+u_{\frac{\alpha}{2}}\sqrt{\frac{\overline{X}(1-\overline{X})}{n}}\right)\approx 1-\alpha,$$

因此，

$$\left[\overline{X}-u_{\frac{\alpha}{2}}\sqrt{\frac{\overline{X}(1-\overline{X})}{n}},\overline{X}+u_{\frac{\alpha}{2}}\sqrt{\frac{\overline{X}(1-\overline{X})}{n}}\right]$$

就是 p 的置信水平近似为 $1-\alpha$ 的置信区间.

例 4.4.4(泊松分布) 设 $(X_1,X_2,\cdots,X_n)$ 为来自泊松分布总体 $X\sim\mathscr{P}(\lambda)$ 的样本，$\lambda>0$ 为未知参数. 求 λ 的置信水平为 $1-\alpha$ 的置信区间.

解 记 $\overline{X}=\frac{1}{n}\sum_{i=1}^{n}X_i,S_n=\sum_{i=1}^{n}X_i=n\overline{X}$，则 $S_n\sim\mathscr{P}(n\lambda)$. 利用林德贝格-莱维(Lindeberg-Levy)中心极限定理，有

$$\frac{S_n-n\lambda}{\sqrt{n\lambda}}=\frac{\sqrt{n}(\overline{X}-\lambda)}{\sqrt{\lambda}}\xrightarrow{L}N(0,1), \tag{4.4.5}$$

即当 n 充分大时，随机变量 $T=\frac{\sqrt{n}(\overline{X}-\lambda)}{\sqrt{\lambda}}$ 的极限分布是 $N(0,1)$，与未知参数 λ 无关，所以可取 T 为枢轴量. 对于给定的 $0<\alpha<1$，当 n 充分大时有

$$P\left(|T| \leqslant u_{\frac{\alpha}{2}}\right)=P\left(\left|\frac{\sqrt{n}(\overline{X}-\lambda)}{\sqrt{\lambda}}\right| \leqslant u_{\frac{\alpha}{2}}\right) \approx 1-\alpha. \qquad (4.4.6)$$

式(4.4.6)括号中的不等式等价于

$$(\overline{X}-\lambda)^2 \leqslant \frac{\lambda u_{\frac{\alpha}{2}}^2}{n},$$

展开得到 λ 的二次三项式

$$n\lambda^2-\left(2n\overline{X}+u_{\frac{\alpha}{2}}^2\right)\lambda+n\overline{X}^2 \leqslant 0.$$

利用 Δ 判别式法,得上述不等式的解为

$$\hat{\lambda}_1 \leqslant \lambda \leqslant \hat{\lambda}_2,$$

其中

$$\hat{\lambda}_1=\overline{X}+\frac{u_{\frac{\alpha}{2}}^2}{2n}-u_{\frac{\alpha}{2}}\sqrt{\frac{\overline{X}}{n}+\frac{u_{\frac{\alpha}{2}}^2}{4n^2}},$$

$$\hat{\lambda}_2=\overline{X}+\frac{u_{\frac{\alpha}{2}}^2}{2n}+u_{\frac{\alpha}{2}}\sqrt{\frac{\overline{X}}{n}+\frac{u_{\frac{\alpha}{2}}^2}{4n^2}}.$$

因此$[\hat{\lambda}_1,\hat{\lambda}_2]$就是 λ 的置信水平近似为 $1-\alpha$ 的置信区间.

在例 4.4.4 中,$\hat{\lambda}_1$ 和 $\hat{\lambda}_2$ 的表达式较为复杂,使用不方便. 在实用中,往往采用下面较为简单的做法. 由辛钦大数定律知,$\overline{X}=\frac{S_n}{n}\xrightarrow{P}\lambda$,结合依概率收敛的性质以及式(4.4.5)可知,

$$\sqrt{\frac{\lambda}{\overline{X}}}\xrightarrow{P}1, \quad \frac{\sqrt{n}(\overline{X}-\lambda)}{\sqrt{\lambda}}\xrightarrow{L}N(0,1). \qquad (4.4.7)$$

故由定理 2.3.1(Slutsky 定理)知,

$$\frac{\sqrt{n}(\overline{X}-\lambda)}{\sqrt{\overline{X}}}=\frac{\sqrt{n}(\overline{X}-\lambda)}{\sqrt{\lambda}}\cdot\sqrt{\frac{\lambda}{\overline{X}}}\xrightarrow{L}N(0,1), \qquad (4.4.8)$$

此极限分布与未知参数 λ 无关,故可取 $T=\frac{\sqrt{n}(\overline{X}-\lambda)}{\sqrt{\overline{X}}}$为枢轴量. 令

$$P\left(\left|\frac{\sqrt{n}(\overline{X}-\lambda)}{\sqrt{\overline{X}}}\right| \leqslant u_{\frac{\alpha}{2}}\right) \approx 1-\alpha,$$

即有

$$P\left(\overline{X}-u_{\frac{\alpha}{2}}\sqrt{\frac{\overline{X}}{n}}\leqslant\lambda\leqslant\overline{X}+u_{\frac{\alpha}{2}}\sqrt{\frac{\overline{X}}{n}}\right)\approx 1-\alpha,$$

因此,

$$\left[\overline{X}-u_{\frac{\alpha}{2}}\sqrt{\frac{\overline{X}}{n}},\overline{X}+u_{\frac{\alpha}{2}}\sqrt{\frac{\overline{X}}{n}}\right]$$

就是λ的置信水平近似为$1-\alpha$的置信区间.

习题 4.4

4.4.1 设总体X的密度函数为$\lambda e^{-\lambda x}I(x>0)$,其中$\lambda>0$为未知参数,$(X_1,\cdots,X_n)$为抽自此总体的简单随机样本,求:(1) λ的置信水平为$1-\alpha$的置信区间;(2) 总体均值的置信水平为$1-\alpha$的置信区间;(3) 总体方差的置信水平为$1-\alpha$的置信区间;(4) 设$g(x)$为严格单调函数,求$g(\lambda)$的置信水平为$1-\alpha$的置信区间.

4.4.2 设总体X有概率密度函数

$$f(x;\theta)=\begin{cases}e^{-(x-\theta)}, & x>\theta,\\ 0, & x\leqslant\theta,\end{cases}$$

$-\infty<\theta<+\infty$为未知参数,$(X_1,X_2,\cdots,X_n)$为来自该总体的样本.

(1) 证明:$X_{(1)}-\theta$的分布与θ无关,并求出此分布;

(2) 求θ的置信水平为$1-\alpha$的置信区间.

4.4.3 设总体X有概率密度函数

$$f(x;\theta)=\begin{cases}\dfrac{\theta}{x^2}, & x>\theta,\\ 0, & x\leqslant\theta,\end{cases}$$

$\theta>0$为未知参数,$(X_1,X_2,\cdots,X_n)$为来自该总体的样本. 求θ的置信水平为$1-\alpha$的置信区间.

4.4.4 设总体X的密度函数为:

$$f(x,\theta)=\frac{1}{\pi[1+(x-\theta)^2]},\ -\infty<x<\infty,\ -\infty<\theta<\infty,$$

$(X_1,\cdots,X_n)$为抽自此总体的简单随机样本,求位置参数θ的置信水平近似为$1-\alpha$的置信区间.

4.4.5 在一批货物的容量为100的样本中,经检验发现有16只次品,试求这批货物次品率的置信水平为 0.95 的置信区间.

4.4.6　某学校计划组织一次大的交友活动，为此要了解学生对该活动的支持程度，随机地对 100 名学生进行了解，其中有 22 名支持者. 若记该校学生中支持这项活动的人数比例为 p，并设该校学生数足够多.

(1)求 p 的置信系数为 0.99 的置信区间；

(2)若只关心 p 的下限，求出置信系数为 0.95 的置信下限.

4.4.7　电话总机在单位时间内接到呼唤次数服从 Poisson 分布 $\mathscr{P}(\lambda)$. 观察单位时间内呼唤次数 40 次，获得如下数据：

接到呼唤次数	0	1	2	3	4	5	6	7
观察次数	5	10	12	8	3	2	0	0

试求 λ 的置信水平近似为 0.95 的置信区间.

4.4.8　设$(X_1,\cdots,X_m)$是从总体 $B(1,p_1)$中抽取的样本，$(Y_1,\cdots,Y_n)$是从总体 $B(1,p_2)$中抽取的样本，且两组样本独立，m,n 很大，p_1,p_2 是未知参数，求 p_2-p_1 的置信系数近似为 $1-\alpha$ 的置信区间.

4.4.9　设$(X_1,\cdots,X_m)$和$(Y_1,\cdots,Y_n)$分别是从具有位置参数 θ_1 和 θ_2 的 Cauchy 分布总体中抽取的简单随机样本，且样本$(X_1,\cdots,X_m)$和$(Y_1,\cdots,Y_n)$相互独立，m,n 很大，求 $\theta_2-\theta_1$ 的置信系数为 $1-\alpha$ 的置信区间.（注：具有位置参数 θ 的 Cauchy 分布密度函数为：$f(x)=1/\{\pi[1+(x-\theta)^2]\}$，$-\infty<x<+\infty$，$-\infty<\theta<+\infty$）

第 5 章
假设检验

众所周知,估计和假设检验是统计推断的两个主要形式,具体研究内容如下:

- 统计推断
  - 估计
    - 参数估计
      - 点估计
      - 区间估计
    - 非参数估计——分布函数与概率密度函数的估计
  - 假设检验
    - 参数假设检验
    - 非参数假设检验

在第 3 章和第 4 章,已经详细介绍了估计问题,本章将重点介绍假设检验问题,主要包括参数假设检验和非参数假设检验两大部分内容.

5.1 基本概念

一、假设、假设检验

为了给出假设和假设检验的概念,先看下面几个简单的例子.

例 5.1.1 为检验某超市出售的净重标为 500 g 的袋装白糖的净重是否标准(假设服从正态分布),需要进行抽样检查.如果随机抽取了 9 袋白糖,测得净重如下:

499.12,498.23,500.02,501.23,498.93,498.29,500.12,501.03,498.83.

试问：这批白糖的净重是否符合标准？

设 X 表示袋装白糖的净重，得到的 9 个数据是 X 的一组样本观测值．问题转化为：判断等式“$EX=500$”是否成立？

例 5.1.2　为比较甲、乙两种安眠药的疗效，现将 20 名患者分成两组，每组 10 人．如果服药后延长的睡眠时间（单位：小时）分别服从正态分布，且所测得的数据如下：

甲：5.5，4.6，4.4，3.4，1.9，1.6，1.1，0.8，0.1，−0.1；

乙：3.7，3.4，2.0，2.0，0.8，0.7，0，−0.1，−0.2，−1.6．

问：在这两组数据下，两种安眠药服用后延长的睡眠时间的离散度是否一样？

分别用 X 和 Y 表示甲、乙两种安眠药服用后延长的睡眠时间，得到的两组各 10 个数据分别是 X 和 Y 的样本．问题转化为：判断等式“$DX=DY$”是否成立？

例 5.1.3　某车间生产滚珠，随机抽取了 50 个产品，测得它们的直径（单位：mm）为

15.0	15.8	15.2	15.1	15.9	14.7	14.8	15.5	15.6	15.3
15.1	15.3	15.0	15.6	15.7	15.8	14.5	14.2	14.9	14.9
15.2	15.0	15.3	15.6	15.1	14.9	14.2	14.6	15.8	15.2
15.9	15.2	15.0	14.9	14.8	14.5	15.1	15.5	15.5	15.1
15.1	15.0	15.3	14.7	14.5	15.5	15.0	14.7	14.6	14.2

问：滚珠直径是否服从正态分布 $N(\mu,\sigma^2)$？

设 X 表示滚珠直径，得到的 50 个数据是 X 的一个样本．问题转化为：判断“X 的分布函数是正态分布”是否成立？

例 5.1.4　为了探讨吸烟与患慢性支气管炎有无关系，调查了 339 人，情况见下表：

人数	患慢性支气管炎	未患慢性支气管炎	合计
吸烟	43	162	205
不吸烟	13	121	134
合计	56	283	339

问：生病与吸烟有无关系？

设

$$X=\begin{cases}1,\text{吸烟},\\2,\text{不吸烟},\end{cases}\qquad Y=\begin{cases}1,\text{患病},\\2,\text{不患病}.\end{cases}$$

问题转化为:判断“X 与 Y 相互独立”是否成立?

上面 4 个例子所代表的问题是很广泛的,其共同点是从样本值出发去判断关于总体分布的一个“看法”是否成立. 例 5.1.1 的“看法”是“$EX=500$”,例 5.1.2 的“看法”是“$DX=DY$”,例 5.1.3 的“看法”是“X 的分布函数是正态分布”,例 5.1.4 的“看法”是“X 与 Y 相互独立”.

任何一个关于总体的“看法”统称为**假设**(hypothesis). 特别地,任何一个在总体的未知分布上所作的假设均称为**统计假设**,简称**假设**.

按照定义,假设主要分为参数假设和非参数假设两种类型. 若总体分布 $F(x;\theta)$ 的类型已知,θ 为未知参数,对 $F(x;\theta)$ 中未知参数 θ 的假设称为**参数假设**;若总体分布的类型未知,对总体分布类型的假设称为**非参数假设**.

根据样本的信息对统计假设做出判断,称为**假设检验**(hypothesis test). 由于假设分为参数假设和非参数假设两种类型,故假设检验也分为参数假设检验和非参数假设检验两种类型. 若总体分布的类型已知,但含有未知参数,检验总体中未知参数的有关假设称为**参数假设检验**;若总体分布的类型未知,检验总体分布类型的有关假设称为**非参数假设检验**.

二、原假设、对立假设、拒绝域、接受域

设$(X_1,X_2,\cdots,X_n)$为来自总体 $F(x;\theta)$ 的样本,θ 为未知参数,$\theta\in\Theta$,把要检验的“看法”(即对未知分布的假设)记为 H_0,与之相对的“看法”记为 H_1.

比如,对未知参数 θ 的检验,相当于把 Θ 分成两个互不相交的部分 Θ_0 和 Θ_1,即 $\Theta=\Theta_0+\Theta_1$(表示不交并,下同). 需要检验的问题是:判断 $\theta\in\Theta_0$,还是 $\theta\in\Theta_1$? 该检验问题简记为

$$H_0:\theta\in\Theta_0\leftrightarrow H_1:\theta\in\Theta_1.$$

要做的是:根据样本 $X_1,X_2,\cdots,X_n$ 来判断“H_0 对”或者“H_1 对”,其中,“看法”H_0 称为**零假设**或**原假设**(null hypothesis),“看法”H_1 称为**对立假设**或**备择假设**(alternative hypothesis). 由原假设 H_0 和对立假设 H_1 构成一个**假设检验问题**.

例如:考察一个厂的产品是否合格,规定的标准为:若次品率 $\theta\leqslant 0.03$,则

为合格品. 这里, 次品率 $\theta\in[0,1]:=\Theta$. 要检验的假设为:

$$H_0:\theta\leqslant 0.03\leftrightarrow H_1:\theta>0.03,$$

这里, $\Theta=[0,1]$, $\Theta_0=[0,0.03]$, $\Theta_1=(0.03,1]$.

若推断出"H_0 对", 则接受 H_0; 若"H_0 不对", 则拒绝 H_0.

利用某一标准, 把样本空间 $\mathscr{X}$(样本的所有可能取值全体) 分成两个互不相交的部分 W 和 W^c, 即 $\mathscr{X}=W+W^c$, 这里, W 为一小概率事件对应的区域.

规定(假设检验的基本思想): 基于小概率事件的实际不可能原理, 若样本 $(X_1,X_2,\cdots,X_n)\in W$, 则拒绝 H_0; 若样本 $(X_1,X_2,\cdots,X_n)\overline{\in}W$, 则接受 H_0. 称 W 为**拒绝域**(或**否定域**, rejection region, 或 critical region), W^c 为**接受域**(acceptance region).

有了拒绝域, 就构成了一个检验(规则), 从而, 一个拒绝域就对应一个检验.

检验可能产生四种情况, 具体如下:

(1) H_0 真, 拒绝 H_0, 即 $(X_1,X_2,\cdots,X_n)\in W$;

(2) H_0 真, 接受 H_0, 即 $(X_1,X_2,\cdots,X_n)\in W^c$;

(3) H_0 不真, 拒绝 H_0, 即 $(X_1,X_2,\cdots,X_n)\in W$;

(4) H_0 不真, 接受 H_0, 即 $(X_1,X_2,\cdots,X_n)\in W^c$;

其中, (2) 和 (3) 推断对了, (1) 和 (4) 推断错了. 所以, 产生了两类错误:

(1) 称为**弃真, 犯第一类错误**, 称

$$P((X_1,X_2,\cdots,X_n)\in W\mid H_0\text{ 真})=P(\text{拒绝 }H_0\mid H_0\text{ 真}):=\alpha$$

为**犯第一类错误的概率**;

(2) 称为**取伪**, **犯第二类错误**, 称

$$P((X_1,X_2,\cdots,X_n)\in W^c\mid H_0\text{ 不真})=P(\text{接受 }H_0\mid H_0\text{ 不真}):=\beta$$

为**犯第二类错误的概率**.

三、功效函数及检验水平

设 W 为拒绝域或否定域.

定义 5.1.1　称

$$\rho_W(\theta):=P((X_1,X_2,\cdots,X_n)\in W|\theta):=P(\text{拒绝 }H_0|\theta):=P(W|\theta),\quad \theta\in\Theta$$

为 W 的**功效函数**(power function), 或**势**.

注 5.1.1　当 $\theta\in\Theta_0$ 时,

$$\rho_W(\theta)=P(拒绝\ H_0 \mid H_0真)=\alpha=P(犯第一类错误),$$

此概率越小越好.

当 $\theta\in\Theta_1$ 时,

$$\begin{aligned}\rho_{W^c}(\theta)&=P\Big((X_1,X_2,\cdots,X_n)\in W^c \mid H_0\ 不真\Big)\\&=P\Big(接受\ H_0 \mid H_0\ 不真\Big)\\&=P(犯第二类错误)=\beta\\&=1-P\Big((X_1,X_2,\cdots,X_n)\in W \mid H_0\ 不真\Big)\\&=1-P(W\mid\theta)=1-\rho_W(\theta),\end{aligned}$$

此概率越小越好,即 $\rho_W(\theta)$ 越大越好.

对于给定的拒绝域 W:若 $\theta\in\Theta_0$,$\rho_W(\theta)$ 越小则 W 越好;若 $\theta\in\Theta_1$,$\rho_W(\theta)$ 越大则 W 越好.

定义 5.1.2 若对任意的 $\theta\in\Theta_0$,有 $\rho_W(\theta)\leqslant\alpha$,则称 α 为 W 的**检验水平**(test level),或**显著性水平**(significance level),简称**水平**.

例 5.1.5 设 $X_1,X_2,\cdots,X_n\ i.i.d.\sim N(\theta,1)$,要检验假设

$$H_0:\theta=0\leftrightarrow H_1:\theta\neq 0,$$

这里 $\theta\in\Theta=(-\infty,+\infty)$,$\Theta_0=\{0\}$,$\Theta_1=(-\infty,0)\cup(0,+\infty)$.

若取检验的拒绝域为

$$W=\left\{(X_1,X_2,\cdots,X_n):|\overline{X}|>\frac{1.96}{\sqrt{n}}\right\},$$

求 W 的功效函数 $\rho_W(\theta)$ 以及犯第一类错误的概率 α.

解 因为 $\overline{X}\sim N\left(\theta,\dfrac{1}{n}\right)$,所以 $\sqrt{n}(\overline{X}-\theta)\sim N(0,1)$. 从而

$$\begin{aligned}\rho_W(\theta)&=P\left[(X_1,X_2,\cdots,X_n)\in W\middle|\theta\right]=P\left[|\overline{X}|>\frac{1.96}{\sqrt{n}}\middle|\theta\right]\\&=1-P\left[-\frac{1.96}{\sqrt{n}}\leqslant\overline{X}\leqslant\frac{1.96}{\sqrt{n}}\middle|\theta\right]\\&=1-[\Phi(1.96-\sqrt{n}\theta)-\Phi(-1.96-\sqrt{n}\theta)].\end{aligned}$$

若 H_0 成立,即 $\theta=0$,则犯第一类错误的概率为

$\alpha=\rho_W(0)=1-[\Phi(1.96)-\Phi(-1.96)]=2[1-\Phi(1.96)]=0.05.$

四、假设检验

1. 功效一致最大的检验

定义 5.1.3　设 W 是一个水平为 α 的检验，若对其他任何水平为 α 的检验 W_1，有

$$\rho_{W_1}(\theta)\leqslant\rho_W(\theta)，对任意的 \theta\in\Theta_1\Leftrightarrow\rho_{W^c}(\theta)\leqslant\rho_{W_1^c}(\theta)，对任意的 \theta\in\Theta_1，$$

则称 W 为水平为 α 的**功效一致最大的检验**(uniform maximum power test，简记为 UMP **检验**)，或称为水平为 α 的 UMP **检验**.

2. 无偏检验

定义 5.1.4　设 W 为水平为 α 的检验，若对任意的 $\theta\in\Theta_1$，有 $\rho_W(\theta)\geqslant\alpha$，则称 W 为水平为 α 的**无偏检验**(unbised test).

无偏检验的含义是：H_0 为真时被拒绝的概率不大于它为假时被拒绝的概率，这是一个很自然的假设.

3. 功效一致最大无偏检验

定义 5.1.5　设 W 为水平为 α 的无偏检验，若对其他任何水平为 α 的无偏检验 W_1，都有

$$\rho_{W_1}(\theta)\leqslant\rho_W(\theta)，对任意的 \theta\in\Theta_1\Leftrightarrow \rho_{W^c}(\theta)\leqslant\rho_{W_1^c}(\theta)，对任意的\theta\in\Theta_1，$$

则称 W 为水平为 α 的**功效一致最大无偏检验**(uniform maximum power unbiased test，简记为 UMPU **检验**)，或简称为水平为 α 的 UMPU **检验**.

五、求假设检验问题的一般步骤

为了给出假设检验问题的一般步骤，先看一个具体的例子.

例 5.1.6　某灯泡厂在正常情况下，所生产的灯泡的使用寿命 $X\sim N(1800,100^2)$(单位：小时). 今从该厂生产的一批灯泡中随机抽取 25 个检测，测得其平均寿命为 $\bar{x}=1730$. 假设标准差保持不变，问能否认为这批灯泡的平均寿命仍为 1800 小时？

该问题判断总体均值 $\mu=1800$ 是否成立？μ 的估计值 $\hat{\mu}=\bar{x}=1730$，似乎应否定"$\mu=1800$"；即使 $\mu=1800$ 成立，样本均值 $\bar{x}=1800$ 出现的可能性也不大. 事实上，由于 $\overline{X}$ 为连续型随机变量，所以 $P\left(\overline{X}=1800\right)=0$，也就是事件

$\left\{\overline{X}=1800\right\}$几乎不发生.因此参数点估计无法回答该问题,须另寻其他方法.问题例 5.1.6 可以重述如下:

已知总体 $X\sim N(\mu,100^2)$,现抽取一容量为 25 的样本,$\bar{x}=1730$,检验假设

$$H_0:\mu=1800\leftrightarrow H_1:\mu\neq 1800$$

哪一个成立?

该问题的一般描述为:

已知总体 $X\sim N(\mu,\sigma_0^2)$,σ_0^2 为已知常数,现抽取一容量为 n 的样本 $(X_1,X_2,\cdots,X_n)$,由样本观测值$(x_1,x_2,\cdots,x_n)$得,$\bar{x}=\dfrac{1}{n}\sum\limits_{i=1}^{n}x_i$,检验假设

$$H_0:\mu=\mu_0\leftrightarrow H_1:\mu\neq\mu_0$$

哪一个成立? 这里,μ_0 为常数,H_0 是原假设,H_1 是对立假设.现从 μ 的点估计量 $\overline{X}$ 出发研究该问题.令

$$U=\frac{\sqrt{n}(\overline{X}-\mu_0)}{\sigma_0}.$$

当 H_0 成立时,$U\sim N(0,1)$,则$|U|$的取值一般偏小;否则当 H_1 成立时,$|U|$的取值一般偏大.因此当$|U|$没有超过一定界限时,应接受 H_0;反之,当$|U|$偏大且超过一定临界值 c 时,应拒绝 H_0.从而 H_0 的拒绝域 W 具有如下形式:

$$W=\left\{(x_1,x_2,\cdots,x_n):|u|=\left|\frac{\sqrt{n}(\bar{x}-\mu_0)}{\sigma_0}\right|\geqslant c\right\}.$$

下面讨论临界值 c 又如何定?

由于原假设 $H_0:\mu=\mu_0$ 是正常情况下的状态,故若没有充分的证据,则不应轻易怀疑其正确性.因此,在 H_0 成立时,要限制其被拒绝的概率上界为 α(α 称为显著性水平)则有

$$P\Big(\text{拒绝 } H_0\,|\,H_0 \text{ 为真}\Big)=P\Big((X_1,X_2,\cdots,X_n)\in W\,|\,H_0 \text{ 为真}\Big)=\alpha(\leqslant\alpha),$$

从而有

$$P\left(\left|\frac{\sqrt{n}(\overline{X}-\mu_0)}{\sigma_0}\right|\geqslant c\,\middle|\,\mu=\mu_0\right)=\alpha,$$

故 $c=u_{\frac{\alpha}{2}}$,H_0 的拒绝域为

$$W=\left\{(x_1,x_2,\cdots,x_n):|u|=\left|\frac{\sqrt{n}(\overline{x}-\mu_0)}{\sigma_0}\right|\geqslant u_{\frac{\alpha}{2}}\right\}.$$

上述过程总结如下：为了检验 H_0 是否成立，先假设 H_0 成立，再运用统计方法观察由此会导致何种后果，若对 H_0 不利的小概率事件在一次试验中发生了，则表明 H_0 很可能不正确，从而拒绝 H_0；反之应接受 H_0.

基于此例，给出假设检验问题的一般步骤，具体如下.

1. 建立假设

根据实际问题提出原假设 H_0 和对立假设 H_1.

在此例中，可建立如下假设：

$$H_0:\mu=1800\leftrightarrow H_1:\mu\neq1800.$$

2. 构造检验统计量，并给出 H_0 为真时的分布

在给定显著性水平 α 后，抽取一容量为 n 的样本，构造合适的统计量，并在 H_0 为真时导出统计量的分布.

在此例中，选取检验统计量

$$U=\frac{\sqrt{n}(\overline{X}-\mu_0)}{\sigma_0},$$

当 H_0 为真时，有 $U\sim N(0,1)$.

3. 确定拒绝域

先直观分析确定拒绝域的形式，然后由 P(拒绝 H_0 | H_0 为真)$=\alpha$ 确定拒绝域.

在此例中，当 H_0 成立时，$|U|$一般偏小，若显著性水平为 $\alpha=0.05$，则由 $P\left(|U|\geqslant c\right)=\alpha=0.05$ 可知拒绝域为：

$$\begin{aligned}W&=\left\{(x_1,x_2,\cdots,x_n):|u|=\left|\frac{\sqrt{25}(\overline{x}-1800)}{100}\right|\geqslant u_{0.025}\right\}\\&=\left\{(x_1,x_2,\cdots,x_n):|u|=\left|\frac{\sqrt{25}(\overline{x}-1800)}{100}\right|\geqslant 1.96\right\}.\end{aligned}$$

4. 作出判断

根据样本观察值计算统计量的值，若统计量的值落入拒绝域，则拒绝 H_0；否则，接受 H_0.

在此例中，由于$|u|=\left|\frac{\sqrt{25}(1730-1800)}{100}\right|=3.5>1.96$，即统计量的值落入拒绝域，则应拒绝 H_0，所以可认为 $\mu\neq 1800$.

习题 5.1

5.1.1　设 $X_1,\cdots,X_n$ $i.i.d.\sim N(\mu,9)$，其中 μ 为未知参数，$\overline{X}$ 为样本均值. 假设检验问题

$$H_0:\mu=\mu_0\leftrightarrow H_1:\mu\neq\mu_0$$

的否定域为

$$W=\left\{(X_1,\cdots,X_n):\left|\overline{X}-\mu_0\right|\geqslant c\right\}.$$

(1)定出常数 c，使检验水平为 $\alpha=0.05$；

(2)求此检验的功效函数 $\rho_W(\mu)$.

5.1.2　设$(X_1,\cdots,X_n)$是来自正态总体 $N(\mu,1)$的样本，考虑如下假设检验问题

$$H_0:\mu=2\leftrightarrow H_1:\mu=3,$$

设该检验由拒绝域 $W=\{\overline{X}\geqslant 2.6\}$确定.

(1)当 $n=20$ 时，求检验犯两类错误的概率；

(2)如果要使得检验犯第二类错误的概率 $\beta\leqslant 0.01$，n 最小应取多少？

(3)证明：当 $n\to\infty$ 时，$\alpha\to 0$，$\beta\to 0$.

5.1.3　设$(X_1,X_2,\cdots,X_{16})$是来自正态总体 $N(\mu,4)$的样本，考虑检验问题

$$H_0:\mu=6\leftrightarrow H_1:\mu\neq 6,$$

拒绝域取为 $W=\{|\overline{X}-6|\geqslant c\}$，试求 c 使得检验的显著性水平为 0.05，并求该检验在 $\mu=6.5$ 处犯第二类错误的概率.

5.1.4　设$(X_1,\cdots,X_n)$是来自正态总体 $N(a,2.6^2)$的样本，考虑如下假设检验问题

$$H_0:a\leqslant 12\leftrightarrow H_1:a=13,$$

若检验由拒绝域 $W=\{(X_1,\cdots,X_n):\overline{X}\geqslant 12.4277\}$确定.

(1)当 $n=100$ 时，求检验犯两类错误的概率 α 和 β；

(2)证明：当 $n\to\infty$ 时，$\alpha\to 0$，$\beta\to 0$.

5.1.5　设$(X_1,\cdots,X_{20})$为从两点分布总体$B(1,p)$中抽取的简单样本，对未知参数p的检验问题为

$$H_0: p=0.2 \leftrightarrow H_1: p\neq 0.2,$$

取检验的拒绝域为

$$W=\left\{(X_1,\cdots,X_{20}): \sum_{i=1}^{20}X_i \geqslant 7 \text{ 或 } \sum_{i=1}^{20}X_i \leqslant 1\right\}.$$

(1)求$p=0,0.1,1$时的功效函数$\rho_W(p)$；

(2)求检验的水平α和$p=0.1$时犯第二类错误的概率.

5.1.6　设(X_1,X_2)是来自 Poisson 分布总体$\mathscr{P}(\lambda)$的样本，考虑检验问题

$$H_0:\lambda=\frac{1}{2}\leftrightarrow H_1:\lambda=2$$

的一个否定域为

$$W=\left\{(X_1,X_2): X_1+X_2\geqslant 3\right\}.$$

试求该否定域的第一、二类错误的概率和在H_1情形下的功效.

5.1.7　设$(X_1,\cdots,X_{10})$是来自 0—1 分布总体$B(1,p)$的样本，考虑如下检验问题

$$H_0: p=0.2\leftrightarrow H_1: p=0.4,$$

取拒绝域为$W=\left\{(X_1,\cdots,X_{10}): \overline{X}\geqslant 0.5\right\}$，求该检验犯两类错误的概率.

5.1.8　设$(X_1,\cdots,X_n)$为取自均匀分布总体$U(0,\theta)$的随机样本，其中$\theta>0$为未知参数. 记$X_{(n)}=\max(X_1,\cdots,X_n)$. 考虑检验问题

$$H_0:\theta\geqslant 2\leftrightarrow H_1:\theta<2,$$

取检验的否定域为

$$W=\left\{(X_1,\cdots,X_n): X_{(n)}\leqslant 1.5\right\},$$

试求此检验犯第一类错误的概率的最大值.

5.1.9　设总体$X\sim U(0,\theta)$，其中$\theta>0$为未知参数，$(X_1,\cdots,X_n)$为来自总体X的样本，考虑检验问题：

$$H_0:\theta\geqslant 3\leftrightarrow H_1:\theta<3,$$

拒绝域取为 $W=\{X_{(n)}\leqslant 2.5\}$，求检验犯第一类错误的概率的最大值 α. 若要使得该最大值 α 不超过 0.05，n 至少应取多大？

5.1.10 某厂生产的一种零件，要求标准长度是 68 mm，实际生产的产品，其长度服从正态分布 $N(\mu,3.6^2)$，考虑假设检验问题：

$$H_0:\mu=68\leftrightarrow H_1:\mu\neq 68,$$

其拒绝域为 $W=\left\{(X_1,X_2,\cdots,X_n):|\overline{X}-68|\geqslant 1\right\}$.

(1)分别求样本容量为 $n=36,64$ 时，犯第一类错误的概率 α；

(2)当 H_0 不成立时，设 $\mu=70$，样本容量 $n=64$，求犯第二类错误的概率 β.

5.1.11 设 (X_1,X_2,X_3) 是来自 Bernoulli 分布 $B(1,p)$ 的样本，检验问题

$$H_0:p=\frac{1}{2}\leftrightarrow H_1:p=\frac{3}{4}$$

的一个否定域为

$$W=\left\{(X_1,X_2,X_3):X_1+X_2+X_3\geqslant 2\right\}.$$

试求该否定域的第一、二类错误的概率和 $p=\frac{3}{4}$ 时的功效.

5.2 N-P 引理及似然比检验

似然比检验是 J. Neyman 和 E. S. Pearson 在 1928 年提出的构造假设检验的一般方法，它在假设检验中的地位，相当于最大似然估计在点估计中的地位. 它可视为 R. A. Fisher 的最大似然原理在假设检验中的体现. 由这种方法构造出来的检验，一般来说有比较良好的性质. 这个方法的一个重要优点就是适用面广，它对分布族的形式没有什么特殊的要求. 本节将对简单假设情形引入似然比检验的定义，然后利用 N-P 引理，构造简单假设的 UMP 检验. 对于广义似然比检验，可见本章的第 4 节.

设 $X_1,X_2,\cdots,X_n\ i.i.d.\sim f(x;\theta)$（概率密度函数或概率函数），$\theta\in\{\theta_1,\theta_2\}:=\Theta$. 考虑假设

$$H_0:\theta=\theta_1\leftrightarrow H_1:\theta=\theta_2, \tag{5.2.1}$$

称其为**简单假设**.

如何检验简单假设(5.2.1)呢？下面来介绍似然比检验法和 N-P 引理，并对简单假设(5.2.1)进行检验.

一、似然比检验法

因为 $X_1,X_2,\cdots,X_n$ $i.i.d.\sim f(x;\theta)$，所以 $X_1,X_2,\cdots,X_n$ 的似然函数为

$$L(\theta)=\prod_{i=1}^{n}f(x_i;\theta). \tag{5.2.2}$$

称

$$\frac{\prod_{i=1}^{n}f(x_i;\theta_2)}{\prod_{i=1}^{n}f(x_i;\theta_1)}:=\lambda(x_1,x_2,\cdots,x_n):=\lambda \tag{5.2.3}$$

为**似然比**(likelihood ratio)，拒绝域取为

$$W_0=\{(x_1,x_2,\cdots,x_n):\ \lambda(x_1,x_2,\cdots,x_n)>\lambda_0\},$$

其中 λ_0 为某一常数，称此拒绝域确定的检验法为**似然比检验法**(likelihood ratio test).

注 5.2.1 若 H_0 成立，则式(5.2.3)的分母大于分子(因为最大似然估计几乎处处收敛到 θ)，所以比值较小，故把拒绝域取为"$>$".

二、N-P 引理

定理 5.2.1(N-P 引理) 考虑假设(5.2.1)，对给定的 $\alpha\in(0,1)$，取拒绝域

$$W_0=\left\{(x_1,x_2,\cdots,x_n):\ \frac{\prod_{i=1}^{n}f(x_i;\theta_2)}{\prod_{i=1}^{n}f(x_i;\theta_1)}>\lambda_0\right\}, \tag{5.2.4}$$

其中 λ_0 满足

$$\rho_{W_0}(\theta_1)=P(W_0\mid\theta_1)=\alpha. \tag{5.2.5}$$

则 W_0 为式(5.2.1)的水平为 α 的 UMP 检验，即对任何水平为 α 的检验 W，

$$P(W\mid\theta_1)=\rho_W(\theta_1)\leqslant\alpha, \tag{5.2.6}$$

有

$$\rho_W(\theta_2)\leqslant\rho_{W_0}(\theta_2)\Leftrightarrow\rho_{W_0^c}(\theta_2)\leqslant\rho_{W^c}(\theta_2),$$

即犯第二类错误概率最小.

证明 由式(5.2.5)知,W_0 的水平为 α. 设 W 的水平也为 α,即 $P(W|\theta_1)=\rho_W(\theta_1)\leqslant\alpha$. 易见

$$\begin{aligned}\rho_{W_0}(\theta_2)-\rho_W(\theta_2)&=P\left(W_0\,\middle|\,\theta_2\right)-P\left(W\,\middle|\,\theta_2\right)\\&=P\left(W_0-W\,\middle|\,\theta_2\right)-P\left(W-W_0\,\middle|\,\theta_2\right)\\&=\int\cdots\int_{W_0-W}\prod_{i=1}^{n}f(x_i;\theta_2)\,\mathrm{d}x_1\mathrm{d}x_2\cdots\mathrm{d}x_n\\&\quad-\int\cdots\int_{W-W_0}\prod_{i=1}^{n}f(x_i;\theta_2)\,\mathrm{d}x_1\mathrm{d}x_2\cdots\mathrm{d}x_n.\end{aligned}$$

因为当 $(x_1,x_2,\cdots,x_n)\in W_0-W$ 时,有

$$\prod_{i=1}^{n}f(x_i;\theta_2)>\lambda_0\prod_{i=1}^{n}f(x_i;\theta_1);$$

当 $(x_1,x_2,\cdots,x_n)\in W-W_0$ 时,有

$$\prod_{i=1}^{n}f(x_i;\theta_2)\leqslant\lambda_0\prod_{i=1}^{n}f(x_i;\theta_1),$$

所以由式(5.2.5)和式(5.2.6)知

$$\begin{aligned}\rho_{W_0}(\theta_2)-\rho_W(\theta_2)&\geqslant\int\cdots\int_{W_0-W}\lambda_0\prod_{i=1}^{n}f(x_i;\theta_1)\,\mathrm{d}x_1\mathrm{d}x_2\cdots\mathrm{d}x_n\\&\quad-\int\cdots\int_{W-W_0}\lambda_0\prod_{i=1}^{n}f(x_i;\theta_1)\,\mathrm{d}x_1\mathrm{d}x_2\cdots\mathrm{d}x_n\\&=\lambda_0[P(W_0-W\mid\theta_1)-P(W-W_0\mid\theta_1)]\\&=\lambda_0[P(W_0\mid\theta_1)-P(W\mid\theta_1)]\\&=\lambda_0[\alpha-P(W\mid\theta_1)]\\&\geqslant 0,\end{aligned}$$

即 $\rho_{W_0}(\theta_2)\geqslant\rho_W(\theta_2)$,所以 W_0 为式(5.2.1)的水平为 α 的 UMP 检验.

N-P 引理告诉我们:如果存在 λ_0 满足式(5.2.5),则由式(5.2.4)确定的 W_0 为检验问题(5.2.1)的水平为 α 的 UMP 检验. 那么,这样的 λ_0 是否存在呢? 答案是肯定的,但需要一些适当的条件. 假定

$$\lambda=\frac{\prod_{i=1}^{n}f(x_i;\theta_2)}{\prod_{i=1}^{n}f(x_i;\theta_1)}$$

在 θ_1 下是连续型随机变量，即 λ 的分布函数 $F_\lambda(t):=P_{\theta_1}(\lambda<t)$ 在 θ_1 下是 t 的连续函数，从而

$$1-F_\lambda(t)=P_{\theta_1}(\lambda\geqslant t)=P_{\theta_1}(\lambda>t)$$

也是 t 的连续函数. 易见

$$1-F_\lambda(-\infty)=1,1-F_\lambda(+\infty)=0,$$

故对任意的 $\alpha\in(0,1)$，由连续函数的中间值定理知，存在常数 $\lambda_0\in\mathbb{R}$，使得

$$1-F_\lambda(\lambda_0)=\alpha,$$

即

$$P_{\theta_1}(\lambda>\lambda_0)=P_{\theta_1}\left(\frac{\prod_{i=1}^{n}f(x_i;\theta_2)}{\prod_{i=1}^{n}f(x_i;\theta_1)}>\lambda_0\right)=P\left(\frac{\prod_{i=1}^{n}f(x_i;\theta_2)}{\prod_{i=1}^{n}f(x_i;\theta_1)}>\lambda_0\middle|\theta_1\right)=\alpha,$$

这就证明了 W_0 的存在性.

还可以证明：这样的 W_0 还是唯一的（几乎处处意义下）. 具体见下面的**存在唯一性定理.**

定理 5.2.2（存在唯一性定理）　设总体 $X\sim f(x;\theta)$，$\theta\in\Theta=\{\theta_1,\theta_2\}$，假定 $\theta_1\neq\theta_2$，$f(x;\theta_1)\neq f(x;\theta_2)$，且 X 的可能取值集合为

$$\mathscr{X}=\{x:f(x;\theta_1)>0\}=\{x:f(x;\theta_2)>0\}\text{（即与 }\theta_1,\theta_2\text{ 无关）}.$$

又假定似然比

$$\lambda=\frac{\prod_{i=1}^{n}f(x_i;\theta_2)}{\prod_{i=1}^{n}f(x_i;\theta_1)}$$

在 θ_1 下是连续型随机变量（与 θ_2 无关），则定理 5.2.1 中的 W_0 一定存在，且是唯一的水平为 α 的 UMP 检验.

注 5.2.2　这里唯一的含义是：若 W 也是式(5.2.1)的水平为 α 的 UMP 检验，则 $\mu(W\Delta W_0)=0$（Lebesgue 测度），其中，$W\Delta W_0=(W-W_0)\cup(W_0-W)$ 为对称差，从而

$$P(W\Delta W_0) := P((X_1, X_2, \cdots, X_n) \in W\Delta W_0) = 0,$$

即

$$P(W \neq W_0) = 0.$$

定理 5.2.3 定理 5.2.1 中给出的检验 W_0 是无偏的，即 W_0 为式(5.2.1)的水平为 α 的无偏检验.

证明 由无偏检验的定义知，只需证

$$P(W_0 | \theta_2) \geqslant \alpha = P(W_0 | \theta_1).$$

由 W_0 的定义以及式(5.2.4)、式(5.2.5)，可得

$$\begin{aligned}
P(W_0 \mid \theta_2) - \alpha &= P(W_0 \mid \theta_2) - \alpha[P(W_0 \mid \theta_2) + P(W_0^c \mid \theta_2)] \\
&= (1-\alpha)P(W_0 \mid \theta_2) - \alpha P(W_0^c \mid \theta_2) \\
&= (1-\alpha)\int\cdots\int_{W_0} \prod_{i=1}^n f(x_i;\theta_2)\mathrm{d}x_1\mathrm{d}x_2\cdots\mathrm{d}x_n \\
&\quad - \alpha\int\cdots\int_{W_0^c} \prod_{i=1}^n f(x_i;\theta_2)\mathrm{d}x_1\mathrm{d}x_2\cdots\mathrm{d}x_n \\
&\geqslant (1-\alpha)\int\cdots\int_{W_0} \lambda_0\prod_{i=1}^n f(x_i;\theta_1)\mathrm{d}x_1\mathrm{d}x_2\cdots\mathrm{d}x_n \\
&\quad - \alpha\int\cdots\int_{W_0^c} \lambda_0\prod_{i=1}^n f(x_i;\theta_1)\mathrm{d}x_1\mathrm{d}x_2\cdots\mathrm{d}x_n \\
&= \lambda_0(1-\alpha)P(W_0 \mid \theta_1) - \alpha\lambda_0 P(W_0^c \mid \theta_1) \\
&= \lambda_0 P(W_0 \mid \theta_1) - \alpha\lambda_0[P(W_0 \mid \theta_1) + P(W_0^c \mid \theta_1)] \\
&= \lambda_0\alpha - \alpha\lambda_0 \\
&= 0.
\end{aligned}$$

所以

$$P(W_0 | \theta_2) \geqslant \alpha = P(W_0 | \theta_1),$$

即 W_0 为式(5.2.1)的水平为 α 的无偏检验.

注 5.2.3 由定理 5.2.1 和定理 5.2.3 知，W_0 为式(5.2.1)的水平为 α 的 UMPU 检验.

例 5.2.1 设 $X_1, X_2, \cdots, X_n$ $i.i.d.\sim N(\theta, 1)$. 检验假设

$$H_0:\theta=0 \leftrightarrow H_1:\theta=2, \tag{5.2.7}$$

其中检验水平为 $\alpha=0.05$.

解　因为

$$f(x;\theta)=\frac{1}{\sqrt{2\pi}}\mathrm{e}^{-\frac{(x-\theta)^2}{2}}=\frac{1}{\sqrt{2\pi}}\mathrm{e}^{-\frac{\theta^2}{2}}\cdot\mathrm{e}^{-\frac{1}{2}x^2}\cdot\mathrm{e}^{x\theta},$$

$$\prod_{i=1}^{n}f(x_i;\theta)=\left(\frac{1}{\sqrt{2\pi}}\right)^n\mathrm{e}^{-\frac{n}{2}\theta^2}\cdot\mathrm{e}^{-\frac{1}{2}\sum_{i=1}^{n}x_i^2}\cdot\mathrm{e}^{\theta\sum_{i=1}^{n}x_i},$$

所以似然比为

$$\lambda=\frac{\prod_{i=1}^{n}f(x_i;2)}{\prod_{i=1}^{n}f(x_i;0)}=\mathrm{e}^{-2n}\cdot\mathrm{e}^{2\sum_{i=1}^{n}x_i}.$$

故由 N-P 引理的式(5.2.4)知,检验式(5.2.7)的拒绝域为

$$W_0=\left\{(x_1,x_2,\cdots,x_n):\mathrm{e}^{-2n}\cdot\mathrm{e}^{2\sum_{i=1}^{n}x_i}>\lambda_0\right\},$$

其中 λ_0 为一常数,且满足

$$P(W_0\,|\,\theta=0)=\alpha=0.05.$$

由于 $\lambda=\mathrm{e}^{-2n}\cdot\mathrm{e}^{2\sum_{i=1}^{n}x_i}$ 是 $\sum_{i=1}^{n}x_i$ 的严格单调上升的连续函数,所以

$$\lambda>\lambda_0\Leftrightarrow\sum_{i=1}^{n}x_i>c(c\text{ 为某一常数})\Leftrightarrow\overline{x}>\frac{c}{n}\Leftrightarrow\sqrt{n}\,\overline{x}>\frac{c}{\sqrt{n}}.$$

因为在 $\theta=0$ 下,$\sqrt{n}\overline{x}\sim N(0,1)$,所以

$$P(W_0\mid\theta=0)=P(\lambda>\lambda_0\mid\theta=0)=P\left(\sqrt{n}\,\overline{x}>\frac{c}{\sqrt{n}}\middle|\theta=0\right)=\alpha=0.05.$$

查表得 $\frac{c}{\sqrt{n}}=1.65$,即

$$\sqrt{n}\,\overline{x}>\frac{c}{\sqrt{n}}=1.65\Leftrightarrow\overline{x}>\frac{1.65}{\sqrt{n}}.$$

所以拒绝域为

$$W_0=\left\{(x_1,x_2,\cdots,x_n):\sqrt{n}\overline{x}>1.65\right\}=\left\{(x_1,x_2,\cdots,x_n):\overline{x}>\frac{1.65}{\sqrt{n}}\right\}.$$

习题 5.2

5.2.1 设随机变量 X 的分布密度 $f(x)$ 可取下面的 $f_0(x)$ 或 $f_1(x)$：

$$f_0(x)=\begin{cases}1, & 0\leqslant x\leqslant 1,\\ 0, & \text{其他},\end{cases}$$

$$f_1(x)=\begin{cases}2x, & 0\leqslant x\leqslant 1,\\ 0, & \text{其他}.\end{cases}$$

基于一个观测 X,来回答检验问题：

$$H_0: f(x)=f_0(x)\leftrightarrow H_1: f(x)=f_1(x),$$

取检验水平 0.1,求出使第二类错误概率 β 最小的检验法.

5.2.2 设$(X_1,X_2,\cdots,X_n)$是来自密度函数为 $f(x)$ 的总体的样本,关于 $f(x)$ 有假设检验问题：

$$H_0: f(x)=f_0(x)\leftrightarrow H_1: f(x)=f_1(x),$$

其中 $f_0(x)$ 和 $f_1(x)$ 都是已知函数. 令 W 为假设 H_0 的否定域,试通过 $f_0(x)$ 和 $f_1(x)$ 表示两类错误概率($f_0(x)$ 不恒等于 $f_1(x)$).

5.2.3 考虑检验问题

$$H_0: f(x)=f_0(x)\leftrightarrow H_1: f(x)=f_1(x).$$

对于密度函数

$$f_0(x)=I\{0\leqslant x\leqslant 1\},\ f_1(x)=2xI\{0\leqslant x\leqslant 1\},$$

求在检验水平 $\alpha(0<\alpha<1)$ 下使第二类错误概率最小的检验法.

5.2.4 考虑检验问题

$$H_0:\theta=\theta_0\leftrightarrow H_1:\theta=\theta_1,$$

其中 $\theta_0<\theta_1$. 对于密度函数

$$f(x;\theta)=2\theta^{-2}(\theta-x)I\{0\leqslant x\leqslant\theta\},$$

求在检验水平 $\alpha(0<\alpha<1)$ 下使第二类错误概率最小的检验法.

5.2.5 考虑检验问题

$$H_0: f(x)=f_0(x)\leftrightarrow H_1: f(x)=f_1(x).$$

对于密度函数

$$f_0(x)=I\left\{0\leqslant x\leqslant 1\right\},\ f_1(x)=4xI\left\{0\leqslant x\leqslant 1/2\right\}+(4-4x)I\left\{1/2\leqslant x\leqslant 1\right\},$$

求在检验水平 $\alpha(0<\alpha<1)$ 下使第二类错误概率最小的检验法.

5.2.6　设 $X \sim N(0,\sigma^2)$，$(X_1,X_2,\cdots,X_n)$是来自总体 X 的样本，σ_0 是已知正数．证明：对于检验问题

$$H_0:\sigma=\sigma_0 \leftrightarrow H_1:\sigma\neq\sigma_0,$$

不存在一致最大功效检验．

5.3　单参数情形的假设检验

设总体 $X\sim F(x;\theta)$，其中 $\theta\in\Theta=(a,b)$，$-\infty\leqslant a<b\leqslant+\infty$，考虑如下四种假设：

(1) $H_0:\theta\leqslant\theta_0 \leftrightarrow H_1:\theta>\theta_0$ 或 $H_0:\theta\geqslant\theta_0 \leftrightarrow H_1:\theta<\theta_0$；

(2) $H_0:\theta\overline{\in}(\theta_1,\theta_2) \leftrightarrow H_1:\theta\in(\theta_1,\theta_2)$；

(3) $H_0:\theta\in[\theta_1,\theta_2] \leftrightarrow H_1:\theta\overline{\in}[\theta_1,\theta_2]$；

(4) $H_0:\theta=\theta_0 \leftrightarrow H_1:\theta\neq\theta_0$，

其中 $\theta_1<\theta_2$，且 $\theta_0,\theta_1,\theta_2\in\Theta=(a,b)$．

为了检验上述四种假设，先给出单参数指数型分布的定义．

定义 5.3.1　若总体 X 的概率密度函数或概率函数 $f(x;\theta)$ 具有下列形式：

$$f(x;\theta)=s(\theta)h(x)e^{Q(\theta)V(x)}, \tag{5.3.1}$$

其中 $s(\theta)>0$，$h(x)\geqslant0$，$Q(\theta)$ 是 θ 的严格增函数，则称 X 服从**单参数指数型分布**．

例如：$N(\mu,\sigma_0^2)$（σ_0^2 已知），$N(\mu_0,\sigma^2)$（μ_0 已知），$B(n,p)$（n 已知），$\mathscr{P}(\lambda)$，$E(\lambda)$，负二项分布等，都是单参数指数型分布．

定理 5.3.1　设 $X_1,X_2,\cdots,X_n$ $i.i.d.$ ～单参数指数型分布(5.3.1)，对于假设

$$H_0:\theta\leqslant\theta_0 \leftrightarrow H_1:\theta>\theta_0, \tag{5.3.2}$$

若存在一个常数 c，使得

$$W_0=\left\{(x_1,x_2,\cdots,x_n):\sum_{i=1}^{n}V(x_i)>c\right\}$$

满足

$$P(W_0\mid\theta_0)=\alpha, \tag{5.3.3}$$

则 W_0 为假设(5.3.2)的水平为 α 的 UMP 检验，即要证明：

$$\begin{cases}①\text{对任意的}\ \theta_1\leqslant\theta_0\text{，有}\ P(W_0|\theta_1)\leqslant\alpha;\\ ②\text{对任意水平为}\ \alpha\ \text{的检验}\ W\text{，有}\ P(W|\theta_2)\leqslant P(W_0|\theta_2)\text{，对任意的}\ \theta_2>\theta_0.\end{cases}$$

证明　①先证 W_0 的水平为 α.

由式(5.3.3)知 $P(W_0|\theta_0)=\alpha$，所以下面只需证：对任意的 $\theta_1<\theta_0$，有 $P(W_0|\theta_1)\leqslant\alpha$即可.

考虑检验

$$H_0:\theta=\theta_1\leftrightarrow H_1:\theta=\theta_0. \tag{5.3.4}$$

似然比为

$$\lambda=\frac{\prod_{i=1}^{n}f(x_i;\theta_0)}{\prod_{i=1}^{n}f(x_i;\theta_1)}=\frac{\prod_{i=1}^{n}s(\theta_0)h(x_i)\mathrm{e}^{Q(\theta_0)V(x_i)}}{\prod_{i=1}^{n}s(\theta_1)h(x_i)\mathrm{e}^{Q(\theta_1)V(x_i)}}$$

$$=\left[\frac{s(\theta_0)}{s(\theta_1)}\right]^n\cdot\mathrm{e}^{[Q(\theta_0)-Q(\theta_1)]\sum\limits_{i=1}^{n}V(x_i)}.$$

因为 $Q(\theta)$严格单调上升，且 $\theta_1<\theta_0$，所以

$$Q(\theta_0)-Q(\theta_1)>0,$$

从而 λ 是 $\sum\limits_{i=1}^{n}V(x_i)$ 的严格单调上升函数，故由似然比检验法知，拒绝域为

$$\{\lambda>\lambda_0\}=\left\{\sum_{i=1}^{n}V(x_i)>c\right\}\quad(\text{对某一个常数}\ c),$$

即为 W_0. 若记

$$P(W_0\mid\theta_1)=\alpha_1,$$

则由 N-P 引理知，W_0 是检验(5.3.4)的水平为 α_1 的 UMP 检验. 又由上节定理 5.2.3 知，此 W_0 是无偏的，即

$$\alpha_1=P(W_0\mid\theta_1)\leqslant P(W_0\mid\theta_0)=\alpha.$$

所以

$$P(W_0\mid\theta_1)\leqslant\alpha,\ \text{对任意的}\ \theta_1<\theta_0.$$

故 W_0 是假设(5.3.2)的水平为 α 的检验.

②再证 W_0 为(5.3.2)的 UMP 检验.

即要证：对假设(5.3.2)的任何水平为 α 的检验 W，都有

$$P(W\mid\theta_2)\leqslant P(W_0\mid\theta_2),\ \text{对任意的}\ \theta_2>\theta_0.$$

考虑简单假设

$$H_0:\theta=\theta_0\leftrightarrow H_1:\theta=\theta_2. \tag{5.3.5}$$

似然比为

$$\lambda=\left[\frac{s(\theta_2)}{s(\theta_0)}\right]^n\cdot e^{[Q(\theta_2)-Q(\theta_0)]\sum_{i=1}^{n}V(x_i)}.$$

因为 $Q(\theta)$ 严格单调上升，且 $\theta_2>\theta_0$，所以

$$Q(\theta_2)-Q(\theta_0)>0,$$

从而 λ 是 $\sum_{i=1}^{n}V(x_i)$ 的严格单调上升函数，故由似然比检验法知，拒绝域为

$$\{\lambda>\lambda_0\}=\left\{\sum_{i=1}^{n}V(x_i)>c\right\}\quad(\text{对某一个常数 } c),$$

即为 W_0. 再由 N-P 引理和式(5.3.3)知，

$$W_0=\left\{(x_1,x_2,\cdots,x_n):\sum_{i=1}^{n}V(x_i)>c\right\}$$

是假设(5.3.5)的水平为 α 的 UMP 检验.

又因为 W 是假设(5.3.2)的水平为 α 的检验，故

$$P(W\mid\theta_0)\leqslant\alpha,$$

所以 W 也是假设(5.3.5)的水平为 α 的检验，而 W_0 是假设(5.3.5)的水平为 α 的 UMP 检验，故

$$P(W\mid\theta_2)\leqslant P(W_0\mid\theta_2),$$

再由 θ_2 的任意性知，W_0 是假设(5.3.2)的 UMP 检验.

综上，W_0 是假设(5.3.2)的水平为 α 的 UMP 检验.

推论 5.3.1　定理 5.3.1 中的 W_0 也是假设

$$H_0:\theta=\theta_0\leftrightarrow H_1:\theta>\theta_0 \tag{5.3.6}$$

的水平为 α 的 UMP 检验.

类似于定理 5.3.1 的证明，可得如下推论.

推论 5.3.2　设 $X_1,X_2,\cdots,X_n$ $i.i.d.\sim$ 单参数指数型分布(5.3.1)，对于假设

$$H_0:\theta\geqslant\theta_0\leftrightarrow H_1:\theta<\theta_0, \tag{5.3.7}$$

取

$$W_1=\left\{(x_1,x_2,\cdots,x_n):\sum_{i=1}^{n}V(x_i)<C_1\right\},$$

其中 C_1 为某一常数，且满足

$$P(W_1\mid\theta_0)=\alpha,\tag{5.3.8}$$

则 W_1 是假设(5.3.7)的水平为 α 的 UMP 检验.

推论 5.3.3 推论 5.3.2 中的 W_1 也是假设

$$H_0:\theta=\theta_0\leftrightarrow H_1:\theta<\theta_0\tag{5.3.9}$$

的水平为 α 的 UMP 检验.

现在应用定理 5.3.1，研究正态分布的两个检验问题.

(一)设 $X_1,X_2,\cdots,X_n\ i.i.d.\sim N(\mu,\sigma_0^2)$，$\sigma_0^2>0$ 为已知常数. 检验假设

$$H_0:\mu\leqslant\mu_0\leftrightarrow H_1:\mu>\mu_0,\tag{5.3.10}$$

其中 μ_0 为已知常数.

解 易见，正态分布 $N(\mu,\sigma_0^2)$ 的概率密度函数为

$$f(x;\mu)=\frac{1}{\sqrt{2\pi}\sigma_0}\mathrm{e}^{-\frac{(x-\mu)^2}{2\sigma_0^2}}=\left[\frac{1}{\sqrt{2\pi}\sigma_0}\mathrm{e}^{-\frac{\mu^2}{2\sigma_0^2}}\right]\cdot\mathrm{e}^{-\frac{x^2}{2\sigma_0^2}}\cdot\mathrm{e}^{\frac{\mu x}{\sigma_0^2}}.$$

因为 $Q(\mu):=\frac{\mu}{\sigma_0^2}$ 为 μ 的严格单调上升函数，$V(x)=x$，且该分布是单参数指数型分布，故由定理 5.3.1 知，

$$W_0=\left\{(x_1,x_2,\cdots,x_n):\sum_{i=1}^{n}V(x_i)>c\right\}=\left\{(x_1,x_2,\cdots,x_n):\sum_{i=1}^{n}x_i>c\right\}$$

为假设(5.3.10)的水平为 α 的 UMP 检验，且 c 满足

$$P\left(\sum_{i=1}^{n}X_i>c\,\middle|\,\mu_0\right)=\alpha.$$

因为当 $\mu=\mu_0$ 时，$\overline{X}\sim N\left(\mu_0,\frac{\sigma_0^2}{n}\right)$，所以

$$\frac{\overline{X}-\mu_0}{\sqrt{\frac{\sigma_0^2}{n}}}=\frac{\sqrt{n}(\overline{X}-\mu_0)}{\sigma_0}\sim N(0,1),$$

从而

$$P\left(\sum_{i=1}^{n}X_i>c\,\middle|\,\mu_0\right)=\alpha\Leftrightarrow P\left(\frac{\sqrt{n}(\overline{X}-\mu_0)}{\sigma_0}>\frac{\sqrt{n}\left(\frac{c}{n}-\mu_0\right)}{\sigma_0}\,\middle|\,\mu_0\right)=\alpha.$$

取

$$\frac{\sqrt{n}\left(\frac{c}{n}-\mu_0\right)}{\sigma_0}=u_\alpha,$$

得拒绝域为

$$W_0=\left\{(x_1,x_2,\cdots,x_n):\ \frac{\sqrt{n}(\overline{x}-\mu_0)}{\sigma_0}>u_\alpha\right\}$$

$$=\left\{(x_1,x_2,\cdots,x_n):\ \overline{x}>\mu_0+\frac{\sigma_0}{\sqrt{n}}u_\alpha\right\}.$$

例 5.3.1　某砖厂生产的砖的抗断强度 $X\sim N(\mu,\sigma_0^2)$，其中 $\sigma_0^2=1.21$. 现随机抽 6 块砖，测量强度(单位:kg/cm^2)如下：

32.56，　29.66，　31.64，　30.00，　31.87，　31.03.

问:这一批砖的平均强度是否超过 30 kg/cm^2？

解　因为 $X\sim N(\mu,\sigma_0^2)$，$\sigma_0^2=1.21$，由题意，要检验假设

$$H_0:\mu\leqslant 30\leftrightarrow H_1:\mu>30.$$

取 $\alpha=0.05$，拒绝域为

$$W_0=\left\{(x_1,x_2,\cdots,x_n):\ \overline{x}>\mu_0+\frac{\sigma_0}{\sqrt{n}}u_\alpha\right\},$$

其中 $\mu_0=30$，$\sigma_0=1.1$，$n=6$，$u_\alpha=u_{0.05}=1.65$，$\overline{x}=\frac{1}{n}\sum\limits_{i=1}^{n}x_i=31.3$，$\mu_0+\frac{\sigma_0}{\sqrt{n}}u_\alpha=30.74$.

因为 $31.3>30.74$，所以样本落入拒绝域 W_0 内，从而拒绝 H_0，即认为这一批砖的平均强度是超过 30 kg/cm^2.

(二)设 $X_1,X_2,\cdots,X_n\ i.i.d.\sim N(\mu_0,\sigma^2)$，$\mu_0$ 为已知常数. 检验假设

$$H_0:\sigma^2\leqslant\sigma_0^2\leftrightarrow H_1:\sigma^2>\sigma_0^2,\qquad(5.3.11)$$

其中 $\sigma_0^2>0$ 为已知常数.

解　易见，正态分布 $N(\mu_0,\sigma^2)$的概率密度函数为

$$f(x;\sigma^2)=\frac{1}{\sqrt{2\pi}\sigma}\mathrm{e}^{-\frac{(x-\mu_0)^2}{2\sigma^2}}=\frac{1}{\sqrt{2\pi}\sigma}\mathrm{e}^{-\frac{1}{2\sigma^2}(x-\mu_0)^2},$$

此为单参数指数型分布，其中

$$Q(\sigma^2)=-\frac{1}{2\sigma^2}$$

为 σ^2 的严格单调上升函数，且 $V(x)=(x-\mu_0)^2$，故由定理 5.3.1 知，

$$W_0=\left\{(x_1,x_2,\cdots,x_n):\sum_{i=1}^{n}(x_i-\mu_0)^2>c\right\}$$

为假设(5.3.11)的水平为 α 的 UMP 检验，且 c 满足

$$P\left(\sum_{i=1}^{n}(X_i-\mu_0)^2>c\,\middle|\,\sigma_0^2\right)=\alpha.$$

因为当 $\sigma^2=\sigma_0^2$ 时，

$$\frac{1}{\sigma_0^2}\sum_{i=1}^{n}(X_i-\mu_0)^2\sim\chi^2(n),$$

所以

$$P\left(\sum_{i=1}^{n}(X_i-\mu_0)^2>c\,\middle|\,\sigma_0^2\right)=\alpha\Leftrightarrow P\left(\frac{1}{\sigma_0^2}\sum_{i=1}^{n}(X_i-\mu_0)^2>\frac{c}{\sigma_0^2}\,\middle|\,\sigma_0^2\right)=\alpha.$$

取

$$\frac{c}{\sigma_0^2}=\chi_\alpha^2(n),$$

得拒绝域为

$$W_0=\left\{(x_1,x_2,\cdots,x_n):\frac{1}{\sigma_0^2}\sum_{i=1}^{n}(x_i-\mu_0)^2>\chi_\alpha^2(n)\right\}$$

$$=\left\{(x_1,x_2,\cdots,x_n):\sum_{i=1}^{n}(x_i-\mu_0)^2>\sigma_0^2\chi_\alpha^2(n)\right\}.$$

对于本节一开始提到的假设(2)和(3)，有如下结论.

定理 5.3.2 设 $X_1,X_2,\cdots,X_n$ $i.i.d.\sim$单参数指数型分布(5.3.1)，对于假设

$$H_0:\theta\,\overline{\in}\,(\theta_1,\theta_2)\leftrightarrow H_1:\theta\in(\theta_1,\theta_2),\tag{5.3.12}$$

取

$$W_0=\left\{(x_1,x_2,\cdots,x_n):C_1<\sum_{i=1}^{n}V(x_i)<C_2\right\},$$

其中 $C_1<C_2$ 为两常数，且满足

$$P(W_0\mid\theta_1)=P(W_0\mid\theta_2)=\alpha,\tag{5.3.13}$$

则 W_0 是假设(5.3.12)的水平为 α 的 UMP 检验.

定理 5.3.3 设 $X_1,X_2,\cdots,X_n$ $i.i.d.\sim$单参数指数型分布(5.3.1)，其

中 $Q(\theta)$是 θ 的严格增且连续函数，对于假设

$$H_0:\theta \in [\theta_1,\theta_2] \leftrightarrow H_1:\theta \overline{\in} [\theta_1,\theta_2], \tag{5.3.14}$$

取

$$W_0=\left\{(x_1,x_2,\cdots,x_n):\sum_{i=1}^{n}V(x_i)\overline{\in}[C_1,C_2]\right\},$$

其中 $C_1<C_2$ 为两常数，且满足

$$P(W_0 \mid \theta_1)=P(W_0 \mid \theta_2)=\alpha, \tag{5.3.15}$$

则 W_0 是假设(5.3.14)的水平为 α 的 UMPU 检验.

(三)设 $X_1,X_2,\cdots,X_n$ $i.i.d.\sim N(\mu,\sigma_0^2)$，$\sigma_0^2$ 为已知常数. 检验假设

$$H_0:\mu \in [\mu_1,\mu_2] \leftrightarrow H_1:\mu \overline{\in} [\mu_1,\mu_2], \tag{5.3.16}$$

其中 $\mu_1<\mu_2$ 为已知常数.

解　易见，正态分布 $N(\mu,\sigma_0^2)$的概率密度函数为

$$f(x;\mu)=\frac{1}{\sqrt{2\pi}\sigma_0}\mathrm{e}^{-\frac{\mu^2}{2\sigma_0^2}}\cdot \mathrm{e}^{-\frac{1}{2\sigma_0^2}x^2}\cdot \mathrm{e}^{\frac{\mu}{\sigma_0^2}x},$$

此为单参数指数型分布，其中

$$Q(\mu)=\frac{\mu}{\sigma_0^2}$$

为 μ 的严格单调增且连续函数，且 $V(x)=x$，故由定理 5.3.3 知，接受域为

$$\begin{aligned} W_0^c&=\left\{(x_1,x_2,\cdots,x_n):\ C_1\leqslant \sum_{i=1}^{n}V(x_i)\leqslant C_2\right\}\\ &=\left\{(x_1,x_2,\cdots,x_n):\ C_1\leqslant \sum_{i=1}^{n}x_i\leqslant C_2\right\}, \end{aligned}$$

其中 $C_1<C_2$ 为两常数，且满足

$$P\left(W_0^c \mid \mu_1\right)=P\left(W_0^c \mid \mu_2\right)=1-\alpha.$$

因为当 $\mu=\mu_i(i=1,2)$时，$\overline{X}\sim N\left(\mu_i,\frac{\sigma_0^2}{n}\right)$，$i=1,2$，所以

$$\frac{\sqrt{n}(\overline{X}-\mu_i)}{\sigma_0}\sim N(0,1).$$

从而

$$C_1\leqslant \sum_{i=1}^{n}X_i\leqslant C_2 \Leftrightarrow \frac{C_1}{n}\leqslant \overline{X}\leqslant \frac{C_2}{n}$$

$$\Leftrightarrow \frac{\sqrt{n}\left(\frac{C_1}{n}-\mu_i\right)}{\sigma_0} \leqslant \frac{\sqrt{n}(\overline{X}-\mu_i)}{\sigma_0} \leqslant \frac{\sqrt{n}\left(\frac{C_2}{n}-\mu_i\right)}{\sigma_0},$$

所以 $C_1<C_2$ 满足

$$P\left(C_1 \leqslant \sum_{i=1}^{n} X_i \leqslant C_2 \middle| \mu_i\right) = 1-\alpha$$

$$\Leftrightarrow P\left(\frac{\sqrt{n}\left(\frac{C_1}{n}-\mu_i\right)}{\sigma_0} \leqslant \frac{\sqrt{n}(\overline{X}-\mu_i)}{\sigma_0} \leqslant \frac{\sqrt{n}\left(\frac{C_2}{n}-\mu_i\right)}{\sigma_0} \middle| \mu_i\right) = 1-\alpha$$

$$\Leftrightarrow \Phi\left(\frac{\sqrt{n}\left(\frac{C_2}{n}-\mu_i\right)}{\sigma_0}\right) - \Phi\left(\frac{\sqrt{n}\left(\frac{C_1}{n}-\mu_i\right)}{\sigma_0}\right) = 1-\alpha \quad (i=1,2).$$

查 $N(0,1)$表,求 C_1 与 C_2 的近似值,所以

$$W_0^c = \left\{(x_1,x_2,\cdots,x_n):\ C_1 \leqslant \sum_{i=1}^{n} x_i \leqslant C_2\right\}$$

为接受域.

注 5.3.1 若 $\mu_2=-\mu_1$,则 $C_2=-C_1$.

对于本节一开始提到的假设(4),有如下结论.

定理 5.3.4 设 $X_1,X_2,\cdots,X_n$ $i.i.d.$ ~单参数指数型分布(5.3.1),其中 $Q'(\theta)>0$,对于假设

$$H_0:\theta=\theta_0 \leftrightarrow H_1:\theta \neq \theta_0, \tag{5.3.17}$$

取

$$W_0 = \left\{(x_1,x_2,\cdots,x_n): \sum_{i=1}^{n} V(x_i) \overline{\in} [C_1,C_2]\right\},$$

其中 $C_1<C_2$ 为两常数,且满足

$$P(W_0 \mid \theta_0) = \alpha, \tag{5.3.18}$$

$$E_{\theta_0}\left(I_{W_0}(\boldsymbol{X})T(\boldsymbol{X})\right) = \alpha E_{\theta_0} T(\boldsymbol{X}), \tag{5.3.19}$$

则 W_0 是假设(5.3.17)的水平为 α 的 UMPU 检验,其中

$$T(\boldsymbol{X}) = \sum_{i=1}^{n} V(X_i), \boldsymbol{X} = (X_1,X_2,\cdots,X_n),$$

$$I_{W_0}(\boldsymbol{X}) = \begin{cases} 1, & \boldsymbol{X}=(X_1,X_2,\cdots,X_n) \in W_0, \\ 0, & \boldsymbol{X}=(X_1,X_2,\cdots,X_n) \overline{\in} W_0, \end{cases} = \begin{cases} 1, & T(\boldsymbol{X}) \overline{\in} [C_1,C_2], \\ 0, & T(\boldsymbol{X}) \in [C_1,C_2]. \end{cases}$$

注 5.3.2 若 $\boldsymbol{T}(\boldsymbol{X})$在 θ_0 下的分布关于 γ_0 对称,即

$$P\left(T(\boldsymbol{X})<\gamma_0-c\,\middle|\,\theta_0\right)=P\left(T(\boldsymbol{X})>\gamma_0+c\,\middle|\,\theta_0\right),\text{对任意的 } c\geqslant 0,$$

只要求一个常数 $c>0$,使得

$$P\left(T(\boldsymbol{X})\overline{\in}[\gamma_0-c,\gamma_0+c]\,\middle|\,\theta_0\right)=\alpha,$$

则式(5.3.19)一定成立.此时,取 $C_1=\gamma_0-c,C_2=\gamma_0+c$.

事实上,由于

$$\boldsymbol{X}\in W_0\Leftrightarrow T(\boldsymbol{X})\overline{\in}[\gamma_0-c,\gamma_0+c],$$

所以

$$I_{W_0}(\boldsymbol{X})=I\left(T(\boldsymbol{X})\overline{\in}[\gamma_0-c,\gamma_0+c]\right),$$

从而

$$\begin{aligned}E_{\theta_0}\left(I_{W_0}(\boldsymbol{X})T(\boldsymbol{X})\right)&=E_{\theta_0}\left[I\left(T(\boldsymbol{X})\overline{\in}[\gamma_0-c,\gamma_0+c]\right)\cdot T(\boldsymbol{X})\right]\\&=\int_{t\overline{\in}[\gamma_0-c,\gamma_0+c]}tf_T(t)\mathrm{d}t\\&=\int_{t\overline{\in}[\gamma_0-c,\gamma_0+c]}(t-\gamma_0)f_T(t)\mathrm{d}t+\int_{t\overline{\in}[\gamma_0-c,\gamma_0+c]}\gamma_0f_T(t)\mathrm{d}t\\&=\int_{s\overline{\in}[-c,c]}sf_T(s+\gamma_0)\mathrm{d}s+\gamma_0P\left(T(\boldsymbol{X})\overline{\in}[\gamma_0-c,\gamma_0+c]\,\middle|\,\theta_0\right)\\&=0+\gamma_0P(W_0\mid\theta_0)\\&=\alpha E_{\theta_0}T(\boldsymbol{X}),\end{aligned}$$

即式(5.3.19)在 T 的分布对称和条件(5.3.18)下是成立的.

注 5.3.3 关于分布对称的随机变量,有如下事实:设随机变量 $X\sim f(x)$($f(x)$为概率密度函数).若 $f(x)$关于 γ_0 对称,则 $EX=\gamma_0$.

事实上,由于 $f(x)$关于 γ_0 对称,所以 $f(y+\gamma_0)=f(-y+\gamma_0)$,从而

$$\begin{aligned}EX&=\int_{-\infty}^{+\infty}xf(x)\mathrm{d}x\\&=\int_{-\infty}^{+\infty}(x-\gamma_0)f(x)\mathrm{d}x+\int_{-\infty}^{+\infty}\gamma_0f(x)\mathrm{d}x\\&=\int_{-\infty}^{+\infty}yf(y+\gamma_0)\mathrm{d}y+\gamma_0\end{aligned}$$

$$= 0 + \gamma_0 = \gamma_0.$$

若 $f(x)$ 为离散型随机变量的概率函数,结论也成立.

(四)设 $X_1, X_2, \cdots, X_n$ $i.i.d. \sim N(\mu, \sigma_0^2)$,$\sigma_0^2 > 0$ 为已知常数.检验假设

$$H_0: \mu = \mu_0 \leftrightarrow H_1: \mu \neq \mu_0. \tag{5.3.20}$$

解 易见,正态分布 $N(\mu, \sigma_0^2)$ 的概率密度函数为

$$f(x;\mu) = \frac{1}{\sqrt{2\pi}\sigma_0} e^{-\frac{\mu^2}{2\sigma_0^2}} \cdot e^{-\frac{1}{2\sigma_0}x^2} \cdot e^{\frac{\mu}{\sigma_0^2}x},$$

此为单参数指数型分布,其中

$$Q(\mu) = \frac{\mu}{\sigma_0^2}$$

为 μ 的严格单调上升函数,$Q'(\mu) = \frac{1}{\sigma_0^2} > 0$,且 $V(x) = x$,故由定理 5.3.4 知,拒绝域为

$$W_0 = \left\{ T(\boldsymbol{X}) \overline{\in} [C_1, C_2] \right\} \Leftrightarrow W_0^c = \left\{ T(\boldsymbol{X}) \in [C_1, C_2] \right\},$$

其中 $T(\boldsymbol{X}) = \sum_{i=1}^{n} X_i$,$C_1 < C_2$ 为两常数,且满足

$$\begin{cases} P(W_0 \mid \mu_0) = \alpha, \\ E_{\mu_0}\left(I_{W_0}(\boldsymbol{X}) T(\boldsymbol{X})\right) = \alpha E_{\mu_0} T(\boldsymbol{X}). \end{cases}$$

因为当 $\mu = \mu_0$ 时,

$$T(\boldsymbol{X}) = \sum_{i=1}^{n} X_i \sim N(n\mu_0, n\sigma_0^2),$$

其分布关于 $\gamma_0 = n\mu_0$ 对称,所以可取

$$C_1 = \gamma_0 - c = n\mu_0 - c, C_2 = \gamma_0 + c = n\mu_0 + c,$$

使得

$$P\left(W_0 \middle| \mu_0\right) = \alpha,$$

即

$$P\left(n\mu_0 - c \leqslant \sum_{i=1}^{n} X_i \leqslant n\mu_0 + c \middle| \mu_0\right) = 1 - \alpha,$$

且在 $\mu = \mu_0$ 时,

$$\frac{\sum_{i=1}^{n} X_i - n\mu_0}{\sqrt{n}\sigma_0} \sim N(0,1).$$

易见

$$n\mu_0 - c \leqslant \sum_{i=1}^{n} X_i \leqslant n\mu_0 + c \Leftrightarrow \frac{-c}{\sqrt{n}\sigma_0} \leqslant \frac{\sum_{i=1}^{n} X_i - n\mu_0}{\sqrt{n}\sigma_0} \leqslant \frac{c}{\sqrt{n}\sigma_0},$$

所以可取

$$\frac{c}{\sqrt{n}\sigma_0} = u_{\frac{\alpha}{2}},$$

即

$$-u_{\frac{\alpha}{2}} \leqslant \frac{\sum_{i=1}^{n} X_i - n\mu_0}{\sqrt{n}\sigma_0} \leqslant u_{\frac{\alpha}{2}}$$

为接受域,从而

$$W_0^c = \left\{(x_1, x_2, \cdots, x_n):\ \mu_0 - \frac{\sigma_0}{\sqrt{n}} u_{\frac{\alpha}{2}} \leqslant \overline{x} \leqslant \mu_0 + \frac{\sigma_0}{\sqrt{n}} u_{\frac{\alpha}{2}}\right\}$$

$$\Leftrightarrow W_0 = \left\{(x_1, x_2, \cdots, x_n):\ \overline{x} \overline{\in} \left[\mu_0 - \frac{\sigma_0}{\sqrt{n}} u_{\frac{\alpha}{2}}, \mu_0 + \frac{\sigma_0}{\sqrt{n}} u_{\frac{\alpha}{2}}\right]\right\},$$

此 W_0 为假设(5.3.20)的水平为 α 的 UMPU 检验.

(五)设 $X_1, X_2, \cdots, X_n$ $i.i.d. \sim N(\mu_0, \sigma^2)$,$\mu_0$ 为已知常数. 检验假设

$$H_0: \sigma^2 = \sigma_0^2 \leftrightarrow H_1: \sigma^2 \neq \sigma_0^2. \tag{5.3.21}$$

解　易见,正态分布 $N(\mu_0, \sigma^2)$的概率密度函数为

$$f(x;\sigma^2) = \frac{1}{\sqrt{2\pi}\sigma} \mathrm{e}^{-\frac{1}{2\sigma^2}(x-\mu_0)^2},$$

此为单参数指数型分布,其中

$$Q(\sigma^2) = -\frac{1}{2\sigma^2}$$

为 σ^2 的严格单调上升函数,$Q'(\sigma^2) = \frac{1}{2\sigma^4} > 0$,且 $V(x) = (x-\mu_0)^2$,故由定理 5.3.4 知,接受域为

$$W_0^c = \left\{C_1 \leqslant T(\boldsymbol{X}) \leqslant C_2\right\},$$

其中 $T(\boldsymbol{X})=\sum\limits_{i=1}^{n}V(X_i)=\sum\limits_{i=1}^{n}\left(X_i-\mu_0\right)^2$，$C_1<C_2$ 为两常数，且满足

$$P\left(W_0^c\,\middle|\,\sigma_0^2\right)=1-\alpha, \tag{5.3.22}$$

$$E_{\sigma_0^2}\left(I_{W_0^c}(\boldsymbol{X})T(\boldsymbol{X})\right)=(1-\alpha)E_{\sigma_0^2}T(\boldsymbol{X}). \tag{5.3.23}$$

由式(5.3.22)知，

$$P\left(C_1\leqslant\sum_{i=1}^{n}(X_i-\mu_0)^2\leqslant C_2\,\middle|\,\sigma_0^2\right)=1-\alpha.$$

易见，当 $\sigma^2=\sigma_0^2$ 时，

$$\frac{T(\boldsymbol{X})}{\sigma_0^2}:=\frac{1}{\sigma_0^2}\sum_{i=1}^{n}\left(X_i-\mu_0\right)^2\sim\chi^2(n),$$

所以

$$P\left[C_1\leqslant\sum_{i=1}^{n}\left(X_i-\mu_0\right)^2\leqslant C_2\,\middle|\,\sigma_0^2\right]=1-\alpha$$

$$\Leftrightarrow P\left[\frac{C_1}{\sigma_0^2}\leqslant\frac{1}{\sigma_0^2}\sum_{i=1}^{n}\left(X_i-\mu_0\right)^2\leqslant\frac{C_2}{\sigma_0^2}\,\middle|\,\sigma_0^2\right]=1-\alpha \tag{5.3.24}$$

$$\Leftrightarrow\int_{\frac{C_1}{\sigma_0^2}}^{\frac{C_2}{\sigma_2^2}}\frac{1}{2^{\frac{n}{2}}\Gamma\left(\frac{n}{2}\right)}\mathrm{e}^{-\frac{1}{2}t}t^{\frac{n}{2}-1}\,\mathrm{d}t=1-\alpha.$$

又由于

$$\text{式(5.3.23) 右}=(1-\alpha)\sigma_0^2E_{\sigma_0^2}\left[\frac{1}{\sigma_0^2}\sum_{i=1}^{n}\left(X_i-\mu_0\right)^2\right]=(1-\alpha)n\,\sigma_0^2;$$

$$\text{式(5.3.23) 左}=\sigma_0^2E_{\sigma_0^2}\left[I(C_1\leqslant T(\boldsymbol{X})\leqslant C_2)\cdot\frac{T(\boldsymbol{X})}{\sigma_0^2}\right]$$

$$=\sigma_0^2\int_{\frac{C_1}{\sigma_0^2}}^{\frac{C_2}{\sigma_0^2}}t\cdot\frac{1}{2^{\frac{n}{2}}\Gamma\left(\frac{n}{2}\right)}\cdot\mathrm{e}^{-\frac{1}{2}t}\cdot t^{\frac{n}{2}-1}\,\mathrm{d}t$$

$$=\sigma_0^2\cdot\frac{1}{2^{\frac{n}{2}}\Gamma\left(\frac{n}{2}\right)}\int_{\frac{C_1}{\sigma_0^2}}^{\frac{C_2}{\sigma_0^2}}\mathrm{e}^{-\frac{1}{2}t}t^{\frac{n+2}{2}-1}\,\mathrm{d}t.$$

所以由式(5.3.23)得

$$\frac{1}{2^{\frac{n}{2}}\Gamma\left(\frac{n}{2}\right)}\int_{\frac{C_1}{\sigma_0^2}}^{\frac{C_2}{\sigma_0^2}} \mathrm{e}^{-\frac{1}{2}t} \cdot t^{\frac{n+2}{2}-1}\mathrm{d}t = n(1-\alpha)$$

$$\Leftrightarrow \frac{1}{2^{\frac{n+2}{2}}\Gamma\left(\frac{n+2}{2}\right)}\int_{\frac{C_1}{\sigma_0^2}}^{\frac{C_2}{\sigma_0^2}} \mathrm{e}^{-\frac{1}{2}t} \cdot t^{\frac{n+2}{2}-1}\mathrm{d}t = 1-\alpha. \tag{5.3.25}$$

记$\frac{C_2}{\sigma_0^2}=d_2$，$\frac{C_1}{\sigma_0^2}=d_1$，其中 d_1,d_2 由式(5.3.24)和式(5.3.25)而定，从而

$$W_0^c=\left\{(x_1,x_2,\cdots,x_n):\ d_1\leqslant\frac{1}{\sigma_0^2}\sum_{i=1}^{n}(x_i-\mu_0)^2\leqslant d_2\right\}$$

$$\Leftrightarrow W_0=\left\{(x_1,x_2,\cdots,x_n):\ \frac{1}{\sigma_0^2}\sum_{i=1}^{n}(x_i-\mu_0)^2\overline{\in}[d_1,d_2]\right\},$$

此 W_0 为假设(5.3.21)的水平为 α 的 UMPU 检验.

以上主要针对正态总体中的未知参数 μ 和 σ^2，给出了若干假设的检验问题，具体见定理 5.3.1—5.3.4 以及推论 5.3.1—5.3.3，或者(一)—(五). 对于非正态总体的单参数指数型分布，也有类似的结果. 见下面指数分布的检验问题.

(六)设 $X_1,X_2,\cdots,X_n$ $i.i.d.\sim E(\lambda)$，其概率密度函数为

$$f(x;\lambda)=\lambda\mathrm{e}^{-\lambda x},\quad x>0,$$

$EX=\frac{1}{\lambda}:=\theta$，其中 $\lambda>0$ 为未知参数. 检验假设

$$H_0:\theta\geqslant\theta_0\leftrightarrow H_1:\theta<\theta_0, \tag{5.3.26}$$

其中 $\theta_0:=\frac{1}{\lambda_0}$为已知常数.

解　注意到$\frac{1}{\lambda}=\theta$，所以指数分布的概率密度函数可改写为

$$f(x;\lambda)=\lambda\mathrm{e}^{-\lambda x}=\frac{1}{\theta}\mathrm{e}^{-\frac{1}{\theta}x},x>0,$$

因为 $Q(\theta):=-\frac{1}{\theta}$为 θ 的严格单调上升函数，$V(x)=x$，且该分布是单参数指数型分布，故由推论 5.3.2 知，

$$W_1=\left\{(x_1,x_2,\cdots,x_n):\ \sum_{i=1}^{n}V(x_i)<C_1\right\}$$

$$=\left\{(x_1,x_2,\cdots,x_n):\ \sum_{i=1}^{n}x_i<C_1\right\}$$

为假设(5.3.26)的水平为 α 的 UMP 检验,且 C_1 满足

$$P\left(\sum_{i=1}^{n}X_i<C_1\,\middle|\,\theta_0\right)=\alpha.$$

因为当 $\theta=\theta_0$,即 $\lambda=\lambda_0$ 时,

$$2\lambda_0\sum_{i=1}^{n}X_i\sim\chi^2(2n)\Leftrightarrow\frac{2\sum_{i=1}^{n}X_i}{\theta_0}\sim\chi^2(2n),$$

具体可参考例 2.2.2,所以

$$P\left(\sum_{i=1}^{n}X_i<C_1\,\middle|\,\theta_0\right)=\alpha\Leftrightarrow P\left(\frac{2\sum_{i=1}^{n}X_i}{\theta_0}<\frac{2C_1}{\theta_0}\,\middle|\,\theta_0\right)=\alpha.$$

取

$$\frac{2C_1}{\theta_0}=\chi^2_{1-\alpha}(2n)\quad\left(\chi^2(2n)\text{分布的右侧 }1-\alpha\text{ 分位点}\right),$$

得拒绝域

$$W_1=\left\{(x_1,x_2,\cdots,x_n):\ \frac{2\sum_{i=1}^{n}x_i}{\theta_0}<\chi^2_{1-\alpha}(2n)\right\}$$

$$=\left\{(x_1,x_2,\cdots,x_n):\ \bar{x}<\frac{\theta_0}{2n}\cdot\chi^2_{1-\alpha}(2n)\right\}.$$

例 5.3.2 假设某电子产品的寿命 $X\sim E(\lambda)$. 现随机抽 12 件产品,测量寿命(单位:小时)如下:

5059,3897,3631,5050,7474,5077,4545,6279,3522,2773,7419,5116.

假设平均寿命标准为 $\theta_0=5000$ 小时,问:该批电子产品的平均寿命是否超过 5000 小时(即该批产品是否合格)?

解 记 $\theta=\frac{1}{\lambda}=EX$ 表示平均寿命. 由题意知,要检验假设

$$H_0:\theta\geqslant5000\leftrightarrow H_1:\theta<5000.$$

取显著性水平为 $\alpha=0.05$,拒绝域为

$$W_1=\left\{(x_1,x_2,\cdots,x_n):\ \bar{x}<\frac{\theta_0}{2n}\cdot\chi^2_{1-\alpha}(2n)\right\},$$

其中 $\theta_0=5000$，$n=12$，$\chi^2_{1-\alpha}(2n)=\chi^2_{0.95}(24)=13.848$，$\overline{x}=\frac{1}{n}\sum_{i=1}^{n}x_i=4978.5$，$\frac{\theta_0}{2n}\cdot\chi^2_{1-\alpha}(2n)=\frac{5000}{24}\times 13.848=2885$.

因为 $4978.5>2885$，所以样本没有落入拒绝域 W_1 内，从而接受 H_0，即在显著性水平 $\alpha=0.05$ 下，认为这一批电子产品的平均寿命是超过 5000 小时，即认为该批产品合格.

习题 5.3

5.3.1　设某产品的指标服从正态分布 $N(\mu,\sigma^2)$，已知它的标准差为 $\sigma=150$，今抽了一个样本容量为 26 的样本，计算得样本均值为 1637，问在 5% 的显著性水平下，能否认为这批产品指标的期望值 μ 不大于 1600？

5.3.2　某纺织厂在正常运行条件下，平均每台布机每小时经纱断头为 0.973 根，各台布机断头数的方差为 0.162 根. 该厂进行工艺改革，减少经纱上浆率，在 200 台布机上进行试验，结果平均每台每小时经纱断头为 0.994 根，假定每台布机断头数服从正态分布，问新工艺上浆率能否推广？（显著性水平为 $\alpha=0.05$）

5.3.3　设 $X\sim N(\mu_0,\sigma^2)$，μ_0 已知，$(X_1,X_2,\cdots,X_n)$ 是来自总体 X 的样本，试求出下列检验问题

$$H_0:\sigma^2\leqslant\sigma_0^2\leftrightarrow H_1:\sigma^2>\sigma_0^2\quad(\sigma_0\text{ 已知})$$

的 UMP 检验（检验水平为 α）.

5.3.4　设总体 $X\sim\mathscr{P}(\lambda)$，其中 $\lambda>0$ 为未知参数，$(X_1,X_2,\cdots,X_n)$ 为来自总体 X 的样本. 选适当的检验水平 α，求下列检验问题

$$H_0:\lambda=\lambda_0\leftrightarrow H_1:\lambda>\lambda_0(\lambda_0>0\text{ 已知})$$

的 UMP 检验.

5.3.5　设 $X_1,X_2,\cdots,X_n$ $i.i.d.\sim\mathscr{P}(\lambda)$，其概率函数为

$$f(x;\lambda)=\frac{\lambda^x}{x!}\mathrm{e}^{-\lambda},\ x=0,1,2,\cdots,$$

其中 $\lambda>0$ 为未知参数. 检验假设

$$H_0:\lambda\leqslant\lambda_0\leftrightarrow H_1:\lambda>\lambda_0,$$

其中 $\lambda_0>0$ 为已知常数，显著性水平为 α.

5.3.6 设$(X_1,X_2,\cdots,X_n)$是来自正态总体$X\sim N(\mu,1)$的样本，μ为未知参数. 考虑如下检验问题

$$H_0:\mu\leqslant 0\leftrightarrow H_1:\mu>0.$$

(1)求出水平为$\alpha=0.025$时的UMP检验，并求出其功效函数$\rho(\mu)$；

(2)为了使$\mu\geqslant 0.5$时上述检验的功效$\rho(\mu)\geqslant 0.9$，问样本量n至少应取多大?

5.3.7 设$(X_1,X_2,\cdots,X_9)$是从正态总体$N(\mu,9)$中抽取的简单随机样本，对假设检验问题

$$H_0:\mu\leqslant 2\leftrightarrow H_1:\mu>2,$$

求出水平为$\alpha=0.1$时的UMP检验，并求出此检验的功效函数$\rho(\mu)$. ($\Phi(1.65)=0.95$，$\Phi(1.30)=0.9$)

5.3.8 设$X_1,X_2,\cdots,X_n$ $i.i.d.\sim f(x;\theta)$，其中

$$f(x;\theta)=s(\theta)h(x)e^{Q(\theta)V(x)}$$

为单参数指数型分布，$s(\theta)>0$，$h(x)\geqslant 0$，$Q(\theta)$是θ的严格单增函数. 对于假设检验问题

$$H_0:\theta\geqslant\theta_0\leftrightarrow H_1:\theta<\theta_0,$$

取

$$W_1=\left\{(x_1,x_2,\cdots x_n):\sum_{i=1}^{n}V(x_i)<C_1\right\},$$

C_1为某一常数，且满足

$$P(W_1|\theta_0)=\alpha.$$

证明：W_1是该检验问题的水平为α的UMP检验.

5.3.9 要求一种元件平均使用寿命不得低于1000 h，生产者从一批这种元件中随机抽取25件，测得其寿命的平均值为950 h. 已知该种元件寿命服从标准差为$\sigma=100$ h的正态分布. 试在显著性水平$\alpha=0.05$下判断这批元件是否合格? 设总体均值为μ，μ未知，即需检验假设$H_0:\mu\geqslant 1000\leftrightarrow H_1:\mu<1000$.

5.3.10 有一批枪弹，出厂时的初速度(单位：m/s)服从正态分布$N(950,10^2)$. 经过较长时间储存后，现取出9发枪弹试射，测得其初速度如下：

914， 920， 910， 934， 953， 945， 912， 924， 940.

假定 $\sigma_0^2=10^2$ 不变,试在显著性水平 $\alpha=0.05$ 下检验这批枪弹的初速度是否有变化.

5.3.11 设(X_1,X_2,X_3,X_4)是从正态总体 $N(\mu,1)$中抽取的样本,对假设检验问题

$$H_0:\mu\geqslant 10\leftrightarrow H_1:\mu<10,$$

求出水平为 $\alpha=0.1$ 时的 UMP 检验,并求 $\mu=9$ 时此检验法的功效,求出 $\mu=11$时接受 H_0 的概率.

5.3.12 设 $X\sim N(\mu,1)$,$(X_1,X_2,\cdots,X_n)$是来自总体 X 的样本,试给出下列检验问题

$$H_0:\mu\leqslant\mu_1 \text{ 或 } \mu\geqslant\mu_2\leftrightarrow H_1:\mu_1<\mu<\mu_2(\mu_1,\ \mu_2 \text{ 已知},\mu_1<\mu_2)$$

的 UMP 检验(检验水平为 α).

5.3.13 由经验知某零件重量 $X\sim N(\mu,\sigma^2)$,$\mu=15$,$\sigma^2=0.05$,技术革新后,抽了6个样品,测得重量(单位:g)为

$$14.7,\quad 15.1,\quad 14.8,\quad 15.0,\quad 15.2,\quad 14.6.$$

已知方差不变,问平均重量是否仍为15?(显著性水平为 $\alpha=0.05$)

5.3.14 设$(X_1,X_2,\cdots,X_n)$是来自 Bernoulli 分布总体 $B(1,p)$的样本,其中 $0<p<1$ 为未知参数. 选适当的检验水平 α,求下列检验问题

$$H_0:p\leqslant p_0\leftrightarrow H_1:p>p_0(p_0 \text{ 已知})$$

的一致最大功效检验(UMP 检验).

5.4 广义似然比检验

设 $X_1,X_2,\cdots,X_n\ i.i.d.\sim f(x;\theta)$($f(x;\theta)$为概率密度函数或概率函数),$\theta=(\theta_1,\cdots,\theta_m)\in\Theta\subset\mathbb{R}^m$ 为未知参数,考察统计假设

$$H_0:\theta\in\Theta_0\leftrightarrow H_1:\theta\in\Theta_1,$$

其中 Θ_0 和 Θ_1 均是 Θ 的非空真子集,且 $\Theta=\Theta_1+\Theta_0$.

给定样本$(X_1,X_2,\cdots,X_n)$的观测值$(x_1,x_2,\cdots,x_n)$,其似然函数为 $L(\theta)=\prod_{i=1}^{n}f(x_i;\theta)$. 令

$$L(\hat{\Theta})=\sup_{\theta\in\Theta}L(\theta)=L(\hat{\theta}),\text{其中 }\hat{\theta}\text{ 为 }\theta\text{ 的 MLE},$$

$$L(\hat{\Theta}_0)=\sup_{\theta\in\Theta_0}L(\theta),$$

称

$$\lambda := \lambda(X_1, X_2, \cdots, X_n) := \frac{L(\hat{\Theta})}{L(\hat{\Theta}_0)}$$

为**广义似然比统计量**.

显然,$\lambda \geqslant 1$(因为 $\Theta_0 \subset \Theta$),且 MLE $\hat{\theta}$ 接近于真参数 θ. 直观上看,当 H_0 成立时,则很可能 $\hat{\theta} \in \Theta_0$,从而 λ 应接近于 1,否则 $\lambda > 1$. 所以,可取拒绝域为

$$W_0 = \left\{ \lambda(X_1, X_2, \cdots, X_n) > \lambda_0 \right\}, \tag{5.4.1}$$

其中 λ_0 满足

$$\sup_{\theta \in \Theta_0} P(W_0 \mid \theta) = \alpha, \tag{5.4.2}$$

这里,α 是预先设定的检验水平($0 < \alpha < 1$). 这样的检验法叫作**广义似然比检验法**(generalized likelihood ratio test),简称**似然比检验法**.

利用广义似然比检验法,可在许多情形下导出有实用的具体否定域. 在使用广义似然比检验法时,关键在于能否找出 λ_0 满足式(5.4.2).

(一)设 $X_1, X_2, \cdots, X_n$ $i.i.d. \sim N(\mu, \sigma_0^2)$,$\sigma_0^2 > 0$ 为已知常数. 检验假设

$$H_0: \mu = \mu_0 \leftrightarrow H_1: \mu \neq \mu_0, \tag{5.4.3}$$

记 $\Theta = \mathbb{R}$,$\Theta_0 = \{\mu_0\}$.

解 似然函数为

$$L(\mu) = \prod_{i=1}^{n} \left[\frac{1}{\sqrt{2\pi}\sigma_0} e^{-\frac{1}{2\sigma_0^2}(x_i - \mu)^2} \right] = \left(\frac{1}{\sqrt{2\pi}\sigma_0} \right)^n \cdot e^{-\frac{1}{2\sigma^2}\sum_{i=1}^{n}(x_i - \mu)^2}.$$

因为 μ 的 MLE 为 $\hat{\mu} = \overline{x}$,所以

$$L(\hat{\Theta}) = \sup_{\mu \in \Theta} L(\mu) = L(\overline{x}) = \left(\frac{1}{\sqrt{2\pi}\sigma_0} \right)^n \cdot e^{-\frac{1}{2\sigma_0^2}\sum_{i=1}^{n}(x_i - \overline{x})^2}.$$

又因为

$$\begin{aligned} L(\hat{\Theta}_0) = L(\mu_0) &= \left(\frac{1}{\sqrt{2\pi}\sigma_0} \right)^n e^{-\frac{1}{2\sigma_0^2}\sum_{i=1}^{n}(x_i - \mu_0)^2} \\ &= \left(\frac{1}{\sqrt{2\pi}\sigma_0} \right)^n e^{-\frac{1}{2\sigma_0^2}\left[\sum_{i=1}^{n}(x_i - \overline{x})^2 + n(\overline{x} - \mu_0)^2 \right]}, \end{aligned}$$

所以广义似然比为

$$\lambda := \frac{L(\hat{\Theta})}{L(\hat{\Theta}_0)} = e^{\frac{n}{2\sigma_0^2}(\overline{x} - \mu_0)^2} = e^{\frac{1}{2}\left[\frac{\sqrt{n}(\overline{x} - \mu_0)}{\sigma_0} \right]^2}.$$

易见，λ 是 $\left|\dfrac{\sqrt{n}(\overline{x}-\mu_0)}{\sigma_0}\right|$ 的严格单调上升函数，所以拒绝域为

$$W_0=\left\{(x_1,x_2,\cdots,x_n):\ \lambda>\lambda_0\right\}$$
$$=\left\{(x_1,x_2,\cdots,x_n):\ \left|\frac{\sqrt{n}(\overline{x}-\mu_0)}{\sigma_0}\right|>C\right\},$$

其中 C 为某一常数，且满足

$$\sup_{\mu\in\Theta_0}P(W_0\mid\mu)=P(W_0\mid\mu_0)=P\left(\left|\frac{\sqrt{n}(\overline{X}-\mu_0)}{\sigma_0}\right|>C\middle|\mu_0\right)=\alpha,$$

所以 C 可取 $u_{\frac{\alpha}{2}}$，即得拒绝域为

$$W_0=\left\{(x_1,x_2,\cdots,x_n):\ \left|\frac{\sqrt{n}(\overline{x}-\mu_0)}{\sigma_0}\right|>u_{\frac{\alpha}{2}}\right\}$$
$$=\left\{(x_1,x_2,\cdots,x_n):\ \overline{x}>\mu_0+\frac{\sigma_0}{\sqrt{n}}u_{\frac{\alpha}{2}},\ \text{或者}\ \overline{x}<\mu_0-\frac{\sigma_0}{\sqrt{n}}u_{\frac{\alpha}{2}}\right\}$$
$$\Leftrightarrow W_0^c=\left\{(x_1,x_2,\cdots,x_n):\ \mu_0-\frac{\sigma_0}{\sqrt{n}}u_{\frac{\alpha}{2}}\leqslant\overline{x}\leqslant\mu_0+\frac{\sigma_0}{\sqrt{n}}u_{\frac{\alpha}{2}}\right\}.$$

由 §5.3 节(四)知，W_0 是假设(5.4.3)的水平为 α 的 UMPU 检验. 这种方法称为 U-检验法.

(二)设 $X_1,X_2,\cdots,X_n\ i.i.d.\sim N(\mu,\sigma^2)$，$\sigma^2$ 为未知参数. 检验假设

$$H_0:\mu=\mu_0\leftrightarrow H_1:\mu\neq\mu_0,\tag{5.4.4}$$

记 $\Theta_0=\left\{\theta=(\mu,\sigma^2):\mu=\mu_0,\sigma^2>0\right\}$，$\Theta=\left\{\theta=(\mu,\sigma^2):\mu\in\mathbb{R},\sigma^2>0\right\}$.

解　似然函数为

$$L(\mu,\sigma^2)=\left(\frac{1}{\sqrt{2\pi}\sigma}\right)^n\cdot e^{-\frac{1}{2\sigma^2}\sum_{i=1}^{n}(x_i-\mu)^2}.$$

因为 μ 的 MLE 为 $\hat{\mu}=\overline{x}$，σ^2 的 MLE 为 $\hat{\sigma}^2=\dfrac{1}{n}\sum\limits_{i=1}^{n}(x_i-\overline{x})^2$，所以

$$L(\hat{\Theta})=L(\overline{x},\hat{\sigma}^2)=\left(\frac{1}{2\pi\hat{\sigma}^2}\right)^{\frac{n}{2}}e^{-\frac{1}{2\hat{\sigma}^2}\sum_{i=1}^{n}(x_i-\overline{x})^2}$$
$$=\left(\frac{1}{2\pi\hat{\sigma}^2}\right)^{\frac{n}{2}}e^{-\frac{n}{2}}.$$

当 $\mu=\mu_0$ 时，σ^2 的 MLE 为 $\frac{1}{n}\sum_{i=1}^{n}(x_i-\mu_0)^2:=\hat{\sigma}_0^2$，所以

$$L(\hat{\Theta}_0)=L(\mu_0,\hat{\sigma}_0^2)=\left(\frac{1}{2\pi\hat{\sigma}_0^2}\right)^{\frac{n}{2}}\mathrm{e}^{-\frac{n}{2}},$$

从而广义似然比为

$$\lambda=\frac{L(\hat{\Theta})}{L(\hat{\Theta}_0)}=\left(\frac{\hat{\sigma}_0^2}{\hat{\sigma}^2}\right)^{\frac{n}{2}}=\left[\frac{\sum_{i=1}^{n}(x_i-\mu_0)^2}{\sum_{i=1}^{n}(x_i-\overline{x})^2}\right]^{\frac{n}{2}}$$

$$=\left[\frac{\sum_{i=1}^{n}(x_i-\overline{x})^2+n(\overline{x}-\mu_0)^2}{\sum_{i=1}^{n}(x_i-\overline{x})^2}\right]^{\frac{n}{2}}$$

$$=\left[1+\frac{n(\overline{x}-\mu_0)^2}{\sum_{i=1}^{n}(x_i-\overline{x})^2}\right]^{\frac{n}{2}}.$$

令 $T=\frac{\sqrt{n}(\overline{x}-\mu_0)}{S_*}$，其中 $S_*^2=\frac{1}{n-1}\sum_{i=1}^{n}(x_i-\overline{x})^2$，则有

$$\lambda=\left(1+\frac{1}{n-1}T^2\right)^{\frac{n}{2}}.$$

显然，λ 是 $|T|$ 的严格单调上升函数，所以拒绝域为

$$W_0=\left\{(x_1,x_2,\cdots,x_n):\lambda>\lambda_0\right\}=\left\{(x_1,x_2,\cdots,x_n):|T|>C\right\},$$

其中 C 为一常数，且满足

$$\sup_{\theta\in\Theta_0}P(W_0\mid\theta)=\sup_{(\mu_0,\sigma^2)\in\Theta_0}P\left(\left|\frac{\sqrt{n}(\overline{x}-\mu_0)}{S_*}\right|>C\,\middle|\,(\mu_0,\sigma^2)\right)=\alpha.$$

易见，当 $\mu=\mu_0$ 时，

$$T=\frac{\sqrt{n}(\overline{x}-\mu_0)}{S_*}\sim t(n-1),$$

所以

$$\alpha=\sup_{(\mu_0,\sigma^2)\in\Theta_0}P\left(\left|\frac{\sqrt{n}(\overline{x}-\mu_0)}{S_*}\right|>C\,\middle|\,(\mu_0,\sigma^2)\right)$$

$$=P\left\{\left|\frac{\sqrt{n}(\overline{x}-\mu_0)}{S_*}\right|>C\middle|\mu_0\right\}.$$

取 $C=t_{\frac{\alpha}{2}}(n-1)$，得拒绝域为

$$W_0=\left\{(x_1,x_2,\cdots,x_n):\ \left|\frac{\sqrt{n}(\overline{x}-\mu_0)}{S_*}\right|>t_{\frac{\alpha}{2}}(n-1)\right\}$$

$$=\left\{(x_1,x_2,\cdots,x_n):\ \overline{x}>\mu_0+\frac{S_*}{\sqrt{n}}t_{\frac{\alpha}{2}}(n-1),\text{或者}\overline{x}<\mu_0-\frac{S_*}{\sqrt{n}}t_{\frac{\alpha}{2}}(n-1)\right\},$$

可以证明：此 W_0 是假设(5.4.4)的水平为 α 的 UMPU 检验. 这种方法称为 t-检验法.

注 5.4.1　显然，$\lambda=\left(1+\frac{1}{n-1}T^2\right)^{\frac{n}{2}}$ 为 T^2 的严格单调上升函数，故拒绝域可取为

$$W_0=\left\{\lambda>\lambda_0\right\}=\left\{T^2>C\right\}.$$

而在 $\mu=\mu_0$ 时，$T=\frac{\sqrt{n}(\overline{x}-\mu_0)}{S_*}\sim t(n-1)$，所以 $F:=T^2\sim F(1,n-1)$，故可取 $C=F_\alpha(1,n-1)$，得拒绝域为

$$W_0=\left\{T^2>F_\alpha(1,n-1)\right\}=\left\{F>F_\alpha(1,n-1)\right\}.$$

例 5.4.1　假设某厂生产的某种铝材的长度服从正态分布，其均值设定为 240 cm. 现从该厂抽取 5 件产品，测量其长度为(单位：cm)

239.7，　239.6，　239，　240，　239.2，

试判断该厂生产的此类铝材的长度是否满足设定要求？(取 $\alpha=0.05$)

解　令 X 表示该厂生产的铝材的长度，可假定为 $X\sim N(\mu,\sigma^2)$，σ^2 未知. 由题意知，要检验

$$H_0:\mu=240\leftrightarrow H_1:\mu\neq240,$$

可用上述 t-检验法. 易知

$$n=5,\alpha=0.05,t_{\frac{\alpha}{2}}(n-1)=t_{0.025}(4)=2.776,\overline{x}=239.5,S_*=0.4,$$

故

$$T=\frac{\sqrt{n}(\overline{x}-240)}{S_*}=-2.795.$$

由于$|T|=2.795>2.776$，所以拒绝H_0，即认为该厂生产的此类铝材的长度不满足设定要求.

(三)设$X_1,X_2,\cdots,X_n$ $i.i.d.\sim N(\mu,\sigma^2)$，$\sigma^2$为未知参数. 检验假设

$$H_0:\mu\leqslant\mu_0\leftrightarrow H_1:\mu>\mu_0, \tag{5.4.5}$$

用广义似然比可得到拒绝域为

$$W_0=\left\{(x_1,x_2,\cdots,x_n):\ \frac{\sqrt{n}(\overline{x}-\mu_0)}{S_*}>t_\alpha(n-1)\right\},$$

其中$S_*^2=\dfrac{1}{n-1}\sum\limits_{i=1}^{n}(x_i-\overline{x})^2$. 可以证明：此$W_0$是假设(5.4.5)的水平为$\alpha$的UMPU检验.

检验假设

$$H_0:\mu\geqslant\mu_0\leftrightarrow H_1:\mu<\mu_0, \tag{5.4.6}$$

用广义似然比可得拒绝域为

$$W_0=\left\{(x_1,x_2,\cdots,x_n):\ \frac{\sqrt{n}(\overline{x}-\mu_0)}{S_*}<-t_\alpha(n-1)\right\}.$$

可以证明：此W_0是假设(5.4.6)的水平为α的UMPU检验.

注 5.4.2 在(三)中，若$\sigma^2=\sigma_0^2$为已知常数，则只需将$T:=\dfrac{\sqrt{n}(\overline{x}-\mu_0)}{S_*}$换成$U:=\dfrac{\sqrt{n}(\overline{x}-\mu_0)}{\sigma_0}$即可，此时$t_\alpha(n-1)$改为$u_\alpha$.

(四)χ^2-检验

设$X_1,X_2,\cdots,X_n$ $i.i.d.\sim N(\mu,\sigma^2)$，$\mu$为未知参数. 检验假设

$$H_0:\sigma^2=\sigma_0^2\leftrightarrow H_1:\sigma^2\neq\sigma_0^2, \tag{5.4.7}$$

记$\Theta=\{\theta=(\mu,\sigma^2):\mu\in\mathbb{R},\sigma^2>0\}$，$\Theta_0=\{\theta=(\mu,\sigma^2):\mu\in\mathbb{R},\sigma^2=\sigma_0^2\}$.

解 似然函数为

$$L(\mu,\sigma^2)=\left(\frac{1}{2\pi\sigma^2}\right)^{\frac{n}{2}}\mathrm{e}^{-\frac{1}{2\sigma^2}\sum\limits_{i=1}^{n}(x_i-\mu)^2}.$$

在Θ中，μ和σ^2的MLE分别为$\hat{\mu}=\overline{x}$，$\hat{\sigma}^2=\dfrac{1}{n}\sum\limits_{i=1}^{n}(x_i-\overline{x})^2$，所以

$$L(\hat{\Theta})=L(\overline{x},\hat{\sigma}^2)=\left(\frac{1}{2\pi\hat{\sigma}^2}\right)^{\frac{n}{2}}\mathrm{e}^{-\frac{n}{2}}.$$

在 Θ_0 中，μ 的 MLE 为 $\hat{\mu}=\overline{x}$，所以

$$L(\hat{\Theta}_0)=L(\overline{x},\sigma_0^2)=\left(\frac{1}{2\pi\sigma_0^2}\right)^{\frac{n}{2}}\mathrm{e}^{-\frac{1}{2\sigma_0^2}\sum_{i=1}^{n}(x_i-\overline{x})^2}.$$

从而

$$\lambda=\frac{L(\hat{\Theta})}{L(\hat{\Theta}_0)}=\frac{\left(\frac{1}{2\pi\hat{\sigma}^2}\right)^{\frac{n}{2}}\mathrm{e}^{-\frac{n}{2}}}{\left(\frac{1}{2\pi\sigma_0^2}\right)^{\frac{n}{2}}\mathrm{e}^{-\frac{1}{2\sigma_0^2}\sum_{i=1}^{n}(x_i-\overline{x})^2}}$$

$$=\left(\frac{\hat{\sigma}^2}{\sigma_0^2}\cdot\mathrm{e}^{-\frac{\sigma^2}{\hat{\sigma}_0^2}}\right)^{-\frac{n}{2}}\cdot\mathrm{e}^{-\frac{n}{2}}$$

$$:=(Q\cdot\mathrm{e}^{-Q})^{-\frac{n}{2}}\mathrm{e}^{-\frac{n}{2}},$$

其中 $Q=\hat{\sigma}^2/\sigma_0^2$. 由于函数 $f(x)=x\mathrm{e}^{-x}$ 在 $(0,+\infty)$ 上先增后减，所以拒绝域为

$$W_0=\left\{(x_1,x_2,\cdots,x_n):\ \lambda>\lambda_0\right\}=\left\{(x_1,x_2,\cdots,x_n):Q\mathrm{e}^{-Q}<C\right\}$$

$$=\left\{(x_1,x_2,\cdots,x_n):\ Q<C'_1,\text{或 }Q>C'_2\right\}$$

$$=\left\{(x_1,x_2,\cdots,x_n):\ \frac{1}{\sigma_0^2}\sum_{i=1}^{n}(x_i-\overline{x})^2<C_1,\text{或}\frac{1}{\sigma_0^2}\sum_{i=1}^{n}(x_i-\overline{x})^2>C_2\right\},$$

这里的 C,C_1',C_2',C_1 和 C_2 都是适当的常数. 令 $Q_1=\frac{1}{\sigma_0^2}\sum_{i=1}^{n}(x_i-\overline{x})^2$. 易见，当 $\sigma^2=\sigma_0^2$ 时，$Q_1\sim\chi^2(n-1)$ 与 μ 无关. 故有

$$\alpha=\sup_{\theta\in\Theta_0}P(W_0\mid\theta)=\sup_{(\mu,\sigma_0^2)\in\Theta_0}P\Big(Q_1<C_2,\text{或 }Q_1>C_2\,\Big|\,(\mu,\sigma_0^2)\Big)$$

$$=P\Big(Q_1<C_1,\text{或 }Q_1>C_2\mid\sigma_0^2\Big),$$

$$\Leftrightarrow P\Big(C_1\leqslant Q_1\leqslant C_2\mid\sigma_0^2\Big)=1-\alpha.$$

可以证明：在一定的条件下，此 W_0 是假设(5.4.7)的水平为 α 的 UMPU 检验.

在实用上常取 $C_2=\chi^2_{\frac{\alpha}{2}}(n-1)$，$C_1=\chi^2_{1-\frac{\alpha}{2}}(n-1)$，得

$$W_0^c=\left\{(x_1,x_2,\cdots,x_n):\chi^2_{1-\frac{\alpha}{2}}(n-1)\leqslant Q_1\leqslant\chi^2_{\frac{\alpha}{2}}(n-1)\right\}$$

$$\Leftrightarrow W_0=\left\{(x_1,x_2,\cdots,x_n):Q_1>\chi^2_{\frac{\alpha}{2}}(n-1),\text{或}\ Q_1<\chi^2_{1-\frac{\alpha}{2}}(n-1)\right\}.$$

类似地,若检验假设

$$H_0:\sigma^2\geqslant\sigma_0^2\leftrightarrow H_1:\sigma^2<\sigma_0^2,\tag{5.4.8}$$

则拒绝域为

$$W_0=\left\{(x_1,x_2,\cdots,x_n):Q_1=\frac{1}{\sigma_0^2}\sum_{i=1}^n(x_i-\overline{x})^2<\chi^2_{1-\alpha}(n-1)\right\}.$$

可以证明:此 W_0 是假设(5.4.8)的水平为 α 的 UMPU 检验.

若检验假设

$$H_0:\sigma^2\leqslant\sigma_0^2\leftrightarrow H_1:\sigma^2>\sigma_0^2,\tag{5.4.9}$$

则拒绝域为

$$W_0=\left\{(x_1,x_2,\cdots,x_n):Q_1=\frac{1}{\sigma_0^2}\sum_{i=1}^n(x_i-\overline{x})^2>\chi^2_{\alpha}(n-1)\right\}.$$

可以证明:此 W_0 是假设(5.4.9)的水平为 α 的 UMPU 检验.

注 5.4.3 在检验假设(5.4.7)—(5.4.9)中,若 $\mu=\mu_0$ 为已知常数,则用 μ_0 代替$\overline{x}$,用 $Q'_1=\frac{1}{\sigma_0^2}\sum_{i=1}^n(x_i-\mu_0)^2$ 代替 $Q_1=\frac{1}{\sigma_0^2}\sum_{i=1}^n(x_i-\overline{x})^2$,此时,$\chi^2(n-1)$ 改成 $\chi^2(n)$,$\chi^2_{\frac{\alpha}{2}}(n-1)$改成 $\chi^2_{\frac{\alpha}{2}}(n)$,$\chi^2_{1-\frac{\alpha}{2}}(n-1)$改成 $\chi^2_{1-\frac{\alpha}{2}}(n)$,$\chi^2_{\alpha}(n-1)$改成 $\chi^2_{\alpha}(n)$,$\chi^2_{1-\alpha}(n-1)$改成 $\chi^2_{1-\alpha}(n)$,其余类似.

例 5.4.2 假设钢丝的强力服从正态分布.现有 10 根钢丝,强力分别为

578, 512, 570, 568, 572, 570, 570, 572, 596, 654,

问在显著性水平 $\alpha=0.05$ 下,强力的方差是否为 640?

解 设 X 表示强力,设 $X\sim N(\mu,\sigma^2)$,μ 为未知参数.由题意知,需要检验假设

$$H_0:\sigma^2=640\leftrightarrow H_1:\sigma^2\neq 640,$$

拒绝域为

$$W_0=\left\{(x_1,x_2,\cdots,x_n):Q_1>\chi^2_{\frac{\alpha}{2}}(n-1),\text{或}\ Q_1<\chi^2_{1-\frac{\alpha}{2}}(n-1)\right\},$$

其中,$n=10$,$Q_1=\frac{1}{\sigma_0^2}\sum_{i=1}^n(x_i-\overline{x})^2=10.65$.取 $\alpha=0.05$,查表得

$$\chi^2_{\frac{\alpha}{2}}(n-1)=\chi^2_{0.025}(9)=19,\chi^2_{1-\frac{\alpha}{2}}(n-1)=\chi^2_{0.975}(9)=2.70.$$

因为 $2.70<10.65<19$,所以接受 H_0,即认为强力的方差为 640.

例 5.4.3　假设某类钢板每块的重量服从正态分布，其一项质量指标是钢板重量（单位：kg）的方差不得超过 0.016. 现从某天生产的钢板中随机抽取 25 块，得其修正的样本方差 $S_*^2=\dfrac{1}{n-1}\sum\limits_{i=1}^{n}(x_i-\overline{x})^2=0.025$. 问在显著性水平 $\alpha=0.05$ 下，该天生产的钢板重量的方差是否满足要求？

解　设 X 表示钢板重量，设 $X\sim N(\mu,\sigma^2)$，μ 为未知参数. 由题意知，需要检验假设

$$H_0:\sigma^2\leqslant 0.016\leftrightarrow H_1:\sigma^2>0.016,$$

拒绝域为

$$W_0=\left\{(x_1,x_2,\cdots,x_n):\ Q_1>\chi_\alpha^2(n-1)\right\},$$

其中，$n=25$，$Q_1=\dfrac{1}{\sigma_0^2}\sum\limits_{i=1}^{n}(x_i-\overline{x})^2=\dfrac{n-1}{\sigma_0^2}S_*^2=\dfrac{24\times 0.025}{0.016}=37.5$. 取 $\alpha=0.05$，查表得

$$\chi_\alpha^2(n-1)=\chi_{0.05}^2(24)=36.415.$$

因为 $37.5>36.415$，所以拒绝 H_0，即认为该天生产的钢板重量的方差不满足要求.

（五）两个正态总体的假设检验

1. 两总体的 t-检验（可用广义似然比检验法）

设 $X_1,X_2,\cdots,X_{n_1}\ i.i.d.\sim N(\mu_1,\sigma_1^2)$，$Y_1,Y_2,\cdots,Y_{n_2}\ i.i.d.\sim N(\mu_2,\sigma_2^2)$，两组样本之间相互独立，且 $\sigma_1^2=\sigma_2^2=\sigma^2$ 为未知参数. 检验假设

$$H_0:\mu_1=\mu_2\leftrightarrow H_1:\mu_1\neq\mu_2. \tag{5.4.10}$$

分析：可用 $\overline{X}$ 估计 μ_1，$\overline{Y}$ 估计 μ_2. 当 H_0 成立时，$|\overline{X}-\overline{Y}|$ 较小；H_1 成立时，$|\overline{X}-\overline{Y}|$ 较大.

令

$$T=\frac{\overline{X}-\overline{Y}}{S_\omega\sqrt{\dfrac{1}{n_1}+\dfrac{1}{n_2}}},$$

其中，

$$S_\omega^2=\frac{1}{n_1+n_2-2}\left[\sum_{i=1}^{n_1}(X_i-\overline{X})^2+\sum_{j=1}^{n_2}(Y_j-\overline{Y})^2\right].$$

易见，若 H_0 成立，即 $\mu_1=\mu_2$，则

$$T \sim t(n_1+n_2-2).$$

所以,为了检验假设(5.4.10),可取拒绝域为

$$W_0=\left\{|T|=\left|\frac{\overline{X}-\overline{Y}}{S_\omega\sqrt{\frac{1}{n_1}+\frac{1}{n_2}}}\right|>t_{\frac{\alpha}{2}}(n_1+n_2-2)\right\}.$$

可以证明:此 W_0 是假设(5.4.10)的水平为 α 的 UMPU 检验.

类似地,若检验假设

$$H_0:\mu_1\leqslant\mu_2\leftrightarrow H_1:\mu_1>\mu_2, \tag{5.4.11}$$

则拒绝域为

$$W_0=\left\{T=\frac{\overline{X}-\overline{Y}}{S_\omega\sqrt{\frac{1}{n_1}+\frac{1}{n_2}}}>t_\alpha(n_1+n_2-2)\right\}.$$

可以证明:此 W_0 是假设(5.4.11)的水平为 α 的 UMPU 检验.

若检验假设

$$H_0:\mu_1\geqslant\mu_2\leftrightarrow H_1:\mu_1<\mu_2, \tag{5.4.12}$$

则拒绝域为

$$W_0=\left\{T=\frac{\overline{X}-\overline{Y}}{S_\omega\sqrt{\frac{1}{n_1}+\frac{1}{n_2}}}<-t_\alpha(n_1+n_2-2)\right\}.$$

可以证明:此 W_0 是假设(5.4.12)的水平为 α 的 UMPU 检验.

注 5.4.4 利用广义似然比检验法,同样可以得到以上三个检验,且可以证明:这三个检验都是 UMPU 检验.

注 5.4.5 在检验假设(5.4.10)-(5.4.12)中,若 σ_1^2 和 σ_2^2 为已知常数,令

$$U:=\frac{\overline{X}-\overline{Y}}{\sqrt{\frac{1}{n_1}\sigma_1^2+\frac{1}{n_2}\sigma_2^2}},$$

则当 $\mu_1=\mu_2$ 时,$U\sim N(0,1)$.用 U 替代 T,此时 $t(n_1+n_2-2)$ 改为 $N(0,1)$,$t_{\frac{\alpha}{2}}(n_1+n_2-2)$ 改为 $u_{\frac{\alpha}{2}}$,$t_\alpha(n_1+n_2-2)$ 改为 u_α,其余类似.

2. 两总体的 *F*-检验(可用广义似然比检验法)

设 $X_1,X_2,\cdots,X_{n_1}$ $i.i.d.\sim N(\mu_1,\sigma_1^2)$,$Y_1,Y_2,\cdots,Y_{n_2}$ $i.i.d.$

$\sim N(\mu_2,\sigma_2^2)$，两组样本之间相互独立，且 μ_1,μ_2 为未知参数. 检验假设

$$H_0:\sigma_1^2=\sigma_2^2 \leftrightarrow H_1:\sigma_1^2\neq\sigma_2^2. \tag{5.4.13}$$

易见，当 H_0 成立，即 $\sigma_1^2=\sigma_2^2$ 时，

$$F=\frac{S_{1*}^2}{S_{2*}^2}=\frac{\dfrac{1}{n_1-1}\sum_{i=1}^{n_1}(X_i-\overline{X})^2}{\dfrac{1}{n_2-1}\sum_{j=1}^{n_2}(Y_j-\overline{Y})^2}\sim F(n_1-1,n_2-1).$$

所以可取拒绝域为

$$W_0=\left\{F>C_2,\text{或 }F<C_1\right\},$$

其中 C_1 和 C_2 为两常数，且满足

$$P\left(W_0\mid\sigma_1^2=\sigma_2^2\right)=\alpha.$$

可以证明：在一定的条件下，此 W_0 是假设(5.4.13)的水平为 α 的 UMPU 检验.

在实用中常取 $C_2=F_{\frac{\alpha}{2}}(n_1-1,n_2-1)$，$C_1=F_{1-\frac{\alpha}{2}}(n_1-1,n_2-1)$，得拒绝域为

$$W_0=\left\{F>F_{\frac{\alpha}{2}}(n_1-1,n_2-1),\text{或 }F<F_{1-\frac{\alpha}{2}}(n_1-1,n_2-1)\right\}$$

$$\Leftrightarrow W_0^c=\left\{F_{1-\frac{\alpha}{2}}(n_1-1,n_2-1)\leqslant F\leqslant F_{\frac{\alpha}{2}}(n_1-1,n_2-1)\right\},$$

这里

$$F_{1-\frac{\alpha}{2}}(n_1-1,n_2-1)=\frac{1}{F_{\frac{\alpha}{2}}(n_2-1,n_1-1)}.$$

类似地，若检验假设

$$H_0:\sigma_1^2\leqslant\sigma_2^2 \leftrightarrow H_1:\sigma_1^2>\sigma_2^2, \tag{5.4.14}$$

则拒绝域为

$$W_0=\left\{F>F_{\alpha}(n_1-1,n_2-1)\right\}.$$

可以证明：此 W_0 是假设(5.4.14)的水平为 α 的 UMPU 检验.

若检验假设

$$H_0:\sigma_1^2\geqslant\sigma_2^2 \leftrightarrow H_1:\sigma_1^2<\sigma_2^2, \tag{5.4.15}$$

则拒绝域为

$$W_0 = \left\{F < F_{1-\alpha}(n_1-1,n_2-1)\right\} = \left\{F < \frac{1}{F_\alpha(n_2-1,n_1-1)}\right\}.$$

可以证明：此 W_0 是假设(5.4.15)的水平为 α 的 UMPU 检验.

注 5.4.6 利用广义似然比检验法，同样可以得到以上三个检验，且可以证明：这三个检验都是 UMPU 检验(其中对检验(5.4.13)，要选取合适的 C_1 和 C_2).

注 5.4.7 在检验假设(5.4.13)—(5.4.15)中，若 μ_1 和 μ_2 为已知常数，令

$$F' = \frac{\frac{1}{n_1}\sum_{i=1}^{n_1}(X_i-\mu_1)^2}{\frac{1}{n_2}\sum_{j=1}^{n_2}(Y_j-\mu_2)^2},$$

则当 $\sigma_1^2=\sigma_2^2$ 时，$F'\sim F(n_1,n_2)$. 用 F' 代替 F，此时 $F(n_1-1,n_2-1)$ 改为 $F(n_1,n_2)$，$F_\alpha(n_1-1,n_2-1)$ 改为 $F_\alpha(n_1,n_2)$，$F_{\frac{\alpha}{2}}(n_1-1,n_2-1)$ 改为 $F_{\frac{\alpha}{2}}(n_1,n_2)$，$F_{1-\frac{\alpha}{2}}(n_1-1,n_2-1)$ 改为 $F_{1-\frac{\alpha}{2}}(n_1,n_2)$，$F_{1-\alpha}(n_1-1,n_2-1)$ 改为 $F_{1-\alpha}(n_1,n_2)$，其余类似.

例 5.4.4 甲、乙两台机床加工某种零件，零件的直径服从正态分布，总体方差反映了加工精度，为比较两台机床的加工精度有无差别，现从各自加工的零件中分别抽取了 7 件产品和 8 件产品，测得其直径为

X(机床甲)：16.2，16.8，15.8，15.5，16.7，15.6，15.8，

Y(机床乙)：15.9，16.0，16.4，16.1，16.5，15.8，15.7，15.0.

问：在这两组数据下，两台机床的加工精度有无差别？

解 不妨设

$$X\sim N(\mu_1,\sigma_1^2),Y\sim N(\mu_2,\sigma_2^2).$$

由题意知，要检验假设

$$H_0:\sigma_1^2=\sigma_2^2 \leftrightarrow H_1:\sigma_1^2\neq\sigma_2^2.$$

拒绝域为

$$W_0 = \left\{F > F_{\frac{\alpha}{2}}(n_1-1,n_2-1),\text{或 } F < F_{1-\frac{\alpha}{2}}(n_1-1,n_2-1)\right\},$$

其中 $n_1=7,n_2=8,\overline{X}=160.57,\sum_{i=1}^{n_1}(X_i-\overline{X})^2=1.6374,\overline{Y}=159.25,$

$\sum_{j=1}^{n_2}(Y_j-\overline{Y})^2=1.5148$，所以

$$F=\frac{\frac{1}{n_1-1}\sum_{i=1}^{n_1}(X_i-\overline{X})^2}{\frac{1}{n_2-1}\sum_{j=1}^{n_2}(Y_j-\overline{Y})^2}=1.261.$$

其中 $\alpha=0.05$，查表得

$$F_{\frac{\alpha}{2}}(n_1-1,n_2-1)=F_{0.025}(6,7)=5.12,$$

$$F_{1-\frac{\alpha}{2}}(n_1-1,n_2-1)=\frac{1}{F_{\frac{\alpha}{2}}(n_2-1,n_1-1)}=\frac{1}{5.70}=0.175.$$

因为 $0.175<1.261<5.12$，样本未落入拒绝域，所以接受 H_0，即在显著性水平 $\alpha=0.05$ 下，认为两台机床的加工精度无显著差异.

小结

一、单正态总体情形

1. 对 μ 的检验

$$H_0:\mu=\mu_0\leftrightarrow H_1:\mu\neq\mu_0$$
$$H_0:\mu\leqslant\mu_0\leftrightarrow H_1:\mu>\mu_0$$
$$H_0:\mu\geqslant\mu_0\leftrightarrow H_1:\mu<\mu_0$$

若 $\sigma^2=\sigma_0^2$ 已知，则

$$U:=\frac{\sqrt{n}(\overline{X}-\mu_0)}{\sigma_0}\overset{\mu=\mu_0}{\sim}N(0,1),$$

拒绝域分别为

$$W_0=\left\{|U|>u_{\frac{\alpha}{2}}\right\},$$

$$W_0=\left\{U>u_\alpha\right\},$$

$$W_0=\left\{U<-u_\alpha\right\}.$$

若 σ^2 未知，则

$$T:=\frac{\sqrt{n}(\overline{X}-\mu_0)}{S_*}\overset{\mu=\mu_0}{\sim}t(n-1),$$

拒绝域分别为

$$W_0=\left\{|T|>t_{\frac{\alpha}{2}}(n-1)\right\},$$

$$W_0=\left\{T>t_{\alpha}(n-1)\right\},$$

$$W_0=\left\{T<-t_{\alpha}(n-1)\right\}.$$

2. 对 σ^2 的检验

$$H_0:\sigma^2=\sigma_0^2\leftrightarrow H_1:\sigma^2\neq\sigma_0^2$$
$$H_0:\sigma^2\leqslant\sigma_0^2\leftrightarrow H_1:\sigma^2>\sigma_0^2$$
$$H_0:\sigma^2\geqslant\sigma_0^2\leftrightarrow H_1:\sigma^2<\sigma_0^2$$

若 $\mu=\mu_0$ 已知,则

$$\chi^2:=\frac{1}{\sigma_0^2}\sum_{i=1}^{n}(X_i-\mu_0)^2\overset{\sigma^2=\sigma_0^2}{\sim}\chi^2(n),$$

拒绝域分别为

$$W_0=\left\{\chi^2>\chi^2_{\frac{\alpha}{2}}(n),\text{或 }\chi^2<\chi^2_{1-\frac{\alpha}{2}}(n)\right\},$$

$$W_0=\left\{\chi^2>\chi^2_{\alpha}(n)\right\},$$

$$W_0=\left\{\chi^2<\chi^2_{1-\alpha}(n)\right\}.$$

若 μ 未知,则

$$\chi^2:=\frac{1}{\sigma_0^2}\sum_{i=1}^{n}(X_i-\overline{X})^2\overset{\sigma^2=\sigma_0^2}{\sim}\chi^2(n-1),$$

拒绝域分别为

$$W_0=\left\{\chi^2>\chi^2_{\frac{\alpha}{2}}(n-1),\text{或 }\chi^2<\chi^2_{1-\frac{\alpha}{2}}(n-1)\right\},$$

$$W_0=\left\{\chi^2>\chi^2_{\alpha}(n-1)\right\},$$

$$W_0=\left\{\chi^2<\chi^2_{1-\alpha}(n-1)\right\}.$$

二、两正态总体情形

1. 均值差的检验

$$\begin{matrix} H_0:\mu_1=\mu_2\leftrightarrow H_1:\mu_1\neq\mu_2 & & H_0:\mu_1-\mu_2=0\leftrightarrow H_1:\mu_1-\mu_2\neq 0\\ H_0:\mu_1\leqslant\mu_2\leftrightarrow H_1:\mu_1>\mu_2 & \Leftrightarrow & H_0:\mu_1-\mu_2\leqslant 0\leftrightarrow H_1:\mu_1-\mu_2>0\\ H_0:\mu_1\geqslant\mu_2\leftrightarrow H_1:\mu_1<\mu_2 & & H_0:\mu_1-\mu_2\geqslant 0\leftrightarrow H_1:\mu_1-\mu_2<0 \end{matrix}$$

若 σ_1^2 与 σ_2^2 已知，则

$$U := \frac{\overline{X}-\overline{Y}}{\sqrt{\dfrac{\sigma_1^2}{n_1}+\dfrac{\sigma_2^2}{n_2}}} \overset{\mu_1=\mu_2}{\sim} N(0,1),$$

拒绝域分别为

$$W_0 = \left\{ |U| > u_{\frac{\alpha}{2}} \right\},$$

$$W_0 = \left\{ U > u_\alpha \right\},$$

$$W_0 = \left\{ U < -u_\alpha \right\}.$$

若 $\sigma_1^2=\sigma_2^2=\sigma^2$ 未知，则

$$T := \frac{\overline{X}-\overline{Y}}{S_\omega\sqrt{\dfrac{1}{n_1}+\dfrac{1}{n_2}}} \overset{\mu_1=\mu_2}{\sim} t(n_1+n_2-2),$$

拒绝域分别为

$$W_0 = \left\{ |T| > t_{\frac{\alpha}{2}}(n_1+n_2-2) \right\},$$

$$W_0 = \left\{ T > t_\alpha(n_1+n_2-2) \right\},$$

$$W_0 = \left\{ T < -t_\alpha(n_1+n_2-2) \right\}.$$

2.方差比的检验

$$\begin{matrix} H_0:\sigma_1^2 = \sigma_2^2 \leftrightarrow H_1:\sigma_1^2 \neq \sigma_2^2 & & H_0:\sigma_1^2/\sigma_2^2 = 1 \leftrightarrow H_1:\sigma_1^2/\sigma_2^2 \neq 1 \\ H_0:\sigma_1^2 \leqslant \sigma_2^2 \leftrightarrow H_1:\sigma_1^2 > \sigma_2^2 & \Leftrightarrow & H_0:\sigma_1^2/\sigma_2^2 \leqslant 1 \leftrightarrow H_1:\sigma_1^2/\sigma_2^2 > 1 \\ H_0:\sigma_1^2 \geqslant \sigma_2^2 \leftrightarrow H_1:\sigma_1^2 < \sigma_2^2 & & H_0:\sigma_1^2/\sigma_2^2 \geqslant 1 \leftrightarrow H_1:\sigma_1^2/\sigma_2^2 < 1 \end{matrix}$$

若 μ_1 和 μ_2 已知，则

$$F := \frac{\dfrac{1}{n_1}\sum\limits_{i=1}^{n_1}(X_i-\mu_1)^2}{\dfrac{1}{n_2}\sum\limits_{j=1}^{n_2}(Y_j-\mu_2)^2} \overset{\sigma_1^2=\sigma_2^2}{\sim} F(n_1,n_2),$$

拒绝域分别为

$$W_0 = \left\{ F > F_{\frac{\alpha}{2}}(n_1,n_2), \text{或 } F < F_{1-\frac{\alpha}{2}}(n_1,n_2) \right\},$$

$$W_0 = \left\{ F > F_\alpha(n_1,n_2) \right\},$$

$$W_0=\left\{F< F_{1-\alpha}(n_1,n_2)\right\}.$$

若 μ_1 和 μ_2 未知，则

$$F:=\frac{S_{1*}^2}{S_{2*}^2}=\frac{\frac{1}{n_1-1}\sum_{i=1}^{n_1}(X_i-\overline{X})^2}{\frac{1}{n_2-1}\sum_{j=1}^{n_2}(Y_j-\overline{Y})^2}\overset{\sigma_1^2=\sigma_2^2}{\sim}F(n_1-1,n_2-1),$$

拒绝域分别为

$$W_0=\left\{F>F_{\frac{\alpha}{2}}(n_1-1,n_2-1),\text{或 }F< F_{1-\frac{\alpha}{2}}(n_1-1,n_2-1)\right\},$$

$$W_0=\left\{F>F_{\alpha}(n_1-1,n_2-1)\right\},$$

$$W_0=\left\{F< F_{1-\alpha}(n_1-1,n_2-1)\right\}.$$

（六）成对数据的 t-检验

设有成对的数据 $(x_1,y_1),(x_2,y_2),\cdots,(x_n,y_n)$，其中 $x_1,\cdots,x_n$ 来自某总体，$y_1,\cdots,y_n$ 来自另一个总体，但 x_i 与 y_i 不独立，设 $Ex_i\equiv\mu_1,Ey_i\equiv\mu_2$，要检验的假设为：

$$H_0:\mu_1=\mu_2\leftrightarrow H_1:\mu_1\neq\mu_2.$$

令

$$Z_i=x_i-y_i,\ i=1,2,\cdots,n,$$

假定 $Z_1,Z_2,\cdots,Z_n\ i.i.d.\sim N(\mu_1-\mu_2,\sigma^2)$，$\sigma^2$ 未知. 令

$$\overline{Z}=\frac{1}{n}\sum_{i=1}^{n}Z_i,\ S_*^2=\frac{1}{n-1}\sum_{i=1}^{n}(Z_i-\overline{Z})^2.$$

在 H_0 成立下，有

$$Z_1,Z_2,\cdots,Z_n\ i.i.d.\sim N(0,\sigma^2),\ \overline{Z}\sim N\left(0,\frac{\sigma^2}{n}\right),$$

从而在 H_0 成立下，有

$$U:=\frac{\sqrt{n}\overline{Z}}{\sigma}\sim N(0,1).$$

又因为

$$V:=\frac{n-1}{\sigma^2}S_*^2\sim\chi^2(n-1),$$

且 U 与 V 独立，从而在 H_0 成立下，由 t 分布的定义知

$$T:=\frac{U}{\sqrt{\frac{V}{n-1}}}=\frac{\sqrt{n}\overline{Z}}{S_*}\sim t(n-1),$$

所以拒绝域为

$$W_0=\left\{\mid T\mid>t_{\frac{\alpha}{2}}(n-1)\right\}.$$

例 5.4.5　10个失眠患者，使用甲、乙两种安眠药，延长睡眠时间(单位：小时)见下表：

患者编号	1	2	3	4	5	6	7	8	9	10
甲安眠药	1.9	0.8	1.1	0.1	−0.1	4.4	5.5	1.6	4.6	3.4
乙安眠药	0.7	−1.6	−0.2	−1.2	−0.1	3.4	3.7	0.8	0	2.0

问:这两种安眠药的疗效有无显著性差异？(可以认为服用两种安眠药后增加的睡眠时间之差近似服从正态分布，$\alpha=0.05$)

分析:因为每一患者都吃两种药，所以所得的数据都是成对的.

解　设 X 表示服用甲种安眠药后睡眠延长的时间，Y 表示服用乙种安眠药后睡眠延长的时间. 假设 $X\sim N(\mu_1,\sigma_1^2)$，$Y\sim N(\mu_2,\sigma_2^2)$. 由题意知，要检验假设

$$H_0:\mu_1=\mu_2\leftrightarrow H_1:\mu_1\neq\mu_2.$$

令 $Z=X-Y\sim N(\mu_1-\mu_2,\sigma^2)$，$\sigma^2$ 未知. 在 H_0 成立，即 $\mu_1=\mu_2$ 时，有

$$T=\frac{\sqrt{n}\overline{Z}}{S_*}\sim t(n-1),$$

所以拒绝域为

$$W_0=\left\{|T|>t_{\frac{\alpha}{2}}(n-1)\right\},$$

其中 $n=10,\overline{Z}=\frac{1}{n}\sum_{i=1}^{n}Z_i=1.58$，

$$S_*^2=\frac{1}{n-1}\sum_{i=1}^{n}(Z_i-\overline{Z})^2=\frac{1}{9}\left[\sum_{i=1}^{10}Z_i^2-10\,\overline{Z}^2\right]=1.51.$$

取 $\alpha=0.05$，查表得 $t_{\frac{\alpha}{2}}(n-1)=t_{0.025}(9)=2.262$. 所以，

$$T=\frac{\sqrt{n}\overline{Z}}{S_*}=\frac{\sqrt{10}\times1.58}{\sqrt{1.51}}=4.06.$$

因为 $|T|=4.06>2.262$，所以拒绝 H_0，即可认为两种安眠药疗效有显著

差异.

例 5.4.6 比较甲、乙两种安眠药的疗效. 将 20 个患者分成两组，每组 10 人. 甲组病人服用甲种安眠药，乙组病人服用乙种安眠药，如服用后延长的睡眠时间分别近似服从正态分布，且方差相等，其数据仍如上例(这时数据不再有成对的关系). 问这两种安眠药的疗效有无显著性差异？($\alpha=0.05$)

解 设 X 表示服用甲种安眠药后睡眠延长的时间，Y 表示服用乙种安眠药后睡眠延长的时间. 则 $X\sim N(\mu_1,\sigma_1^2)$，$Y\sim N(\mu_2,\sigma_2^2)$，且 X 与 Y 独立. 由题意知，$\sigma_1^2=\sigma_2^2$，要检验假设

$$H_0:\mu_1=\mu_2 \leftrightarrow H_1:\mu_1\neq\mu_2.$$

用两总体的 t-检验. 令

$$T=\frac{\overline{X}-\overline{Y}}{S_\omega\sqrt{\dfrac{1}{n_1}+\dfrac{1}{n_2}}}.$$

在 H_0 成立，即 $\mu_1=\mu_2$ 时，有 $T\sim t(n_1+n_2-2)$. 所以拒绝域为

$$W_0=\left\{\mid T\mid > t_{\frac{\alpha}{2}}(n_1+n_2-2)\right\},$$

其中 $n_1=n_2=10$，$\overline{X}=2.33$，$\overline{Y}=0.75$，

$$S_\omega^2=\frac{1}{n_1+n_2-2}\left[\sum_{i=1}^{n_1}(X_i-\overline{X})^2+\sum_{j=1}^{n_2}(Y_j-\overline{Y})^2\right]=3.6.$$

所以，

$$T=\frac{\overline{X}-\overline{Y}}{S_\omega\sqrt{\dfrac{1}{n_1}+\dfrac{1}{n_2}}}=\frac{2.33-0.75}{\sqrt{3.6}\sqrt{\dfrac{2}{10}}}=1.85.$$

取 $\alpha=0.05$，查表得 $t_{\frac{\alpha}{2}}(n_1+n_2-2)=t_{0.025}(18)=2.101$. 因为 $|T|=1.85<2.101$，所以接受 H_0，即可认为两种疗效无显著差异.

在例 5.4.6 中，如果没有假定方差相等，那么在检验均值之前，需要先检验方差相等，然后才能在方差相等的情况下检验均值是否相等. 看下面的例子.

例 5.4.7 测得两批样本大小皆为 6 的电子器材电阻的均值分别为 $\overline{X}=0.14$，$\overline{Y}=0.139$，修正的样本标准差分别为 $S_{1*}=0.0026$，$S_{2*}=0.0024$. 假设这两批器材的电阻分别服从 $N(\mu_1,\sigma_1^2)$，$N(\mu_2,\sigma_2^2)$，均值方差皆未知且两组样本独立. 问这两批电子器材的电阻是否相同？($\alpha=0.05$)

解　这个问题表面上看是对两个正态总体均值是否相等的检验，但不知道是否有 $\sigma_1^2=\sigma_2^2$，因此首先需要检验两个正态总体的方差是否相等. 如果检验认为 $\sigma_1^2=\sigma_2^2$，然后再作两样本 t-检验；如果检验否定了 $\sigma_1^2=\sigma_2^2$，则不能用两样本的 t-检验法去检验均值是否相等，这就变成了 Behrens-Fisher 问题，将在本章的第 5 节解决.

先检验假设

$$H_0:\sigma_1^2=\sigma_2^2\leftrightarrow H_1:\sigma_1^2\neq\sigma_2^2.$$

此检验的接受域为

$$W_0^c=\left\{F_{1-\frac{\alpha}{2}}(n_1-1,n_2-1)\leqslant F=\frac{S_{1*}^2}{S_{2*}^2}\leqslant F_{\frac{\alpha}{2}}(n_1-1,n_2-1)\right\},$$

其中 $n_1=n_2=6,F=\dfrac{S_{1*}^2}{S_{2*}^2}=\dfrac{0.0026^2}{0.0024^2}=1.17$. 由 $\alpha=0.05$，查 F 分布表得

$$F_{\frac{\alpha}{2}}(n_1-1,n_2-1)=F_{0.025}(5,5)=7.15,$$

$$F_{1-\frac{\alpha}{2}}(n_1-1,n_2-1)=\frac{1}{F_{\frac{\alpha}{2}}(n_2-1,n_1-1)}=\frac{1}{F_{0.025}(5,5)}=0.14,$$

由于 $0.14<1.17<7.15$，故没有足够的理由否定 H_0，因此接受 H_0，即认为 $\sigma_1^2=\sigma_2^2$.

在接受上述检验后，可以假定 $\sigma_1^2=\sigma_2^2$，进一步考虑下列检验

$$H_0:\mu_1=\mu_2\leftrightarrow H_1:\mu_1\neq\mu_2.$$

用两总体的 t-检验. 令

$$T=\frac{\overline{X}-\overline{Y}}{S_\omega\sqrt{\dfrac{1}{n_1}+\dfrac{1}{n_2}}}.$$

在 H_0 成立，即 $\mu_1=\mu_2$ 时，有 $T\sim t(n_1+n_2-2)$，所以拒绝域为

$$W_0=\left\{|T|>t_{\frac{\alpha}{2}}(n_1+n_2-2)\right\},$$

这里 $n_1=n_2=6,\overline{X}=0.14,\overline{Y}=0.139,S_{1*}=0.0026,S_{2*}=0.0024$，因此有

$$S_\omega^2=\frac{1}{n_1+n_2-2}\left[(n_1-1)S_{1*}^2+(n_2-1)S_{2*}^2\right]=6.26\times10^{-6},$$

$$S_\omega=0.0025.$$

所以，

$$T=\frac{\overline{X}-\overline{Y}}{S_\omega\sqrt{\dfrac{1}{n_1}+\dfrac{1}{n_2}}}=\frac{0.14-0.139}{0.0025\times\sqrt{\dfrac{2}{6}}}=0.6928.$$

由于 $\alpha=0.05$，查 t 分布表得 $t_{\frac{\alpha}{2}}(n_1+n_2-2)=t_{0.025}(10)=2.228$. 因为 $|T|=0.6928<2.228$，故没有足够的理由否定 H_0，因此接受 H_0，即可认为这两批电子器材的电阻相同，无显著差异.

以上对于单个正态总体和两个正态总体的假设检验问题进行了比较详细的讨论，利用广义似然比检验法导出了各种检验问题的具体否定域(Behrens-Fisher 问题的否定域除外，将在本章的第 5 节讨论)，而且可以证明：这些否定域大多是 UMPU 检验. 对于非正态总体，广义似然比检验法也是可用的，具体见下例.

例 5.4.8 设 $X_1,X_2,\cdots,X_n$ $i.i.d.\sim f(x;\lambda)=\mathrm{e}^{-\lambda}\cdot\dfrac{\lambda^x}{x!}$，$x=0,1,2,\cdots$，$\lambda>0$为未知参数. 检验假设

$$H_0:\lambda\leqslant\lambda_0\leftrightarrow H_1:\lambda>\lambda_0, \tag{5.4.16}$$

其中 $\lambda_0>0$ 为已知常数. 记 $\Theta=(0,+\infty)$，$\Theta_0=(0,\lambda_0]$.

解 似然函数为

$$L(\lambda)=\prod_{i=1}^{n}\left[\mathrm{e}^{-\lambda}\cdot\frac{\lambda^{x_i}}{x_i!}\right]=\mathrm{e}^{-n\lambda}\cdot\frac{\lambda^{\sum\limits_{i=1}^{n}x_i}}{\prod\limits_{i=1}^{n}x_i!}=\mathrm{e}^{-n\lambda}\cdot\lambda^{n\bar{x}}\cdot\frac{1}{\prod\limits_{i=1}^{n}x_i!}.$$

因为 λ 的 MLE 为 $\hat{\lambda}=\bar{x}$，所以

$$L(\hat{\Theta})=\sup_{\lambda\in\Theta}L(\lambda)=L(\bar{x})=\mathrm{e}^{-n\bar{x}}\cdot(\bar{x})^{n\bar{x}}\cdot\frac{1}{\prod\limits_{i=1}^{n}x_i!}.$$

又因为

$$L(\hat{\Theta}_0)=\sup_{\lambda\in\Theta_0}L(\lambda)=\sup_{\lambda\leqslant\lambda_0}L(\lambda)=\begin{cases}L(\bar{x}), & \bar{x}\leqslant\lambda_0,\\ L(\lambda_0)=\mathrm{e}^{-n\lambda_0}\cdot\lambda_0^{n\bar{x}}\cdot\dfrac{1}{\prod\limits_{i=1}^{n}x_i!}, & \bar{x}>\lambda_0.\end{cases}$$

所以广义似然比为

$$\lambda(x_1,x_2,\cdots,x_n):=\frac{L(\hat{\Theta})}{L(\hat{\Theta}_0)}=\begin{cases}1, & \bar{x}\leqslant\lambda_0,\\ \mathrm{e}^{n(\lambda_0-\bar{x})}\cdot\left(\dfrac{\bar{x}}{\lambda_0}\right)^{n\bar{x}}, & \bar{x}>\lambda_0.\end{cases}$$

易见，当$\overline{x}>\lambda_0$ 时，

$$\frac{\partial \ln\lambda(x_1,x_2,\cdots,x_n)}{\partial\,\overline{x}}=n\ln\left(\frac{\overline{x}}{\lambda_0}\right)>0,$$

所以 $\lambda(x_1,x_2,\cdots,x_n)$是 $\overline{x}$的单调上升函数，从而拒绝域为

$$\begin{aligned}W_0&=\left\{(x_1,x_2,\cdots,x_n):\ \lambda(x_1,x_2,\cdots,x_n)>C\right\}\\&=\left\{(x_1,x_2,\cdots,x_n):\ \overline{x}>d\right\},\end{aligned}$$

其中 C,d 为常数，且满足

$$\begin{aligned}P\left(W_0\mid\lambda_0\right)&=P\left(\overline{X}>d\mid\lambda_0\right)=P\left(\sum_{i=1}^{n}X_i>nd\mid\lambda_0\right)\\&=\sum_{j=\lfloor nd\rfloor+1}^{\infty}\mathrm{e}^{-n\lambda_0}\cdot\frac{(n\lambda_0)^j}{j\,!}=\alpha,\end{aligned}$$

求 d，使上式近似成立，即得拒绝域 $W_0=\{(x_1,x_2,\cdots,x_n):\overline{x}>d\}$.

习题 5.4

5.4.1　设$(X_1,\cdots,X_n)$是来自总体 $N(\mu,4)$的一组随机样本，求检验问题

$$H_0:\mu=2\leftrightarrow H_1:\mu\neq2$$

的水平为 $\alpha=0.05$ 的似然比检验.

5.4.2　某批矿砂的 5 个样品中的镍含量(以%计)，经测定为

3.25，　3.27，　3.24，　3.26，　3.24.

设测定值总体服从正态分布，但参数均未知，问在显著性水平 $\alpha=0.01$ 下能否接受假设：这批矿砂的镍含量的均值为 3.25?

5.4.3　某糖厂用自动打包机打包，每包重量的额定值为 100 kg，每天开工后需要检验一下打包机工作是否正常，即检查打包机是否有系统偏差. 某日开工后测得 9 包的重量(单位：kg)为

99.3，　98.7，　100.5，　101.2，　98.3，　99.7，　99.5，　102.1，　100.5.

问:该打包机工作是否正常?(显著性水平为 $\alpha=0.05$，已知包重服从正态分布)

5.4.4　正常人的脉搏平均为 72 次/分，某医生测得 10 例慢性四乙基铅中毒患者的脉搏(次/分)如下：

54，　67，　68，　78，　70，　66，　67，　70，　65，　69.

已知这些患者的脉搏服从正态分布,问:四乙基铅中毒患者的脉搏与正常人的脉搏有无显著差异?(显著性水平为 $\alpha=0.05$)

5.4.5 设$(X_1,\cdots,X_n)$为来自正态总体 $N(\mu,\sigma^2)$的样本,试求假设

$$H_0:\sigma^2=\sigma_0^2\leftrightarrow H_1:\sigma^2\neq\sigma_0^2$$

的水平为 α 的似然比检验.

5.4.6 设$(X_1,\cdots,X_n)$为来自 Bernoulli 分布总体 $B(1,p)$的样本,试求假设

$$H_0:p=p_0\leftrightarrow H_1:p\neq p_0$$

的似然比检验,其中 p_0 为一常数,显著性水平为 α.

5.4.7 某工厂采用新法处理废水,对处理后的水测量所含某种有毒物质的浓度,假设浓度服从正态 分布,得到 10 个数据(单位: mg/L):

22, 14, 17, 13, 21, 16, 15, 16, 19, 18.

而以往用老法处理废水后,该种有毒物质的平均浓度为 19,问:从对这种有毒物质的处理来看,新法是否比老法效果要好?(显著性水平为 $\alpha=0.05$)

5.4.8 考察一鱼塘中鱼的含汞量,随机地取 10 条鱼测得各条鱼的含汞量(单位: mg)为

0.8, 1.6, 0.9, 0.8, 1.2, 0.4, 0.7, 1.0, 1.2, 1.1.

设鱼的含汞量服从正态分布 $N(\mu,\sigma^2)$,试检验假设

$$H_0:\mu\leqslant 1.2\leftrightarrow H_1:\mu>1.2,$$

其中显著性水平为 $\alpha=0.1$.

5.4.9 某车间生产铜丝,生产一向比较稳定. 今从产品中随便抽取 10 根检查其折断力,得数据如下:

578, 512, 570, 568, 572, 570, 570, 572, 596, 584.

假定铜丝的折断力服从正态分布. 问:是否可相信该车间的铜丝的折断力的方差为 640?(显著性水平为 $\alpha=0.05$)

5.4.10 一种混杂的小麦品种,株高的标准差为 $\sigma_0=14$ cm,经提纯后随机抽取 10 株,它们的株高(以 cm 计)为

90, 105, 101, 95, 100, 100, 101, 105, 93, 97.

考察提纯后的群体是否比原群体整齐?取显著性水平 $\alpha=0.01$,并设小麦株高服从 $N(\mu,\sigma^2)$.

5.4.11 测定某种溶液中的水分,它的 10 个测定值给出样本均值为

$\overline{X}=0.452$，修正的样本标准差为 $S_*=0.037$，设测定值总体为正态分布 $N(a,\sigma^2)$. 试在水平 $\alpha=0.05$ 下检验假设：

(1) $H_0:a\leqslant 0.5\leftrightarrow H_1:a>0.5$；

(2) $H_0:\sigma\geqslant 0.04\leftrightarrow H_1:\sigma<0.04$.

5.4.12　设 $X_1,\cdots,X_9$ *i. i. d.* $\sim N(a,2.5^2)$，$Y_1,\cdots,Y_{16}$ *i. i. d.* $\sim N(b,3.4^2)$，算得 $\overline{X}=49$，$\overline{Y}=44$，在水平 $\alpha=0.05$ 下检验

$$H_0:a\geqslant b\leftrightarrow H_1:a<b.$$

5.4.13　用两种方法研究冰溶解时潜热，对冷却到 −0.72 ℃的冰溶解为 0 ℃的水的热量改变数据(单位：cal/g)：

方法 1：79.98，80.04，80.02，80.04，80.03，80.03，80.04，79.97，80.05，80.03，80.02，80.00，80.02；

方法 2：80.02，79.94，79.98，79.97，80.03，79.95，79.97，79.97.

试问在显著性水平 $\alpha=0.05$ 下，这两种处理方法的平均性能有无显著差异？假设这两种方法测定值都是服从正态分布且方差相同.

5.4.14　在 20 世纪 70 年代后期人们发现，在酿造啤酒时，麦芽在干燥过程中形成致癌物质 N—亚硝基二甲胺(NDMA). 到 20 世纪 80 年代初期开发了一种新的麦芽干燥过程. 下面分别给出新老两种过程中形成的 NDMA 含量(以 10 亿份中的份数计)：

老过程	6	4	5	5	6	5	5	6	4	6	7	4
新过程	2	1	2	2	1	0	3	2	1	0	1	3

设两样本分别来自正态总体，且两总体的方差相等，但参数均未知，两样本独立. 分别以 μ_1，μ_2 对应于老、新过程的总体的均值，试检验假设(显著性水平为 $\alpha=0.05$)

$$H_0:\mu_1-\mu_2\leqslant 2\leftrightarrow H_1:\mu_1-\mu_2>2.$$

5.4.15　检查了 26 匹马，测得每 100 ml 的血清中，所含无机磷平均值为 3.29 mg，修正的样本标准差为 0.27 mg；又检查了 18 头羊，100 ml 的血清中含无机磷平均值为 3.96 mg，修正的样本标准差 为 0.40 mg. 假设马与羊血清中无机磷含量服从正态分布，试在 0.05 的检验水平下，检验马与羊的血清中含无机磷的量是否有显著性差异？

5.4.16　比较甲、乙两种安眠药的疗效. 将 20 个患者分成两组，每组

10人:甲组病人服用甲组安眠 药,乙组病人服用乙种安眠药,如服药后延长的睡眠时间(h)服从正态分布,其数据如下表(这时数 据不具有成对的关系):

甲安眠药	1.9	0.8	1.1	0.1	−0.1	4.4	5.5	1.6	4.6	3.4
乙安眠药	0.7	−1.6	−0.2	−1.2	−0.1	3.4	3.7	0.8	0	2.0

问这两种安眠药的疗效有无显著性差异?(显著性水平为 $\alpha=0.05$)

5.4.17 某厂使用两种不同的原料生产同一类型产品,随机选取使用原料 A 生产的样品 22 件,测得其平均质量为 2.36 kg,修正的样本标准差为 0.57 kg. 取使用原料 B 生产的样品 24 件,测得其平均质量为 2.55 kg,修正的样本标准差为 0.48 kg. 设产品质量服从正态分布,两个样本独立. 问能否认为使用原料 B 生产的产品平均质量较使用原料 A 显著大?(显著性水平为 $\alpha=0.05$)

5.4.18 设 $X_1,\cdots,X_m$ *i. i. d.* $\sim N(\mu_1,\sigma_1^2)$, $Y_1,\cdots,Y_n$ *i. i. d.* $\sim N(\mu_2,\sigma_2^2)$,且 $X_1,\cdots,X_m$ 与 $Y_1,\cdots,Y_n$ 独立,试求

$$H_0:\sigma_1^2=\sigma_2^2 \leftrightarrow H_1:\sigma_1^2\neq\sigma_2^2$$

的水平为 α 的似然比检验.

5.4.19 在上一题的正态两样本情况下,给定 $c>0$,找出

$$H_0:\sigma_1^2=c\sigma_2^2 \leftrightarrow H_1:\sigma_1^2\neq c\sigma_2^2$$

的水平为 α 的似然比检验.

5.4.20 设$(X_1,\cdots,X_n)$为取自下列指数分布总体的样本:

$$f(x;\mu)=\exp\{-(x-\mu)\},\ x\geqslant\mu,$$

其中$-\infty<\mu<+\infty$为未知参数. 求检验问题

$$H_0:\mu=\mu_0 \leftrightarrow H_1:\mu\neq\mu_0$$

的水平为 α 的似然比检验.

5.4.21 设$(X_1,\cdots,X_m)$为从指数分布总体 $f(x;\theta_1)=\theta_1^{-1}\exp\{-x/\theta_1\}$ 中抽取的简单样本,$(Y_1,\cdots,Y_n)$为从指数分布总体 $f(x;\theta_2)=\theta_2^{-1}\exp\{-x/\theta_2\}$ 中抽取的简单样本,且两组样本独立,$\theta_1>0$ 和 $\theta_2>0$ 均为未知参数. 求检验问题

$$H_0:\theta_1=\theta_2 \leftrightarrow H_1:\theta_1\neq\theta_2$$

的水平为 α 的似然比检验.

5.5　极限分布为正态分布的检验

本节主要讨论 Behrens-Fisher 检验问题的近似方法，包括大样本检验方法和小样本检验方法，同时也讨论二项分布和泊松分布参数的大样本检验问题.

一、Behrens-Fisher 检验问题的近似方法

设$(X_1,X_2,\cdots,X_{n_1})$为来自正态总体 $X\sim N(\mu_1,\sigma_1^2)$ 的样本，$(Y_1,Y_2,\cdots,Y_{n_2})$为来自正态总体 $Y\sim N(\mu_2,\sigma_2^2)$ 的样本，且两组样本之间相互独立. 这里考虑 $\mu_1-\mu_2$ 的下列三类检验问题：

(1) $H_0:\mu_1-\mu_2=0\leftrightarrow H_1:\mu_1-\mu_2\neq 0$；

(2) $H_0:\mu_1-\mu_2\leqslant 0\leftrightarrow H_1:\mu_1-\mu_2>0$；

(3) $H_0:\mu_1-\mu_2\geqslant 0\leftrightarrow H_1:\mu_1-\mu_2<0$，

其中检验水平为 α.

对于上述三种检验的几种特殊情形：(1) σ_1^2 和 σ_2^2 已知；(2) $\sigma_1^2=\sigma_2^2=\sigma^2$ 未知；(3)成对数据($n_1=n_2$)，已经在§5.4 节进行了详细讨论. 当 $\sigma_1^2\neq\sigma_2^2$ 且未知时的检验问题称为 Behrens-Fisher 检验问题，下面将介绍处理这类问题的两个近似方法.

1. $\boldsymbol{\sigma_1^2}$ 和 $\boldsymbol{\sigma_2^2}$ 未知且 $\boldsymbol{n_1,n_2}$ 充分大时 $\boldsymbol{\mu_1-\mu_2}$ 的大样本检验

假定 σ_1^2 和 σ_2^2 未知，且 n_1 与 n_2 都充分大，则可利用中心极限定理给出近似解法. 由于

$$\frac{\overline{X}-\overline{Y}-(\mu_1-\mu_2)}{\sqrt{\dfrac{\sigma_1^2}{n_1}+\dfrac{\sigma_2^2}{n_2}}}\sim N(0,1), \tag{5.5.1}$$

且当 $n_1\to\infty$ 时，$S_{1*}^2\xrightarrow{P}\sigma_1^2$，$n_2\to\infty$ 时，$S_{2*}^2\xrightarrow{P}\sigma_2^2$，将式(5.5.1)中的 σ_1^2 和 σ_2^2 分别用 S_{1*}^2 和 S_{2*}^2 代入，利用定理 2.3.1(Slutsky 定理)知，当 $n_1,n_2\to\infty$ 时，有

$$\frac{\overline{X}-\overline{Y}-(\mu_1-\mu_2)}{\sqrt{\dfrac{S_{1*}^2}{n_1}+\dfrac{S_{2*}^2}{n_2}}}=\frac{\sqrt{\dfrac{\sigma_1^2}{n_1}+\dfrac{\sigma_2^2}{n_2}}}{\sqrt{\dfrac{S_{1*}^2}{n_1}+\dfrac{S_{2*}^2}{n_2}}}\cdot\frac{\overline{X}-\overline{Y}-(\mu_1-\mu_2)}{\sqrt{\dfrac{\sigma_1^2}{n_1}+\dfrac{\sigma_2^2}{n_2}}}\xrightarrow{L}N(0,1). \tag{5.5.2}$$

当 $\mu_1-\mu_2=0$，且当 $n_1,n_2\to\infty$ 时，有

$$U^* := \frac{\overline{X}-\overline{Y}}{\sqrt{\frac{S_{1*}^2}{n_1}+\frac{S_{2*}^2}{n_2}}} \xrightarrow{L} N(0,1). \tag{5.5.3}$$

取 U^* 作为检验统计量，利用与§5.4节完全类似的方法得到检验问题(1)—(3)的下列拒绝域. 需要注意的是，这里的检验水平不是精确为 α，而是近似为 α. 检验问题(1)—(3)的拒绝域分别为

$$W_1=\left\{\left|U^*\right|>u_{\frac{\alpha}{2}}\right\},$$

$$W_2=\left\{U^*>u_\alpha\right\},$$

$$W_3=\left\{U^*<-u_\alpha\right\}.$$

2. σ_1^2 和 σ_2^2 未知且 n_1,n_2 不都是充分大时 $\mu_1-\mu_2$ 的小样本检验

假定 σ_1^2 和 σ_2^2 未知，且 n_1 与 n_2 不都是充分大，则可利用 t 分布给出近似解法. 在§4.3节 Behrens-Fisher 区间估计问题中，已经说明了

$$\frac{\overline{X}-\overline{Y}-(\mu_1-\mu_2)}{\sqrt{\frac{S_{1*}^2}{n_1}+\frac{S_{2*}^2}{n_2}}}$$

近似服从自由度为 r 的 t 分布，其中

$$r=\frac{S_*^4}{\frac{S_{1*}^4}{n_1^2(n_1-1)}+\frac{S_{2*}^4}{n_2^2(n_2-1)}}, \quad S_*^2=\frac{S_{1*}^2}{n_1}+\frac{S_{2*}^2}{n_2}. \tag{5.5.4}$$

当 $\mu_1-\mu_2=0$ 时，近似地有

$$T_* := \frac{\overline{X}-\overline{Y}}{\sqrt{\frac{S_{1*}^2}{n_1}+\frac{S_{2*}^2}{n_2}}} \sim t(r), \tag{5.5.5}$$

即当 $\mu_1-\mu_2=0$ 时，T_* 近似服从自由度为 r 的 t 分布. 取 T_* 作为检验统计量，利用与§5.4节中完全类似的一样本 t-检验法得到检验问题(1)—(3)的检验水平近似为 α 的拒绝域分别为

$$W_1=\left\{\left|T_*\right|>t_{\frac{\alpha}{2}}(r)\right\},$$

$$W_2=\left\{T_*>t_\alpha(r)\right\},$$

$$W_3=\left\{T_*<-t_\alpha(r)\right\}.$$

二、二项分布参数的大样本检验

设$(X_1,X_2,\cdots,X_n)$为来自两点分布总体$X\sim B(1,p)$的样本，考虑下列检验问题

$$H_0:p=p_0\leftrightarrow H_1:p\neq p_0,\tag{5.5.6}$$

其中p_0和检验水平α给定.

记$T=\sum\limits_{i=1}^{n}X_i$，则$T=\sum\limits_{i=1}^{n}X_i\sim B(n,p)$. 由棣莫弗-拉普拉斯中心极限定理知，

$$\frac{T-np}{\sqrt{np(1-p)}}\xrightarrow{L}N(0,1).\tag{5.5.7}$$

故当H_0成立，即$p=p_0$时有

$$U:=\frac{T-np_0}{\sqrt{np_0(1-p_0)}}\xrightarrow{L}N(0,1).\tag{5.5.8}$$

因此选U作为检验统计量，当n较大时，U近似服从$N(0,1)$. 由U-检验法可知双边检验问题(5.5.6)的检验水平近似为α的拒绝域为

$$W_1=\left\{|U|>u_{\frac{\alpha}{2}}\right\}.$$

类似地，可以得到p的两个单边检验问题及检验水平近似为α的拒绝域如下：

$$H_0:p\leqslant p_0\leftrightarrow H_1:p>p_0,\quad W_2=\left\{U>u_\alpha\right\},$$

$$H_0:p\geqslant p_0\leftrightarrow H_1:p<p_0,\quad W_3=\left\{U<-u_\alpha\right\}.$$

三、泊松分布参数的大样本检验

设$(X_1,X_2,\cdots,X_n)$为来自泊松分布总体$X\sim\mathscr{P}(\lambda)$的样本，考虑下列检验问题

$$H_0:\lambda=\lambda_0\leftrightarrow H_1:\lambda\neq\lambda_0,\tag{5.5.9}$$

其中λ_0和检验水平α给定.

记$T=\sum\limits_{i=1}^{n}X_i$，则$T=\sum\limits_{i=1}^{n}X_i\sim\mathscr{P}(n\lambda)$. 由林德贝格-莱维中心极限定理知，

$$\frac{T-n\lambda}{\sqrt{n\lambda}}\xrightarrow{L}N(0,1).\tag{5.5.10}$$

故当 H_0 成立，即 $\lambda=\lambda_0$ 时有

$$U_0 := \frac{T-n\lambda_0}{\sqrt{n\lambda_0}} \xrightarrow{L} N(0,1). \tag{5.5.11}$$

因此选 U_0 作为检验统计量，当 n 较大时，U_0 近似服从 $N(0,1)$. 由 U-检验法可知双边检验问题(5.5.9)的检验水平近似为 α 的拒绝域为

$$W_1 = \left\{ |U_0| > u_{\frac{\alpha}{2}} \right\}.$$

类似地，可以得到 λ 的两个单边检验问题及检验水平近似为 α 的拒绝域如下：

$$H_0:\lambda \leqslant \lambda_0 \leftrightarrow H_1:\lambda > \lambda_0, \quad W_2 = \left\{ U_0 > u_\alpha \right\},$$

$$H_0:\lambda \geqslant \lambda_0 \leftrightarrow H_1:\lambda < \lambda_0, \quad W_3 = \left\{ U < -u_\alpha \right\}.$$

四、两样本检验问题

1. 二项分布的两样本检验问题

设$(X_1,X_2,\cdots,X_{n_1})$为来自两点分布总体 $X\sim B(1,p_1)$的样本，$(Y_1,Y_2,\cdots,Y_{n_2})$为来自两点分布总体 $Y\sim B(1,p_2)$的样本，且两组样本之间相互独立. 考虑下列检验问题

$$H_0:p_1-p_2=0 \leftrightarrow H_1:p_1-p_2 \neq 0, \tag{5.5.12}$$

检验水平 α 给定.

由独立同分布场合下的中心极限定理知

$$\frac{\overline{X}-\overline{Y}-(p_1-p_2)}{\sqrt{\dfrac{p_1(1-p_1)}{n_1}+\dfrac{p_2(1-p_2)}{n_2}}} \xrightarrow{L} N(0,1), \quad n_1,n_2 \to \infty. \tag{5.5.13}$$

当 H_0 成立，即 $p_1=p_2=p$ 时，将 p 用合样本估计，即用

$$\hat{p} = \frac{1}{n_1+n_2}\left[\sum_{i=1}^{n_1} X_i + \sum_{j=1}^{n_2} Y_j\right]$$

估计 p. 显然 $\hat{p}$ 是 p 的相合估计. 故由定理 2.3.1(Slutsky 定理)知，当 $n_1,n_2\to\infty$时，有

$$\widetilde{U} := \frac{\overline{X}-\overline{Y}}{\sqrt{\hat{p}(1-\hat{p})}}\sqrt{\frac{n_1 n_2}{n_1+n_2}}$$

$$= \frac{\overline{X}-\overline{Y}}{\sqrt{p(1-p)}}\sqrt{\frac{n_1 n_2}{n_1+n_2}}\cdot\frac{\sqrt{p(1-p)}}{\sqrt{\hat{p}(1-\hat{p})}}\xrightarrow{L} N(0,1). \qquad (5.5.14)$$

因此取 $\widetilde{U}$ 作为检验统计量，当 $n_1,n_2\to\infty$ 时，$\widetilde{U}$ 近似服从 $N(0,1)$. 由 U-检验法可知双边检验问题(5.5.12)的检验水平近似为 α 的拒绝域为

$$W_1=\left\{|\widetilde{U}|>u_{\frac{\alpha}{2}}\right\}.$$

类似地，可以得到 p_1-p_2 的两个单边检验问题及检验水平近似为 α 的拒绝域如下：

$$H_0: p_1-p_2\leqslant 0\leftrightarrow H_1: p_1-p_2>0, \quad W_2=\left\{\widetilde{U}>u_\alpha\right\},$$

$$H_0: p_1-p_2\geqslant 0\leftrightarrow H_1: p_1-p_2<0, \quad W_3=\left\{\widetilde{U}<-u_\alpha\right\}.$$

2. 泊松分布的两样本检验问题

设$(X_1,X_2,\cdots,X_{n_1})$为来自泊松分布总体 $X\sim\mathscr{P}(\lambda_1)$的样本，$(Y_1,Y_2,\cdots,Y_{n_2})$为来自泊松分布总体 $X\sim\mathscr{P}(\lambda_2)$的样本，且两组样本之间相互独立. 考虑下列检验问题

$$H_0:\lambda_1-\lambda_2=0\leftrightarrow H_1:\lambda_1-\lambda_2\neq 0, \qquad (5.5.15)$$

检验水平 α 给定.

由独立同分布场合下的中心极限定理知

$$\frac{\overline{X}-\overline{Y}-(\lambda_1-\lambda_2)}{\sqrt{\frac{\lambda_1}{n_1}+\frac{\lambda_2}{n_2}}}\xrightarrow{L} N(0,1), \quad n_1,n_2\to\infty. \qquad (5.5.16)$$

当 H_0 成立，即 $\lambda_1=\lambda_2=\lambda$ 时，将 λ 用合样本估计，即用

$$\hat{\lambda}=\frac{1}{n_1+n_2}\left(\sum_{i=1}^{n_1}X_i+\sum_{j=1}^{n_2}Y_j\right)$$

估计 λ. 显然 $\hat{\lambda}$ 是 λ 的相合估计. 故由定理 2.3.1(Slutsky 定理)知，当 $n_1,n_2\to\infty$ 时，有

$$\widetilde{U}:=\frac{\overline{X}-\overline{Y}}{\sqrt{\hat{\lambda}}}\sqrt{\frac{n_1 n_2}{n_1+n_2}}=\frac{\overline{X}-\overline{Y}}{\sqrt{\lambda}}\sqrt{\frac{n_1 n_2}{n_1+n_2}}\cdot\frac{\sqrt{\lambda}}{\sqrt{\hat{\lambda}}}\xrightarrow{L} N(0,1).$$

(5.5.17)

因此取 $\widetilde{U}$ 作为检验统计量，当 $n_1,n_2\to\infty$ 时，$\widetilde{U}$ 近似服从 $N(0,1)$. 由 U-检验

法可知双边检验问题(5.5.15)的检验水平近似为α的拒绝域为

$$W_1=\left\{|\widetilde{U}|>u_{\frac{\alpha}{2}}\right\}.$$

类似地,可以得到$\lambda_1-\lambda_2$的两个单边检验问题及检验水平近似为α的拒绝域如下:

$$H_0:\lambda_1-\lambda_2\leqslant 0\leftrightarrow H_1:\lambda_1-\lambda_2>0,\quad W_2=\left\{\widetilde{U}>u_\alpha\right\},$$

$$H_0:\lambda_1-\lambda_2\geqslant 0\leftrightarrow H_1:\lambda_1-\lambda_2<0,\quad W_3=\left\{\widetilde{U}<-u_\alpha\right\}.$$

习题 5.5

5.5.1 检验某地正常成年男子 176 人,女子 74 人,计算男女红细胞的平均数和修正的样本标准差分别为

男:$\overline{X}=465.13$ 万/mm^3,$S_{1*}=54.80$ 万/mm^3;

女:$\overline{X}=422.16$ 万/mm^3,$S_{2*}=39.20$ 万/mm^3.

假定正常成年男女红细胞数分别服从正态分布,检验正常成年人红细胞数是否与性别有关?(显著 性水平为$\alpha=0.01$).

5.5.2 为了比较两种枪弹的速度(单位:米/秒),在相同条件下进行速度测定,算得样本均值和修正的样本标准差如下:

枪弹甲:$n_1=120$, $\overline{X}=2805$, $S_{1*}=120.41$;

枪弹乙:$n_2=60$, $\overline{Y}=2680$, $S_{2*}=90.00$.

假设两种枪弹的速度均服从正态分布,问在显著性水平$\alpha=0.05$下,两种枪弹的速度和均匀性方面是否有显著性差异?

5.5.3 分别抽取甲种矿石的10个样品和乙种矿石的5个样品,测其含铁量(单位:%),由数据算得

甲矿石:$\overline{X}=\dfrac{1}{10}\sum\limits_{i=1}^{10}X_i=16.01$, $S_{1*}^2=\dfrac{1}{9}\sum\limits_{i=1}^{10}\left(X_i-\overline{X}\right)^2=10.80$;

乙矿石:$\overline{Y}=\dfrac{1}{5}\sum\limits_{j=1}^{5}Y_j=18.98$, $S_{2*}^2=\dfrac{1}{4}\sum\limits_{i=1}^{5}\left(Y_i-\overline{Y}\right)^2=0.27$.

在显著性水平$\alpha=0.01$下,求检验问题:甲矿石含铁量不低于乙矿石的含铁量.

5.5.4 某机床厂某日从两台机器所加工的同一种零件中,分别抽若干

个样本测量零件尺寸，得

第一台机器：6.2，5.7，6.5，6.0，6.3，5.8，5.7，6.0，6.0，5.8，6.0；

第二台机器：5.6，5.9，5.6，5.7，5.8，6.0，5.5，5.7，5.5.

问：这两台机器的加工精度是否有显著性差异？（显著性水平为 $\alpha=0.05$）

5.5.5　若在猜硬币正反面游戏中，某人在 100 次试猜中，共猜中 60 次，你认为他是否有诀窍？（显著性水平为 $\alpha=0.05$）

5.5.6　设有两工厂生产的同一种产品，要检验假设 H：它们的废品率 p_1,p_2 相同，在第一、二两个工厂的产品中各自独立抽取 $n_1=1500$ 个及 $n_2=1800$ 个，分别有废品 300 个及 320 个，问在 5%水平下应接受还是拒绝 H？

5.5.7　为确定肥料的效果，取 1000 株植物做试验，在没有施肥的 100 株植物中有 53 株长势良好，在已施肥的 900 株植物中有 783 株长势良好，问施肥的效果是否显著？（显著性水平为 $\alpha=0.01$）

5.5.8　设 $X_1,\cdots,X_m$ $i.i.d.\sim B(1,p_1)$，$Y_1,\cdots,Y_n$ $i.i.d.\sim B(1,p_2)$，两组样本独立，用大样本方法求检验

$$H_0: p_2-p_1=p_0 \leftrightarrow H_1: p_2-p_1\neq p_0,$$

其中 p_0 为常数，检验水平为 α.

5.6　拟合优度检验

在前面几节里，系统地讨论了在假定总体分布属于某个确定的类型（如正态分布、二项分布、泊松分布等）时，对未知参数或数字特征进行检验. 然而在很多实际问题中，总体分布的类型往往不确定，所以有必要对总体分布的类型进行检验.

怎么知道一个总体的概率分布属于某种类型呢？这是十分重要的问题. 有时根据对事物本质的分析，利用概率论的知识，可以予以回答. 但是在很多情况下，只能从大量数据中去发现规律，判断总体的分布是什么样子，这就是所谓的**拟合**问题. 常见的做法是：先根据样本观测值用第 3 章中介绍的直方图法，推测出总体可能遵从的概率分布（或概率密度函数），然后再利用本节介绍的方法来检验该总体的分布函数是否真的就是给出的函数.

本节先用 K. Pearson 于 1900 年提出的 χ^2 检验法去检验总体分布是否属于某种类型，然后再利用 χ^2 检验法去判断变量之间是否独立.

一、χ^2 检验法(或拟合优度 χ^2 检验法)

1."简单假设"情形

设 $X_1,X_2,\cdots,X_n$ $i.i.d.\sim F(x)$,$F(x)$为一未知的分布函数,$F_0(x)$为一给定的分布函数,要检验假设

$$H_0:F(x)\equiv F_0(x)\leftrightarrow H_1:F(x)\equiv F_0(x). \tag{5.6.1}$$

为了检验上述假设,K. Pearson 于 1900 年提出了 χ^2 检验法,具体细节如下.

在实数轴上取 m 个点 $t_1,t_2,\cdots,t_m(t_1<t_2<\cdots<t_m)$,于是把实数轴分成 $m+1$ 个区间,具体如下:

$$(-\infty,t_1),[t_1,t_2),[t_2,t_3),\cdots,[t_{m-1},t_m),[t_m,+\infty).$$

设 V_i 表示样本 $X_1,X_2,\cdots,X_n$ 落入第 i 个区间的个数,$i=1,2,\cdots,m+1$,$\frac{V_i}{n}$表示样本 $X_1,X_2,\cdots,X_n$ 落入第 i 个区间的频率. 于是可用频率 $\hat{p}_i=\frac{V_i}{n}$估计总体 X 落入第 i 个区间的概率 p_i. 若 H_0 成立,则可算出 p_i,即

$$\begin{aligned}
p_1 &= P(X<t_1)=F_0(t_1),\\
p_2 &= P(t_1\leqslant X<t_2)=F_0(t_2)-F_0(t_1),\\
p_i &= P(t_{i-1}\leqslant X<t_i)=F_0(t_i)-F_0(t_{i-1}),i=3,4,\cdots,m,\\
p_{m+1} &= P(X\geqslant t_m)=1-P(X<t_m)=1-F_0(t_m).
\end{aligned}$$

根据频率与概率的关系知,如果 H_0 成立,而且 n 又比较大,那么$\frac{V_i}{n}$与 p_i 应该很接近,$\left(\frac{V_i}{n}-p_i\right)^2$ 应很小,于是构造统计量

$$V=\sum_{i=1}^{m+1}\frac{\left(\frac{V_i}{n}-p_i\right)^2}{\frac{p_i}{n}}=\sum_{i=1}^{m+1}\frac{(V_i-np_i)^2}{np_i}. \tag{5.6.2}$$

易见,若 H_0 成立,则 V 较小;若 H_0 不成立,则 V 较大. 所以,当 V 较大时,则拒绝 H_0.

关于统计量 V,有如下渐近分布.

定理 5.6.1(K. Pearson,**1900**) 若 H_0 成立,则有

$$\lim_{n\to\infty}P(V<x)=P\left(\chi^2(m)<x\right),\ 对任意的\ x\in\mathbb{R}, \tag{5.6.3}$$

即 V 近似服从自由度为 m 的 $\chi^2(m)$ 分布.

注 5.6.1　对于给定的显著性水平 α，若 $V>\chi_\alpha^2(m)$，则拒绝 H_0，所以可得拒绝域为

$$W_0=\left\{V>\chi_\alpha^2(m)\right\},$$

满足

$$P\left(V>\chi_\alpha^2(m)\,\middle|\,H_0\right)\approx\alpha.$$

例 5.6.1　考虑孟德尔(Mendel)豌豆杂交试验. 在试验中孟德尔按颜色和形状把豌豆分成四类：黄而圆的、青而圆的、黄而有角的、青而有角的(分别记这些类为 A_i，$i=1,2,3,4$). 按孟德尔理论，这四类豌豆个数之比为 9∶3∶3∶1. 他对杂交试验的豌豆进行了 556 次观察，观察到这四类豌豆频数分别为 315，108，101，32，请检验以上 9∶3∶3∶1 规律是否成立？(显著性水平为 $\alpha=0.05$)

解　任取一粒豌豆，由比例 9∶3∶3∶1 可知，它属于这四类的概率分别为 $\frac{9}{16}$，$\frac{3}{16}$，$\frac{3}{16}$，$\frac{1}{16}$. 若记 $X=i$ 表示任一粒豌豆属于类 A_i，$i=1,2,3,4$，则需要检验的假设为

$$H_0: P(X=1)=\frac{9}{16}:=p_1, P(X=2)=\frac{3}{16}:=p_2,$$

$$P(X=3)=\frac{3}{16}:=p_3, P(X=4)=\frac{1}{16}:=p_4.$$

使用上述统计量，在 H_0 下，有

$$\begin{aligned}V&=\sum_{i=1}^{4}\frac{(V_i-np_i)^2}{np_i}\\&=\frac{\left(V_1-\frac{9}{16}n\right)^2}{\frac{9}{16}n}+\frac{\left(V_2-\frac{3}{16}n\right)^2}{\frac{3}{16}n}+\frac{\left(V_3-\frac{3}{16}n\right)^2}{\frac{3}{16}n}+\frac{\left(V_4-\frac{1}{16}n\right)^2}{\frac{1}{16}n},\end{aligned}$$

这里 V_i 表示豌豆属于类 A_i 的频数，$i=1,2,3,4$，$m=3$，$V_1=315$，$V_2=108$，$V_3=101$，$V_4=32$，$n=556$，代入上式得

$$V=\frac{\left(315-\frac{9}{16}\times 556\right)^2}{\frac{9}{16}\times 556}+\frac{\left(108-\frac{3}{16}\times 556\right)^2}{\frac{3}{16}\times 556}+\frac{\left(101-\frac{3}{16}\times 556\right)^2}{\frac{3}{16}\times 556}+\frac{\left(32-\frac{1}{16}\times 556\right)^2}{\frac{1}{16}\times 556}=0.47.$$

拒绝域为

$$W_0=\left\{V>\chi_\alpha^2(m)\right\}.$$

由于 $\alpha=0.05$，查表得 $\chi_\alpha^2(m)=\chi_{0.05}^2(3)=7.82$，因为 $V=0.47<7.82$，所以接受 H_0，即认为 9∶3∶3∶1 的规律是成立的.

2."复杂假设"情形

设 $X_1,X_2,\cdots,X_n\ i.i.d.\sim F(x)$，且 $F(x)$ 为一未知的分布函数. 要检验假设

$$H_0:F(x)\equiv F_0(x;\theta_1,\theta_2,\cdots,\theta_k)\leftrightarrow H_1:F(x)\not\equiv F_0(x;\theta_1,\theta_2,\cdots,\theta_k),\tag{5.6.4}$$

其中 $F_0(x;\theta_1,\theta_2,\cdots,\theta_k)$ 为一给定的分布函数，$(\theta_1,\theta_2,\cdots,\theta_k)\in\Theta$ 为未知参数，Θ 为参数空间.

首先估计 $\theta_1,\theta_2,\cdots,\theta_k$，例如用矩估计或者最大似然估计得到 $\hat\theta_1,\hat\theta_2,\cdots,\hat\theta_k$. 和前面一样，将 $(-\infty,+\infty)$ 分成 $m+1$ 个区间，具体如下：

$$(-\infty,t_1),[t_1,t_2),[t_2,t_3),\cdots,[t_{m-1},t_m),[t_m,+\infty).$$

设 V_i 表示样本 $X_1,X_2,\cdots,X_n$ 落入第 i 个区间的个数，$p_i=p_i(\theta_1,\theta_2,\cdots,\theta_k)$ 表示总体落入第 i 个区间的概率，$i=1,2,\cdots,m+1$. 在 H_0 下，计算 p_i 的估计值，具体如下：

$$\hat p_1=F_0(t_1;\hat\theta_1,\hat\theta_2,\cdots,\hat\theta_k),$$

$$\hat p_2=F_0(t_2;\hat\theta_1,\hat\theta_2,\cdots,\hat\theta_k)-F_0(t_1;\hat\theta_1,\hat\theta_2,\cdots,\hat\theta_k),$$

$$\vdots$$

$$\hat{p}_{m+1}=1-F_0(t_m;\hat{\theta}_1,\hat{\theta}_2,\cdots,\hat{\theta}_k).$$

构造 χ^2-统计量：

$$\hat{V}=\sum_{i=1}^{m+1}\frac{(V_i-n\hat{p}_i)^2}{n\hat{p}_i}. \tag{5.6.5}$$

易见，若 H_0 成立，则 $\hat{V}$ 较小；若 H_0 不成立，则 $\hat{V}$ 较大. 所以，当 $\hat{V}$ 较大时，则拒绝 H_0.

关于检验统计量 $\hat{V}$ 的极限分布，K. Pearson 在 1900 年的工作中认为，在理论分布带有未知参数的情形下定理 5.6.1 的结论仍然成立，即若假设(5.6.4)成立，则当 $n\to\infty$时，$\hat{V}$ 近似服从自由度为 m 的 $\chi^2(m)$分布. 然而，R. A. Fisher在 20 世纪 20 年代发现 K. Pearson 推理中的疏忽，指出 $\hat{V}$ 的极限分布的自由度不是m，而是 $m-k$，而且对 $\theta_j(j=1,2,\cdots,k)$的估计量的大样本性质还有所要求. 下面叙述 R. A. Fisher 的方法及主要结论，而略去其证明过程.

首先，通过简单样本 $X_1,X_2,\cdots,X_n$，用最大似然方法估计未知参数 $\theta_1,\theta_2,\cdots,\theta_k$. 如前所述，用 V_i 表示样本 $X_1,X_2,\cdots,X_n$ 落入第 i 个区间的个数，$i=1,2,\cdots,m+1$，则似然函数为

$$L:=L(\theta_1,\theta_2,\cdots,\theta_k)=\frac{n!}{V_1!V_2!\cdots V_{m+1}!}p_1^{V_1}p_2^{V_2}\cdots p_{m+1}^{V_{m+1}},$$

对对数似然函数 $\ln L$ 关于θ_i 求导，得似然方程组为

$$\sum_{j=1}^{m+1}\frac{V_j}{p_j}\cdot\frac{\partial p_j}{\partial\theta_i}=0,\ i=1,2,\cdots,k. \tag{5.6.6}$$

解这一方程组得

$$\hat{\theta}_i=\hat{\theta}_i(X_1,X_2,\cdots,X_n),\quad i=1,2,\cdots,k. \tag{5.6.7}$$

将式(5.6.7)代入式(5.6.5)，算出检验统计量 $\hat{V}$ 的值. R. A. Fisher 证明了如下定理.

定理 5.6.2(R. A. Fisher)　设$(\theta_1,\theta_2,\cdots,\theta_k)$为参数空间 Θ 的内点，使得 X 的分布为$F_0(x;\theta_1,\theta_2,\cdots,\theta_k)$. 设$(\hat{\theta}_1,\hat{\theta}_2,\cdots,\hat{\theta}_k)$为式(5.6.6)的相合解，检验统计量 $\hat{V}$ 由式(5.6.5)给出. 若 H_0 成立，则有

$$\lim_{n\to\infty}P\left(\hat{V}<x\right)=P\left(\chi^2(m-k)<x\right)，对任意的 x\in\mathbb{R}，\quad(5.6.8)$$

即 $\hat{V}$ 近似服从自由度为 $m-k$ 的 $\chi^2(m-k)$分布.

注 5.6.2 对于给定的显著性水平 α，若 $\hat{V}>\chi_\alpha^2(m-k)$，则拒绝 H_0，所以可得拒绝域为

$$W_0=\left\{\hat{V}>\chi_\alpha^2(m-k)\right\},$$

满足

$$P\left(\hat{V}>\chi_\alpha^2(m-k)\,\middle|\,H_0\right)\approx\alpha.$$

例 5.6.2 在某细纱机上进行断头测定，试验锭子总数为 443，测得断头总次数为 308 次，各锭子的断头次数记录如下(见下表)：

问：锭子的断头数是否服从泊松分布？($\alpha=0.05$)

每锭断头数	锭数(实测)
0	263
1	112
2	38
3	19
不少于 4	11
合计	443

解 用 X 表示锭子的断头数，由题意知，要检验的假设为

$$H_0:X\sim\mathscr{P}(\lambda)\leftrightarrow H_1:X\nsim\mathscr{P}(\lambda),$$

即

$$H_0:P(X=i)=\mathrm{e}^{-\lambda}\frac{\lambda^i}{i!},\quad i=0,1,\cdots,$$

其中 $\lambda>0$ 为未知参数，$\theta=\lambda$，$k=1$，$m+1=5$，$m=4$，$n=443$.

先求出 λ 的 MLE 为：$\hat{\lambda}=\overline{X}=\dfrac{308}{443}=0.7$，所以

$$\hat{p}_i=P_{\hat{\lambda}}(X=i)=\frac{\hat{\lambda}^i}{i!}\mathrm{e}^{-\hat{\lambda}}=\frac{0.7^i}{i!}\mathrm{e}^{-0.7},\quad i=0,1,2,3,$$

$$\hat{p}_4=P_{\hat{\lambda}}(X\geqslant 4)=1-\sum_{i=0}^{3}P_{\hat{\lambda}}(X=i)=1-\sum_{i=0}^{3}\hat{p}_i.$$

又 $V_0=263$，$V_1=112$，$V_2=38$，$V_3=19$，$V_4=11$，代入统计量

$$\hat{V}=\sum_{i=0}^{4}\frac{(V_i-n\hat{p}_i)^2}{n\hat{p}_i},$$

得

$$n\hat{p}_0=443\times\frac{0.7^0}{0!}e^{-0.7}=443\times 0.496585=219.99,$$

$$n\hat{p}_1=443\times\frac{0.7^1}{1!}e^{-0.7}=443\times 0.347607=153.99,$$

$$n\hat{p}_2=443\times\frac{0.7^2}{2!}e^{-0.7}=443\times 0.121670=53.90,$$

$$n\hat{p}_3=443\times\frac{0.7^3}{3!}e^{-0.7}=443\times 0.028388=12.58,$$

$$n\hat{p}_4=443\times\left[1-0.496585-0.347607-0.121670-0.028388\right]$$

$$=443\times 0.00575=2.55,$$

从而

$$\hat{V}=\frac{(263-219.99)^2}{219.99}+\frac{(112-153.99)^2}{153.99}+\frac{(38-53.90)^2}{53.90}$$

$$+\frac{(19-12.58)^2}{12.58}+\frac{(11-2.55)^2}{2.55}$$

$$=8.41+11.45+4.69+3.28+28=55.83.$$

由于 $\alpha=0.05$，查表得

$$\chi_{\alpha}^2(m-k)=\chi_{0.05}^2(4-1)=\chi_{0.05}^2(3)=7.82.$$

因为 $\hat{V}=55.83>7.82$，所以拒绝 H_0，即认为锭子的断头数不服从泊松分布.

例 5.6.3　某车间生产滚珠，随机抽取了 50 个产品，测得它们的直径为(单位：mm)：

15.0	15.8	15.2	15.1	15.9	14.7	14.8	15.5	15.6	15.3
15.1	15.3	15.0	15.6	15.7	15.8	14.5	14.2	14.9	14.9
15.2	15.0	15.3	15.6	15.1	14.9	14.2	14.6	15.8	15.2
15.9	15.2	15.0	14.9	14.8	14.5	15.1	15.5	15.5	15.1
15.1	15.0	15.3	14.7	14.5	15.5	15.0	14.7	14.6	14.2

问：滚珠直径是否服从正态分布？(显著性水平为 $\alpha=0.05$)

解　用 X 表示滚珠直径，其分布函数为 $F(x)$，需要检验的假设是

$$H_0:F(x)\in\left\{\Phi\left(\frac{x-\mu}{\sigma}\right):\mu\in\mathbb{R},\sigma>0\right\}.$$

仍用 χ^2 检验法. 首先从数据出发找出 μ 和 σ^2 的最大似然估计分别是

$$\hat{\mu}=15.1,\ \hat{\sigma}^2=0.4325^2.$$

取 $m=6$，这 50 个数据最小的是 14.2，最大的是 15.9. 取 $a=14.05$，$b=16.15$，将 $[a,b]$ 七等分，得分点分别为

$$t_1=14.35,t_2=14.65,t_3=14.95,t_4=15.25,t_5=15.55,t_6=15.85,$$

实数轴被这些 t_i 分成了 7 段. 利用 $\Phi\left(\frac{x-15.1}{0.4325}\right)$ 及正态分布表可以得到 $\hat{p}_i$ 如下：

$$\hat{p}_1=\Phi\left(\frac{14.35-15.1}{0.4325}\right)=0.0414,$$

$$\hat{p}_2=\Phi\left(\frac{14.65-15.1}{0.4325}\right)-\Phi\left(\frac{14.35-15.1}{0.4325}\right)=0.1077,$$

$$\hat{p}_3=\Phi\left(\frac{14.95-15.1}{0.4325}\right)-\Phi\left(\frac{14.65-15.1}{0.4325}\right)=0.2154,$$

$$\hat{p}_4=\Phi\left(\frac{15.25-15.1}{0.4325}\right)-\Phi\left(\frac{14.95-15.1}{0.4325}\right)=0.2710,$$

$$\hat{p}_5=\Phi\left(\frac{15.55-15.1}{0.4325}\right)-\Phi\left(\frac{15.25-15.1}{0.4325}\right)=0.2154,$$

$$\hat{p}_6=\Phi\left(\frac{15.85-15.1}{0.4325}\right)-\Phi\left(\frac{15.55-15.1}{0.4325}\right)=0.1077,$$

$$\hat{p}_7=1-\Phi\left(\frac{15.85-15.1}{0.4325}\right)=0.0414.$$

又 $V_1=3,V_2=5,V_3=10,V_4=16,V_5=8,V_6=6,V_7=2,n=50$，代入统计量

$$\hat{V}=\sum_{i=1}^{7}\frac{\left(V_i-n\hat{p}_i\right)^2}{n\hat{p}_i},$$

得 $\hat{V}=1.7284$. 由于 $\alpha=0.05$，查表得

$$\chi_\alpha^2(m-k)=\chi_{0.05}^2(6-2)=\chi_{0.05}^2(4)=9.49.$$

因为 $\hat{V}=1.7284<9.49$，所以接受 H_0，即认为滚珠直径服从正态分布.

二、列联表的独立性检验——χ^2 检验法的应用

作为 χ^2 检验法的一种应用，现在给出列联表的独立性检验，该方法可以检验随机变量 X 与 Y 是否独立.

设随机变量 X 可能取值为 $1,2,\cdots,s(s\geqslant 2)$，随机变量 Y 可能取值为 $1,2,\cdots,t(t\geqslant 2)$.

对 (X,Y) 进行配对观测 n 次，得 (i,j)，$i=1,2,\cdots,s$，$j=1,2,\cdots,t$. n 次观测中，用 n_{ij} 表示 $X=i$，$Y=j$ 发生的次数，见下表：

X \ Y	1	2	$\cdots$	t	合计
1	n_{11}	n_{12}	$\cdots$	n_{1t}	$n_{1\cdot}$
2	n_{21}	n_{22}	$\cdots$	n_{2t}	$n_{2\cdot}$
$\vdots$	$\vdots$	$\vdots$		$\vdots$	$\vdots$
s	n_{s1}	n_{s2}	$\cdots$	n_{st}	$n_{s\cdot}$
合计	$n_{\cdot 1}$	$n_{\cdot 2}$	$\cdots$	$n_{\cdot t}$	n

在上表中，记

$$n_{i\cdot}=\sum_{j=1}^{t}n_{ij},\quad n_{\cdot j}=\sum_{i=1}^{s}n_{ij},\quad \sum_{i=1}^{s}n_{i\cdot}=\sum_{j=1}^{t}n_{\cdot j}=n,$$

$$p_i=P(X=i),\quad q_j=P(Y=j),\quad p_{ij}=P(X=i,Y=j).$$

于是，要检验的假设为

$$H_0: p_{ij}=p_i\cdot q_j,\ i=1,2,\cdots,s,j=1,2,\cdots,t, \tag{5.6.9}$$

其中 p_i,q_j 都是未知的，且 p_i,q_j 满足

$$\begin{cases}p_1+p_2+\cdots+p_s=1,\\ q_1+q_2+\cdots+q_t=1.\end{cases}$$

因为未知参数为 $p_1,p_2,\cdots,p_{s-1},q_1,q_2,\cdots,q_{t-1}$，所以未知参数的个数为 $k=s+t-2$.

首先，在 H_0 成立的条件下找 p_i,q_j 的最大似然估计.

易见，在 H_0 成立的条件下，似然函数为

$$L(p_1,\cdots,p_s,q_1,\cdots,q_t):=L=C\times\prod_{i=1}^{s}\prod_{j=1}^{t}(p_iq_j)^{n_{ij}},$$

其中 $C=\dfrac{n!}{n_{11}!n_{12}!\cdots n_{st}!}$，$p_s=1-\sum\limits_{i=1}^{s-1}p_i$ 是 $p_1,\cdots,p_{s-1}$ 的函数，$q_t=1-\sum\limits_{j=1}^{t-1}q_j$ 是 $q_1,\cdots,q_{t-1}$ 的函数. 于是

$$\begin{aligned}\ln L&=\sum_{i=1}^{s}\sum_{j=1}^{t}n_{ij}(\ln p_i+\ln q_j)+\ln C\\&=\sum_{i=1}^{s}n_{i\cdot}\ln p_i+\sum_{j=1}^{t}n_{\cdot j}\ln q_j+\ln C.\end{aligned}$$

先求 $p_1,p_2,\cdots,p_s$ 的最大似然估计. 注意到 $p_s=1-\sum\limits_{i=1}^{s-1}p_i$ 是 $p_1,\cdots,p_{s-1}$ 的函数，所以似然方程为

$$\frac{\partial\ln L}{\partial p_l}=\frac{n_{l\cdot}}{p_l}-\frac{n_{s\cdot}}{p_s}=0,\ l=1,2,\cdots,s-1,\tag{5.6.10}$$

从而

$$\frac{n_{l\cdot}}{n_{s\cdot}}=\frac{p_l}{p_s},\ l=1,2,\cdots,s-1,$$

两边对 l 从 1 到 s 求和得

$$\frac{n}{n_{s\cdot}}=\frac{1}{p_s},$$

从而得 p_s 的最大似然估计为 $\hat{p}_s=\dfrac{n_{s\cdot}}{n}$. 将其代入式(5.6.10)，得 $p_l(l=1,2,\cdots,s-1)$ 的最大似然估计为

$$\hat{p}_l=\frac{n_{l\cdot}}{n},\ l=1,2,\cdots,s-1.$$

所以，在 H_0 成立的条件下，$p_i(i=1,2,\cdots,s)$ 的最大似然估计为

$$\hat{p}_i=\frac{n_{i\cdot}}{n},\ i=1,2,\cdots,s.\tag{5.6.11}$$

类似可得，在 H_0 成立的条件下，$q_j(j=1,2,\cdots,t)$ 的最大似然估计为

$$\hat{q}_j=\frac{n_{\cdot j}}{n},\ j=1,2,\cdots,t.\tag{5.6.12}$$

将 $\hat{p}_i(i=1,2,\cdots,s)$ 和 $\hat{q}_j(j=1,2,\cdots,t)$ 代入到前面的统计量 $\hat{V}=\sum\limits_{i=1}^{m+1}\dfrac{(V_i-n\hat{p}_i)^2}{n\hat{p}_i}$ 中，得

$$\hat{V}=\sum_{i=1}^{s}\sum_{j=1}^{t}\frac{(n_{ij}-n\hat{p}_{ij})^2}{n\hat{p}_{ij}}.$$

在 H_0 下，有

$$\hat{V}=\sum_{i=1}^{s}\sum_{j=1}^{t}\frac{(n_{ij}-n\hat{p}_i\hat{q}_j)^2}{n\hat{p}_i\hat{q}_j}. \tag{5.6.13}$$

由定理 5.6.2 知，在 H_0 下，$\hat{V}$ 近似服从

$$\chi^2(m-k)\overset{(m+1=st\Rightarrow m=st-1)}{=}\chi^2(st-1-(s+t-2))=\chi^2((s-1)(t-1)).$$

给定 $\alpha\in(0,1)$，当 $\hat{V}>\chi^2_\alpha((s-1)(t-1))$ 时，拒绝 H_0，即认为 X 与 Y 不独立，所以可得拒绝域为

$$W_0=\left\{\hat{V}>\chi^2_\alpha((s-1)(t-1))\right\},$$

满足

$$P\left(\hat{V}>\chi^2_\alpha((s-1)(t-1))\,\middle|\,H_0\right)\approx\alpha.$$

将式(5.6.11)和式(5.6.12)代入式(5.6.13)，可得 $\hat{V}$ 有下列简单的计算式.

引理 5.6.1　在假设(5.6.9)下，$\hat{V}$ 有下列计算式：

$$\hat{V}=n\left[\sum_{i=1}^{s}\sum_{j=1}^{t}\frac{n_{ij}^2}{n_{i\cdot}n_{\cdot j}}-1\right]. \tag{5.6.14}$$

注 5.6.3　当 $s=t=2$ 时，列联表(四格表)为

Y \ X	1	2	合计
1	n_{11}	n_{12}	$n_{1\cdot}$
2	n_{21}	n_{22}	$n_{2\cdot}$
合计	$n_{\cdot 1}$	$n_{\cdot 2}$	n

此时

$$\hat{V}=\frac{n(n_{11}n_{22}-n_{12}n_{21})^2}{n_{1\cdot}n_{2\cdot}n_{\cdot 1}n_{\cdot 2}}, \tag{5.6.15}$$

所以由定理 5.6.2 知，在 H_0 下，$\hat{V}$ 近似服从自由度为 $(s-1)(t-1)=1$ 的

$\chi^2(1)$分布.

例 5.6.4 为了探讨吸烟与患慢性支气管炎有无关系,调查了 339 人,情况见下表. 问:生病与吸烟有无关系?(显著性水平为 $\alpha=0.01$)

人数	患慢性支气管炎	未患慢性支气管炎	合计
吸烟	43	162	205
不吸烟	13	121	134
合计	56	283	339

解 设

$$X=\begin{cases}1, & \text{吸烟},\\ 2, & \text{不吸烟},\end{cases}\qquad Y=\begin{cases}1, & \text{患病},\\ 2, & \text{不患病}.\end{cases}$$

要检验

$$H_0: X \text{ 与 } Y \text{ 相互独立}.$$

拒绝域为

$$W_0=\left\{\hat{V}>\chi_\alpha^2(1)\right\},$$

其中

$$\chi_\alpha^2(1)=\chi_{0.01}^2(1)=6.63, n_{11}=43, n_{12}=162, n_{21}=13, n_{22}=121,$$
$$n_{1\cdot}=205, n_{2\cdot}=134, n_{\cdot 1}=56, n_{\cdot 2}=283, n=339,$$

从而由式(5.6.15)知

$$\hat{V}=\frac{n\left(n_{11}n_{22}-n_{12}n_{21}\right)^2}{n_{1\cdot}n_{2\cdot}n_{\cdot 1}n_{\cdot 2}}=7.48.$$

因为 $7.48>6.63$,所以拒绝 H_0,即认为患病与吸烟有关系.

习题 5.6

5.6.1 某工厂近 5 年来发生了 63 次事故,按星期几分类如下:

星期	一	二	三	四	五	六
次数	9	10	11	8	13	12

问事故的发生是否与星期几有关?(显著性水平为 $\alpha=0.05$)

5.6.2 在一正 20 面体的 20 个面上,分别标以数字 0,1,2,…,9,每个数字在两个面上标出. 为检验它是否质地匀称,共做了 800 次投掷试验,数字 0,1,2,…,9 朝正上方的次数如下:

数字	0	1	2	3	4	5	6	7	8	9
频数	74	92	83	79	80	73	77	75	76	91

问：该20面体是否匀称？(显著性水平为 $\alpha=0.05$)

5.6.3 掷骰子300次，结果如下表：

数	1	2	3	4	5	6
频数	43	49	56	45	66	41

试在水平 $\alpha=0.05$ 下，检验假设：此骰子是均匀的.

5.6.4 64只某种杂交的几内亚猪后代，34只红的，10只黑的，20只白的. 根据遗传学的模型，它们之间的比例应为 9∶3∶4，问以上数据在 $\alpha=0.05$ 水平下是否与模型相符？

5.6.5 在生产同一产品的甲乙两厂中各抽出 n 个产品组成 n 对，让 n 个人每人评判一对. 各人评判是“甲好”“乙好”“甲乙一样”这三种之一. 试根据评判结果，用 χ^2 检验法检验“甲、乙两厂产品质量无差别”这一假设.

5.6.6 在一批灯泡中抽取300只做寿命试验，其结果如下：

寿命(h)	<100	$[100,200)$	$[200,300)$	$\geqslant 300$
灯泡数	121	78	43	58

试问：在显著性水平为 $\alpha=0.05$ 下能否认为灯泡寿命服从指数分布 Exp(0.005)？

5.6.7 每20秒观察某物质放射的粒子数，观测500次，具体如下：

放射出的粒子数	观察到的次数
0	14
1	35
2	70
3	105
4	102
5	81
6	52
7	23
8	8

续表

放射出的粒子数	观察到的次数
9	5
不少于 10	5
合计	500

问:每 20 秒放射的粒子数是否服从 Poisson 分布?(显著性水平为 $\alpha=0.05$)

5.6.8　某种配偶的后代按体格的属性分为三类,各类的个数为 10,53,46. 根据某种遗传学模型,其相对频率的比应为 $p^2:2p(1-p):(1-p)^2$. 问以上数据在 $\alpha=0.05$ 水平下是否与模型相符?

5.6.9　用运动手枪对 100 个靶子各射击 10 发子弹,只记录命中与否,射击结果的记录如下表:

命中数	0	1	2	3	4	5	6	7	8	9	10
靶数	0	2	4	10	22	26	18	12	4	2	0

用 χ^2 检验法检验射击结果是否服从二项分布?(显著性水平为 $\alpha=0.05$)

5.6.10　下表列出了某型号标准容量为 100μ 的电介容器 100 只的实际电容量的数据,问该电介电容器的电容量的分布是否为正态分布?(显著性水平为 $\alpha=0.05$)

电容量	101	102	103	104	105	106	107
电容个数	1	2	3	3	7	16	13

电容量	108	109	110	111	112	113	114
电容个数	17	11	9	10	3	4	1

5.6.11　在研究某种新措施对猪白痢病的防治效果,获得了如下数据:

	存活数	死亡数	合计	死亡率
对照	114	36	150	24%
新措施	132	18	150	12%
合计	246	54	300	36%

试问新措施对防治该疾病是否有显著疗效?(显著性水平为 $\alpha=0.05$)

5.6.12　在一项是否应提高小学生的计算机课程的比例的调查中,得到如下调查结果:

年龄	同意	不同意	不知道
55岁以上	32	28	14
36～55岁	44	21	17
15～35岁	47	12	13

问年龄因素是否影响了对问题的回答？（显著性水平 $\alpha=0.05$）

5.6.13　在对UFO的调查中，查问了1276个自称看到飞碟的人，并按他们看到飞碟的地点及飞碟的形态进行分类，结果如下：

看到的飞碟的形态 \ 看到飞碟的地点	在西班牙	不在西班牙
停在地上的碟形	53	705
飞碟的碟形	38	412
其他形式	9	59

检验“看到飞碟的地点”与“看到的飞碟的形态”是否独立？（显著性水平为 $\alpha=0.05$）

第 6 章 回归分析

在第 3 章和第 4 章已经详细介绍了估计问题，第 5 章介绍了假设检验问题. 本章将重点介绍它们在回归分析中的应用.

回归被用于研究可以测量的变量之间的关系. 线性回归则被用于研究一类特殊的关系，即可用直线或多维时的直线的推广描述的关系. 这一技术被用于几乎是所有的研究领域，包括社会科学、物理、生物、商业和人文科学等. 从观测数据出发，按照一定的统计理论建立起回归模型，并对建立的模型进行相应的统计推断的过程，通常称为**回归分析**.

6.1 回归模型的介绍

一、变量间的两种关系

早在 19 世纪，英国生物学家兼统计学家高尔顿(Galton)在研究父与子身高的遗传问题时，观察了 1078 对父与子，用 x 表示父亲身高，y 表示成年儿子的身高，发现将点(x,y)画在直角坐标系中，这 1078 个点基本在一条直线附近，并求出了该直线的方程(单位：英寸，1 英寸＝2.54 cm)：

$$\hat{y}=33.73+0.516x.$$

这表明:父亲身高每增加 1 个单位,其儿子的身高平均增加 0.516 个单位. 高个子父辈生的儿子平均身高也高,但子辈的身高间的差距低于父辈间的身高差距(为 0.516 倍).

这便是子代的平均高度有向中心回归的趋势,使得一段时间内人的身高相对稳定. 之后回归分析的思想渗透到了数理统计的其他分支中. 随着计算机的发展,各种统计软件包的出现,回归分析的应用越来越广泛.

回归分析处理的是变量与变量间的关系. 变量间常见的关系有两类:一类称为**确定性关系**:这些变量间的关系是完全确定的,可以用函数 $y=f(x)$ 来表示,x(可以是向量)给定后,y 的值就唯一确定了. 譬如正方形的面积 S 与边长 a 之间有关系 $S=a^2$,电路中有欧姆定律 $U=IR$ 等. 另一类称为**相关关系**:变量间有关系,但是不能用函数来表示. 譬如,人的身高 x 与体重 y 两者间有相关关系,一般来讲,身高较高的人体重也较重,但是同样身高的人的体重可以是不同的,医学上就利用这两个变量间的相关关系,给出了一些经验公式来确定一个人是否过于"肥胖"或"瘦小";人的脚掌的长度 x 与身高 y 两者间也有相关关系,一般来讲,脚掌较长的人身高也较高,但是同样脚掌长度的人的身高可以是不同的,早期公安机关在破案时,常常根据罪犯留下的脚印来推测罪犯的身高.

变量间的相关关系不能用完全确定的函数形式表示,但在平均意义下有一定的定量关系表达式,寻找这种定量关系表达式就是回归分析的主要任务.

二、回归模型的介绍

在现实世界中,存在着大量这样的情况:两个变量(例如 X 和 Y)有一些依赖关系. 由 X 可以部分的决定 Y 的值,但是这种决定往往又不很确切. 常常用来说明这种依赖关系的最简单、直观的例子是体重与身高. 若用 X 表示某人的身高,用 Y 表示他的体重. 众所周知,一般说来,当 X 大时,Y 也倾向于大,但是由 X 不能严格的决定 Y. 类似的例子还有很多. 变量之间的这种关系称为"相关关系",回归模型就是研究这种关系的一个有力的工具.

在上述例子中,Y 通常称为因变量或被解释变量,X 称为自变量或解释变量. 可以设想,Y 的值由两部分组成:一部分是 X 能够决定的部分,它是 X 的函数,记为 $f(X)$;而另一部分则是其他众多未加考虑的因素(包括随机因素)所产生的影响,它被看作随机误差,记为 ε. 于是得到如下模型:

$$Y = f(X) + \varepsilon, \tag{6.1.1}$$

其中 ε 称为随机误差. 数学方程式(6.1.1)在统计中称为**回归模型**. 我们有理由要求 $E\varepsilon=0$. 特别地,当 $f(X)$是线性函数 $f(X)=\beta_0+\beta_1 X$ 时,得到

$$Y = \beta_0 + \beta_1 X + \varepsilon, \tag{6.1.2}$$

称式(6.1.2)为**一元线性回归模型**,或**简单线性回归模型**. 模型中的参数 β_0 称为**截距**,参数 β_1 称为直线的**斜率**,也称为**回归系数**. 在实际应用中,β_0 和 β_1 均为未知的,需要通过观测数据来估计. 这里,对随机误差假定 $E\varepsilon=0$.

一般地,若变量有 p 个:$X_1, X_2, \cdots, X_p$,当 $f(X)$是线性函数 $\beta_0+\beta_1 X_1+\beta_2 X_2+\cdots+\beta_p X_p$ 时,得到

$$Y = \beta_0 + \beta_1 X_1 + \beta_2 X_2 + \cdots + \beta_p X_p + \varepsilon, \tag{6.1.3}$$

称式(6.1.3)为**多元线性回归模型**,或**线性模型**,其中 $\beta_0, \beta_1, \cdots, \beta_p$ 为 $p+1$ 个未知的回归参数,β_0 称为**回归常数**,$\beta_1, \beta_2, \cdots, \beta_p$ 称为**回归系数**. 与一元线性回归一样,对随机误差项假定:$E\varepsilon=0$.

实际数据几乎是从来不会准确地落在一条直线上的. 测得的自变量的值与模型给出的值的差称为**统计误差**. 模型不能给出一个精确的拟合,这主要是由统计误差引起的,这些误差可同时含有固定和随机成分. 如果给出的模型不完全正确,则会引起统计误差的固定部分. 例如,Y 和 X 之间的真实关系是三次曲线,而假设我们不正确地提出用一条直线来表达这种关系. 由于用一条直线,而不是合适的曲线来建立模型,固定误差,有时称为拟合失真误差,是直线与正确曲线之间的垂直距离. 在本书中,假设误差中拟合失真的成分是可以忽略的. 但在实际中,这一假设需要验证. 通常使用变换使拟合失真误差变小.

误差中的随机部分可由多种因素引起. 测量误差几乎总是存在的,因为几乎没有变量值可被完全精确的测量出来. 在模型中没有考虑到的某个变量的作用也能引起误差.

回归分析便是研究变量间相关关系的一门学科. 它通过对客观事物中变量的大量观察或试验获得的数据,去寻找隐藏在数据背后的相关关系.

习题 6.1

6.1.1 设 $\varepsilon_1, \cdots, \varepsilon_n$ 是相互独立的 $N(0, \sigma^2)$随机变量:

(1)下列模型哪些是线性的? 并说明理由.

(2)如果可能的话，求变换 $Y_i'=h(Y_i)$, $i=1,\cdots,n$, 使得非线性模型变成 Y_i' 的线性模型.

(a) $Y_i=\beta_1+\beta_2 x_i^2+\varepsilon_i$, $i=1,\cdots,n$, 其中 $\beta_j\in\mathbb{R}$, $j=1,2$.

(b) $Y_i=\beta_1+\beta_2 x_i+\varepsilon_i^2$, $i=1,\cdots,n$, 其中 $\beta_j\in\mathbb{R}$, $j=1,2$.

(c) $Y_i=e^{\beta_1}e^{\beta_2 x_i}x_i^{\beta_3}e^{\varepsilon_i}$, $i=1,\cdots,n$, 其中 $\beta_j\in\mathbb{R}$, $j=1,2,3$.

(d) $Y_i=\beta_1+\beta_1 e^{\beta_2} x_i+\varepsilon_i$, $i=1,\cdots,n$, 其中 $\beta_j\in\mathbb{R}$, $j=1,2$.

(e) $Y_i=\left[\sum_{j=1}^{p}\beta_j c_{ij}+\varepsilon_i\right]^{\frac{1}{3}}$, $i=1,\cdots,n$, 其中 $\beta_j\in\mathbb{R}$, $j=1,\cdots,p$.

6.2　一元线性回归模型

一、一元线性回归模型

对于一元线性回归模型(6.1.2)，假设自变量 X 分别取值为 $x_1,x_2,\cdots,x_n$ 时，因变量 Y 对应的观测值分别为 $y_1,y_2,\cdots,y_n$，于是就获得了 n 组观测值 (x_i,y_i), $i=1,2,\cdots,n$，则有

$$y_i=\beta_0+\beta_1 x_i+\varepsilon_i,\quad i=1,2,\cdots,n, \tag{6.2.1}$$

其中 ε_i 为对应的随机误差. 基于式(6.2.1)，采用适当的方法可以得到 β_0 和 β_1 的估计值 $\hat{\beta}_0$ 和 $\hat{\beta}_1$，则得到

$$\hat{Y}=\hat{\beta}_0+\hat{\beta}_1 X, \tag{6.2.2}$$

称式(6.2.2)为**经验回归直线**，也称为**经验回归方程**.

于是，该模型将 Y 的观测部分分为两部分：

(1)线性部分 $\beta_0+\beta_1 X$，代表 Y 值和 X 线性相关部分，X 每增加一个单位，Y 的值就会增加 β_1 个单位；

(2)随机误差部分 ε，代表 Y 值受未知随机误差影响的部分.

对于模型(6.1.2)，一般假定 ε 是不可观测的随机误差，它是一个随机变量，通常假定 ε 满足

$$\begin{cases}E\varepsilon=0,\\ D\varepsilon=\sigma^2.\end{cases} \tag{6.2.3}$$

在实际问题的研究中，为了方便对参数作区间估计和假设检验，一般假设 $\varepsilon\sim N(0,\sigma^2)$.

对于模型(6.2.1)中每个观测误差项 $\varepsilon_i, i=1,2,\cdots,n$,将作如下假设:

$$\begin{cases} E\varepsilon_i=0, \\ D\varepsilon_i=\sigma^2. \end{cases}$$

通常还假定 n 组数据是独立观测的,因而 $y_1,y_2,\cdots,y_n$ 与 $\varepsilon_1,\varepsilon_2,\cdots,\varepsilon_n$ 都是相互独立的随机变量. 而 $x_i,x_2,\cdots,x_n$ 是确定性变量,其值是可以精确测量和控制的.

如果假设 $\varepsilon\sim N(0,\sigma^2)$,注意到 $\varepsilon_1,\varepsilon_2,\cdots,\varepsilon_n$ 是 ε 的独立同分布的样本,因而有

$$\varepsilon_i\sim N(0,\sigma^2),\quad i=1,2,\cdots,n.$$

在 ε_i 服从正态分布的假定下,进一步得到随机变量 y_i 也服从正态分布,即

$$y_i \sim N(\beta_0+\beta_1 x_i,\sigma^2),\quad i=1,2,\cdots,n. \tag{6.2.4}$$

二、模型参数的估计

回归分析中需要解决的一个重要问题是:在对回归模型做出选择后,如何根据自变量和因变量的观测值对模型中的未知参数进行估计? 不同的参数值对应着不同的回归方程,因此,需要有一个准则来评价回归模型对数据的拟合程度. 对模型的拟合程度的评价准则,其主要思想大部分都是考虑因变量的观测值与估计值之间的差. 在这类评价准则中,使用最为广泛的准则是最小二乘准则,即在最小二乘准则下拟合最好的模型就是使得误差平方和达到最小的那个模型.

回归参数的最小二乘估计(least square estimator,**简记为** LSE):对于 n 个观测值 $(x_i,y_i),i=1,2,\cdots,n$,一元线性回归模型中回归参数 β_0 和 β_1 的最小二乘估计是使得

$$Q(\beta_0,\beta_1)=\sum_{i=1}^{n}(y_i-\beta_0-\beta_1 x_i)^2$$

达到最小的 β_0 和 β_1 的值,记为 $\hat{\beta}_0$ 和 $\hat{\beta}_1$.

用最小二乘法估计模型参数实际上是数学中一个求极值的问题,即寻找恰当的 $\hat{\beta}_0$ 和 $\hat{\beta}_1$,使得 Q 中的函数的值达到最小. 由于函数 Q 是关于 β_0 和 β_1 的非负二次函数,所以它的最小值一定存在. 根据微积分中求极值的原理,$\hat{\beta}_0$ 和 $\hat{\beta}_1$ 应满足下列方程组:

$$\begin{cases} \left.\dfrac{\partial Q}{\partial \beta_0}\right|_{\hat{\beta}_0, \hat{\beta}_1} = -2\sum_{i=1}^{n}(y_i - \hat{\beta}_0 - \hat{\beta}_1 x_i) = 0, \\ \left.\dfrac{\partial Q}{\partial \beta_1}\right|_{\hat{\beta}_0, \hat{\beta}_1} = -2\sum_{i=1}^{n}(y_i - \hat{\beta}_0 - \hat{\beta}_1 x_i)x_i = 0. \end{cases}$$

解方程组可得 β_0 和 β_1 的最小二乘估计 $\hat{\beta}_0$ 和 $\hat{\beta}_1$：

$$\begin{cases} \hat{\beta}_1 = \dfrac{n\sum\limits_{i=1}^{n}x_i y_i - \sum\limits_{i=1}^{n}x_i \cdot \sum\limits_{i=1}^{n}y_i}{n\sum\limits_{i=1}^{n}x_i^2 - \left(\sum\limits_{i=1}^{n}x_i\right)^2} = \dfrac{\sum\limits_{i=1}^{n}x_i y_i - n\bar{x}\cdot\bar{y}}{\sum\limits_{i=1}^{n}x_i^2 - n\bar{x}^2} \\ \quad = \dfrac{\sum\limits_{i=1}^{n}(x_i - \bar{x})(y_i - \bar{y})}{\sum\limits_{i=1}^{n}(x_i - \bar{x})^2} := \dfrac{l_{xy}}{l_{xx}}, \\ \hat{\beta}_0 = \bar{y} - \hat{\beta}_1 \bar{x}, \end{cases} \tag{6.2.5}$$

其中 $\bar{x} = \dfrac{1}{n}\sum\limits_{i=1}^{n}x_i, \bar{y} = \dfrac{1}{n}\sum\limits_{i=1}^{n}y_i, l_{xx} = \sum\limits_{i=1}^{n}(x_i - \bar{x})^2, l_{xy} = \sum\limits_{i=1}^{n}(x_i - \bar{x})(y_i - \bar{y})$.

由 β_0 和 β_1 的最小二乘估计可得一元经验回归方程

$$\hat{Y} = \hat{\beta}_0 + \hat{\beta}_1 X.$$

要确定的回归直线就是想使它与所有数据点都比较靠近.为了刻画这种靠近程度,人们也曾想用绝对误差

$$\sum_{i=1}^{n} | \varepsilon_i | = \sum_{i=1}^{n} | y_i - \hat{y}_i |$$

来度量观测值与回归直线的接近程度.然而,这种方法在数学处理上比较麻烦,所以在经典回归分析中,都是用残差平方和来描述因变量观测值与回归直线的偏离程度.

由上述求最小二乘估计的过程可知,$\hat{\beta}_0$ 和 $\hat{\beta}_1$ 存在的条件为:$l_{xx} := \sum\limits_{i=1}^{n}(x_i - \bar{x})^2 \neq 0$, 即 $x_1, x_2, \cdots, x_n$ 不全相等.

除了上述最小二乘估计方法外,最大似然估计方法也可以作为回归参数的估计方法.最大似然估计是利用总体的分布密度或概率分布的表达式及其样本所提供的信息建立起的未知参数估计量的一种方法,具体见 §3.3.

三、最小二乘估计的性质

1. 线性性

所谓线性性就是估计量 $\hat{\beta}_0$ 和 $\hat{\beta}_1$ 均为随机变量 $y_1,y_2,\cdots,y_n$ 的线性函数. 由式(6.2.5)得

$$\hat{\beta}_1=\frac{\sum_{i=1}^{n}(x_i-\overline{x})(y_i-\overline{y})}{\sum_{i=1}^{n}(x_i-\overline{x})^2}=\frac{\sum_{i=1}^{n}(x_i-\overline{x})y_i}{\sum_{i=1}^{n}(x_i-\overline{x})^2}$$

$$=\sum_{i=1}^{n}\frac{x_i-\overline{x}}{\sum_{i=1}^{n}(x_i-\overline{x})^2}y_i,\tag{6.2.6}$$

所以 $\hat{\beta}_1$ 是 $y_1y_2,\cdots,y_n$ 的线性组合. 同理可以证明 $\hat{\beta}_0$ 亦为 $y_1,y_2,\cdots,y_n$ 的线性组合：

$$\hat{\beta}_0=\sum_{i=1}^{n}\left(\frac{1}{n}-\frac{\overline{x}(x_i-\overline{x})}{\sum_{i=1}^{n}(x_i-\overline{x})^2}\right)y_i,\tag{6.2.7}$$

证明过程请读者自己完成.

因为 $y_1,y_2,\cdots,y_n$ 为随机变量,所以作为 $y_1,y_2,\cdots,y_n$ 的线性组合,$\hat{\beta}_0$ 和 $\hat{\beta}_1$ 也为随机变量.

2. 无偏性

下面讨论 $\hat{\beta}_0$ 和 $\hat{\beta}_1$ 的无偏性.

由于 $x_1,x_2,\cdots,x_n$ 为非随机变量,且 $E\varepsilon_i=0,i=1,2,\cdots,n$,所以

$$E\hat{\beta}_1=\sum_{i=1}^{n}\frac{(x_i-\overline{x})}{\sum_{i=1}^{n}(x_i-\overline{x})^2}Ey_i=\sum_{i=1}^{n}\frac{(x_i-\overline{x})}{\sum_{i=1}^{n}(x_i-\overline{x})^2}(\beta_0+\beta_1x_i)=\beta_1,\tag{6.2.8}$$

即 $\hat{\beta}_1$ 是 β_1 的无偏估计.

同理可证:$\hat{\beta}_0$ 亦是 β_0 的无偏估计,证明过程请读者自己完成.

3. 估计量的方差

一个估计量是无偏的,只揭示了估计量优良性的一个方面. 通常人们还要

关心估计量本身的波动状况，这就需进一步研究它的方差. 由于 $y_1, y_2, \cdots, y_n$ 相互独立，且 $Dy_i = \sigma^2$，所以

$$D\hat{\beta}_1 = \sum_{i=1}^{n}\left(\frac{(x_i - \overline{x})}{\sum_{i=1}^{n}(x_i - \overline{x})^2}\right)^2 Dy_i = \frac{\sigma^2}{\sum_{i=1}^{n}(x_i - \overline{x})^2}. \qquad (6.2.9)$$

方差的大小表示随机变量取值波动的大小，因而 $D\hat{\beta}_1$ 反映了估计量 $\hat{\beta}_1$ 的波动大小. 假设反复抽取容量为 n 的样本建立回归方程，每次计算的 $\hat{\beta}_1$ 的值是不同的，即 $D\hat{\beta}_1$ 正是反映这些 $\hat{\beta}_1$ 的差异程度.

类似地，可以证得

$$D\hat{\beta}_0 = \left(\frac{1}{n} + \frac{\overline{x}^2}{\sum_{i=1}^{n}(x_i - \overline{x})^2}\right)\sigma^2 = \frac{\sigma^2 \sum_{i=1}^{n} x_i^2}{n\sum_{i=1}^{n}(x_i - \overline{x})^2}. \qquad (6.2.10)$$

由此可见，回归常数 $\hat{\beta}_0$ 的方差不仅与随机误差的方差 σ^2 和自变量的取值波动程度有关，而且还同样本容量 n 有关. 显然，样本量 n 越大，$D\hat{\beta}_0$ 越小.

要想 β_0 和 β_1 的估计值 $\hat{\beta}_0$ 和 $\hat{\beta}_1$ 更稳定，在收集数据时，就应该考虑 x 的取值尽可能分散一些，样本量也应尽可能大一些.

这里还可以得到 $\hat{\beta}_0$ 与 $\hat{\beta}_1$ 的协方差，具体如下：

$$Cov(\hat{\beta}_0, \hat{\beta}_1) = -\frac{\overline{x}}{\sum_{i=1}^{n}(x_i - \overline{x})^2}\sigma^2 = -\frac{\overline{x}}{l_{xx}}\sigma^2. \qquad (6.2.11)$$

四、回归方程的显著性检验

当得到一个实际问题的经验回归方程 $\hat{Y} = \hat{\beta}_0 + \hat{\beta}_1 X$ 后，还不能马上就用它去分析和预测，因为 $\hat{Y} = \hat{\beta}_0 + \hat{\beta}_1 X$ 是否真正描述了变量之间的统计规律性，还需要统计方法对回归方程进行检验. 在对回归方程进行检验时，通常需要进行正态性假设，以下的检验问题若无特别声明，都是在此正态性假设下进行的.

1. t-检验

t-检验是统计推断中常用的一种检验方法，在回归分析中，t-检验用于检

验回归系数的显著性. 检验的原假设为

$$H_0:\beta_1=0,$$

对立假设为

$$H_1:\beta_1\neq 0.$$

回归系数的显著性检验就是要检验自变量对因变量的影响程度是否显著. 如果原假设 H_0 成立,则因变量 Y 与自变量 X 之间并没有真正的线性关系,也就是说自变量的变化对因变量并没有线性影响.

由式(6.2.4)以及式(6.2.6)、(6.2.8)、(6.2.9)可知,

$$\hat{\beta}_1\sim N\left(\beta_1,\frac{\sigma^2}{\sum_{i=1}^{n}(x_i-\overline{x})^2}\right). \tag{6.2.12}$$

类似地, 还可以得到

$$\hat{\beta}_0\sim N\left(\beta_0,\left(\frac{1}{n}+\frac{\overline{x}^2}{\sum_{i=1}^{n}(x_i-\overline{x})^2}\right)\sigma^2\right), \tag{6.2.13}$$

且对给定的 x_0,有

$$\hat{y}_0=\hat{\beta}_0+\hat{\beta}_1x_0\sim N\left(\beta_0+\beta_1x_0,\left(\frac{1}{n}+\frac{(x_0-\overline{x})^2}{\sum_{i=1}^{n}(x_i-\overline{x})^2}\right)\sigma^2\right). \tag{6.2.14}$$

因而,当原假设 $H_0:\beta_1=0$ 成立时,有

$$\hat{\beta}_1\sim N\left(0,\frac{\sigma^2}{\sum_{i=1}^{n}(x_i-\overline{x})^2}\right),$$

此时,$\hat{\beta}_1$ 在零附近波动,构造 t 统计量

$$t=\frac{\hat{\beta}_1}{\sqrt{\hat{\sigma}^2/\sum_{i=1}^{n}(x_i-\overline{x})^2}},=\frac{\hat{\beta}_1}{\sqrt{\hat{\sigma}^2/l_{xx}}}, \tag{6.2.15}$$

其中

$$\hat{\sigma}^2=\frac{1}{n-2}\sum_{i=1}^{n}(y_i-\hat{y}_i)^2$$

是 σ^2 的无偏估计,称 $\hat{\sigma}$ 为**回归标准差**. 这里,$\hat{y}_i := \hat{\beta}_0 + \hat{\beta}_1 x_i$ 是对应于自变量值 x_i 的**回归值**(**或拟合值**).

当原假设 $H_0:\beta_1 = 0$ 成立时,构造的 t 统计量服从自由度为 $n-2$ 的 t 分布,这是因为 $\frac{1}{\sigma^2}\sum_{i=1}^{n}(y_i - \hat{y}_i)^2 \sim \chi^2(n-2)$,且与 $\hat{\beta}_1$ 独立. 给定显著性水平 α,双侧检验的临界值为 $t_{\frac{\alpha}{2}}(n-2)$. 当 $|t| > t_{\frac{\alpha}{2}}(n-2)$ 时拒绝原假设,认为 β_1 显著不为 0,因变量 Y 对自变量 X 的一元线性回归成立;否则,则认为不成立.

这里,我们还能得到

$$\frac{\hat{\beta}_1 - \beta_1}{\sqrt{\hat{\sigma}^2 / l_{xx}}} \sim t(n-2), \tag{6.2.16}$$

由此可得 β_1 的置信水平为 $1-\alpha$ 的置信区间为

$$\left[\hat{\beta}_1 - t_{\frac{\alpha}{2}}(n-2)\frac{\hat{\sigma}}{\sqrt{l_{xx}}}, \hat{\beta}_1 + t_{\frac{\alpha}{2}}(n-2)\frac{\hat{\sigma}}{\sqrt{l_{xx}}}\right]. \tag{6.2.17}$$

2. *F*-检验

对线性回归方程显著性的另外一种检验是 F-检验. F-检验是根据平方和分解式,直接从回归效果检验回归方程的显著性. 平方和分解式是

$$\sum_{i=1}^{n}(y_i - \overline{y})^2 = \sum_{i=1}^{n}(\hat{y}_i - \overline{y})^2 + \sum_{i=1}^{n}(y_i - \hat{y}_i)^2,$$

其中,$\sum_{i=1}^{n}(y_i - \overline{y})^2$ 称为**总离差平方和**,简记为 SST,反映了 $y_1, y_2, \cdots, y_n$ 这 n 个观测值的分散程度,是 y 的总变化;$\sum_{i=1}^{n}(\hat{y}_i - \overline{y})^2$ 称为**回归平方和**,简记为 SSR,反映了回归值(或拟合值)$\hat{y}_1, \cdots, \hat{y}_n$ 的分散程度,是 $\hat{y}_i$ 的总变化,它由回归线上不同的自变量值 x_i 引起;$\sum_{i=1}^{n}(y_i - \hat{y}_i)^2$ 称为**残差平方和**,简记为 SSE,反映了回归直线与观测数据的接近程度,SSE 越小,说明回归效果越好.

因此,平方和分解式可以简写为

$$SST = SSR + SSE.$$

请读者自己完成平方和分解式的证明.

另外,读者还可以证明:

(1) $\frac{1}{n}\sum_{i=1}^{n}\hat{y}_i = \hat{\beta}_0 + \hat{\beta}_1\overline{x} = \overline{y}$;

(2) $SSR=\hat{\beta}_1^2 l_{xx}=\frac{l_{xy}^2}{l_{xx}}=\hat{\beta}_1 l_{xy}$.

总离差平方和反映了因变量 Y 的波动程度，在建立了 Y 对 X 的线性回归后，总离差平方和 SST 就分解成回归平方和 SSR 与残差平方和 SSE 这两部分，其中 SSR 是由回归方程确定的，也就是由自变量 X 的波动引起的，SSE 是不能用自变量解释的波动，是由 X 之外的未加控制的因素引起的. 因而，残差平方和越小，回归平方和越大，回归的效果越好，可以构造 F 检验统计量为

$$F=\frac{SSR/1}{SSE/(n-2)}. \tag{6.2.18}$$

在正态假设下，$\frac{SSE}{\sigma^2}\sim\chi^2(n-2)$，又当原假设 $H_0:\beta_1=0$ 成立时，$\frac{SSR}{\sigma^2}\sim\chi^2(1)$，且 SSR 与 SSE 独立，故 F 服从自由度为 $(1,n-2)$ 的 F 分布. 给定显著性水平 α，当 F 值大于临界值 $F_\alpha(1,n-2)$ 时，拒绝 H_0，说明回归方程显著，即 X 和 Y 有显著的线性关系.

3. 相关系数检验

考察一元线性回归方程能否反映两个随机变量 X 与 Y 间的线性相关关系时，它的显著性检验还可通过对二维总体相关系数 ρ 的检验进行. 它的一对假设是

$$H_0:\rho=0\leftrightarrow H_1:\rho\neq 0. \tag{6.2.19}$$

所用的检验统计量为样本相关系数

$$r=\frac{\sum_{i=1}^{n}(x_i-\overline{x})(y_i-\overline{y})}{\sqrt{\sum_{i=1}^{n}(x_i-\overline{x})^2\sum_{i=1}^{n}(y_i-\overline{y})^2}}:=\frac{l_{xy}}{\sqrt{l_{xx}l_{yy}}},$$

其中 $(x_i,y_i)(i=1,2,\cdots,n)$ 是容量为 n 的二维样本. 利用施瓦茨(Schwarz)不等式可以证明：样本相关系数满足 $|r|\leqslant 1$，其中等号成立的条件是存在两个实数 a 与 b，使得对 $i=1,2,\cdots,n$，几乎处处有 $y_i=a+bx_i$. 由此可见，n 个点 $(x_i,y_i)(i=1,2,\cdots,n)$ 在散点图上的位置与样本相关系数 r 有关，譬如：

(1) $r=1$：n 个点几乎处处在一条上升的直线上，此时称**完全正相关**；

(2) $r=-1$：n 个点几乎处处在一条下降的直线上，此时称**完全负相关**；

(3) $r>0$：当 X 增加时，Y 有线性增加趋势，此时称**正相关**；

(4)$r<0$：当 X 增加时，Y 反而有线性减少趋势，此时称**负相关**；

(5)$r=0$：n 个点可能杂乱无章，也可能呈某种曲线趋势，此时称**不相关**.

根据样本相关系数的上述性质，检验(6.2.19)中原假设 $H_0:\rho=0$ 的拒绝域为 $W=\left\{|r|>c\right\}$，其中临界值 c 可由 $H_0:\rho=0$ 成立时样本相关系数的分布确定，该分布与自由度 $n-2$ 有关.

对给定的显著性水平 α，由 $P(W)=P(|r|>c)=\alpha$ 知，临界值 c 应是 $H_0:\rho=0$成立下$|r|$的分布的右侧 α 分位数，故可记为 $c=r_\alpha(n-2)$. 还可以用 F 分布来确定临界值c，下面加以叙述. 由样本相关系数的定义可以得到统计量 r 与 F 之间的关系如下：

$$r^2=\frac{l_{xy}^2}{l_{xx}l_{yy}}=\frac{SSR}{SST}=\frac{SSR}{SSR+SSE}=\frac{SSR/SSE}{SSR/SSE+1},$$

称 r^2 为**样本决定系数**，而

$$F=\frac{SSR}{SSE/(n-2)}=\frac{(n-2)SSR}{SSE}. \tag{6.2.20}$$

两者综合，可得

$$r^2=\frac{F}{F+(n-2)}.$$

这表明，$|r|$是 F 的严格单调增函数，故可以从 F 分布的α 分位数$F_\alpha(1,n-2)$得到$|r|$的 α 分位数为

$$c=r_\alpha(n-2)=\sqrt{\frac{F_\alpha(1,n-2)}{F_\alpha(1,n-2)+n-2}}.$$

譬如，对 $\alpha=0.01,n=12$，查表知 $F_{0.01}(1,10)=10.04$，于是

$$r_{0.01}(10)=\sqrt{\frac{10.04}{10.04+10}}=0.7078.$$

五、估计与预测

当回归方程经过检验是显著的后，可以用来进行**估计**和**预测**，这是两个不同的问题：

(1)当 $x=x_0$ 时，寻求因变量 $y_0=\beta_0+\beta_1x_0+\varepsilon$ 的均值$E(y_0)=\beta_0+\beta_1x_0$的点估计和区间估计，这是**估计问题**，这里 $E(y_0)=\beta_0+\beta_1x_0$ 是常量.

(2)当 $x=x_0$ 时，因变量 $y_0=\beta_0+\beta_1x_0+\varepsilon$ 的观测值在什么范围内？由于

y_0 是随机变量，所以一般只求一个区间，使得 y_0 落在这一区间的概率为 $1-\alpha$，即要求 $\delta>0$，使得 $P(|y_0-\hat{y}_0|\leqslant\delta)=1-\alpha$，称区间$[\hat{y}_0-\delta,\hat{y}_0+\delta]$为因变量 y_0 的概率为 $1-\alpha$ 的预测区间，这是**预测问题**.

1. 因变量均值 $E(y_0)$ 的估计

当 $x=x_0$ 时，因变量 $y_0=\beta_0+\beta_1x_0+\varepsilon$ 是一个随机变量，其均值为 $E(y_0)=\beta_0+\beta_1x_0$，如何估计 $E(y_0)$呢？

先考虑 $E(y_0)$的点估计. 显然，$E(y_0)$的一个直观的点估计应为

$$\hat{E}(y_0):=\hat{\beta}_0+\hat{\beta}_1x_0:=\hat{y}_0.$$

易见，$\hat{y}_0$ 是 $E(y_0)$的无偏估计. 这里要注意，作为估计，$\hat{y}_0$ 表示的是 $E(y_0)$ 的估计，而不表示 y_0 的估计，因为 y_0 是随机变量，它不能被估计，但对其可以进行预测，若 $\hat{y}_0$ 是预测 y_0 的最可能取值，则 y_0 的点预测也是 $\hat{y}_0$.

下面考虑 $E(y_0)$的区间估计. 由式(6.2.14)知，

$$\hat{y}_0=\hat{\beta}_0+\hat{\beta}_1x_0\sim N\left(\beta_0+\beta_1x_0,\left(\frac{1}{n}+\frac{(x_0-\overline{x})^2}{l_{xx}}\right)\sigma^2\right),$$

从而

$$t:=\frac{\hat{y}_0-E(y_0)}{\hat{\sigma}\sqrt{\dfrac{1}{n}+\dfrac{(x_0-\overline{x})^2}{l_{xx}}}}\sim t(n-2),$$

其中 $\hat{\sigma}^2=\dfrac{SSE}{n-2}=\dfrac{1}{n-2}\sum\limits_{i=1}^{n}(y_i-\hat{y}_i)^2$ 为 σ^2 的无偏估计. 于是，$E(y_0)$的置信水平为 $1-\alpha$ 的置信区间是

$$[\hat{y}_0-\delta,\hat{y}_0+\delta],\tag{6.2.21}$$

其中

$$\delta=\delta(x_0)=t_{\frac{\alpha}{2}}\hat{\sigma}\sqrt{\frac{1}{n}+\frac{(x_0-\overline{x})^2}{l_{xx}}}.\tag{6.2.22}$$

2. 因变量 y_0 的预测区间

式(6.2.21)给出了 $x=x_0$ 时对应的因变量 $y_0=\beta_0+\beta_1x_0+\varepsilon$ 的均值 $E(y_0)=\beta_0+\beta_1x_0$ 的区间估计，而在实用中人们往往更关心的是：$x=x_0$ 时对应的因变量 y_0 的取值范围或预测区间.

由于 $y_0=\beta_0+\beta_1x_0+\varepsilon=E(y_0)+\varepsilon$，且通常假定 $\varepsilon\sim N(0,\sigma^2)$，所以，$y_0$ 的最可能取值仍然是 $\hat{y}_0$，于是，可以用以 $\hat{y}_0$ 为中心的一个区间

$$[\hat{y}_0-\delta,\hat{y}_0+\delta] \tag{6.2.23}$$

作为 y_0 的取值范围或预测区间. 由于

$$t:=\frac{y_0-\hat{y}_0}{\hat{\sigma}\sqrt{1+\frac{1}{n}+\frac{(x_0-\overline{x})^2}{l_{xx}}}}\sim t(n-2),$$

从而给定 $\alpha\in(0,1)$后，式(6.2.23)表示的预测区间中的 δ 的表达式为

$$\delta=\delta(x_0)=t_{\frac{\alpha}{2}}\hat{\sigma}\sqrt{1+\frac{1}{n}+\frac{(x_0-\overline{x})^2}{l_{xx}}}, \tag{6.2.24}$$

其中 $\hat{\sigma}^2=\frac{SSE}{n-2}=\frac{1}{n-2}\sum\limits_{i=1}^{n}(y_i-\hat{y}_i)^2$ 为 σ^2 的无偏估计. 易见，上述预测区间与 $E(y_0)$的置信区间的差别在于根号里面多个 1，这个差别就导致了预测区间要比置信区间宽很多.

当 n 较大时(如 $n>30$)，t 分布可以用正态分布近似；进一步，若 x_0 与 $\overline{x}$ 相差不大时，式(6.2.24)中的 δ 可以近似取为

$$\delta=\delta(x_0)\approx\hat{\sigma}u_{\frac{\alpha}{2}}. \tag{6.2.25}$$

六、一元齐次线性回归模型

在一元线性回归模型(6.1.2)中，截距项 β_0 是常数，在某些实际问题中，通常可以和因变量 y 合并在一起，这样截距项就是 0. 为此，考虑如下**一元齐次线性回归模型**：

$$y=\beta x+\varepsilon, \tag{6.2.26}$$

其中 ε 是随机误差项，满足 $E(\varepsilon)=0$.

假设数据$(x_1,y_1),(x_2,y_2),\cdots,(x_n,y_n)$满足式(6.2.26)，即

$$y_i=\beta x_i+\varepsilon_i, i=1,2,\cdots,n, \tag{6.2.27}$$

其中 ε_i 为对应的随机误差，满足 $E\varepsilon_i=0,i=1,2,\cdots,n$.

如何估计 β 呢? 类似于前面的做法，仍采用最小二乘准则，即寻找 β 使平方和 $\sum\limits_{i=1}^{n}(y_i-\beta x_i)^2$ 达到最小值. 容易算得，当且仅当

$$\hat{\beta}=\frac{\sum\limits_{i=1}^{n}x_iy_i}{\sum\limits_{i=1}^{n}x_i^2} \tag{6.2.28}$$

时，平方和 $\sum_{i=1}^{n}(y_i-\beta x_i)^2$ 达到最小值，这个$\hat{\beta}$仍叫作β的**最小二乘估计**，此时可得**一元齐次经验回归方程**

$$\hat{y}=\hat{\beta}x. \tag{6.2.29}$$

经验回归方程(6.2.29)是否有意义呢？为了回答这个问题，还应检验假设 $H_0:\beta=0$. 只有当这个假设被拒绝时，回归方程(6.2.29)才有意义，才可用来进行预测或控制.

如何检验 $H_0:\beta=0$ 呢？类似于前面的做法，此时需要对式(6.2.27)中的随机误差项进行如下假定：

$\varepsilon_1,\varepsilon_2,\cdots,\varepsilon_n$ 相互独立，且同分布于正态分布 $N(0,\sigma^2)$，

这里 $\sigma^2>0$ 是未知的.

考虑统计量

$$F=\frac{\hat{\beta}^2\sum_{i=1}^{n}x_i^2}{Q/(n-1)}, \tag{6.2.30}$$

其中 $Q=\sum_{i=1}^{n}(y_i-\hat{y}_i)^2=\sum_{i=1}^{n}(y_i-\hat{\beta}x_i)^2$ 为残差平方和，满足：$E\left(\frac{Q}{n-1}\right)=\sigma^2$，即$\frac{Q}{n-1}=\frac{1}{n-1}\sum_{i=1}^{n}(y_i-\hat{\beta}x_i)^2$ 为 σ^2 的无偏估计. 请读者自己给出证明，也可以参考本节习题 6.2.8.

可以证明：当 H_0 成立，即 $\beta=0$ 时，统计量 F 服从自由度为$(1,n-1)$的 F 分布，即 $F\sim F(1,n-1)$. 给定显著性水平 α，当 F 值大于临界值 $F_\alpha(1,n-1)$ 时，拒绝 H_0，说明回归方程显著，此时得到的回归方程(6.2.29)是有意义的.

七、例子

例 6.2.1 由专业知识知道，合金钢的强度 y(单位：10^7 Pa)与合金钢中碳的含量 x(单位：%)有关. 为了生产强度满足用户需要的合金钢，在冶炼时如何控制碳的含量？如果在冶炼过程中通过化验得知了碳的含量，能否预测这炉合金钢的强度？

为解决这类问题就需要研究两个变量间的关系. 首先是收集数据，把收集到的数据记为$(x_i,y_i)(i=1,2,\cdots,n)$. 本例中，收集到 12 组数据，列于表 6.2.1 中.

表 6.2.1　收集到的数据

序号	x	y	序号	x	y
1	0.10	42.0	7	0.16	49.0
2	0.11	43.0	8	0.17	53.0
3	0.12	45.0	9	0.18	50.0
4	0.13	45.0	10	0.20	55.0
5	0.14	45.0	11	0.21	55.0
6	0.15	47.5	12	0.23	60.0

为找出两个变量间存在的回归函数的形式，可以画一张图：把每一数对 (x_i, y_i) 看成直角坐标系中的一个点，在图上画出 n 个点，称这张图为散点图，如图 6.2.1 所示.

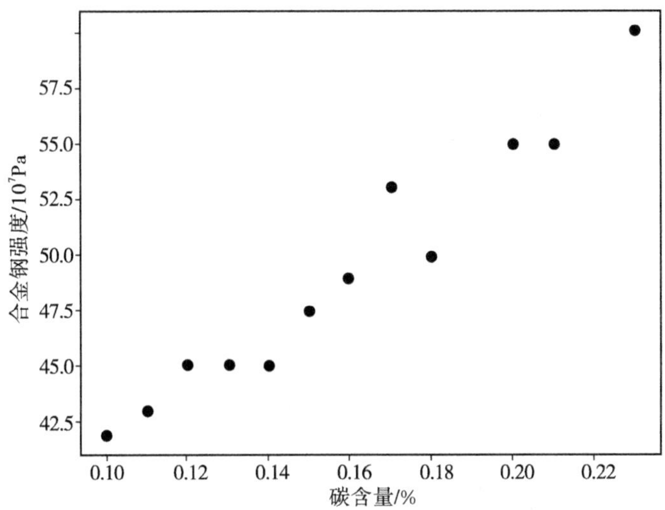

图 **6.2.1**　合金钢强度及碳含量的散点图

从散点图 6.2.1 可以看出，12 个点基本在一条直线附近，这说明两个变量之间有一个线性相关关系. 若记 y 轴方向上的误差为 ε，则这个相关关系可以表示为

$$y=\beta_0+\beta_1 x+\varepsilon.$$

通过表中数据计算，可以得到 $n=12$，

$$\sum_{i=1}^{n} x_i = 1.90,\ \sum_{i=1}^{n} y_i = 589.5,\ \overline{x} = 0.1583,\ \overline{y} = 49.125,$$

$$\sum_{i=1}^{n} x_i^2 = 0.3194,\ \sum_{i=1}^{n} x_i y_i = 95.805,\ \sum_{i=1}^{n} y_i^2 = 29304.25,$$

$$n\overline{x}^2 = 0.3008, n\overline{x}\cdot\overline{y} = 93.3375, n\overline{y}^2 = 28959.19.$$

由公式(6.2.5)可得：

$$\hat{\beta}_1 = 132.66, \hat{\beta}_0 = 28.12.$$

由此得到经验回归方程为

$$\hat{y}=28.12+132.66x.$$

下面考虑关于回归方程的显著性检验. 经计算有

$$SSR=327.34,\quad SSE=17.72.$$

由式(6.2.18)，可计算得到 $F=184.73$. 在显著性水平 $\alpha=0.01$ 下，$F=184.73>F_{0.01}(1,10)=10.04$，故拒绝原假设 $H_0:\beta_1=0$. 因此，认为回归方程是显著的.

习题 6.2

6.2.1 考虑下面的一元线性回归模型：

$$y_i=a+bx_i+\varepsilon_i,$$

$E\varepsilon_i=0, D(\varepsilon_i)=\sigma^2, i=1,2,\cdots,n$. 设 a 和 b 的 LSE 分别为 $\hat{a}$ 和 $\hat{b}$，记 $\hat{y}_i=\hat{a}+\hat{b}x_i$，$i=1,2,\cdots,n$. 证明：

$$\sum_{i=1}^{n}(y_i-\hat{y}_i)=0,$$

$$\sum_{i=1}^{n}x_i(y_i-\hat{y}_i)=0.$$

6.2.2 考虑下面的一元线性回归模型：

$$Y_i=\beta_0+\beta_1X_i+\varepsilon_i,\ i=1,2,\cdots,n,$$

$E\varepsilon_i=0, D(\varepsilon_i)=\sigma^2, i=1,2,\cdots,n$. 设 β_0 和 β_1 的 LSE 分别为 $\hat{\beta}_0$ 和 $\hat{\beta}_1$，记 $\hat{Y}_i=\hat{\beta}_0+\hat{\beta}_1X_i$，$e_i=Y_i-\hat{Y}_i, i=1,2,\cdots,n$.

(1)证明：$\sum_{i=1}^{n}e_i=0, \sum_{i=1}^{n}X_ie_i=0$；

(2)证明：$\hat{\beta}_0$ 是 β_0 的无偏估计；

(3)证明：

$$D(\hat{\beta}_0)=\left(\frac{1}{n}+\frac{\overline{X}^2}{\sum_{i=1}^{n}(X_i-\overline{X})^2}\right)\sigma^2=\sigma^2\left(\frac{1}{n}+\frac{\overline{X}^2}{L_{XX}}\right)=\frac{\sigma^2\sum_{i=1}^{n}X_i^2}{n\sum_{i=1}^{n}(X_i-\overline{X})^2},$$

这里 $L_{XX} = \sum_{i=1}^{n}(X_i - \overline{X})^2$；

(4)证明：$D(e_i) = \left(1 - \frac{1}{n} - \frac{(X_i - \overline{X})^2}{L_{XX}}\right)\sigma^2$；

(5)证明：$\hat{\sigma}^2 = \frac{1}{n-2}\sum_{i=1}^{n} e_i^2$ 是 σ^2 的无偏估计量.

6.2.3　某合金钢的抗拉强度 y 与碳含量 x 有关，现有 92 炉钢样数据，从中算得

$$\overline{x}=0.1255,\ \overline{y}=45.80,$$

$$l_{xx}=0.3018,\quad l_{yy}=2981,\quad l_{xy}=26.70,$$

试用残差平方和最小的标准建立一元回归方程.

6.2.4　某合成纤维的拉伸倍数 x 与强度 y 有关，对(x,y)进行 24 次观测，测得数据如下：

编号	拉伸倍数 x	强度 y	编号	拉伸倍数 x	强度 y
1	1.9	1.4	13	5.0	5.5
2	2.0	1.3	14	5.2	5.0
3	2.1	1.8	15	6.0	5.5
4	2.5	2.5	16	6.3	6.4
5	2.7	2.8	17	6.5	6.0
6	2.7	2.5	18	7.1	5.3
7	3.5	3.0	19	8.0	6.5
8	3.5	2.7	20	8.0	7.0
9	4.0	4.0	21	8.9	8.5
10	4.0	3.5	22	9.0	8.0
11	4.5	4.2	23	9.5	8.1
12	4.6	3.5	24	10.0	8.1

(1)画出(x,y)的散点图；

(2)求 y 与 x 的经验回归方程；

(3)在显著性水平 $\alpha=0.01$ 下，检验 y 与 x 之间是否有显著的线性统计关系？

6.2.5　某医院用光电比色计检验尿汞时，得到的尿汞含量（mg/L）与消光系数读数的结果如下：

尿汞含量 x	2	4	6	8	10
消光系数 y	64	138	205	285	360

假定 y 与 x 有近似线性关系

$$y=\beta_0+\beta_1 x+\varepsilon,$$

各次测量是独立的，且 $\varepsilon\sim N(0,\sigma^2)$. 试求出 β_0,β_1 的最小二乘估计，并在显著性水平 $\alpha=0.05$ 下检验 β_1 是否为零？

6.2.6　在生产中积累了 32 组某种铸件在不同腐蚀时间 x 下腐蚀深度 y 的数据，求得回归方程为

$$\hat{y}=-0.4441+0.002263x,$$

误差方差的无偏估计为 $\hat{\sigma}^2=0.001452$，总偏差平方和为 0.1246.

(1)对回归方程作显著性检验（显著性水平为 $\alpha=0.05$），列出方差分析表；

(2)求样本相关系数；

(3)若腐蚀时间 $x=870$，试给出 y 的 0.95 近似预测区间.

6.2.7　在回归分析计算中，常对数据进行变换：

$$\tilde{y}_i=\frac{y_i-c_1}{d_1},\ \tilde{x}_i=\frac{x_i-c_2}{d_2},\ i=1,2,\cdots,n,$$

其中 $c_1,c_2,d_1(d_1>0),d_2(d_2>0)$ 是适当选取的常数.

(1)试建立由原始数据和变换后数据得到的最小二乘估计、总平方和、回归平方和以及残差平方和之间的关系；

(2)证明：由原始数据和变换后数据得到的 F 检验统计量的值保持不变.

6.2.8　假设回归直线过原点，即一元线性回归模型为

$$y_i=\beta x_i+\varepsilon_i,\ i=1,2,\cdots,n,$$

$E(\varepsilon_i)=0,\ D(\varepsilon_i)=\sigma^2$，诸观测值相互独立.

(1)写出 β 的最小二乘估计和 σ^2 的无偏估计；

(2)对给定的 x_0，其对应的因变量均值的估计为 $\hat{y}_0$，求 $D(\hat{y}_0)$.

6.2.9　哈勃定律是 20 世纪最惊人的科学发现之一，它说明宇宙正在膨

胀，各星系在以巨大的速度彼此分离. 设 v 是一个星系相对于另一任意星系的速度，d 为此二星系之间的距离，则哈勃定律为 $v=Hd$，其中 H 称为哈勃常数. 下表列出了11个星团距太阳系的距离和相对速度，请估计哈勃常数，并判断回归直线是否有意义？（显著性水平为 $\alpha=0.05$）

星团名	距离（百万光年）	速度（千英里/秒）
室女座	22	0.75
飞马座	68	2.4
英仙座	108	3.2
后发座	137	4.7
天熊座一号	255	9.3
狮子座	315	12.0
北冕座	390	13.4
双子座	405	14.4
牧夫座	685	24.5
天熊座二号	700	16.0
长蛇座	1100	38.0

6.2.10 设回归模型为

$$\begin{cases} y_i=\beta_0+\beta_1 x_i+\varepsilon_i,\ i=1,2,\cdots,n, \\ \text{各 } \varepsilon_i \text{ 独立同分布，其分布为 } N(0,\sigma^2), \end{cases}$$

试求 β_0,β_1 的最大似然估计，它们与其最小二乘估计一致吗？

6.2.11 考虑下列双变量模型：

模型1：$Y_i=\beta_1+\beta_2 X_i+\mu_i$；

模型2：$Y_i=\alpha_1+\alpha_2(X_i-\overline{X})+\mu_i$.

(1)β_1 和 α_1 的最小二乘估计量相同吗？它们的方差相等吗？

(2)β_2 和 α_2 的最小二乘估计量相同吗？它们的方差相等吗？

6.2.12 现收集了16组合金钢中的碳含量 x 及强度 y 的数据，求得 $\overline{x}=0.125$，$\overline{y}=45.7886$，$l_{xx}=0.3024$，$l_{xy}=25.5218$，$l_{yy}=2432.4566$. 假设 y 与 x 有线性关系：$y_i=\beta_0+\beta_1 x_i+\varepsilon_i$，$i=1,2,\cdots,16$，诸误差项 ε_i 是相互独立的 $N(0,\sigma^2)$随机变量.

(1)建立 y 关于 x 的一元线性回归方程：$\hat{y}=\hat{\beta}_0+\hat{\beta}_1 x$；

(2)写出 $\hat{\beta}_0$ 和 $\hat{\beta}_1$ 的分布；

(3)求 $\hat{\beta}_0$ 和 $\hat{\beta}_1$ 的相关系数；

(4)列出对回归方程作显著性检验的方差分析表（显著性水平为 $\alpha=0.05$）；

(5)给出 β_1 的 0.95 置信区间；

(6)在 $x=0.15$ 时求对应的 y 的 0.95 预测区间.

6.2.13　下表是英国 11 年的汽车数与车祸数的数据，试根据下表回答下列问题：

(1)对车祸数(y)和汽车数(x)拟合线性回归式；

(2)判断拟合方程是否显著（显著性水平为 $\alpha=0.01$）；

(3)预测 $x^0=1000$ 时的车祸数，并给出车祸数的 95%的预测区间；

(4) 假设在下一年内，交通部门对违章驾驶进行了更严重的处罚，汽车数为 800 万辆时，发生 270 千次车祸，请判断汽车数与车祸数之间是否发生显著性变化？

年份	车祸次数 y(千次)	汽车数 x(万辆)
1947	166	352
1948	153	373
1949	177	411
1950	201	441
1951	216	462
1952	208	490
1953	166	529
1954	238	577
1955	268	641
1956	268	692
1957	274	743

6.2.14　设回归模型为 $\begin{cases} y_i=\beta_0+\beta_1 x_i+\varepsilon_i, \\ \varepsilon_i\sim N(0,\sigma^2), \end{cases}$ 现收集了 15 组数据，经计算

有 $\overline{x}=0.85$，$\overline{y}=25.60$，$l_{xx}=19.56$，$l_{xy}=32.54$，$l_{yy}=46.74$，后经核对，发现有一组数据记录错误，正确数据为(1.2,32.6)，记录为(1.5,32.3).

(1)求 β_0，β_1 修正后的LSE；

(2)对回归方程作显著性检验（显著性水平为 $\alpha=0.05$）；

(3)若 $x_0=1.1$，请给出对应响应变量的0.95预测区间.

6.2.15 以 x 与 y 分别表示人的脚长与手长（均以英寸计，1英寸＝2.54厘米)，下面列出了15名女子的脚的长度 x 与手的长度 y 的样本值：

x	9.00	8.50	9.25	9.75	9.00	10.00	9.50	9.00
y	6.50	6.25	7.25	7.00	6.75	7.00	6.50	7.00
x	9.25	9.50	9.25	10.00	10.00	9.75	9.50	
y	7.00	7.00	7.00	7.50	7.25	7.25	7.25	

(1)试求 y 关于 x 的线性回归方程：$\hat{y}=\hat{a}+\hat{b}x$；

(2)求 b 的置信水平为0.95的置信区间.

6.2.16 下面列出了自1952—2004年各届奥林匹克运动会男子10000 m赛跑的冠军的成绩（时间以min计).

年份(x)	1952	1956	1960	1964	1968	1972	1976
成绩(y)	29.3	28.8	28.5	28.4	29.4	27.6	27.7
年份(x)	1980	1984	1988	1992	1996	2000	2004
成绩(y)	27.7	27.8	27.4	27.8	27.1	27.3	27.1

(1)求 y 关于 x 的线性回归方程：$\hat{y}=\hat{a}+\hat{b}x$；

(2)检验假设 $H_0:b=0\leftrightarrow H_1:b\neq0$（显著性水平为 $\alpha=0.05$）；

(3)求2008年冠军成绩的预测值.

6.3 多元线性回归模型

上一节介绍了被解释变量只与一个解释变量有关的线性回归问题.但是在许多实际问题中，一元线性回归模型只是回归分析中的一种特例.例如某公司管理人员要预测来年该公司的销售额 Y 时，研究认为影响销售额的因素不只是广告宣传费 X_1，还有个人可支配收人 X_2、价格 X_3、研发费用 X_4、各种投资 X_5、销售费用 X_6 等.这样，因变量 Y 就与多个自变量 X_1，X_2，X_3，X_4，

X_5, X_6 有关. 因此,需要讨论多元线性回归问题.

一、多元线性回归模型的一般形式

设 Y 为因变量,$X_1, X_2, \cdots, X_p$ 的线性回归模型为

$$Y = \beta_0 + \beta_1 X_1 + \beta_2 X_2 + \cdots + \beta_p X_p + \varepsilon, \tag{6.3.1}$$

其中 $\beta_0, \beta_1, \cdots, \beta_p$ 为 $p+1$ 个未知参数,β_0 称为**回归常数**,$\beta_1, \cdots, \beta_p$ 称为**回归系数**. Y 称为**被解释变量**,$X_1, X_2, \cdots, X_P$ 称为**解释变量**.

当 $p=1$ 时,式(6.3.1)即为上一节的一元线性回归模型;当 $p \geqslant 2$ 时,式(6.3.1)称为**多元线性回归模型**. ε 为**随机误差**,与一元线性回归一样,对随机误差项假定:$E\varepsilon=0, D\varepsilon=\sigma^2$.

如果获得 n 组观测数据 $(x_{i1}, x_{i2}, \cdots, x_{ip}; y_i)$, $i=1,2,\cdots,n$,则线性回归模型可表示为

$$\begin{cases} y_1 = \beta_0 + \beta_1 x_{11} + \beta_2 x_{12} + \cdots + \beta_p x_{1p} + \varepsilon_1, \\ y_2 = \beta_0 + \beta_1 x_{21} + \beta_2 x_{22} + \cdots + \beta_p x_{2p} + \varepsilon_2, \\ \qquad \vdots \\ y_n = \beta_0 + \beta_1 x_{n1} + \beta_2 x_{n2} + \cdots + \beta_p x_{np} + \varepsilon_n, \end{cases}$$

写成矩阵形式为

$$\boldsymbol{Y} = \boldsymbol{X\beta} + \boldsymbol{\varepsilon}, \tag{6.3.2}$$

其中

$$\boldsymbol{Y} = \begin{pmatrix} y_1 \\ y_2 \\ \vdots \\ y_n \end{pmatrix}, \quad \boldsymbol{X} = \begin{pmatrix} 1 & x_{11} & x_{12} & \cdots & x_{1p} \\ 1 & x_{21} & x_{22} & \cdots & x_{2p} \\ \vdots & \vdots & \vdots & \vdots & \vdots \\ 1 & x_{n1} & x_{n2} & \cdots & x_{np} \end{pmatrix}, \quad \boldsymbol{\beta} = \begin{pmatrix} \beta_0 \\ \beta_1 \\ \vdots \\ \beta_p \end{pmatrix}, \quad \boldsymbol{\varepsilon} = \begin{pmatrix} \varepsilon_1 \\ \varepsilon_2 \\ \vdots \\ \varepsilon_n \end{pmatrix},$$

矩阵 $\boldsymbol{X}$ 是 $n \times (p+1)$ 矩阵,被称为**回归设计矩阵**.

二、多元线性回归模型的基本假定

为了方便进行模型的参数估计,对回归方程有如下的一些基本假设:

(1)解释变量 $X_1, X_2, \cdots, X_p$ 是确定性变量,不是随机变量,且要求 $\mathrm{rank}(\boldsymbol{X}) = p+1 < n$. 该假设表明设计矩阵 $\boldsymbol{X}$ 中的自变量列之间不相关,样本容量应该大于解释变量的个数,$\boldsymbol{X}$ 为满列秩矩阵.

(2)随机误差项具有零均值和等方差,即

$$\begin{cases} E\varepsilon_i = 0, \quad i = 1,2,\cdots,n, \\ Cov(\varepsilon_i,\varepsilon_j) = \begin{cases} \sigma^2, & i = j, \\ 0, & i \neq j, \end{cases} \quad i,j = 1,2,\cdots,n. \end{cases}$$

这些假设通常称为 Gauss-Markov 条件. $E\varepsilon_i = 0$,即假设观测值没有系统误差. 随机误差项 ε_i 的协方差假设表明随机误差项在不同的样本点之间是不相关的(在正态性假设下即为独立的),不存在序列相关,并且有相同的精度.

(3)正态分布的假定条件为

$$\begin{cases} \varepsilon_i \sim N(0,\sigma^2), \quad i = 1,2,\cdots,n, \\ \varepsilon_1,\varepsilon_2,\cdots,\varepsilon_n \text{ 相互独立}. \end{cases}$$

对于多元线性回归的矩阵形式,这个条件可表示为

$$\boldsymbol{\varepsilon} \sim N_n(\mathbf{0},\sigma^2 \boldsymbol{I}_n).$$

由上述假定和多元正态分布的性质可知,

$$E\boldsymbol{Y} = \boldsymbol{X\beta},$$

$$Cov(\boldsymbol{Y}) = \sigma^2 \boldsymbol{I}_n.$$

因此,

$$\boldsymbol{Y} \sim N_n(\boldsymbol{X\beta},\sigma^2 \boldsymbol{I}_n).$$

三、多元回归参数的普通最小二乘估计

多元线性回归方程未知参数的估计与一元线性回归方程的参数估计的原理一样,仍然可以采用最小二乘估计法. 对于式(6.3.2)矩阵形式表示的回归模型,所谓最小二乘估计法,就是寻找参数 $\beta_0,\beta_1,\cdots,\beta_p$ 的估计值 $\hat{\beta}_0,\hat{\beta}_1,\cdots,\hat{\beta}_p$,使残差平方和达最小,即寻找 $\hat{\beta}_0,\hat{\beta}_1,\cdots,\hat{\beta}_p$ 满足

$$\begin{aligned} Q(\hat{\beta}_0,\hat{\beta}_1,\cdots,\hat{\beta}_p) &= \sum_{i=1}^{n}(y_i - \hat{\beta}_0 - \hat{\beta}_1 x_{i1} - \hat{\beta}_2 x_{i2} - \cdots - \hat{\beta}_p x_{ip})^2 \\ &= \min_{\beta_0,\beta_1,\cdots,\beta_p} \sum_{i=1}^{n}(y_i - \beta_0 - \beta_1 x_{i1} - \beta_2 x_{i2} - \cdots - \beta_p x_{ip})^2. \end{aligned} \quad (6.3.3)$$

根据式(6.3.3)求出的 $\hat{\beta}_0,\hat{\beta}_1,\cdots,\hat{\beta}_p$,称为回归参数 $\beta_0,\beta_1,\cdots,\beta_p$ 的最小二乘估计.

从式(6.3.3)中求出来的 $\hat{\beta}_0,\hat{\beta}_1,\cdots,\hat{\beta}_p$,是一个求极值的问题. 由于 Q 是一个关于 $\beta_0,\beta_1,\cdots,\beta_p$ 的非负二次函数,因而它的最小值总是存在的. 根据微积分中求极值的原理,$\hat{\beta}_0,\hat{\beta}_1,\cdots,\hat{\beta}_p$ 应满足下列方程组:

$$\begin{cases}\left.\dfrac{\partial Q}{\partial \beta_0}\right|_{\hat{\beta}_0,\hat{\beta}_1,\cdots,\hat{\beta}_p} = -2\sum_{i=1}^{n}(y_i-\hat{\beta}_0-\hat{\beta}_1x_{i1}-\hat{\beta}_2x_{i2}-\cdots-\hat{\beta}_px_{ip})=0,\\ \left.\dfrac{\partial Q}{\partial \beta_1}\right|_{\hat{\beta}_0,\hat{\beta}_1,\cdots,\hat{\beta}_p} = -2\sum_{i=1}^{n}(y_i-\hat{\beta}_0-\hat{\beta}_1x_{i1}-\hat{\beta}_2x_{i2}-\cdots-\hat{\beta}_px_{ip})x_{i1}=0,\\ \qquad\vdots\\ \left.\dfrac{\partial Q}{\partial \beta_p}\right|_{\hat{\beta}_0,\hat{\beta}_1,\cdots,\hat{\beta}_p} = -2\sum_{i=1}^{n}(y_i-\hat{\beta}_0-\hat{\beta}_1x_{i1}-\hat{\beta}_2x_{i2}-\cdots-\hat{\beta}_px_{ip})x_{ip}=0.\end{cases}$$

以上方程组经整理后，得出用矩阵形式表示的正规方程组如下：

$$\boldsymbol{X}'(\boldsymbol{Y}-\boldsymbol{X}\hat{\boldsymbol{\beta}})=0,$$

其中 $\hat{\boldsymbol{\beta}}=(\hat{\boldsymbol{\beta}}_0,\hat{\boldsymbol{\beta}}_1,\cdots,\hat{\boldsymbol{\beta}}_p)'$. 上式移项得

$$\boldsymbol{X}'\boldsymbol{X}\hat{\boldsymbol{\beta}}=\boldsymbol{X}'\boldsymbol{Y}.$$

当$(\boldsymbol{X}'\boldsymbol{X})^{-1}$存在时(比如 $\boldsymbol{X}$ 满列秩)，即得回归参数的最小二乘估计为

$$\hat{\boldsymbol{\beta}}=(\boldsymbol{X}'\boldsymbol{X})^{-1}\boldsymbol{X}'\boldsymbol{Y}. \tag{6.3.4}$$

称

$$\hat{Y}=\hat{\beta}_0+\hat{\beta}_1X_1+\hat{\beta}_2X_2+\cdots+\hat{\beta}_pX_p$$

为**多元经验回归方程**.

四、普通最小二乘估计量的性质

性质 6.3.1 $\hat{\beta}$是随机向量 $\boldsymbol{Y}$ 的一个线性变换.

在多元线性回归中，由上一节得到回归参数向量 $\boldsymbol{\beta}$ 的估计量为

$$\hat{\boldsymbol{\beta}}=(\boldsymbol{X}'\boldsymbol{X})^{-1}\boldsymbol{X}'\boldsymbol{Y},$$

根据回归模型假设知，$\boldsymbol{X}$ 是固定的设计矩阵，因此，$\hat{\boldsymbol{\beta}}$ 是 $\boldsymbol{Y}$ 的一个线性变换.

性质 6.3.2 在 Gauss-Markov 条件下，$\hat{\boldsymbol{\beta}}$ 是β 的无偏估计.

证明 由式(6.3.2)和式(6.3.4)得

$$\begin{aligned}\boldsymbol{E}\hat{\boldsymbol{\beta}}&=\boldsymbol{E}((\boldsymbol{X}'\boldsymbol{X})^{-1}\boldsymbol{X}'\boldsymbol{Y})=(\boldsymbol{X}'\boldsymbol{X})^{-1}\boldsymbol{X}'\boldsymbol{E}\boldsymbol{Y}\\&=(\boldsymbol{X}'\boldsymbol{X})^{-1}\boldsymbol{X}'\boldsymbol{E}(\boldsymbol{X}\boldsymbol{\beta}+\boldsymbol{\varepsilon})=(\boldsymbol{X}'\boldsymbol{X})^{-1}\boldsymbol{X}'\boldsymbol{X}\boldsymbol{\beta}=\boldsymbol{\beta},\end{aligned}$$

即 $\hat{\boldsymbol{\beta}}$ 是 $\boldsymbol{\beta}$ 的无偏估计.

性质 6.3.3 在 Gauss-Markov 条件下，$Cov(\hat{\boldsymbol{\beta}})=\sigma^2(\boldsymbol{X}'\boldsymbol{X})^{-1}$.

证明 由协方差矩阵公式 $Cov(A\boldsymbol{Y},A\boldsymbol{Y})=ACov(\boldsymbol{Y},\boldsymbol{Y})A'$，可得

$$
\begin{aligned}
Cov(\hat{\boldsymbol{\beta}}) &= Cov(\hat{\boldsymbol{\beta}},\hat{\boldsymbol{\beta}}) = Cov((\boldsymbol{X}'\boldsymbol{X})^{-1}\boldsymbol{X}'\boldsymbol{Y},(\boldsymbol{X}'\boldsymbol{X})^{-1}\boldsymbol{X}'\boldsymbol{Y}) \\
&= (\boldsymbol{X}'\boldsymbol{X})^{-1}\boldsymbol{X}'Cov(\boldsymbol{Y},\boldsymbol{Y})\boldsymbol{X}(\boldsymbol{X}'\boldsymbol{X})^{-1} \\
&= (\boldsymbol{X}'\boldsymbol{X})^{-1}\boldsymbol{X}'\sigma^2 I_n\boldsymbol{X}\ (\boldsymbol{X}'\boldsymbol{X})^{-1} \\
&= \sigma^2(\boldsymbol{X}'\boldsymbol{X})^{-1}.
\end{aligned}
$$

证毕.

性质 6.3.4　在 Gauss-Markov 条件下，$E(Q(\hat{\boldsymbol{\beta}}))=(n-p-1)\sigma^2$，即 $\dfrac{Q(\hat{\boldsymbol{\beta}})}{n-p-1}$ 为 σ^2 的无偏估计，其中 $Q(\hat{\boldsymbol{\beta}})=\|\boldsymbol{Y}-\boldsymbol{X}\hat{\boldsymbol{\beta}}\|^2$ 为残差平方和.

证明　记 $\boldsymbol{P}_X=\boldsymbol{X}(\boldsymbol{X}'\boldsymbol{X})^{-1}\boldsymbol{X}'$. 则 $\boldsymbol{P}_X$ 和 $\boldsymbol{I}_n-\boldsymbol{P}_X$ 均为对称幂等矩阵，所以

$$
\begin{aligned}
Q(\hat{\boldsymbol{\beta}}) &= \|\boldsymbol{Y}-\boldsymbol{X}\hat{\boldsymbol{\beta}}\|^2 = (\boldsymbol{Y}-\boldsymbol{X}\hat{\boldsymbol{\beta}})'(\boldsymbol{Y}-\boldsymbol{X}\hat{\boldsymbol{\beta}}) \\
&= (\boldsymbol{Y}-\boldsymbol{X}(\boldsymbol{X}'\boldsymbol{X})^{-1}\boldsymbol{X}'\boldsymbol{Y})'(\boldsymbol{Y}-\boldsymbol{X}(\boldsymbol{X}'\boldsymbol{X})^{-1}\boldsymbol{X}'\boldsymbol{Y}) \\
&= \boldsymbol{Y}'(\boldsymbol{I}_n-\boldsymbol{X}(\boldsymbol{X}'\boldsymbol{X})^{-1}\boldsymbol{X}')(\boldsymbol{I}_n-\boldsymbol{X}(\boldsymbol{X}'\boldsymbol{X})^{-1}\boldsymbol{X}')\boldsymbol{Y} \\
&= \boldsymbol{Y}'(\boldsymbol{I}_n-\boldsymbol{P}_X)(\boldsymbol{I}_n-\boldsymbol{P}_X)\boldsymbol{Y} \\
&= \boldsymbol{Y}'(\boldsymbol{I}_n-\boldsymbol{P}_X)\boldsymbol{Y}.
\end{aligned}
$$

注意到

$$
\begin{aligned}
(\boldsymbol{Y}-\boldsymbol{X}\boldsymbol{\beta})'(\boldsymbol{I}_n-\boldsymbol{P}_X)(\boldsymbol{Y}-\boldsymbol{X}\boldsymbol{\beta}) &= \boldsymbol{Y}'(\boldsymbol{I}_n-\boldsymbol{P}_X)\boldsymbol{Y}-(\boldsymbol{X}\boldsymbol{\beta})'(\boldsymbol{I}_n-\boldsymbol{P}_X)\boldsymbol{Y} \\
&\quad -\boldsymbol{Y}'(\boldsymbol{I}_n-\boldsymbol{P}_X)\boldsymbol{X}\boldsymbol{\beta}+(\boldsymbol{X}\boldsymbol{\beta})'(\boldsymbol{I}_n-\boldsymbol{P}_X)\boldsymbol{X}\boldsymbol{\beta} \\
&= \boldsymbol{Y}'(\boldsymbol{I}_n-\boldsymbol{P}_X)\boldsymbol{Y},
\end{aligned}
$$

所以

$$
Q(\hat{\boldsymbol{\beta}}) = (\boldsymbol{Y}-\boldsymbol{X}\boldsymbol{\beta})'(\boldsymbol{I}_n-\boldsymbol{P}_X)(\boldsymbol{Y}-\boldsymbol{X}\boldsymbol{\beta}),
$$

从而

$$
\begin{aligned}
E(Q(\hat{\boldsymbol{\beta}})) &= E[(\boldsymbol{Y}-\boldsymbol{X}\boldsymbol{\beta})'(\boldsymbol{I}_n-\boldsymbol{P}_X)(\boldsymbol{Y}-\boldsymbol{X}\boldsymbol{\beta})] \\
&= E\{\mathrm{tr}[(\boldsymbol{Y}-\boldsymbol{X}\boldsymbol{\beta})'(\boldsymbol{I}_n-\boldsymbol{P}_X)(\boldsymbol{Y}-\boldsymbol{X}\boldsymbol{\beta})]\} \\
&= E\{\mathrm{tr}[(\boldsymbol{I}_n-\boldsymbol{P}_X)(\boldsymbol{Y}-\boldsymbol{X}\boldsymbol{\beta})(\boldsymbol{Y}-\boldsymbol{X}\boldsymbol{\beta})']\} \\
&= \mathrm{tr}\{E[(\boldsymbol{I}_n-\boldsymbol{P}_X)(\boldsymbol{Y}-\boldsymbol{X}\boldsymbol{\beta})(\boldsymbol{Y}-\boldsymbol{X}\boldsymbol{\beta})']\} \\
&= \mathrm{tr}\{(\boldsymbol{I}_n-\boldsymbol{P}_X)E(\boldsymbol{Y}-\boldsymbol{X}\boldsymbol{\beta})(\boldsymbol{Y}-\boldsymbol{X}\boldsymbol{\beta})'\} \quad (\boldsymbol{EY}=\boldsymbol{X}\boldsymbol{\beta}) \\
&= \mathrm{tr}\{(\boldsymbol{I}_n-\boldsymbol{P}_X)Cov(\boldsymbol{Y})\} \\
&= \mathrm{tr}\{(\boldsymbol{I}_n-\boldsymbol{P}_X)\sigma^2\boldsymbol{I}_n\} \\
&= \sigma^2\mathrm{tr}(\boldsymbol{I}_n-\boldsymbol{P}_X) = (n-p-1)\sigma^2,
\end{aligned}
$$

即证明了 $E(Q(\hat{\boldsymbol{\beta}}))=(n-p-1)\sigma^2$，从而$\dfrac{Q(\hat{\boldsymbol{\beta}})}{n-p-1}$为 σ^2 的无偏估计.

在实际应用中，人们关心的一个主要问题是预测. 预测函数

$$\hat{y}_0=\hat{\beta}_0+\hat{\beta}_1x_{10}+\hat{\beta}_2x_{20}+\cdots+\hat{\beta}_px_{p0}$$

是 $\hat{\boldsymbol{\beta}}$ 的线性函数，因而希望 $\hat{\boldsymbol{\beta}}$ 的线性函数的波动越小越好. 设 $\boldsymbol{c}$ 为任一 $p+1$ 维常数向量，希望回归参数向量 $\boldsymbol{\beta}$ 的估计值 $\hat{\boldsymbol{\beta}}$ 具有如下性质：

(1) $\boldsymbol{c}'\hat{\boldsymbol{\beta}}$ 是 $\boldsymbol{c}'\boldsymbol{\beta}$ 的无偏估计；

(2) $\boldsymbol{c}'\hat{\boldsymbol{\beta}}$ 的方差要小.

下面的这个定理说明普通最小二乘估计 $\hat{\boldsymbol{\beta}}$ 正好满足上述条件：

性质 6.3.5(Gauss-Markov 定理) 在假定 $\boldsymbol{EY}=\boldsymbol{X\beta}$, $Cov(\boldsymbol{Y})=\sigma^2I_n$ 时，$\boldsymbol{\beta}$ 的任一线性可估函数 $\boldsymbol{c}'\boldsymbol{\beta}$ 的最佳线性无偏估计（best linear unbiased estimator，简记为 BLUE，或最小方差线性无偏估计）为 $\boldsymbol{c}'\hat{\boldsymbol{\beta}}$，其中 $\boldsymbol{c}$ 是任一 $p+1$ 维向量，$\hat{\boldsymbol{\beta}}$ 是 $\boldsymbol{\beta}$ 的最小二乘估计.

此定理说明了用普通最小二乘估计法得到的估计量 $\hat{\boldsymbol{\beta}}$ 是理想的估计量. 关于这条性质，请注意以下四点：

第一，取常数向量 $\boldsymbol{c}$ 的第 $j\,(j=0,1,\cdots,n)$ 个分量为 1，其余分量为 0，这时 Gauss-Markov 定理表明最小二乘估计 $\hat{\beta}_j$ 是 β_j 的最小方差线性无偏估计.

第二，可能存在 $y_1,y_2,\cdots,y_n$ 的非线性函数，作为 $\boldsymbol{c}'\boldsymbol{\beta}$ 的无偏估计，比最小二乘估计 $\boldsymbol{c}'\hat{\boldsymbol{\beta}}$ 的方差更小.

第三，可能存在 $\boldsymbol{c}'\boldsymbol{\beta}$ 的有偏估计量，在某种意义（例如均方误差最小）下比最小二乘估计 $\boldsymbol{c}'\hat{\boldsymbol{\beta}}$ 更好.

第四，在正态假定下，$\boldsymbol{c}'\hat{\boldsymbol{\beta}}$ 是 $\boldsymbol{c}'\boldsymbol{\beta}$ 的最小方差无偏估计. 也就是说，既不可能存在 $y_1,y_2,\cdots,y_n$ 的非线性函数，也不可能存在 $y_1,y_2,\cdots,y_n$ 的其他线性函数，作为 $\boldsymbol{c}'\boldsymbol{\beta}$ 的无偏估计，比最小二乘估计 $\boldsymbol{c}'\hat{\boldsymbol{\beta}}$ 的方差更小，请读者自己给出证明或见本节习题 6.3.4.

性质 6.3.6 设 $\boldsymbol{Y}\sim N_n(\boldsymbol{X\beta},\sigma^2\boldsymbol{I}_n)$，则 $Cov(\hat{\boldsymbol{\beta}},\boldsymbol{e})=0$，其中 $\boldsymbol{e}=\boldsymbol{Y}-\boldsymbol{X}\hat{\boldsymbol{\beta}}$.

证明 因为 $\boldsymbol{e}=\boldsymbol{Y}-\boldsymbol{X}\hat{\boldsymbol{\beta}}=(\boldsymbol{I}_n-\boldsymbol{X}(\boldsymbol{X}'\boldsymbol{X})^{-1}\boldsymbol{X}')\boldsymbol{Y}:=(\boldsymbol{I}_n-\boldsymbol{P}_{\boldsymbol{X}})\boldsymbol{Y}$，且 $\boldsymbol{Y}$ 服

从正态分布，故 $\boldsymbol{e}$ 也服从正态分布，再注意到

$$\begin{aligned} Cov(\hat{\boldsymbol{\beta}},\boldsymbol{e}) &= Cov((\boldsymbol{X}'\boldsymbol{X})^{-1}\boldsymbol{X}'\boldsymbol{Y},(\boldsymbol{I}_n-\boldsymbol{P}_X)\boldsymbol{Y}) \\ &= (\boldsymbol{X}'\boldsymbol{X})^{-1}\boldsymbol{X}'Cov(\boldsymbol{Y},\boldsymbol{Y})(\boldsymbol{I}_n-\boldsymbol{P}_X)' \\ &= \sigma^2(\boldsymbol{X}'\boldsymbol{X})^{-1}\boldsymbol{X}'(\boldsymbol{I}_n-\boldsymbol{P}_X) \\ &= \sigma^2(\boldsymbol{X}'\boldsymbol{X})^{-1}\boldsymbol{X}'[\boldsymbol{I}_n-\boldsymbol{X}(\boldsymbol{X}'\boldsymbol{X})^{-1}\boldsymbol{X}'] \\ &= 0, \end{aligned}$$

即证明了 $Cov(\hat{\boldsymbol{\beta}},\boldsymbol{e})=0$.

此性质说明 $\hat{\boldsymbol{\beta}}$ 与 $\boldsymbol{e}$ 不相关. 在正态假设下，$\hat{\boldsymbol{\beta}}$ 与 $\boldsymbol{e}$ 不相关等价于 $\hat{\boldsymbol{\beta}}$ 与 $\boldsymbol{e}$ 独立，从而 $\hat{\boldsymbol{\beta}}$ 与 $SSE=\boldsymbol{e}'\boldsymbol{e}$ 独立.

性质 6.3.7 当 $\boldsymbol{Y}\sim N_n(\boldsymbol{X\beta},\sigma^2\boldsymbol{I}_n)$ 时，有

(1) $\hat{\boldsymbol{\beta}}\sim N_{p+1}(\boldsymbol{\beta},\sigma^2(\boldsymbol{X}'\boldsymbol{X})^{-1})$；

(2) $SSE/\sigma^2\sim\chi^2(n-p-1)$，其中 $SSE=Q(\hat{\boldsymbol{\beta}})=\|\boldsymbol{Y}-\boldsymbol{X\beta}\|^2$ 为残差平方和；

(3) $\hat{\boldsymbol{\beta}}$ 与 SSE 相关独立.

性质 6.3.6 和性质 6.3.7 在多元线性回归方程的显著性检验中构造 t 统计量和 F 统计量时有用. 这两条性质对一元线性回归也是成立的.

在实际问题研究中，事先并不能断定变量 Y 与变量 $X_1,X_2,\cdots,X_p$ 之间确有线性关系，在进行回归参数的估计前，用多元线性回归方程去拟合它们的关系，只是根据一些定性分析所做的一种假设. 当求出线性回归后，还需要对回归方程进行显著性检验. 多元线性回归方程的显著性检验与一元线性回归方程的显著性检验既有相同之处，也有不同之处.

下面介绍两种统计检验方法，一个是回归方程显著性的 F 检验，另一个是回归系数显著性的 t 检验. 同时，介绍衡量回归拟合程度的拟合优度检验.

五、回归方程的显著性检验(F-检验)

对多元线性回归方程的显著性检验就是要看自变量 $X_1,X_2,\cdots,X_p$ 从整体上对因变量 Y 是否有显著影响. 为此提出原假设

$$H_0:\beta_1=\beta_2=\cdots=\beta_p=0.$$

如果 H_0 被接受，则表明因变量 Y 与自变量 $X_1,X_2,\cdots,X_p$ 之间的关系由线

性回归模型表示不合适. 为了建立对 H_0 进行检验的 F 统计量,仍然利用总离差平方和的分解式,即

$$\sum_{i=1}^{n}(y_i-\overline{y})^2=\sum_{i=1}^{n}(\hat{y}_i-\overline{y})^2+\sum_{i=1}^{n}(y_i-\hat{y}_i)^2,$$

简写为

$$SST=SSR+SSE.$$

构造 F 检验统计量如下:

$$F=\frac{SSR/p}{SSE/(n-p-1)}.$$

在误差项服从正态分布的假设下,当原假设 $H_0:\beta_1=\beta_2=\cdots=\beta_p=0$ 成立时,F 服从自由度为$(p,n-p-1)$的 F 分布,于是,可以利用 F 统计量对回归方程的总体显著性进行检验.

给定显著性水平 α,当 $F>F_\alpha(p,n-p-1)$时,拒绝原假设 H_0,认为在显著水平 α 下,Y 与 $X_1,X_2,\cdots,X_p$ 之间有显著关系,也即回归方程是显著的. 反之,当$F\leqslant F_\alpha(p,n-p-1)$时,则认为回归方程不显著.

六、回归系数的显著性检验(t-检验)

在多元线性回归中,回归方程显著并不意味着每个自变量对 Y 的影响都显著,因此我们总想从回归方程中剔除那些次要的、可有可无的变量,重新建立更为简单的回归方程. 所以就需要对每个自变量进行显著性检验.

显然,如果某个自变量 X_j 对 Y 的作用不显著,那么在回归模型中,它的系数 β_j 就取值为零. 因此,检验变量 X_j 是否显著,等价于检验假设

$$H_{0j}:\beta_j=0,\quad j=1,2,\cdots,p.$$

如果接受原假设 H_{0j},则 X_j 不显著;如果拒绝原假设 H_{0j},则 X_j 是显著的. 由性质 6.3.7 可知

$$\hat{\boldsymbol{\beta}}\sim N_{p+1}(\boldsymbol{\beta},\sigma^2(\boldsymbol{X}'\boldsymbol{X})^{-1}),$$

记

$$(\boldsymbol{X}'\boldsymbol{X})^{-1}=(c_{ij})_{(p+1)\times(p+1)},\quad i,j=0,1,2,\cdots,p,$$

于是有

$$E(\hat{\beta}_j)=\beta_j,\quad D(\hat{\beta}_j)=c_{jj}\sigma^2,$$

$$\hat{\beta}_j\sim N(\beta_j,c_{jj}\sigma^2),\quad j=0,1,2,\cdots,p.$$

据此可以构造 t 统计量

$$t_j=\frac{\hat{\beta}_j}{\sqrt{c_{jj}}\hat{\sigma}}, \tag{6.3.5}$$

其中

$$\hat{\sigma}=\sqrt{\frac{1}{n-p-1}\sum_{i=1}^{n}e_i^2}=\sqrt{\frac{1}{n-p-1}\sum_{i=1}^{n}(y_i-\hat{y}_i)^2}$$

是回归标准差.

当原假设 $H_{0j}:\beta_j=0$ 成立时,式(6.3.5)构造的 t_j 统计量服从自由度为 $n-p-1$的 t 分布. 给定显著性水平 α,查出双侧检验的临界值 $t_{\frac{\alpha}{2}}(n-p-1)$. 当$|t_j|>t_{\frac{\alpha}{2}}(n-p-1)$时,拒绝原假设 $H_{0j}:\beta_j=0$,认为 β_j 显著不为零,自变量 X_j 对因变量 Y 的线性效果显著;当$|t_j|\leqslant t_{\frac{\alpha}{2}}(n-p-1)$时,接受原假设 $H_{0j}:\beta_j=0$,认为 β_j 为零,自变量 X_j 对因变量 Y 的线性效果不显著.

七、拟合优度检验

拟合优度用于描述回归方程对样本观测值的拟合程度. 在一元线性回归中,定义了样本决定系数 r^2,在多元线性回归中,同样可以定义样本决定系数为

$$R^2=\frac{SSR}{SST}=1-\frac{SSE}{SST}.$$

样本决定系数 R^2 的取值在[0,1]区间内,R^2 越接近 1,表明回归拟合的效果越好;R^2 越接近 0,表明回归拟合的效果越差. 与 F 检验相比,R^2 可以更清楚直观地反映回归拟合的效果. 另外,由 F 和 R^2 的表达式,可知 F 和 R^2 有如下关系式:

$$F=\frac{SSR/p}{SSE/(n-p-1)}=\frac{R^2/p}{(1-R^2)/(n-p-1)} \tag{6.3.6}$$

八、实例分析

下面通过一个例子来了解多元线性回归的应用过程.

例 6.3.1　据说人的身高除了和遗传有关,还和成长环境、生活方式等有关. 为了搞清楚这个问题,联合国际学院的一个学生小组作了一个调查,收集了 100 个大学男生的身高 Y(厘米)和 5 个他们认为可能影响身高的因素:平均每周运动小时数 X_1(小时)、中学所在地的纬度 X_2、父亲身高 X_3(厘米)、母亲身高 X_4(厘米)、中学时期平均每天睡觉小时数 X_5(小时/天). 调查的部

分内容见表 6.3.1 他们采用了多元线性回归模型来分析身高和这些因素之间的关系. 表 6.3.2,6.3.3,6.3.4 给出了该回归模型的 SPSS 输出结果.

表 6.3.2 和 6.3.3 给出了关于模型整体拟合程度的评判. 表 6.3.2"模型汇总"中判定系数 R^2 的值为 0.360(调整后的 R^2 为 0.326),说明模型能够解释的因变量的信息并不太多,模型的拟合程度一般. 但从表 6.3.3 中 F 检验的结果($p<0.001$),已有非常充分的证据拒绝零假设 $H_0:\beta_1=\beta_2=\cdots=\beta_5=0$,即至少有一个 β_i 不等于零,该多元线性回归模型是有意义的.

表 6.3.1 影响大学男生身高的因素

序号	身高	每周运动时间	中学所在纬度	父亲身高	母亲身高	中学时期睡觉时间
1	173	10	23	175	163	8
2	175	2	23	173	163	7
3	164	4	22	165	160	8
⋮	⋮	⋮	⋮	⋮	⋮	⋮
99	170	7	41	170	160	6
100	170	0	23	175	156	7

表 6.3.2 多元线性回归模型 SPSS 输出(一)

R^2	调整后的 R^2	估计的标准误差
0.360	0.326	4.212

表 6.3.3 多元线性回归模型 SPSS 输出(二)

模型		平方和	自由度	均方	F	p 值
1	回归	938.300	5	187.660	10.579	.000
	残差	1667.510	94	17.739		
	总计	2605.810	99			

表 6.3.4"系数"给出了所有回归系数的最小二乘估计 $\hat{\beta}_0,\hat{\beta}_1,\hat{\beta}_2,\hat{\beta}_3,\hat{\beta}_4,\hat{\beta}_5$ 和相应的标准误差估计,及对应的 t 检验结果. 据此可以给出初步的回归方程:

$$\hat{Y}=60.720+0.164X_1+0.054X_2+0.450X_3+0.217X_4-0.137X_5. \tag{6.3.7}$$

从式(6.3.7)中回归系数的正负来看，除了变量“睡眠时间”以外，其他 4 个变量和身高都是正相关的.

进一步对式(6.3.7)中所有的回归系数分别作显著性检验(表 6.3.4 最后两列)后发现，在 5 个变量中只有“运动时间”“父亲身高”和“母亲身高”对身高是有显著影响的，而变量“纬度”和“睡眠时间”对身高的影响是不显著的，表明模型还有进一步改进的空间.

综上所述，模型(6.3.7)基本上可以接受，但不是所有的变量都对因变量“身高”有影响，R^2 的值也不算大. 可以考虑对模型作一些改进.

表 6.3.4　多元线性回归模型 SPSS 输出(三)

模型		非标准化系数		标准系数	t	p 值
		B	标准误差			
1	(常量)	60.720	19.138		3.173	0.002
	运动时间	0.164	0.073	0.185	2.235	0.028
	纬度	0.054	0.058	0.081	0.932	0.354
	父亲身高	0.450	0.083	0.464	5.392	0.000
	母亲身高	0.217	0.095	0.197	2.285	0.025
	睡眠时间	−0.137	0.317	−0.036	−0.434	0.665

在实际问题中，数据的结构和变量之间的关系往往会比较复杂，建立一个恰当的回归模型不仅要熟悉统计专业知识，还需要充分了解待研究问题的实际背景.

习题 6.3

6.3.1　给出线性回归模型的基本假设.

6.3.2　设

$$y_1 = a + \varepsilon_1,$$
$$y_2 = 2a - b + \varepsilon_2,$$
$$y_3 = a + 2b + \varepsilon_3,$$

其中 a,b 是未知参数，$\varepsilon_1,\varepsilon_2,\varepsilon_3$ 相互独立且 $E\varepsilon_i=0, D(\varepsilon_i)=\sigma^2, i=1,2,3$. 试求出 a,b 的最小二乘估计.

6.3.3　考虑如下正态线性回归模型:

$$\boldsymbol{Y}=\boldsymbol{X\beta}+\boldsymbol{\varepsilon},\ \boldsymbol{\varepsilon}\sim \boldsymbol{N}_n(\boldsymbol{0}_n,\sigma^2\boldsymbol{I}_n),$$

证明:$\boldsymbol{\beta}$ 的最小二乘估计等于其最大似然估计.

6.3.4　考虑如下正态线性回归模型:

$$\boldsymbol{Y}=\boldsymbol{X\beta}+\boldsymbol{\varepsilon},\ \boldsymbol{\varepsilon}\sim \boldsymbol{N}_n(\boldsymbol{0}_n,\sigma^2\boldsymbol{I}_n),$$

设 $\hat{\boldsymbol{\beta}}$ 是 $\boldsymbol{\beta}$ 的最小二乘估计. 记 $\boldsymbol{c}\in\mathbb{R}^{p+1}$,证明:$\boldsymbol{c}'\hat{\boldsymbol{\beta}}$ 是 $\boldsymbol{c}'\boldsymbol{\beta}$ 的一致最小方差无偏估计,即:无论是线性无偏估计,还是非线性无偏估计,$\boldsymbol{c}'\hat{\boldsymbol{\beta}}$ 都是 $\boldsymbol{c}'\boldsymbol{\beta}$ 的所有无偏估计中方差最小的无偏估计.

6.3.5　某种化工产品的得率 Y 与反应温度 x_1,反应时间 x_2 及某反应物浓度 x_3 有关. 今得试验结果如下表所示,其中 x_1,x_2,x_3 均为二水平且均以编码形式表达.

x_1	−1	−1	−1	−1	1	1	1	1
x_2	−1	−1	1	1	−1	−1	1	1
x_3	−1	1	−1	1	−1	1	−1	1
得率	7.6	10.3	9.2	10.2	8.4	11.1	9.8	12.6

(1)设 $\mu(x_1,x_2,x_3)=b_0+b_1x_1+b_2x_2+b_3x_3$,求 Y 的多元线性回归方程;

(2)若认为反应时间不影响得率,即认为

$$\mu(x_1,x_2,x_3)=\beta_0+\beta_1x_1+\beta_3x_3,$$

求 Y 的多元线性回归方程.

6.3.6　在药物的临床研究中,病人对新药 B 的反应 y 与其对标准药物 A 的反应 x_1 及病人的心率 x_2 有关,下表为观测到的 10 组数据:

x_1	1.9	0.8	1.1	0.1	−0.1	4.4	4.6	1.6	5.5	3.4
x_2	66	62	64	61	63	70	68	62	68	66
y	0.7	−1.0	−0.2	−1.2	−0.1	3.4	0.0	0.8	3.7	2.0

拟合 y 对 x_1,x_2 的线性回归式 $y=\beta_0+\beta_1x_1+\beta_2x_2$,并估计误差方差 σ^2.

6.3.7　设 $Y_1,\cdots,Y_n$ 是取自均值为 μ,方差为 σ^2 的一个总体的样本,n 是偶数,考察下述三个估计:

$$T_1=\overline{Y},\ T_2=\frac{1}{2n}\sum_{i=1}^{n/2}Y_i+\frac{3}{2n}\sum_{i=n/2+1}^{n}Y_i,\ T_3=\frac{1}{2}(\overline{Y}-2).$$

(1)为什么可以断定 T_1 比 T_2 有更小的均方误差 (MSE)?

(2)如果 $\sigma^2=1$, $n=4$,求使得 T_3 的 MSE 较 T_1 的 MSE 更小的 μ 值.

6.3.8　设 $Y_i=\beta_1+\varepsilon_i'$，$1\leqslant i\leqslant n$，其中 $\varepsilon_i'=a\varepsilon_{i-1}+\varepsilon_i$，$1\leqslant i\leqslant n$，$0\leqslant a<1$，$\varepsilon_0=0$，$\varepsilon_i$ 是均值为 0，方差为 σ^2 的相互独立同分布的随机变量（未必正态），证明：

(1) $\overline{Y}$ 仍然是 β_1 的无偏估计；

(2) 设 $\hat{\beta}_1=\dfrac{1}{(n-1)(1-a)^2+1}\left[Y_1+(1-a)\sum\limits_{i=2}^{n}(Y_i-aY_{i-1})\right]$，则 $\hat{\beta}_1$ 是 β_1 的无偏估计；

(3) $D(\overline{Y})\geqslant D(\hat{\beta}_1)$，除 $a=0$ 外不等式严格成立.

6.3.9　下表是某个化学实验中，每隔 5 分钟对温度进行一次测量的数据，试探究温度与时间变化关系，并判断何时温度最高.

时间 t（分）	x	温度 T（摄氏度）	y	x^2	x^4
5	−5	99.2	2	25	625
10	−4	99.7	7	16	256
15	−3	99.9	9	9	81
20	−2	100.2	12	4	16
25	−1	100.3	13	1	1
30	0	100.4	14	0	0
35	1	100.4	14	1	1
40	2	100.3	13	4	16
45	3	100.0	10	9	81
50	4	99.8	8	16	256
55	5	99.4	4	25	625

6.3.10　下表 y 为以 1948 年不变价格计算的英国进口商品和劳务的指数，x_1 为以 1948 年价格计算的英国总产品的指数，x_2 为进口商品与普通英国产品价格指数的比.

年份	y	x_1	x_2
1948	100	100	100
1949	106	104	99
1950	107	106	110
1951	120	111	126
1952	110	111	113
1953	116	115	103

续表

年份	y	x_1	x_2
1954	123	120	102
1955	133	124	103
1956	137	126	98

根据表格回答下列问题：

(1)建立适当的回归方程；

(2)求出回归平方和以及残差平方和；

(3)判断回归方程是否显著（显著性水平为 $\alpha=0.01$）；

(4)分别检验系数是否显著（显著性水平为 $\alpha=0.01$）.

6.3.11 为研究旅馆的投资问题，我们收集了某地 1987—1995 年的数据来估计收益生产函数 $Q=AL^{\alpha}K^{\beta}e^{u}$，式中，$Q$ 为旅馆年净收益（万元），L 为土地投入，K 为资金投入，e 为自然对数的底. 设回归结果如下（括号内数字为标准误差）：

$$\ln\hat{Q}=\underset{(0.212)}{-0.9175}+\underset{(0.135)}{0.273}\ln L+\underset{(0.125)}{0.733}\ln K,\quad R^2=0.94$$

(1)检验原假设：$\alpha=\beta=0$（显著性水平为 $\alpha=0.05$）；

(2)分别检验 α 和 β 的显著性（显著性水平为 $\alpha=0.05$）；

(3)请对回归结果作必要说明.

6.3.12 研究货运总量 y(10^4 t)与工业总产值 x_1(亿元)、农业总产值 x_2(亿元)、居民非商品支出 x_3(亿元)的关系，其数据见下表. 试完成：

(1)计算出 y,x_1,x_2,x_3 的相关系数矩阵；

(2)求 y 关于 x_1,x_2,x_3 的三元线性回归方程；

(3)对所求方程作拟合优度检验；

(4)对回归方程作显著性检验（显著性水平为 $\alpha=0.05$）；

(5)对每一回归系数作显著性检验（显著性水平为 $\alpha=0.05$）.

编号	货运总量 ($y/10^4$ t)	工业总产值 (x_1/亿元)	农业总产值 (x_2/亿元)	居民非商品支出 (x_3/亿元)
1	160	70	35	1.0
2	260	75	40	2.4

续表

编号	货运总量 ($y/10^4$ t)	工业总产值 (x_1/亿元)	农业总产值 (x_2/亿元)	居民非商品支出 (x_3/亿元)
3	210	65	40	2.0
4	265	74	42	3.0
5	240	72	38	1.2
6	220	68	45	1.5
7	275	78	42	4.0
8	160	66	36	2.0
9	275	70	44	3.2
10	250	65	42	3.0

符号说明

$I(A)$ ………………………………………… 事件 A 的示性函数
I_n ………………………………………………… n 维单位矩阵
$\mathbb{R}$ ………………………………………………………… 实数集
$X \stackrel{d}{=} Y$ ……………………………… 随机变量 X 与 Y 的分布函数相同
$\xrightarrow{a.s.}$ ………………………………………………… 几乎处处收敛
$\xrightarrow{L}$ ………………………………………………… 依分布收敛
$\xrightarrow{P}$ ………………………………………………… 依概率收敛
$\xrightarrow{r}$,或$\xrightarrow{L_r}$ ………………………………………… r 阶矩收敛
$\mathscr{X}$ ………………………………………………………… 样本空间
Θ ………………………………………………………… 参数空间
$X_{(1)}$ ………………………………………………… 最小次序统计量
$X_{(n)}$ ………………………………………………… 最大次序统计量
$\sum$ ………………………………………………………… 协方差矩阵
$\chi^2(n)$ ……………………………………… 自由度为 n 的卡方分布
$t(n)$ ……………………………………………… 自由度为 n 的 t 分布
$F(n,m)$ ………………………………………… 自由度为(n,m)的 F 分布
A' …………………………………………… 矩阵或向量 A 的转置
EX ……………………………………………… 随机变量 X 的数学期望
DX ………………………………………………… 随机变量 X 的方差
$Cov(X,Y)$ ……………………………………… 随机变量 X 和 Y 的协方差
$\Phi(\cdot)$ ……………………………… 标准正态随机变量的分布函数
MLE ………………………………………………… 最大似然估计
MSE ……………………………………………………… 均方误差
UE ………………………………………………………… 无偏估计

UMVUE …… 一致最小方差无偏估计
UMP …… 功效一致最大检验
UMPU …… 功效一致最大无偏检验
H_0 …… 原假设或零假设
H_1 …… 对立假设或备择假设
rank(A) …… 矩阵 A 的秩
LSE …… 最小二乘估计
BLUE …… 最佳线性无偏估计

附　表

附表1　标准正态分布表

$$\Phi(x)=\int_{-\infty}^{x}\frac{1}{\sqrt{2\pi}}e^{-\frac{u^2}{2}}du$$

x	0	1	2	3	4	5	6	7	8	9
0.0	0.5000	0.5040	0.5080	0.5120	0.5160	0.5199	0.5239	0.5279	0.5319	0.5359
0.1	0.5398	0.5438	0.5478	0.5517	0.5557	0.5596	0.5636	0.5675	0.5714	0.5753
0.2	0.5793	0.5832	0.5871	0.5910	0.5948	0.5987	0.6026	0.6064	0.6103	0.6141
0.3	0.6179	0.6217	0.6255	0.6293	0.6331	0.6368	0.6406	0.6443	0.6480	0.6517
0.4	0.6554	0.6591	0.6628	0.6664	0.6700	0.6736	0.6772	0.6808	0.6844	0.6879
0.5	0.6915	0.6950	0.6985	0.7019	0.7054	0.7088	0.7123	0.7157	0.7190	0.7224
0.6	0.7257	0.7291	0.7324	0.7357	0.7389	0.7422	0.7454	0.7486	0.7517	0.7549
0.7	0.7580	0.7611	0.7642	0.7673	0.7703	0.7734	0.7764	0.7794	0.7823	0.7852
0.8	0.7881	0.7910	0.7939	0.7967	0.7995	0.8023	0.8051	0.8078	0.8106	0.8133
0.9	0.8159	0.8186	0.8212	0.8238	0.8264	0.8289	0.8315	0.8340	0.8365	0.8389
1.0	0.8413	0.8438	0.8461	0.8485	0.8508	0.8531	0.8554	0.8577	0.8599	0.8621
1.1	0.8643	0.8665	0.8686	0.8708	0.8729	0.8749	0.8770	0.8790	0.8810	0.8830
1.2	0.8849	0.8869	0.8888	0.8907	0.8925	0.8944	0.8962	0.8980	0.8997	0.9015
1.3	0.9032	0.9049	0.9066	0.9082	0.9099	0.9115	0.9131	0.9147	0.9162	0.9177
1.4	0.9192	0.9207	0.9222	0.9236	0.9251	0.9265	0.9278	0.9292	0.9306	0.9319
1.5	0.9332	0.9345	0.9357	0.9370	0.9382	0.9394	0.9406	0.9418	0.9430	0.9441
1.6	0.9452	0.9463	0.9474	0.9484	0.9495	0.9505	0.9515	0.9525	0.9535	0.9545
1.7	0.9554	0.9564	0.9573	0.9582	0.9591	0.9599	0.9608	0.9616	0.9625	0.9633
1.8	0.9641	0.9648	0.9656	0.9664	0.9671	0.9678	0.9686	0.9693	0.9700	0.9706

续表

x	0	1	2	3	4	5	6	7	8	9
1.9	0.9713	0.9719	0.9726	0.9732	0.9738	0.9744	0.9750	0.9756	0.9762	0.9767
2.0	0.9772	0.9778	0.9783	0.9788	0.9793	0.9798	0.9803	0.9808	0.9812	0.9817
2.1	0.9821	0.9826	0.9830	0.9834	0.9838	0.9842	0.9846	0.9850	0.9854	0.9857
2.2	0.9861	0.9864	0.9868	0.9871	0.9874	0.9878	0.9881	0.9884	0.9887	0.9890
2.3	0.9893	0.9896	0.9898	0.9901	0.9904	0.9906	0.9909	0.9911	0.9913	0.9916
2.4	0.9918	0.9920	0.9922	0.9925	0.9927	0.9929	0.9931	0.9932	0.9934	0.9936
2.5	0.9938	0.9940	0.9941	0.9943	0.9945	0.9946	0.9948	0.9949	0.9951	0.9952
2.6	0.9953	0.9955	0.9956	0.9957	0.9959	0.9960	0.9961	0.9962	0.9963	0.9964
2.7	0.9965	0.9966	0.9967	0.9968	0.9969	0.9970	0.9971	0.9972	0.9973	0.9974
2.8	0.9974	0.9975	0.9976	0.9977	0.9977	0.9978	0.9979	0.9979	0.9980	0.9981
2.9	0.9981	0.9982	0.9982	0.9983	0.9984	0.9984	0.9985	0.9985	0.9986	0.9986
3.0	0.9987	0.9990	0.9993	0.9995	0.9997	0.9998	0.9998	0.9999	0.9999	1.0000

注：表中末行为函数值 $\Phi(3.0),\Phi(3.1),\cdots,\Phi(3.9)$.

附表 2 χ^2 分位数表

$$P\left(\chi^2(n)>\chi_\alpha^2(n)\right)=\alpha$$

n \ α	0.995	0.99	0.975	0.95	0.90	0.75
1	—	—	0.001	0.004	0.016	0.102
2	0.010	0.020	0.051	0.103	0.211	0.575
3	0.072	0.115	0.216	0.352	0.584	1.213
4	0.207	0.297	0.484	0.711	1.064	1.923
5	0.412	0.554	0.831	1.145	1.610	2.675
6	0.676	0.872	1.237	1.635	2.204	3.455
7	0.989	1.239	1.690	2.167	2.833	4.255
8	1.344	1.646	2.180	2.733	3.490	5.071
9	1.735	2.088	2.700	3.325	4.168	5.899
10	2.156	2.558	3.247	3.940	4.865	6.737
11	2.603	3.053	3.816	4.575	5.578	7.584
12	3.074	3.571	4.404	5.226	6.304	8.438
13	3.565	4.107	5.009	5.892	7.042	9.299
14	4.075	4.660	5.629	6.571	7.790	10.165
15	4.601	5.229	6.262	7.261	8.547	11.037
16	5.142	5.812	6.908	7.962	9.312	11.912
17	5.697	6.408	7.564	9.672	10.085	12.792
18	6.265	7.015	8.231	9.390	10.865	13.675
19	6.844	7.633	8.907	10.117	11.651	14.562
20	7.434	8.260	9.591	10.851	12.443	15.452
21	8.034	8.897	10.283	11.591	13.240	16.344
22	8.643	9.542	10.982	12.338	14.042	17.240
23	9.260	10.196	11.689	13.091	14.848	18.137
24	9.886	10.856	12.401	13.848	15.659	19.037
25	10.520	11.524	13.120	14.611	16.473	19.939
26	11.160	12.198	13.844	15.379	17.292	20.843
27	11.808	12.879	14.573	16.151	18.114	21.749
28	12.461	13.565	15.308	16.928	18.939	22.657
29	13.121	14.257	16.047	17.708	19.768	23.567
30	13.787	14.954	16.791	18.493	20.599	24.478
35	17.192	18.509	20.569	22.465	24.797	29.054
40	20.707	22.164	24.433	26.509	29.051	33.660
45	24.311	25.901	28.366	30.612	33.350	38.291

续表

n \ α	0. 50	0. 25	0. 10	0. 05	0. 025	0. 01	0. 005
1	0. 455	1. 323	2. 706	3. 841	5. 024	6. 635	7. 897
2	1. 386	2. 773	4. 605	5. 991	7. 378	9. 210	10. 597
3	2. 366	4. 108	6. 251	7. 815	9. 348	11. 345	12. 838
4	3. 357	5. 385	7. 779	9. 488	11. 143	13. 277	14. 860
5	4. 351	6. 626	9. 236	11. 071	12. 833	15. 086	16. 750
6	5. 348	7. 841	10. 645	12. 592	14. 449	16. 812	18. 548
7	6. 346	9. 037	12. 017	14. 067	16. 013	18. 475	20. 278
8	7. 344	10. 219	13. 362	15. 507	17. 535	20. 090	21. 955
9	8. 343	11. 389	14. 684	16. 919	19. 023	21. 666	23. 589
10	9. 342	12. 549	15. 987	18. 307	20. 483	23. 209	25. 188
11	10. 341	13. 701	17. 275	19. 675	21. 920	24. 725	26. 757
12	11. 340	14. 845	18. 549	21. 026	23. 337	26. 217	28. 299
13	12. 340	15. 984	19. 812	22. 362	24. 736	27. 688	29. 819
14	13. 339	17. 117	21. 064	23. 685	26. 119	29. 141	31. 319
15	14. 339	18. 245	22. 307	24. 996	27. 488	30. 578	32. 801
16	15. 338	19. 369	23. 542	26. 296	28. 845	32. 000	34. 267
17	16. 338	20. 489	24. 769	27. 587	30. 191	33. 409	35. 718
18	17. 338	21. 605	25. 989	28. 869	31. 526	34. 805	37. 156
19	18. 338	22. 718	27. 204	30. 144	32. 852	36. 191	38. 582
20	19. 337	23. 828	28. 412	31. 410	34. 170	37. 566	39. 997
21	20. 337	24. 935	29. 615	32. 671	35. 479	38. 932	41. 401
22	21. 337	26. 039	30. 813	33. 924	36. 781	40. 289	42. 796
23	22. 337	27. 141	32. 007	35. 172	38. 076	41. 638	44. 181
24	23. 337	28. 241	33. 196	36. 415	39. 364	42. 980	45. 559
25	24. 337	29. 339	34. 382	37. 652	40. 646	44. 314	46. 928
26	25. 336	30. 435	35. 563	38. 885	41. 923	45. 642	48. 290
27	26. 336	31. 528	36. 741	40. 113	43. 194	46. 963	49. 645
28	27. 336	32. 620	37. 916	41. 337	44. 461	48. 278	50. 993
29	28. 336	33. 711	39. 087	42. 557	45. 722	49. 588	52. 336
30	29. 336	34. 800	40. 256	43. 773	46. 979	50. 892	53. 672
35	34. 336	40. 223	46. 059	49. 802	53. 203	57. 342	60. 275
40	39. 335	45. 616	51. 805	55. 758	59. 342	63. 691	66. 766
45	44. 335	50. 985	57. 505	61. 656	65. 410	69. 957	73. 166

附表3 t 分位数表

$$P\left(t(n)>t_\alpha(n)\right)=\alpha$$

n \ α	0.25	0.10	0.05	0.025	0.01	0.005
1	1.0000	3.0777	6.3138	12.7062	31.8207	63.6574
2	0.8165	1.8856	2.9200	4.3027	6.9646	9.9248
3	0.7649	1.6377	2.3534	3.1824	4.5407	5.8409
4	0.7407	1.5332	2.1318	2.7764	3.7469	4.6041
5	0.7267	1.4759	2.0150	2.5706	3.3649	4.0322
6	0.7176	1.4398	1.9432	2.4469	3.1427	3.7074
7	0.7111	1.4149	1.8946	2.3646	2.9980	3.4995
8	0.7064	1.3968	1.8595	2.3060	2.8965	3.3554
9	0.7027	1.3830	1.8331	2.2622	2.8214	3.2498
10	0.6998	1.3722	1.8125	2.2281	2.7638	3.1693
11	0.6974	1.3634	1.7959	2.2010	2.7181	3.1058
12	0.6955	1.3562	1.7823	2.1788	2.6810	3.0545
13	0.6938	1.3502	1.7709	2.1604	2.6503	3.0123
14	0.6924	1.3450	1.7613	2.1448	2.6245	2.9768
15	0.6912	1.3406	1.7531	2.1315	2.6025	2.9467
16	0.6901	1.3368	1.7459	2.1199	2.5835	2.9208
17	0.6892	1.3334	1.7396	2.1098	2.5669	2.8982
18	0.6884	1.3304	1.7341	2.1009	2.5524	2.8784
19	0.6876	1.3277	1.7291	2.0930	2.5395	2.8609
20	0.6870	1.3253	1.7247	2.0860	2.5280	2.8453
21	0.6864	1.3232	1.7207	2.0796	2.5177	2.8314
22	0.6858	1.3212	1.7171	2.0739	2.5083	2.8188
23	0.6853	1.3195	1.7139	2.0687	2.4999	2.8073
24	0.6848	1.3178	1.7109	2.0639	2.4922	2.7969
25	0.6844	1.3163	1.7081	2.0595	2.4851	2.7874
26	0.6840	1.3150	1.7056	2.0555	2.4786	2.7787
27	0.6837	1.3137	1.7033	2.0518	2.4727	2.7707
28	0.6834	1.3125	1.7011	2.0484	2.4671	2.7633
29	0.6830	1.3114	1.6991	2.0452	2.4620	2.7564
30	0.6828	1.3104	1.6973	2.0423	2.4573	2.7500
40	0.681	1.303	1.684	2.021	2.423	2.704
60	0.679	1.296	1.671	2.000	2.390	2.660
120	0.677	1.289	1.658	1.980	2.358	2.617
∞	0.674	1.282	1.654	1.960	2.326	2.576

附表 4　泊松分布表

$$P(X \geqslant x)=\sum_{k=x}^{\infty} \frac{\lambda^{k} e^{-\lambda}}{k!}$$

x	$\lambda=0.2$	$\lambda=0.3$	$\lambda=0.4$	$\lambda=0.5$	$\lambda=0.6$	$\lambda=0.7$
0	1.0000000	1.0000000	1.0000000	1.000000	1.000000	1.000000
1	0.1812692	0.2591818	0.3296800	0.393469	0.451188	0.503415
2	0.0175231	0.0369363	0.0615519	0.090204	0.121901	0.155805
3	0.0011485	0.0035995	0.0079263	0.014388	0.023115	0.034142
4	0.0000568	0.0002658	0.0007763	0.001752	0.003358	0.005753
5	0.0000023	0.0000158	0.0000612	0.000172	0.000394	0.000786
6	0.0000001	0.0000008	0.0000040	0.000014	0.000039	0.000090
7			0.0000002	0.000001	0.000003	0.000009
8						0.000001

x	$\lambda=0.8$	$\lambda=0.9$	$\lambda=1.0$	$\lambda=1.2$	$\lambda=1.5$	$\lambda=2.0$
0	1.000000	1.000000	1.000000	1.000000	1.000000	1.000000
1	0.550671	0.593430	0.632121	0.698806	0.776870	0.864665
2	0.191208	0.227518	0.264241	0.337373	0.442175	0.593994
3	0.047423	0.062857	0.080301	0.120513	0.191153	0.323324
4	0.009080	0.013459	0.018988	0.033769	0.065642	0.142877
5	0.001411	0.002344	0.003660	0.007746	0.018576	0.052653
6	0.000184	0.000343	0.000594	0.001500	0.004456	0.016564
7	0.000021	0.000043	0.000083	0.000251	0.000926	0.004534
8	0.000002	0.000005	0.000010	0.000037	0.000170	0.001097
9			0.000001	0.000005	0.000028	0.000237
10				0.000001	0.000004	0.000046
11					0.000001	0.000008
12						0.000001

x	$\lambda=2.5$	$\lambda=3.0$	$\lambda=3.5$	$\lambda=4.0$	$\lambda=4.5$	$\lambda=5.0$
0	1.000000	1.000000	1.000000	1.000000	1.000000	1.000000
1	0.917915	0.950213	0.969803	0.981684	0.988891	0.993262
2	0.712703	0.800852	0.864112	0.908422	0.938901	0.959572
3	0.456187	0.576810	0.679153	0.751897	0.826422	0.875348
4	0.242424	0.352768	0.463367	0.566530	0.657704	0.734974
5	0.108822	0.184737	0.274555	0.371163	0.467896	0.559507
6	0.042021	0.083918	0.142386	0.214870	0.297070	0.384039
7	0.014187	0.033509	0.065288	0.110674	0.168949	0.237817
8	0.004247	0.011905	0.026739	0.051134	0.086586	0.133372
9	0.001140	0.003803	0.009874	0.021363	0.040257	0.068094
10	0.000277	0.001102	0.003315	0.008132	0.017093	0.031828
11	0.000062	0.000292	0.001019	0.002840	0.006669	0.013695
12	0.000013	0.000071	0.000289	0.000915	0.002404	0.005453
13	0.000002	0.000016	0.000076	0.000274	0.000805	0.002019
14		0.000003	0.000019	0.000076	0.000252	0.000698
15		0.000001	0.000004	0.000020	0.000074	0.000226
16			0.000001	0.000005	0.000020	0.000069
17				0.000001	0.000005	0.000020
18					0.000001	0.000005
19						0.000001

附表 5　F 分位数表

$$P(F(m,n)>F_{\alpha}(m,n))=\alpha$$

n \ m	α=0. 10																		
	1	2	3	4	5	6	7	8	9	10	12	15	20	24	30	40	60	120	∞
1	39. 86	49. 50	53. 59	55. 83	57. 24	58. 20	58. 91	59. 44	59. 86	60. 19	60. 71	61. 22	61. 74	62. 00	62. 26	62. 53	62. 79	63. 06	63. 33
2	8. 53	9. 00	9. 16	9. 24	9. 29	9. 33	9. 35	9. 37	9. 38	9. 39	9. 41	9. 42	9. 44	9. 45	9. 46	9. 47	9. 47	9. 48	9. 49
3	5. 54	5. 46	5. 39	5. 34	5. 31	5. 28	5. 27	5. 25	5. 24	5. 23	5. 22	5. 20	5. 18	5. 18	5. 17	5. 16	5. 15	5. 14	5. 13
4	4. 54	4. 32	4. 19	4. 11	4. 05	4. 01	3. 98	3. 95	3. 94	3. 92	3. 90	3. 87	3. 84	3. 83	3. 82	3. 80	3. 79	3. 78	4. 76
5	4. 06	3. 78	3. 62	3. 52	3. 45	3. 40	3. 37	3. 34	3. 32	3. 30	3. 27	3. 24	3. 21	3. 19	3. 17	3. 16	3. 14	3. 12	3. 10
6	3. 78	3. 46	3. 29	3. 18	3. 11	3. 05	3. 01	2. 98	2. 96	2. 94	2. 90	2. 87	2. 84	2. 82	2. 80	2. 78	2. 76	2. 74	2. 72
7	3. 59	3. 26	3. 07	2. 96	2. 88	2. 83	2. 78	2. 75	2. 72	2. 70	2. 67	2. 63	2. 59	2. 58	2. 56	2. 54	2. 51	2. 49	2. 47
8	3. 46	3. 11	2. 92	2. 81	2. 73	2. 67	2. 62	2. 59	2. 56	2. 54	2. 50	2. 46	2. 42	2. 40	2. 38	2. 36	2. 34	2. 32	2. 29
9	3. 36	3. 01	2. 81	2. 69	2. 61	2. 55	2. 51	2. 47	2. 44	2. 42	2. 38	2. 34	2. 30	2. 28	2. 25	2. 23	2. 21	2. 18	2. 16
10	3. 29	2. 92	2. 73	2. 61	2. 52	2. 46	2. 41	2. 38	2. 35	2. 32	2. 28	2. 24	2. 20	2. 18	2. 16	2. 13	2. 11	2. 08	2. 06
11	3. 23	2. 86	2. 66	2. 54	2. 45	2. 39	2. 34	2. 30	2. 27	2. 25	2. 21	2. 17	2. 12	2. 10	2. 08	2. 05	2. 03	2. 00	1. 97
12	3. 18	2. 81	2. 61	2. 48	2. 39	2. 33	2. 28	2. 24	2. 21	2. 19	2. 15	2. 10	2. 06	2. 04	2. 01	1. 99	1. 96	1. 93	1. 90
13	3. 14	2. 76	2. 56	2. 43	2. 35	2. 28	2. 23	2. 20	2. 16	2. 14	2. 10	2. 05	2. 01	1. 98	1. 96	1. 93	1. 90	1. 88	1. 85
14	3. 1	2. 73	2. 52	2. 39	2. 31	2. 24	2. 19	2. 15	2. 12	2. 1	2. 05	2. 01	1. 96	1. 94	1. 91	1. 89	1. 86	1. 83	1. 8
15	3. 07	2. 7	2. 49	2. 36	2. 27	2. 21	2. 16	2. 12	2. 09	2. 06	2. 02	1. 97	1. 92	1. 9	1. 87	1. 85	1. 82	1. 79	1. 76
16	3. 05	2. 67	2. 46	2. 33	2. 24	2. 18	2. 13	2. 09	2. 06	2. 03	1. 99	1. 94	1. 89	1. 87	1. 84	1. 81	1. 78	1. 75	1. 72
17	3. 03	2. 64	2. 44	2. 31	2. 22	2. 15	2. 1	2. 06	2. 03	2	1. 96	1. 91	1. 86	1. 84	1. 81	1. 78	1. 75	1. 72	1. 69
18	3. 01	2. 62	2. 42	2. 29	2. 2	2. 13	2. 08	2. 04	2	1. 98	1. 93	1. 89	1. 84	1. 81	1. 78	1. 75	1. 72	1. 69	1. 66
19	2. 99	2. 61	2. 4	2. 27	2. 18	2. 11	2. 06	2. 02	1. 98	1. 96	1. 91	1. 86	1. 81	1. 79	1. 76	1. 73	1. 7	1. 67	1. 63

续表

n \ m	1	2	3	4	5	6	7	8	9	10	12	15	20	24	30	40	60	120	∞
										$\alpha=0.10$									
20	2.97	2.59	2.38	2.25	2.16	2.09	2.04	2	1.96	1.94	1.89	1.84	1.79	1.77	1.74	1.71	1.68	1.64	1.61
21	2.96	2.57	2.36	2.23	2.14	2.08	2.02	1.98	1.95	1.92	1.87	1.83	1.78	1.75	1.72	1.69	1.66	1.62	1.59
22	2.95	2.56	2.35	2.22	2.13	2.06	2.01	1.97	1.93	1.9	1.86	1.81	1.76	1.73	1.7	1.67	1.64	1.6	1.57
23	2.94	2.55	2.34	2.21	2.11	2.05	1.99	1.95	1.92	1.89	1.84	1.8	1.74	1.72	1.69	1.66	1.62	1.59	1.55
24	2.93	2.54	2.33	2.19	2.1	2.04	1.98	1.94	1.91	1.88	1.83	1.78	1.73	1.7	1.67	1.64	1.61	1.57	1.53
25	2.92	2.53	2.32	2.18	2.09	2.02	1.97	1.93	1.89	1.87	1.82	1.77	1.72	1.69	1.66	1.63	1.59	1.56	1.52
26	2.91	2.52	2.31	2.17	2.08	2.01	1.96	1.92	1.88	1.86	1.81	1.76	1.71	1.68	1.65	1.61	1.58	1.54	1.5
27	2.9	2.51	2.3	2.17	2.07	2	1.95	1.91	1.87	1.85	1.8	1.75	1.7	1.67	1.64	1.6	1.57	1.53	1.49
28	2.89	2.5	2.29	2.16	2.06	2	1.94	1.9	1.87	1.84	1.79	1.74	1.69	1.66	1.63	1.59	1.56	1.52	1.48
29	2.89	2.5	2.28	2.15	2.06	1.99	1.93	1.89	1.86	1.83	1.78	1.73	1.68	1.65	1.62	1.58	1.55	1.51	1.47
30	2.88	2.49	2.28	2.14	2.05	1.98	1.93	1.88	1.85	1.82	1.77	1.72	.67	1.64	1.61	1.57	1.54	1.5	1.46
40	2.84	2.44	2.23	2.09	2	1.93	1.87	1.83	1.79	1.76	1.71	1.66	1.61	1.57	1.54	1.51	1.47	1.42	1.38
60	2.79	2.39	2.18	2.04	1.95	1.87	1.82	1.77	1.74	1.71	1.66	1.6	1.54	1.51	1.48	1.44	1.4	1.35	1.29
120	2.75	2.35	2.13	1.99	1.9	1.82	1.77	1.72	1.68	1.65	1.6	1.55	1.48	1.45	1.41	1.37	1.32	1.26	1.19
∞	2.71	2.3	2.08	1.94	1.85	1.77	1.72	1.67	1.63	1.60	1.55	1.49	1.42	1.38	1.34	1.3	1.24	1.17	1
										$\alpha=0.05$									
n \ m	1	2	3	4	5	6	7	8	9	10	12	15	20	24	30	40	60	120	∞
1	161.4	199.5	215.7	224.6	230.2	234	236.8	238.9	240.5	241.9	243.9	245.9	248	249.1	250.1	251.1	252.2	253.3	254.3
2	18.51	19	19.16	19.25	19.3	19.33	19.35	19.37	19.38	19.4	19.41	19.43	19.45	19.45	19.46	19.47	19.48	19.49	19.5
3	10.13	9.55	9.28	9.12	9.01	8.94	8.89	8.85	8.81	8.79	8.74	8.7	8.66	8.64	8.62	8.59	8.57	8.55	8.53

续表

n \ m	α=0.05																		
	1	2	3	4	5	6	7	8	9	10	12	15	20	24	30	40	60	120	∞
4	7.71	6.94	6.59	6.39	6.26	6.16	6.09	6.04	6	5.96	5.91	5.86	5.8	5.77	5.75	5.72	5.69	5.66	5.63
5	6.61	5.79	5.41	5.19	5.05	4.95	4.88	4.82	4.77	4.74	4.68	4.62	4.56	4.53	4.5	4.46	4.43	4.4	4.36
6	5.99	5.14	4.76	4.53	4.39	4.28	4.21	4.15	4.1	4.06	4	3.94	3.87	3.84	3.81	3.77	3.74	3.7	3.67
7	5.59	4.74	4.35	4.12	3.97	3.87	3.79	3.73	3.68	3.64	3.57	3.51	3.44	3.41	3.38	3.34	3.3	3.27	3.23
8	5.32	4.46	4.07	3.84	3.69	3.58	3.5	3.44	3.39	3.35	3.28	3.22	3.15	3.12	3.08	3.04	3.01	2.97	2.93
9	5.12	4.26	3.86	3.63	3.48	3.37	3.29	3.23	3.18	3.14	3.07	3.01	2.94	2.9	2.86	2.83	2.79	2.75	2.71
10	4.96	4.1	3.71	3.48	3.33	3.22	3.14	3.07	3.02	2.98	2.91	2.85	2.77	2.74	2.7	2.66	2.62	2.58	2.54
11	4.84	3.98	3.59	3.36	3.2	3.09	3.01	2.95	2.9	2.85	2.79	2.72	2.65	2.61	2.57	2.53	2.49	2.45	2.4
12	4.75	3.89	3.49	3.26	3.11	3	2.91	2.85	2.8	2.75	2.69	2.62	2.54	2.51	2.47	2.43	2.38	2.34	2.3
13	4.67	3.81	3.41	3.18	3.03	2.92	2.83	2.77	2.71	2.67	2.6	2.53	2.46	2.42	2.38	2.34	2.3	2.25	2.21
14	4.6	3.74	3.34	3.11	2.96	2.85	2.76	2.7	2.65	2.6	2.53	2.46	2.39	2.35	2.31	2.27	2.22	2.18	2.13
15	4.54	3.68	3.29	3.06	2.9	2.79	2.71	2.64	2.59	2.54	2.48	2.4	2.33	2.29	2.25	2.2	2.16	2.11	2.07
16	4.49	3.63	3.24	3.01	2.85	2.74	2.66	2.59	2.54	2.49	2.42	2.35	2.28	2.24	2.19	2.15	2.11	2.06	2.01
17	4.45	3.59	3.2	2.96	2.81	2.7	2.61	2.55	2.49	2.45	2.38	2.31	2.23	2.19	2.15	2.1	2.06	2.01	1.96
18	4.41	3.55	3.16	2.93	2.77	2.66	2.58	2.51	2.46	2.41	2.34	2.27	2.19	2.15	2.11	2.06	2.02	1.97	1.92
19	4.38	3.52	3.13	2.9	2.74	2.63	2.54	2.48	2.42	2.38	2.31	2.23	2.16	2.11	2.07	2.03	1.98	1.93	1.88
20	4.35	3.49	3.1	2.87	2.71	2.6	2.51	2.45	2.39	2.35	2.28	2.2	2.12	2.08	2.04	1.99	1.95	1.9	1.84
21	4.32	3.47	3.07	2.84	2.68	2.57	2.49	2.42	2.37	2.32	2.25	2.18	2.1	2.05	2.01	1.96	1.92	1.87	1.81
22	4.3	3.44	3.05	2.82	2.66	2.55	2.46	2.4	2.34	2.3	2.23	2.15	2.07	2.03	1.98	1.94	1.89	1.84	1.78
23	4.28	3.42	3.03	2.8	2.64	2.53	2.44	2.37	2.32	2.27	2.2	2.13	2.05	2.01	1.96	1.91	1.86	1.81	1.76
24	4.26	3.4	3.01	2.78	2.62	2.51	2.42	2.36	2.3	2.25	2.18	2.11	2.03	1.98	1.94	1.89	1.84	1.79	1.73

续表

n \ m	1	2	3	4	5	6	7	8	9	10	12	15	20	24	30	40	60	120	∞
	$\alpha=0.05$																		
25	4.24	3.39	2.99	2.76	2.6	2.49	2.4	2.34	2.28	2.24	2.16	2.09	2.01	1.96	1.92	1.87	1.82	1.77	1.71
26	4.23	3.37	2.98	2.74	2.59	2.47	2.39	2.32	2.27	2.22	2.15	2.07	1.99	1.95	1.9	1.85	1.8	1.75	1.69
27	4.21	3.35	2.96	2.73	2.57	2.46	2.37	2.31	2.25	2.2	2.13	2.06	1.97	1.93	1.88	1.84	1.79	1.73	1.67
28	4.2	3.34	2.95	2.71	2.56	2.45	2.36	2.29	2.24	2.19	2.12	2.04	1.96	1.91	1.87	1.82	1.77	1.71	1.65
29	4.18	3.33	2.93	2.7	2.55	2.43	2.35	2.28	2.22	2.18	2.1	2.03	1.94	1.9	1.85	1.81	1.75	1.7	1.64
30	4.17	3.32	2.92	2.69	2.53	2.42	2.33	2.27	2.21	2.16	2.09	2.01	1.93	1.89	1.84	1.79	1.74	1.68	1.62
40	4.08	3.23	2.84	2.61	2.45	2.34	2.25	2.18	2.12	2.08	2	1.92	1.84	1.79	1.74	1.69	1.64	1.58	1.51
60	4	3.15	2.76	2.53	2.37	2.25	2.17	2.1	2.04	1.99	1.92	1.84	1.75	1.7	1.65	1.59	1.53	1.47	1.39
120	3.92	3.07	2.68	2.45	2.29	2.17	2.09	2.02	1.96	1.91	1.83	1.75	1.66	1.61	1.55	1.5	1.43	1.35	1.25
∞	3.84	3	2.6	2.37	2.21	2.1	2.01	1.94	1.88	1.83	1.75	1.67	1.57	1.52	1.46	1.39	1.32	1.22	1
	$\alpha=0.025$																		
n \ m	1	2	3	4	5	6	7	8	9	10	12	15	20	24	30	40	60	120	∞
1	647.8	799.5	864.2	899.6	921.8	937.1	948.2	956.7	963.3	968.6	976.7	984.9	993.1	997.2	1001	1006	1010	1014	1018
2	38.51	39	39.17	39.25	39.3	39.33	39.36	39.37	39.39	39.4	39.41	39.43	39.45	39.46	39.46	39.47	39.48	39.49	39.5
3	17.44	16.04	15.44	15.1	14.88	14.73	14.62	14.54	14.47	14.42	14.34	14.25	14.17	14.12	14.08	14.04	13.99	13.95	13.9
4	12.22	10.65	9.98	9.6	9.36	9.2	9.07	8.98	8.9	8.84	8.75	8.66	8.56	8.51	8.46	8.41	8.36	8.31	8.26
5	10.01	8.43	7.76	7.39	7.15	6.98	6.85	6.76	6.68	6.62	6.52	6.43	6.33	6.28	6.23	6.18	6.12	6.07	6.02
6	8.81	7.26	6.6	6.23	5.99	5.82	5.7	5.6	5.52	5.46	5.37	5.27	5.17	5.12	5.07	5.01	4.96	4.9	4.85
7	8.07	6.54	5.89	5.52	5.29	5.12	4.99	4.9	4.82	4.76	4.67	4.57	4.47	4.42	4.36	4.31	4.25	4.2	4.14
8	7.57	6.06	5.42	5.05	4.82	4.65	4.53	4.43	4.36	4.3	4.2	4.1	4	3.95	3.89	3.84	3.78	3.73	3.67

续表

n \ m	1	2	3	4	5	6	7	8	9	10	12	15	20	24	30	40	60	120	∞
	$\alpha=0.025$																		
9	7.21	5.71	5.08	4.72	4.48	4.23	4.2	4.1	4.03	3.96	3.87	3.77	3.67	3.61	3.56	3.51	3.45	3.39	3.33
10	6.94	5.46	4.83	4.47	4.24	4.07	3.95	3.85	3.78	3.72	3.62	3.52	3.42	3.37	3.31	3.26	3.2	3.14	3.08
11	6.72	5.26	4.63	4.28	4.04	3.88	3.76	3.66	3.59	3.53	3.43	3.33	3.23	3.17	3.12	3.06	3	2.94	2.88
12	6.55	5.1	4.47	4.12	3.89	3.73	3.61	3.51	3.44	3.37	3.28	3.18	3.07	3.02	2.96	2.91	2.85	2.79	2.72
13	6.41	4.97	4.35	4	3.77	3.6	3.48	3.39	3.31	3.25	3.15	3.05	2.95	2.89	2.84	2.78	2.72	2.66	2.6
14	6.3	4.86	4.24	3.89	3.66	3.5	3.38	3.29	3.21	3.15	3.05	2.95	2.84	2.79	2.73	2.67	2.61	2.55	2.49
15	6.2	4.77	4.15	3.8	3.58	3.41	3.29	3.2	3.12	3.06	2.96	2.86	2.76	2.7	2.64	2.59	2.52	2.46	2.4
16	6.12	4.69	4.08	3.73	3.5	3.34	3.22	3.12	3.05	2.99	2.89	2.79	2.68	2.63	2.57	2.51	2.45	2.38	2.32
17	6.04	4.62	4.01	3.66	3.44	3.28	3.16	3.06	2.98	2.92	2.82	2.72	2.62	2.56	2.5	2.44	2.38	2.32	2.25
18	5.98	4.56	3.95	3.61	3.38	3.22	3.1	3.01	2.93	2.87	2.77	2.67	2.56	2.5	2.44	2.38	2.32	2.26	2.19
19	5.92	4.51	3.9	3.56	3.33	3.17	3.05	2.96	2.88	2.82	2.72	2.62	2.51	2.45	2.39	2.33	2.27	2.2	2.13
20	5.87	4.46	3.86	3.51	3.29	3.13	3.01	2.91	2.84	2.77	2.68	2.57	2.46	2.41	2.35	2.29	2.22	2.16	2.09
21	5.83	4.42	3.82	3.48	3.25	3.09	2.97	2.87	2.8	2.73	2.64	2.53	2.42	2.37	2.31	2.25	2.18	2.11	2.04
22	5.79	4.38	3.78	3.44	3.22	3.05	2.93	2.84	2.76	2.7	2.6	2.5	2.39	2.33	2.27	2.21	2.14	2.08	2
23	5.75	4.35	3.75	3.41	3.18	3.02	2.9	2.81	2.73	2.67	2.57	2.47	2.36	2.3	2.24	2.18	2.11	2.04	1.97
24	5.72	4.32	3.72	3.38	3.15	2.99	2.87	2.78	2.7	2.64	2.54	2.44	2.33	2.27	2.21	2.15	2.08	2.01	1.94
25	5.69	4.29	3.69	3.35	3.13	2.97	2.85	2.75	2.68	2.61	2.51	2.41	2.3	2.24	2.18	2.12	2.05	1.98	1.91
26	5.66	4.27	3.67	3.33	3.1	2.94	2.82	2.73	2.65	2.59	2.49	2.39	2.28	2.22	2.16	2.09	2.03	1.95	1.88
27	5.63	4.24	3.65	3.31	3.08	2.92	2.8	2.71	2.63	2.57	2.47	2.36	2.25	2.19	2.13	2.07	2	1.93	1.85
28	5.61	4.22	3.63	3.29	3.06	2.9	2.78	2.69	2.61	2.55	2.45	2.34	2.23	2.17	2.11	2.05	1.98	1.91	1.83
29	5.59	4.2	3.61	3.27	3.04	2.88	2.76	2.67	2.59	2.53	2.43	2.32	2.21	2.15	2.09	2.03	1.96	1.89	1.81

续表

n \ m	1	2	3	4	5	6	7	8	9	10	12	15	20	24	30	40	60	120	∞
	$\alpha=0.025$																		
30	5.57	4.18	3.59	3.25	3.03	2.87	2.75	2.65	2.57	2.51	2.41	2.31	2.2	2.14	2.07	2.01	1.94	1.87	1.79
40	5.42	4.05	3.46	3.13	2.9	2.74	2.62	2.53	2.45	2.39	2.29	2.18	2.07	2.01	1.94	1.88	1.8	1.72	1.64
60	5.29	3.93	3.34	3.01	2.79	2.63	2.51	2.41	2.33	2.27	2.17	2.06	1.94	1.88	1.82	1.74	1.67	1.58	1.48
120	5.15	3.8	3.23	2.89	2.67	2.52	2.39	2.3	2.22	2.16	2.05	1.94	1.82	1.76	1.69	1.61	1.53	1.43	1.31
∞	5.02	3.69	3.12	2.79	2.57	2.41	2.29	2.19	2.11	2.05	1.94	1.83	1.71	1.64	1.57	1.48	1.39	1.27	1
	$\alpha=0.01$																		
n \ m	1	2	3	4	5	6	7	8	9	10	12	15	20	24	30	40	60	120	∞
1	4052	4999.5	5403	5625	5764	5859	5928	5982	6022	6056	6106	6157	6209	6235	6261	6287	6313	6339	6366
2	98.5	99	99.17	99.25	99.3	99.33	99.36	99.37	99.39	99.4	99.42	99.43	99.45	99.46	99.47	99.47	99.48	99.49	99.5
3	34.12	30.82	29.46	28.71	28.24	27.91	27.67	27.49	27.35	27.23	27.05	26.87	26.69	26.6	26.5	26.41	26.32	26.22	26.13
4	21.2	18	16.69	15.98	15.52	15.21	14.98	14.8	14.66	14.55	14.37	14.2	14.02	13.93	13.84	13.75	13.65	13.56	13.46
5	16.26	13.27	12.06	11.39	10.97	10.67	10.46	10.29	10.16	10.05	9.89	9.72	9.55	9.47	9.38	9.29	9.2	9.11	9.02
6	13.75	10.92	9.78	9.15	8.75	8.47	8.26	8.1	7.98	7.87	7.72	7.56	7.4	7.31	7.23	7.14	7.06	6.97	6.88
7	12.25	9.55	8.45	7.85	7.46	7.19	6.99	6.84	6.72	6.62	6.47	6.31	6.16	6.07	5.99	5.91	5.82	5.74	5.65
8	11.26	8.65	7.59	7.01	6.63	6.37	6.18	6.03	5.91	5.81	5.67	5.52	5.36	5.28	5.2	5.12	5.03	4.95	4.86
9	10.56	8.02	6.99	6.42	6.06	5.8	5.61	5.47	5.35	5.26	5.11	4.96	4.81	4.73	4.65	4.57	4.48	4.4	4.31
10	10.04	7.56	6.55	5.99	5.64	5.39	5.2	5.06	4.94	4.85	4.71	4.56	4.41	4.33	4.25	4.17	4.08	4	3.91
11	9.65	7.21	6.22	5.67	5.32	5.07	4.89	4.74	4.63	4.54	4.4	4.25	4.1	4.02	3.94	3.86	3.78	3.69	3.6
12	9.33	6.93	5.95	5.41	5.06	4.82	4.64	4.5	4.39	4.3	4.16	4.01	3.86	3.78	3.7	3.62	3.54	3.45	3.36
13	9.07	6.7	5.74	5.21	4.86	4.62	4.44	4.3	4.19	4.1	3.96	3.82	3.66	3.59	3.51	3.43	3.34	3.25	3.17

续表

n \ m	α=0.01																		
	1	2	3	4	5	6	7	8	9	10	12	15	20	24	30	40	60	120	∞
14	8.86	6.51	5.56	5.04	4.69	4.46	4.28	4.14	4.03	3.94	3.8	3.66	3.51	3.43	3.35	3.27	3.18	3.09	3
15	8.68	6.36	5.42	4.89	4.56	4.32	4.14	4	3.89	3.8	3.67	3.52	3.37	3.29	3.21	3.13	3.05	2.96	2.87
16	8.53	6.23	5.29	4.77	4.44	4.2	4.03	3.89	3.78	3.69	3.55	3.41	3.26	3.18	3.1	3.02	2.93	2.84	2.75
17	8.4	6.11	5.18	4.67	4.34	4.1	3.93	3.79	3.68	3.59	3.46	3.31	3.16	3.08	3	2.92	2.83	2.75	2.65
18	8.29	6.01	5.09	4.58	4.25	4.01	3.84	3.71	3.6	3.51	3.37	3.23	3.08	3	2.92	2.84	2.75	2.66	2.57
19	8.18	5.93	5.01	4.5	4.17	3.94	3.77	3.63	3.52	3.43	3.3	3.15	3	2.92	2.84	2.76	2.67	2.58	2.49
20	8.1	5.85	4.94	4.43	4.1	3.87	3.7	3.56	3.46	3.37	3.23	3.09	2.94	2.86	2.78	2.69	2.61	2.52	2.42
21	8.02	5.78	4.87	4.37	4.04	3.81	3.64	3.51	3.4	3.31	3.17	3.03	2.88	2.8	2.72	2.64	2.55	2.46	2.36
22	7.95	5.72	4.82	4.31	3.99	3.76	3.59	3.45	3.35	3.26	3.12	2.98	2.83	2.75	2.67	2.58	2.5	2.4	2.31
23	7.88	5.66	4.76	4.26	3.94	3.71	3.54	3.41	3.3	3.21	3.07	2.93	2.78	2.7	2.62	2.54	2.45	2.35	2.26
24	7.82	5.61	4.72	4.22	3.9	3.67	3.5	3.36	3.26	3.17	3.03	2.89	2.74	2.66	2.58	2.49	2.4	2.31	2.21
25	7.77	5.57	4.68	4.18	3.85	3.63	3.46	3.32	3.22	3.13	2.99	2.85	2.7	2.62	2.54	2.45	2.36	2.27	2.17
26	7.72	5.53	4.64	4.14	3.82	3.59	3.42	3.29	3.18	3.09	2.96	2.81	2.66	2.58	2.5	2.42	2.33	2.23	2.13
27	7.68	5.49	4.6	4.11	3.78	3.56	3.39	3.26	3.15	3.06	2.93	2.78	2.63	2.55	2.47	2.38	2.29	2.2	2.1
28	7.64	5.45	4.57	4.07	3.75	3.53	3.36	3.23	3.12	3.03	2.9	2.75	2.6	2.52	2.44	2.35	2.26	2.17	2.06
29	7.6	5.42	4.54	4.04	3.73	3.5	3.33	3.2	3.09	3	2.87	2.73	2.57	2.49	2.41	2.33	2.23	2.14	2.03
30	7.56	5.39	4.51	4.02	3.7	3.47	3.3	3.17	3.07	2.98	2.84	2.7	2.55	2.47	2.39	2.3	2.21	2.11	2.01
40	7.31	5.18	4.31	3.83	3.51	3.29	3.12	2.99	2.89	2.8	2.66	2.52	2.37	2.29	2.2	2.11	2.02	1.92	1.8
60	7.08	4.98	4.13	3.65	3.34	3.12	2.95	2.82	2.72	2.63	2.5	2.35	2.2	2.12	2.03	1.94	1.84	1.73	1.6
120	6.85	4.79	3.95	3.48	3.17	2.96	2.79	2.66	2.56	2.47	2.34	2.19	2.03	1.95	1.86	1.76	1.66	1.53	1.38
∞	6.63	4.61	3.78	3.32	3.02	2.8	2.64	2.51	2.41	2.32	2.18	2.04	1.88	1.79	1.7	1.59	1.47	1.32	1

续表

n \ m	1	2	3	4	5	6	7	8	9	10	12	15	20	24	30	40	60	120	∞
	$\alpha=0.005$																		
1	16211	20000	21615	22500	23056	23437	23715	23925	24091	24224	24426	24630	24836	24940	25044	25148	25253	25359	25465
2	198. 5	199	199. 2	199. 2	199. 3	199. 3	199. 4	199. 4	199. 4	199. 4	199. 4	199. 4	199. 4	199. 5	199. 5	199. 5	199. 5	199. 5	199. 5
3	55. 55	49. 8	47. 47	46. 19	45. 39	44. 84	44. 43	44. 13	43. 88	43. 69	43. 39	43. 08	42. 78	42. 62	42. 47	42. 31	42. 15	41. 99	41. 83
4	31. 33	26. 28	24. 26	23. 15	22. 46	21. 97	21. 62	21. 35	21. 14	20. 97	20. 7	20. 44	20. 17	20. 03	19. 89	19. 75	19. 61	19. 47	19. 32
5	22. 78	18. 31	16. 53	15. 56	14. 94	14. 51	14. 2	13. 96	13. 77	13. 62	13. 38	13. 15	12. 9	12. 78	12. 66	12. 53	12. 4	12. 27	12. 14
6	18. 63	14. 54	12. 92	12. 03	11. 46	11. 07	10. 79	10. 57	10. 39	10. 25	10. 03	9. 81	9. 59	9. 47	9. 36	9. 24	9. 12	9	8. 88
7	16. 24	12. 4	10. 88	10. 05	9. 52	9. 16	8. 89	8. 68	8. 51	8. 38	8. 18	7. 97	7. 75	7. 65	7. 53	7. 42	7. 31	7. 19	7. 08
8	14. 69	11. 04	9. 6	8. 81	8. 3	7. 95	7. 69	7. 5	7. 34	7. 21	7. 01	6. 81	6. 61	6. 5	6. 4	6. 29	6. 18	6. 06	5. 95
9	13. 61	10. 11	8. 72	7. 96	7. 47	7. 13	6. 88	6. 69	6. 54	6. 42	6. 23	6. 03	5. 83	5. 73	5. 62	5. 52	5. 41	5. 3	5. 19
10	12. 83	9. 43	8. 08	7. 34	6. 87	6. 54	6. 3	6. 12	5. 97	5. 85	5. 66	5. 47	5. 27	5. 17	5. 07	4. 97	4. 86	4. 75	4. 64
11	12. 23	8. 91	7. 6	6. 88	6. 42	6. 1	5. 86	5. 68	5. 54	5. 42	5. 24	5. 05	4. 86	4. 76	4. 65	4. 55	4. 44	4. 34	4. 23
12	11. 75	8. 51	7. 23	6. 52	6. 07	5. 76	5. 52	5. 35	5. 2	5. 09	4. 91	4. 72	4. 53	4. 43	4. 33	4. 23	4. 12	4. 01	3. 9
13	11. 37	8. 19	6. 93	6. 23	5. 79	5. 48	5. 25	5. 08	4. 94	4. 82	4. 64	4. 46	4. 27	4. 17	4. 07	3. 97	3. 87	3. 76	3. 65
14	11. 06	7. 92	6. 68	6	5. 56	5. 26	5. 03	4. 86	4. 72	4. 6	4. 43	4. 25	4. 06	3. 96	3. 86	3. 76	3. 66	3. 55	3. 44
15	10. 8	7. 7	6. 48	5. 8	5. 37	5. 07	4. 85	4. 67	4. 54	4. 42	4. 25	4. 07	3. 88	3. 79	3. 69	3. 58	3. 48	3. 37	3. 26
16	10. 58	7. 51	6. 3	5. 64	5. 21	4. 91	4. 69	4. 52	4. 38	4. 27	4. 1	3. 92	3. 73	3. 64	3. 54	3. 44	3. 33	3. 22	3. 11
17	10. 38	7. 35	6. 16	5. 5	5. 07	4. 78	4. 56	4. 39	4. 25	4. 14	3. 97	3. 79	3. 61	3. 51	3. 41	3. 31	3. 21	3. 1	2. 98
18	10. 22	7. 21	6. 03	5. 37	4. 96	4. 66	4. 44	4. 28	4. 14	4. 03	3. 86	3. 68	3. 5	3. 4	3. 3	3. 2	3. 1	2. 99	2. 87
19	10. 07	7. 09	5. 92	5. 27	4. 85	4. 56	4. 34	4. 18	4. 04	3. 93	3. 76	3. 59	3. 4	3. 31	3. 21	3. 11	3	2. 89	2. 78
20	9. 94	6. 99	5. 82	5. 17	4. 76	4. 47	4. 26	4. 09	3. 96	3. 85	3. 68	3. 5	3. 32	3. 22	3. 12	3. 02	2. 92	2. 81	2. 69
21	9. 83	6. 89	5. 73	5. 09	4. 68	4. 39	4. 18	4. 01	3. 88	3. 77	3. 6	3. 43	3. 24	3. 15	3. 05	2. 95	2. 84	2. 73	2. 61

续表

n \ m	1	2	3	4	5	6	7	8	9	10	12	15	20	24	30	40	60	120	∞
	$\alpha=0.005$																		
22	9.73	6.81	5.65	5.02	4.61	4.32	4.11	3.94	3.81	3.7	3.54	3.36	3.18	3.08	2.98	2.88	2.77	2.66	2.55
23	9.63	6.73	5.58	4.95	4.54	4.26	4.05	3.88	3.75	3.64	3.47	3.3	3.12	3.02	2.92	2.82	2.71	2.6	2.48
24	9.55	6.66	5.52	4.89	4.49	4.2	3.99	3.83	3.69	3.59	3.42	3.25	3.06	2.97	2.87	2.77	2.66	2.55	2.43
25	9.48	6.6	5.46	4.84	4.43	4.15	3.94	3.78	3.64	3.54	3.37	3.2	3.01	2.92	2.82	2.72	2.61	2.5	2.38
26	9.41	6.54	5.41	4.79	4.38	4.1	3.89	3.73	3.6	3.49	3.33	3.15	2.97	2.87	2.77	2.67	2.56	2.45	2.33
27	9.34	6.49	5.36	4.74	4.34	4.06	3.85	3.69	3.56	3.45	3.28	3.11	2.93	2.83	2.73	2.63	2.52	2.41	2.29
28	9.28	6.44	5.32	4.7	4.3	4.02	3.81	3.65	3.52	3.41	3.25	3.07	2.89	2.79	2.69	2.59	2.48	2.37	2.25
29	9.23	6.4	5.28	4.66	4.26	3.98	3.77	3.61	3.48	3.38	3.21	3.04	2.86	2.76	2.66	2.56	2.45	2.33	2.21
30	9.18	6.35	5.24	4.62	4.23	3.95	3.74	3.58	3.45	3.34	3.18	3.01	2.82	2.73	2.63	2.52	2.42	2.3	2.18
40	8.83	6.07	4.98	4.37	3.99	3.71	3.51	3.35	3.22	3.12	2.95	2.78	2.6	2.5	2.4	2.3	2.18	2.06	1.93
60	8.49	5.79	4.73	4.14	3.76	3.49	3.29	3.13	3.01	2.9	2.74	2.57	2.39	2.29	2.19	2.08	1.96	1.83	1.69
120	8.18	5.54	4.5	3.92	3.55	3.28	3.09	2.93	2.81	2.71	2.54	2.37	2.19	2.09	1.98	1.87	1.75	1.61	1.43
∞	7.88	5.3	4.28	3.72	3.35	3.09	2.9	2.74	2.62	2.52	2.36	2.19	2	1.9	1.79	1.67	1.53	1.36	1
	$\alpha=0.001$																		
n \ m	1	2	3	4	5	6	7	8	9	10	12	15	20	24	30	40	60	120	∞
1	4053+	5000+	5404+	5625+	5764+	5859+	5929+	5981+	6023+	6056+	6107+	6158+	6209+	6235+	6261+	6287+	6313+	6340+	6366+
2	998.5	999	999.2	999.2	999.3	999.3	999.4	999.4	999.4	999.4	999.4	999.4	999.4	999.5	999.5	999.5	999.5	999.5	999.5
3	167	148.5	141.1	137.1	134.6	132.8	131.6	130.6	129.9	129.2	128.3	127.4	126.4	125.9	125.4	125	124.5	124	123.5
4	74.14	61.25	56.18	53.44	51.71	50.53	49.66	49	48.47	48.05	47.41	46.76	46.1	45.77	45.43	45.09	44.75	44.4	44.05
5	47.18	37.12	33.2	31.09	27.75	28.84	28.16	27.64	27.24	26.92	26.42	25.91	25.39	25.14	24.87	24.6	24.33	24.06	23.79

续表

n \ m	$\alpha=0.001$																		
	1	2	3	4	5	6	7	8	9	10	12	15	20	24	30	40	60	120	∞
6	35.51	27	23.7	21.92	20.81	20.03	19.46	19.03	18.69	18.41	17.99	17.56	17.12	16.89	16.67	16.44	16.21	15.99	15.75
7	29.25	21.69	18.77	17.19	16.21	15.52	15.02	14.63	14.33	14.08	13.71	13.32	12.93	12.73	12.53	12.33	12.12	11.91	11.7
8	25.42	18.49	15.83	14.39	13.49	12.86	12.4	12.04	11.77	11.54	11.19	10.84	10.48	10.3	10.11	9.92	9.73	9.53	9.33
9	22.86	16.39	13.9	12.56	11.71	11.13	10.7	10.37	10.11	9.89	9.57	9.24	8.9	8.72	8.55	8.37	8.19	8	7.81
10	21.04	14.91	12.55	11.28	10.48	9.92	9.52	9.2	8.96	8.75	8.45	8.13	7.8	7.64	7.47	7.3	7.12	6.94	6.76
11	19.69	13.81	11.56	10.35	9.58	9.05	8.66	8.35	8.12	7.92	7.63	7.32	7.01	6.85	6.68	6.52	6.35	6.17	6
12	18.64	12.97	10.8	9.63	8.89	8.38	8	7.71	7.48	7.29	7	6.71	6.4	6.25	6.09	5.93	5.76	5.59	5.42
13	17.81	12.31	10.21	9.07	8.35	7.86	7.49	7.21	6.98	6.8	6.52	6.23	5.93	5.78	5.63	5.47	5.3	5.14	4.97
14	17.14	11.78	9.73	8.62	7.92	7.43	7.08	6.8	6.58	6.4	6.13	5.85	5.56	5.41	5.25	5.1	4.94	4.77	4.6
15	16.59	11.34	9.34	8.25	7.57	7.09	6.74	6.47	6.26	6.08	5.81	5.54	5.25	5.1	4.95	4.8	4.64	4.47	4.31
16	16.12	10.97	9	7.94	7.27	6.81	6.46	6.19	5.98	5.81	5.55	5.27	4.99	4.85	4.7	4.54	4.39	4.23	4.06
17	15.72	10.66	8.73	7.68	7.02	6.56	6.22	5.96	5.75	5.58	5.32	5.05	4.78	4.63	4.48	4.33	4.18	4.02	3.85
18	15.38	10.39	8.49	7.46	6.81	6.35	6.02	5.76	5.56	5.39	5.13	4.87	4.59	4.45	4.3	4.15	4	3.84	3.67
19	15.08	10.16	8.28	7.26	6.62	6.18	5.85	5.59	5.39	5.22	4.97	4.7	4.43	4.29	4.14	3.99	3.84	3.68	3.51
20	14.82	9.95	8.1	7.1	6.46	6.02	5.69	5.44	5.24	5.08	4.82	4.56	4.29	4.15	4	3.86	3.7	3.54	3.38
21	14.59	9.77	7.94	6.95	6.32	5.88	5.56	5.31	5.11	4.95	4.7	4.44	4.17	4.03	3.88	3.74	3.58	3.42	3.26
22	14.38	9.61	7.8	6.81	6.19	5.76	5.44	5.19	4.99	4.83	4.58	4.33	4.06	3.92	3.78	3.63	3.48	3.32	3.15
23	14.19	9.47	7.67	6.69	6.08	5.65	5.33	5.09	4.89	4.73	4.48	4.23	3.96	3.82	3.68	3.53	3.38	3.22	3.05
24	14.03	9.34	7.55	6.59	5.98	5.55	5.23	4.99	4.8	4.64	4.39	4.14	3.87	3.74	3.59	3.45	3.29	3.14	2.97
25	13.88	9.22	7.45	6.49	5.88	5.46	5.15	4.91	4.71	4.56	4.31	4.06	3.79	3.66	3.52	3.37	3.22	3.06	2.89
26	13.74	9.12	7.36	6.41	5.8	5.38	5.07	4.83	4.64	4.48	4.24	3.99	3.72	3.59	3.44	3.3	3.15	2.99	2.82

续表

n \ m	1	2	3	4	5	6	7	8	9	10	12	15	20	24	30	40	60	120	∞
	$\alpha=0.001$																		
27	13.61	9.02	7.27	6.33	5.73	5.31	5	4.76	4.57	4.41	4.17	3.92	3.66	3.52	3.38	3.23	3.08	2.92	2.75
28	13.5	8.93	7.19	6.25	5.66	5.24	4.93	4.69	4.5	4.35	4.11	3.86	3.6	3.46	3.32	3.18	3.02	2.86	2.69
29	13.39	8.85	7.12	6.19	5.59	5.18	4.87	4.64	4.45	4.29	4.05	3.8	3.54	3.41	3.27	3.12	2.97	2.81	2.64
30	13.29	8.77	7.05	6.12	5.53	5.12	4.82	4.58	4.39	4.24	4	3.75	3.49	3.36	3.22	3.07	2.92	2.76	2.59
40	12.61	8.25	6.6	5.7	5.13	4.73	4.44	4.21	4.02	3.87	3.64	3.4	3.15	3.01	2.87	2.73	2.57	2.41	2.23
60	11.97	7.76	6.17	5.31	4.76	4.37	4.09	3.87	3.69	3.54	3.31	3.08	2.83	2.69	2.55	2.41	2.25	2.08	1.89
120	11.38	7.32	5.79	4.95	4.42	4.04	3.77	3.55	3.38	3.24	3.02	2.78	2.53	2.4	2.26	2.11	1.95	1.76	1.54
∞	10.83	6.91	5.42	4.62	4.1	3.74	3.47	3.27	3.1	2.96	2.74	2.51	2.27	2.13	1.99	1.84	1.66	1.45	1

注：$^{+}$表示要将此数乘以 100.

参考文献

[1]陈家鼎，孙山泽，李东风，刘力平，数理统计学讲义（第 3 版）[M]. 北京：高等教育出版社，2015 年 7 月.

[2]陈家鼎，郑忠国，概率论与统计[M]. 北京：北京大学出版社，2007 年 8 月.

[3]陈光曙，关于次序统计量的联合分布与应用[J]. 河北师范大学学报（自然科学版），2006，30(4)，396－397＋415.

[4]陈希孺，数理统计引论[M]. 北京：科学出版社，1981 年 11 月.

[5]陈希孺，高等数理统计学[M]. 合肥：中国科学技术大学出版社，1999 年 2 月.

[6]陈希孺，数理统计学简史[M]. 长沙：湖南教育出版社，2002 年 1 月.

[7]魏宗舒译，统计学数学方法[M]. 上海：上海科学技术出版社，1966 年 1 月.

[8]范益政，郑婷婷，陈华友，概率论与数理统计（经管类）[M]. 北京：科学出版社，2018 年 9 月.

[9]范益政，郑婷婷，陈华友，概率论与数理统计[M]. 北京：科学出版社，2021 年 8 月.

[10]方开泰，全辉，陈庆云，实用回归分析[M]. 北京：科学出版社，1988 年 10 月.

[11]方开泰，彭小令，现代基础统计学[M]. 北京：高等教育出版社，2014 年 1 月.

[12] Fisher R. A., *Theory of statistical estimation*. Mathematical Proceedings of the Cambridge Philosophical Society，1925，22，700－725.

[13]高惠璇，应用多元统计分析[M]. 北京：科学出版社，2005 年 1 月.

[14]何书元，数理统计[M]. 北京，高等教育出版社，2012 年 1 月.

[15]何晓群，闵素芹，实用回归分析[M]. 北京：高等教育出版社，2014年5月.

[16]李启寨，孟珍，概率论与数理统计[M]. 北京：高等教育出版社，2023年9月.

[17]Loftsgarden D. O.，Quesenberry C. P.，*A nonparametric estimate of a multivariate density function* [J]. The Annals of Mathematical Statistics，1965，36(3)，1049—1051.

[18]茆诗松，吕晓玲，数理统计学(第2版)[M]. 北京：中国人民大学出版社，2016年1月.

[19]茆诗松，程依明，濮晓龙，概率论与数理统计教程(第3版)[M]. 北京：高等教育出版社，2019年11月.

[20]茆诗松，王静龙，数理统计[M]. 上海：华东师范大学出版社，1990年3月.

[21]茆诗松，王静龙，濮晓龙，高等数理统计(第2版)[M]. 北京：高等教育出版社，2011年2月.

[22]Paarzen E.，*On the estimation of probability density function and mode*[J]. The Annals of Mathematical Statistics，1962，33：1065—1076.

[23]Prakasa Rao B. L. S.，*Nonparametric Functional Estimation*[M]. Academic Press，1983.

[24] Serfling R. J.，*Approximation Theorems of Mathematical Statistics* [M] New York，John Wiley & Sons，1980.

[25] Shao J.，*Mathematical Statistics* (2nd ed.) [M]. New York，Springer，2003.

[26]盛骤，谢式千，潘承毅，概率论与数理统计(第4版)[M]. 北京：高等教育出版社，2008年6月.

[27]王兆军，邹长亮，数理统计教程[M]. 北京：高等教育出版社，2014年2月.

[28]韦博成，高等数理统计教程[M]. 北京：高等教育出版社，2022年

10 月.

[29]韦来生,数理统计(第 2 版)[M]. 北京:科学出版社,2015 年 12 月.

[30]韦来生,张伟平,数理统计(第 3 版)[M]. 北京:科学出版社,2024 年 4 月.

[31]郑明,陈子毅,汪家冈,数理统计讲义[M]. 上海:复旦大学出版社,2006 年 1 月.